模式识别导论

齐敏 李大健 郝重阳 编著

清华大学出版社
北京

内 容 简 介

本书按照统计模式识别、句法模式识别、模糊模式识别法和神经网络模式识别法四大理论体系组织全书，其中统计模式识别是模式识别的经典内容和基础知识，模糊模式识别法和神经网络模式识别法两部分反映了模式识别学科发展的新进展，附录部分归纳了书中需要用到的概率知识、向量和矩阵运算的常用公式，以及供上机练习用的模式样本数据。

本书内容由浅入深，便于教师根据不同情况选择教学内容。同时讲解详细，配有丰富的图表和例题，有助于读者阅读与理解。提供了习题和计算机作业，供学习时使用。

本书可作为高等院校电子信息类专业高年级本科生和研究生的教材，也可供从事模式识别工作的广大科技人员参考。

图书在版编目(CIP)数据

模式识别导论/齐敏，李大健，郝重阳编著. —北京：清华大学出版社，2009.6（2023.1重印）
ISBN 978-7-302-20066-6

Ⅰ. 模…　Ⅱ. ①齐…　②李…　③郝…　Ⅲ. 模式识别　Ⅳ. O235

中国版本图书馆 CIP 数据核字(2009)第 062498 号

责任编辑：袁勤勇　李玮琪
责任校对：焦丽丽
责任印制：沈　露

出版发行：清华大学出版社
网　址：http://www.tup.com.cn，http://www.wqbook.com
地　址：北京清华大学学研大厦 A 座　**邮　编**：100084
社 总 机：010-83470000　**邮　购**：010-62786544
投稿与读者服务：010-62776969，c-service@tup.tsinghua.edu.cn
质 量 反 馈：010-62772015，zhiliang@tup.tsinghua.edu.cn
印 装 者：三河市铭诚印务有限公司
经　销：全国新华书店
开　本：185mm×260mm　**印　张**：16.75　**字　数**：405 千字
版　次：2009 年 6 月第 1 版　**印　次**：2023 年 1 月第15 次印刷
定　价：49.90 元

产品编号：031074-05

前言

模式识别是一门既具有较系统的理论体系，又仍处在迅速发展之中的边缘学科，其应用几乎遍及各个领域。

这一学科涉及许多较为深奥的数学理论，对刚涉足这一领域的许多初学者来说，理解起来有一定的困难。本书既可以作为基础教材，又反映学科发展方向，以此为基调，在选材上立足于"精"，在讲解上立足于"透"。笔者结合多年教学经验，在模式识别理论的成熟部分，注重对基本概念的透彻讲解，选择经典和实用的模式识别方法和算法进行讨论。在内容的安排上，注意由浅入深，讨论问题时尽量减少数学推导和证明，通过实际运用加深学生对算法的理解，目的是使初学者能够比较容易地尽快掌握模式识别的基本理论和方法。

在材料组织上，兼顾计算机模式识别的基础和发展两个方面，按照统计模式识别、句法模式识别、模糊模式识别法和神经网络模式识别法四大理论体系组织全书内容。其中统计模式识别方法是核心，模糊模式识别和神经网络模式识别是学科的新发展。在具体章节安排上，统计模式识别部分包括属于非监督分类的聚类分析方法（第 2 章）、监督分类中的判别函数概念和几何分类法（第 3 章）以及基于统计决策的概率分类法（第 4 章），为简化分类器还讨论了特征选择和提取的方法（第 5 章）。第 6 章为句法模式识别，对概念和方法进行了简要讨论。第 7 章为模糊模式识别部分，鉴于本方向蓬勃的发展趋势，对其内容进行了充实和细化，充分地阐述了基本概念，详细讨论了其中的典型算法。第 8 章为神经网络模式识别法，介绍了几种典型的用于模式识别的神经网络模型和算法。为方便学习，在附录部分增加了必要的相关知识介绍，以备查阅。同时书中还配有丰富的图表，有助于阅读。

本书是作者在多年教学实践的基础上经过总结扩充改编而成的。参加编写的有齐敏、李大健和郝重阳同志，全书由齐敏同志负责审订和修改。模式识别学科发展迅速，本书对该学科研究发展的新进展亦有所涉及，限于水平和经验，书中错误及不当之处在所难免，敬请读者批评指正。

编　者

2009 年 2 月

目录

目录

目录

目录

第1章 绪论

1.1 模式和模式识别的概念

从广义方面讲，模式(pattern)是一个客观事物的描述，即一个可用来仿效的完善的例子。模式识别(pattern recognition)按照哲学的定义，是指一个“外部信息到达感觉器官并被转换成有意义的感觉经验”的过程。

例如，桌上的玻璃杯里装着某种物质，人们对它进行仔细观察，在这个过程中，眼睛、鼻子、皮肤等不同的感觉器官接收到一些来自这个物体的所谓的外部信息：无色、透明、液体、冒气、无臭、温度较高，这些感觉信息被送到大脑后，经过处理，转换成了感觉经验——热水，这实际上就是一个模式识别的过程。

人是一个深不可测的信息处理系统，具有超级模式识别能力。事实上，每个人每天都在进行模式识别。例如，一个人到一个新的城市里去找公共汽车站，就是在做模式识别。再例如，在一群嘈杂的人群中，我们能够区别出熟悉的朋友的声音；我们还能够认识不同的人书写的“不是很潦草”的字符；等等。这些其实都是模式识别过程。不同的人或同一个人在不同的时间写出的字是不完全相同的，有时还会有很大差别，但我们能够识别，这是因为在人的头脑中有这样一个仿制的模型，这就是模式。模式是由大量的取样、学习、归纳而成的，人们将所看到的信息与此模式比较，从而判断此信息是否属于该类模式。因此，模式识别问题通常表现为对一组过程或事件的判别或分类(pattern classification)。人类具有的模式识别功能可否由机器来实现呢？这正是本书所要研究的内容。

根据人类的识别能力所涉及的被识别客体的性质，可以将识别活动的对象分为两个主要类型：具体的客体和抽象的客体。具体的客体如字符、图画等，通过对感官的刺激而被识别；论点、思想等则是非物质的抽象客体，不属于本书研究的范畴。我们主要是研究对具体客体的识别，而且仅局限于研究用机器完成与识别任务有关的基本理论与实用技术。

针对所要研究的内容，可以对模式和模式识别做如下狭义的定义：模式是对某些感兴趣的客体的定量的或结构的描述，模式类是具有某些共同特性的模式的集合。模式识别是研究一种自动技术，依靠这种技术，计算机将自动(或人尽少干涉)地把待识别模式分配到各自的模式类中去。

注意，狭义的“模式”概念是指对客体的描述，不论是待识别客体，还是已知类别的客体。而在广义的“模式”定义中，模式指的是“用于效仿的完善例子”。两者所表述的范围是不同的，但无论是广义的模式还是狭义的模式，都是对事物的一种描述，也就是说，模式指的并不是事物本身，而是我们从事物获得的信息。另外，也有人习惯将模式类称为模式，而把个别具体的模式称为样本或模式样本，这种用词上的不同可以从上下文区分其含义，一般不会引起误解。

模式识别是伴随着计算机的研究和应用日益发展起来的。随着计算机应用领域的不断扩大，人们将计算机称为“电脑”，几乎所有本来由人脑实现的功能，人们都试图用

"电脑"来完成。虽然在这方面已经取得了令人振奋的成就，但比起人脑来，电脑毕竟是小巫见大巫了。人脑具有极丰富的联想能力，而反观电脑，除了在联想、判断、推理能力等方面远远不及人脑外，在对外界信息的感知方面，其能力更是远不如人脑。第一次人工智能(artificial intelligence)研讨会于1956年夏天在美国召开。在早期的一次人工智能国际会议上，日本学者曾展出了一个脸谱识别器，演示时能把几个日本人的脸谱识别出来，并叫出他们的名字。有些其他国家的代表也想试试，但计算机识别不出来，显示"不是人"，引起哄堂大笑。从那次会议到现在已过去很久了，尽管可以将"不是人"改为"不认识"，但在这方面至今尚无质的飞跃。

目前，计算机处理能力的发展非常迅速，相比之下，计算机与外部的信息交换能力却低得可怜。对当前建立在冯·诺依曼体系基础上的计算机来说，其模仿人脑的识别、思维过程的能力很难有一个大的进步，因此，日本提出了第五代计算机的研究计划。

冯·诺依曼(Von Neumann)是美籍匈牙利数学家，在1946年提出了关于计算机组成和工作方式的基本设想，理论要点是：数字计算机的数制采用二进制；计算机应该按照程序顺序执行，即"程序存储"的概念。1949年研制出了第一台冯·诺依曼式计算机。到现在为止，尽管计算机制造技术已经发生了极大的变化，但是就其体系结构而言，仍然是根据冯·诺依曼的设计思想制造的，因此现在的计算机仍称为冯·诺依曼结构计算机。

第五代计算机以突破冯·诺依曼体系为前提，它与前四代计算机的本质区别是：计算机的主要功能将从信息处理上升为知识处理，使计算机具有人类的某些智能，所以第五代计算机又称为人工智能计算机。从20世纪80年代开始，日本、美国和欧洲各国纷纷进行第五代计算机的研制工作，但目前尚未形成一致结论，仍在研究当中。通常认为，第五代计算机具有以下几个方面的功能：

(1) 具有处理各种信息的能力。第五代计算机除了能像目前的计算机一样处理离散数据外，还能对声音、文字和图像等形式的信息进行识别处理。

(2) 具有学习、联想、推理和解释问题的能力。

(3) 具有对人的自然语言的理解能力。人们只需针对要处理或计算的问题，用自然语言写出要求及说明，第五代计算机就能理解其意，并按人的要求进行处理或计算，而不需要像现在这样，使用专门的计算机语言把处理过程与数据描述出来。对第五代计算机来说，只需告诉它"做什么"，而不必告诉它"怎么做"。

第五代计算机研制计划的实施促成了人们的共识，即继续展开人工智能各个领域的研究，使计算机能够更好地为人类服务。而模式识别就是其中的一个重要方面。

总之，研究和发展模式识别的目的在于提高计算机的感知能力，从而大大开拓计算机的应用范围。当然，计算机感知能力的真正提高，不仅与模式识别这一学科本身有关，而且与概率论、线性代数、模糊数学、形式语言、离散数学、工程技术学以及计算机本身的体系结构和软硬件性能等均有关系。正在研究的第五代计算机的发展方向有以下几种可能：

(1) 神经网络计算机。模拟人的大脑思维。

(2) 生物计算机。运用生物工程技术，采用蛋白分子作为芯片。

(3) 光计算机。用光作为信息载体,通过对光进行处理来完成对信息的处理过程。

因此,需要及时把握计算机科学和其他相关学科的新进展,以便对模式识别的发展状况有一个全面的了解,进而促进新理论和新方法的研究。

1.2 模式识别系统

1.2.1 简例

在讨论一般的模式识别系统之前,先以癌细胞识别为例子,来了解机器识别的全过程,以获得一个感性认识,从而建立模式识别的基本概念。

1. 信息输入与数据获取

首先,利用巴氏染色将从病人体内取出的待检物制成细胞涂片。然后,使用摄像头在显微镜目镜处进行拍摄,以便采集静态图像和动态的轨迹图像。摄像头连接图像采集卡,图像采集卡将接收到的模拟信号数字化后传入计算机,将图像存储在大容量的硬盘上。这样,显微细胞图像就转换成了数字化细胞图像,以满足计算机分析处理数字信息的要求。这个获得数据的过程实际上是一个抽样与量化的环节。这一过程也可以直接采用有足够高分辨率的数码摄像机或数码相机拍摄完成,只需将数码设备通过具有信号传输功能的器件与计算机连接,即可将拍摄到的图像传入计算机。图 1.1 所示为两个数字化的显微细胞图像。

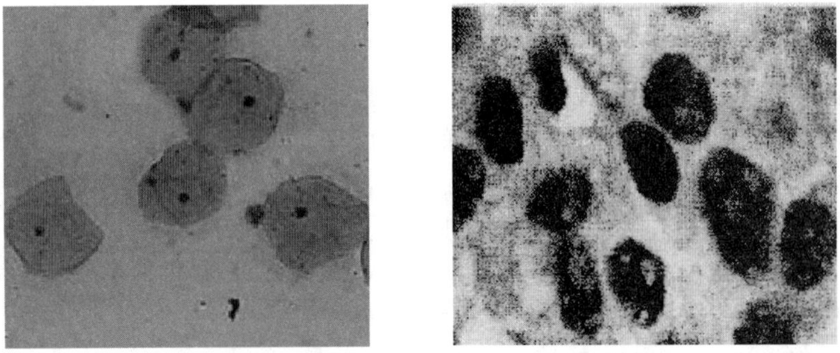

彩色图像　　　　灰度图像

图 1.1　数字化显微细胞图像

通常所获取的医学细胞图像是经过染色处理的彩色图像,而计算机在进行图像处理过程中往往需要灰度图像。灰度图像是指只含亮度信息,不含色彩信息的图像,其中像素的亮度值可以取 0～255,共分为 256 个级别,分别反映原细胞图像中相应位置的光密度大小。灰度和 RGB 颜色的对应关系为:亮度 $Y=0.299R+0.587G+0.114B$。实际操作中,应根据具体情况和要求选择采用哪种图像。

数字化细胞图像是计算机进行分析的原始数据基础。

2. 数字化细胞图像的预处理与区域划分

数字图像预处理的目的在于：

① 去除在数据获取时引入的噪声与干扰；

② 去除所有夹杂在背景上的次要图像，以便突出主要的待识别的细胞图像，供计算机进行分析时使用。预处理过程中采用的是"平滑"、"边界增强"等数字图像处理技术。

区域划分的目的在于找出边界，划分出不同区域，为特征抽取做准备。换句话说就是要检测出细胞与背景、胞核与胞浆之间的两条边界线，从而将三个区域分割开来，以便进行细胞特征的抽取。这里将数字化图像划分为背景 B、胞浆 C、胞核 N 三个区域，如图 1.2 所示。

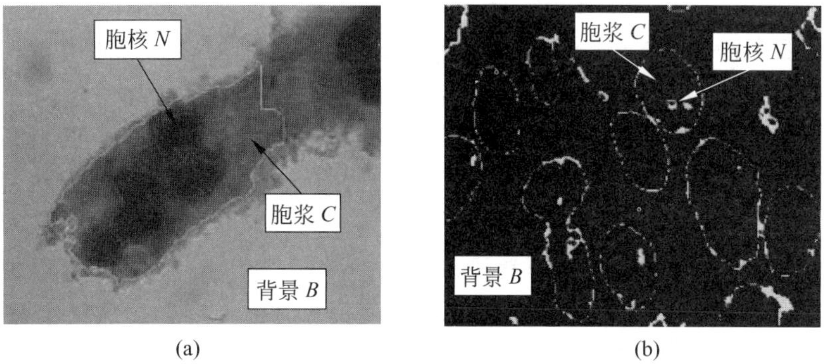

图 1.2 区域划分

在数字图像处理技术中，"区域划分"（或称"区域分割"、"边界检测"）的方法很多，在其相关课程中有专门的讨论。这里假设采用某种方法获得了如图 1.2 所示的结果，其中图 1.2(a)所示为疑似肿瘤细胞图像。

3. 细胞特征的抽取、选择和提取

细胞特征的抽取、选择和提取的目的是为了建立各种特征的数学模型，以利于分类，基本思路如图 1.3 所示。

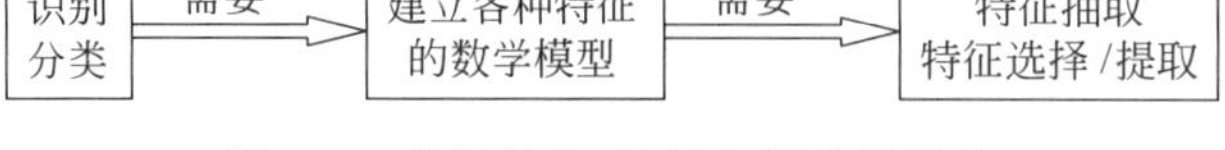

图 1.3 特征抽取、选择和提取的目的

抽取、选择和提取三个概念的含义是有差别的。特征抽取是指对数据的最初采集，细胞特征的抽取是识别分类的依据。处于人体不同部位或病变不同阶段的细胞反映出不同的形状和结构特征，因此在识别分类之前必须首先建立各种特征的数学模型，尽可能多地抽取特征，以供计算机进行定量分析时使用。这里我们共抽取 33 个特征：胞核面积、胞核面积占整个细胞面积的百分比、胞核的总密度、胞浆面积、胞浆的平均光密度……通过特征抽取，可以建立一个 33 维的空间 X，每一维表示一个特征，每一个细胞在每一个特征(每一维)上都有一个度量值 x_i，因为每个细胞的度量值不同，所以这个值是一个随机变量。由于一个细胞可以通过 33 个特征表示，即由 33 个随机变量 x_i 表示，因此每个细胞可以用一个 33 维的随机向量表示，记为 $\boldsymbol{X}=(x_1,x_2,\cdots,x_{33})^{\mathrm{T}}$，上标 T 是转置符号。这样，就完成了统计模式识别的第一项重要工作，即把一个物理实体"细胞"变成了一个数学模型"33 维的随机向量"，也即 33 维空间中的一点。

通常通过特征抽取所得到的原始特征数较多，如果使用全部可测量到的特征去判别分类，会因为判别空间维数太高而使问题变得很复杂。而事实上，由于某些特征之间往往存在一定的相关性，因此有必要也有可能在原始特征数据的基础上选择一些主要特征作为用于判别的特征，这就是特征选择。有时是采用某种变换技术，得出数目上比原来少的综合性特征用于分类，这称为特征维数压缩，习惯上称为特征提取。

例如，有五个特征 x_1,x_2,x_3,x_4,x_5，以及变换 $f(\cdot)$ 和 $g(\cdot)$，则可有

$$y_1=f(x_1,x_2,x_3,x_4,x_5),\quad y_2=g(x_1,x_2,x_3,x_4,x_5)$$

结果，X 空间中的特征向量 $\boldsymbol{X}=(x_1,x_2,x_3,x_4,x_5)^{\mathrm{T}}$ 变成 Y 空间中的特征向量 $\boldsymbol{Y}=(y_1,y_2)^{\mathrm{T}}$，也就是说通过特征提取，降低了原始空间的维数，特征向量从五维降成了二维。

特征向量组成的空间是识别分类赖以进行的空间，称为特征空间，本书中用大写斜体字母表示。特征向量就是特征空间中的一点，本书中用大写斜体加粗字母表示，其分量用相应的小写斜体字母带下标表示。一个特征向量代表一个研究对象，人们通常所称的模式、样本或模式样本等，实际上就是对特征向量而言的。

可以看出，通过特征抽取取得的数据是原始的第一手资料，是进行特征选择或特征提取的依据。如何进行特征选择或特征提取是模式识别研究的主要课题之一，也是非常重要的一个方面。特征选择或特征提取的方法对后续识别分类方法的选择以及分类效果都有很大的影响。

4. 判别分类

判别分类是模式识别研究的另一个主要内容，有多种多样的理论和方法，本书将在后续章节中着重讨论。这里我们假定针对癌细胞的识别应用了某种方法，得到的结果为：

(1) 气管细胞 97 个，识别错误率为 7.2%。

(2) 肺细胞 166 个，识别错误率为 18%。

在完成识别的同时，提供了错误率，可见判别的好坏是通过错误率给出的。识别错误率包括将正常细胞误判为癌细胞和将癌细胞误判为正常细胞两种情况，两种错误的代价和风险是不同的。本书后面的内容还将对此进行较深入的分析。

整个识别过程如图 1.4 所示。这个例子虽很粗略，但它比较典型地给出了模式识别的一般步骤。

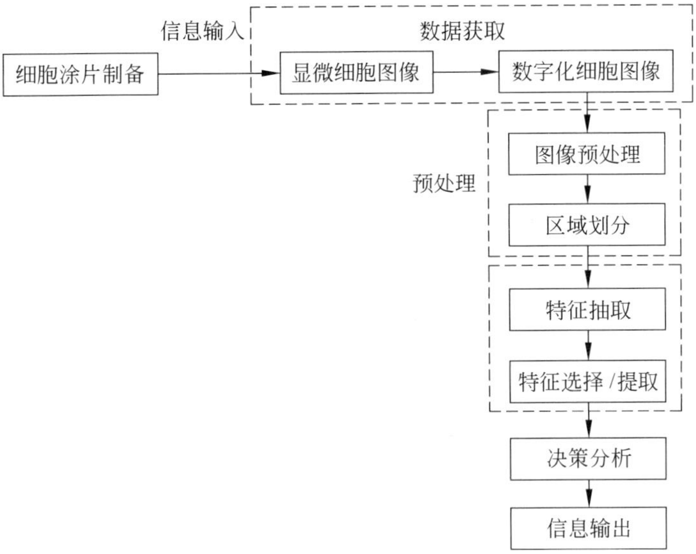

图 1.4　细胞图像的计算机分类系统框图

1.2.2　模式识别系统组成

有了上面的例子，就可以给出模式识别系统的基本构成，如图 1.5 所示。对于特征抽取、选择和提取这一环节，一般在情况简单时，特征抽取这一步就省略了。一个模式识别系统基本上是模仿人对事物的认识过程。

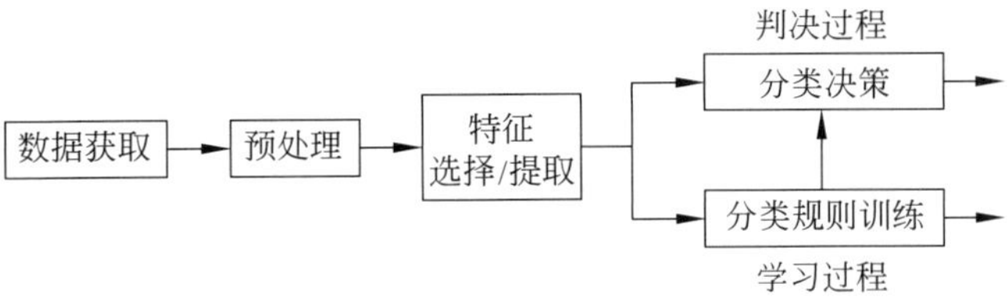

图 1.5　模式识别系统的基本构成

注意到，这里出现了“处理”与“识别”两个概念，它们的区别如图 1.6 所示。处理的特点表现为输入与输出是同样的对象，性质不变。而对识别而言，输入的是事物，输出的是对它的分类、理解和描述。

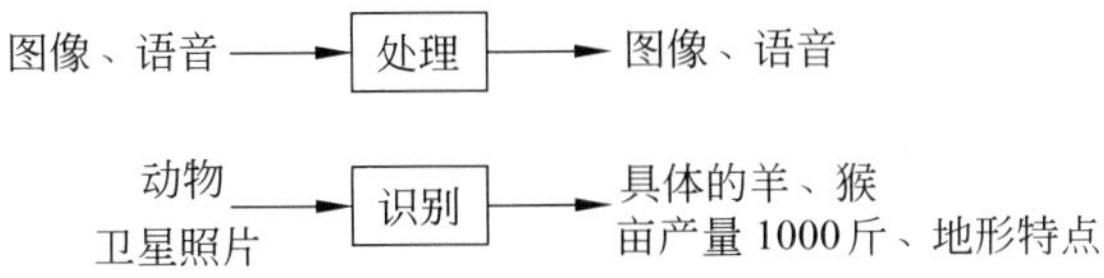

图 1.6　处理与识别

1.3 模式识别概况

1.3.1 模式识别发展简介

模式识别诞生于20世纪20年代，1929年G. Tauschek发明阅读机，能够阅读0～9的数字。30年代Fisher提出统计分类理论，奠定了统计模式识别的基础，在60—70年代统计模式识别得到快速发展，成为模式识别的主要理论。50年代Noam Chemsky提出形式语言理论，美籍华人付京荪提出句法模式识别。60年代L. A. Zadeh提出了模糊集理论，目前模糊模式识别理论已经得到了较广泛的应用。80年代Hopfield提出神经元网络模型理论，近年来人工神经元网络在模式识别和人工智能方面也得到了较为广泛的应用。90年代以后小样本学习理论、支持向量机(support vector machine, SVM)也受到了很大的重视。

从上面这个简单的时间表中可以看出，模式识别基本上是20世纪五六十年代开始快速发展，20世纪70年代初奠定理论基础，从而建立了独立的学科体系。传统的用于模式识别的方法，局限于统计模式识别与句法模式两大类。随着模糊数学的迅速发展，传统模式识别方法也深入到了模式识别的许多环节，出现了模糊模式识别。接着又出现了基于神经元模型的人工神经网络模式识别方法。这四种方法共同构成支持模式识别学科的四大支柱。需要说明的是，模式识别是一门处于迅速发展中的学科，有生命力的新理论经过一段时间的研究发展到比较成熟的阶段后，必然会充实到模式识别的理论体系中，同时，发展缓慢的理论也会自然地被逐渐淘汰掉。

1.3.2 模式识别分类

1. 按理论分类

按照在模式的识别过程中所依据的理论方法的不同，可将模式识别分为统计模式识别、句法模式识别、模糊模式识别法和神经网络模式识别法。

1) 统计模式识别

统计模式识别是定量描述的识别方法。以模式集在特征空间中分布的类概率密度函数为基础，对总体特征进行研究，包括判别函数法和聚类分析法。对于分类结果的好坏，同样用概率统计中的概念进行评价，如距离方差等。

统计模式识别的历史最长，与其他几种理论相比发展得最为成熟，是模式分类的经典性和基础性技术，目前仍是模式识别的主要理论，也是本书介绍的主要内容。

2) 句法模式识别

句法模式识别也称结构模式识别，是根据识别对象的结构特征，以形式语言理论为基础的一种模式识别方法。其出发点是识别对象的结构描述和自然语言存在一定的对应关系，即用一组“基元”及其组合和组合规则来表示模式结构与用一组单词及其组合和文法来表示自然语言是相对应的：基元、子模式、模式分别对应于自然语言的单词、词组和句子，基元的组合规则对应于自然语言的文法。这样，就可以利用语言学中的文法分析方法对模式进行结构分析和分类。与模式识别的其他分支相比，句法模式识别的发展相对缓慢。

3）模糊模式识别法

模糊模式识别法是将模糊数学的一些概念和方法应用到模式识别领域而产生的一类新方法。它以隶属度为基础，运用模糊数学中的“关系”概念和运算进行分类。隶属度 μ 反映的是某一元素属于某集合的程度，取值在[0,1]区间。例如三个元素 a,b,c 对正方形的隶属度分别为 $\mu(a)=0.9$、$\mu(b)=0.5$、$\mu(c)=1.0$，那么 $\mu(a)>\mu(b)$ 说明了 a 比 b 更像正方形，c 对正方形的隶属度为1说明 c 本身就是正方形，如图1.7所示。

(a) $\mu(a)=0.9$　(b) $\mu(b)=0.5$　(c) $\mu(c)=1.0$

图1.7　隶属度的概念

4）神经网络模式识别法

神经网络模式识别法是人工神经网络与模式识别相结合的产物。这种方法以人工神经元为基础，模拟人脑神经细胞的工作特点，对脑部工作机制的模拟更接近生理性，实现的是形象思维的模拟，与主要进行逻辑思维模拟的基于知识的逻辑推理相比有很大的不同。

与前两种理论相比，模糊模式识别法和神经网络模式识别法出现较晚，但已在模式识别领域中得到较为广泛的应用，尤其是模糊模式识别法表现得更为活跃一些。神经网络模式识别法在应用中存在一些问题，人们在充分认识到这些问题之后，已经开始了更深入的研究，小样本学习理论和支持向量机已经成为新的研究热点。

2. 按实现方法分类

1）监督分类

监督分类也称有人管理的分类。此类方法首先需要依靠已知类别的训练样本集，按照它们特征向量的分布来确定判别函数，然后再利用判别函数对未知的模式进行分类判别。因此，使用这类方法需要有足够的先验知识。

2）非监督分类

非监督分类也称无人管理的分类。这类方法一般用于没有先验知识的情况，通常采用聚类分析的方法，即基于“物以类聚”的观点，用数学方法分析各特征向量之间的距离及分散情况，结果合理即可。

1.4 模式识别的应用

模式识别是机器智能领域中的重要工具之一，其应用是多方面多领域的，例如：

(1) 语音识别与理解。

(2) 字符及文字的识别。包括印刷体和手写体字符和文字的识别等。

(3) 景物的分析与识别。

(4) 医学信号的识别。包括心电图、脑电图、超声波形的分析和自动诊断，染色体、癌细胞的分析与识别等。

(5) 遥感图像分析。通过对资源卫星照片和气象卫星照片的处理，进行农作物收成估计、土壤评估、矿业资源评估、地震分析，以及大气、水源、环境的监测分析等。

(6) 安全方面。指纹鉴定、监视和警报系统等。

(7) 工业自动检测。产品质量自动检测等。

(8) 军事应用。航空摄像分析、自动目标识别、雷达与声纳信号检测分类等。

下面举两个例子，比较具体地介绍一下模式识别的应用。

1. 不停车收费系统

交通部的收费标准是按吨位划分，而目前收费站采用的大都是按车型收费的方式，通过检测车辆本身的固有参数，间接地按车辆设计载重量进行分类收费。这样做的原因是这些参数都与车辆的载重量或座位数有着较为密切的关系，并且都比较容易采集。因此，不停车收费系统要解决的关键的问题是车型的自动分类，即要解决与收费处理有关的车型划分问题。围绕这一核心，衍生出几种不同的技术解决方案，目前公路通行车辆类型的自动识别分类主要采用以下几种技术：

(1) 通过提取车辆外形的几何参数实现分类，有视频检测方法、红外检测方法等。外形几何参数包括车长、车宽、车高、车轮直径、轮距、轮数、轴数、轴距、底盘高度等。

(2) 通过测量车辆的其他物理参数实现分类，如动态称重、电磁感应等。车辆在行驶过程中会产生很多物理信号，如噪声、振动、压重等，不同类型的车辆有着不太一致的信号，因此可以通过测量这些参数对车辆进行大致分类。

(3) 通过直接识别车辆身份的方法实现分类，如电子标签、视频牌照识别等。

这里简要介绍一下第一种方法。这种技术利用轮廓扫描方式获取车辆的外形信息，从而对车辆进行分类。扫描一般使用无线电波或者红外线，更先进的则使用激光。轮廓扫描的基本方法是将扫描波束的发射、接收天线安置在车道上方或侧面，向车道上发射扫描波束；或用摄像机摄下经过路口的车辆图像，然后对图像进行处理，提取轮廓信息。在此基础上，选择或提取出一些可用来分类的特征，如顶长比（车顶长度/车身长度）、车高等，如图 1.8 和表 1.1 所示。最后经过统计和计算，设计出分类的准则，应用到收费管理系统，对来往车辆进行分类收费。

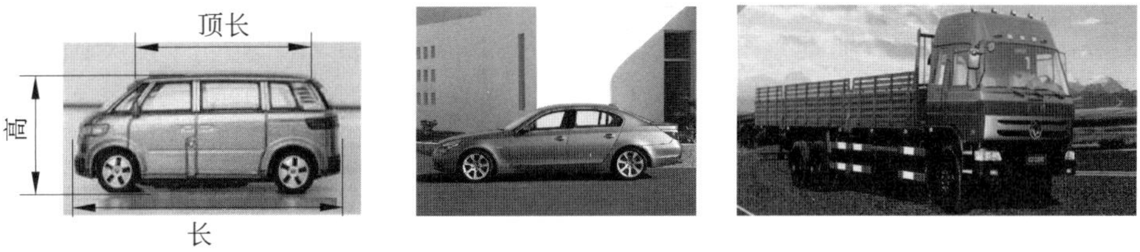

图 1.8　车辆分类特征的选择

表 1.1　车辆的分类特征

分类特征	面包车	轿车	卡车
顶长	最大	居中	最小
车高	居中	最低	最高

2. 生物特征识别技术

生物特征识别技术(biometrics)是近几年在全球范围内迅速发展起来的计算机安全技术,其原理是根据每个人独有的可以采样和测量的生物学特征(生理特征)和行为学特征进行身份识别。由于生物特征不像各种证件类持有物那样容易被窃取,也不像密码、口令那样容易遗忘或被破解,仅凭借自身的唯一性就可以标识身份与保密,所以具有独特的优势,在许多身份识别系统中起着不可替代的重要作用,在国际上被广泛研究。

生物特征识别技术可分为基于生理特征的生物识别技术和基于行为特征的生物识别技术。生理特征包括面部特征、指纹、手型、掌纹、虹膜、视网膜、体味、耳廓、基因、体热辐射以及手部和面部静脉血管模式等,这些特征不随客观条件和主观意愿而改变。基于行为特征的识别包括击键动力学分析、签名识别、说话人识别、步态识别等,这些特征都与后天环境养成的行为习惯有关。

1) 指纹识别

这是使用最早也是最成熟的生物特征识别技术,最早用于识别罪犯,现在应用领域很广,如考勤、身份认证等。其基本原理是通过摄像机摄入手指图像,进行一定的处理,提取分类用的特征,与指纹库中的指纹信息进行比较,从而识别出具体的人。

2) 掌纹识别

指纹识别常用于识别罪犯,许多人不太接受,掌纹识别技术则避免了这一问题。进行掌纹识别时,通常对手掌上的生命线、财富线和感情线提取特征,如财富线上某几个点的幅值(灰度值)、线长与线所对应的角度之比等。

3) 人脸识别

人脸识别系统的发展也已经进入实际使用阶段,可以在被识别者采用修改眉毛和发型、粘贴胡须、佩戴墨镜等易容手段的情况下,进行比较准确的识别判定。

4) 虹膜识别

被识别者即使做整容手术后改头换面,也可以被这种技术识别出来。“9・11”事件以后，世界民用航空组织公布了生物技术的应用规划，提出要在个人护照中加入指纹、虹膜等生物特征，以便更精确地辨认个人身份。从 2006 年 10 月开始，所有美国护照都内嵌存有个人面部特征的数码相片，未来还将在其中加入指纹或虹膜信息。

5）签名识别

签名识别作为一种行为识别技术，目前主要用于认证。离线认证通过扫描仪获得签名的数字图像，在线认证利用数字写字板或压敏笔记录书写签名的过程，从而获得手写签名的图像、笔顺、速度和压力等信息。

6）击键分析

击键分析基于人击键时的特性，如击键的持续时间、敲击不同键之间的时间、出错的频率以及力度大小等，从而达到身份识别的目的。这类识别技术涉及工程动力学方面的知识。

第2章 聚类分析

2.1 距离聚类的概念

1. 物以类聚

人们常说“物以类聚，人以群分”，这句话实际上就反映了聚类分析的基本思想。例如，对一个班的学生成绩做“优”、“良”、“一般”、“差”四个等级的分类；工厂检验科将某产品按质量分为“特等品”、“一等品”、“二等品”、“等外品”、“次品”；娱乐节目中，身着不同颜色服装的方队；对动物按飞禽、走兽等进行分类，这些都是实际生活中的聚类。

模式识别从实现方法上可分为两类：监督分类和非监督分类，聚类分析属于非监督分类，也就是说基本上无先验知识可依据或参考。

聚类分析根据模式之间的相似性对模式进行分类，对一批没有标出类别的模式样本集，将相似的归为一类，不相似的归为另一类。

2. 相似性的含义

“相似性”是聚类分析中的关键性概念。当研究一个复杂对象时，可以对其特征进行各种可能的测量，将测量值组成向量形式，称为该样本的特征向量，由 n 个特征值组成的就是 n 维向量，即 $\boldsymbol{X}=(x_1,x_2,\cdots,x_n)^{\mathrm{T}}$，它相当于特征空间中的一个点，整个模式样本集的特征向量可以看做分布在特征空间中的一些点。

我们可以将特征空间中点与点之间的距离函数作为模式相似性的测量，以“距离”作为模式分类的依据，距离越小，越“相似”。注意，这时已经将各种实际的物理含义统统抽象为距离的概念了，如 x_1 原来代表温度，x_2 代表长度，等等。进行这种数学抽象的目的是为了便于后面的分类。

另外需要注意的是，聚类分析是按照不同对象之间的差异，根据距离函数的规律做模式分类的，因此这种方法是否有效，与模式特征向量的分布形式有很大的关系，这是这类方法的一个特点。如果向量点的分布是一群一群出现的，同一群样本密集，不同群样本远离，用距离函数就较易分成若干类；如果样本集的向量分布成一团，就很难做聚类分析。

因此，对具体对象做聚类分析时，选取的特征向量是否合适非常关键。例如，当许多杯不同种类、不同品牌的酱油以及不同品牌的可乐混杂放在一起时，如果想将酱油和可乐识别并区分开来，若以味道作为识别分类的特征，很容易就达到目的了。这时在一维特征空间中，代表两种物质样本的特征点的分布非常有利于分类：酱油和可乐的样本点分别各自密集地聚集在一起，不同类的点又相距足够远。如果以颜色作为特征，因为所有样本的颜色值都比较接近，所以特征空间中的所有点是密集地混杂在一起的，自然就很难分开它们了。

2.2 相似性测度和聚类准则

2.2.1 相似性测度

相似性测度是衡量模式之间相似性的一种尺度。距离就是一种相似性的测度，它可以用来度量同一类模式之间的类似性和不属于同一类的模式之间的差异性。下面介绍几种距离。

1. 欧氏(Euclid)距离

欧氏距离即欧几里德距离，一般情况下我们所用的距离都是欧氏距离。设 $\boldsymbol{X}_i,\boldsymbol{X}_j$ 为两个 n 维模式，$\boldsymbol{X}_i=(x_{i1},x_{i2},\cdots,x_{in})^{\mathrm{T}}$，$\boldsymbol{X}_j=(x_{j1},x_{j2},\cdots,x_{jn})^{\mathrm{T}}$，则欧氏距离定义为

$$\begin{aligned} D(\boldsymbol{X}_i,\boldsymbol{X}_j) &= \|\boldsymbol{X}_i-\boldsymbol{X}_j\| = \sqrt{(\boldsymbol{X}_i-\boldsymbol{X}_j)^{\mathrm{T}}(\boldsymbol{X}_i-\boldsymbol{X}_j)} \\ &= \sqrt{(x_{i1}-x_{j1})^2+\cdots+(x_{in}-x_{jn})^2} \end{aligned} \tag{2-1}$$

欧氏距离实际上是向量$(\boldsymbol{X}_i-\boldsymbol{X}_j)$的模值，能直观地表示模式之间的相似性，距离越小，越相似。

这里应当明确两点：

(1) 模式特征向量的构成。一种物理量对应一种量纲，而一种量纲一般有不同的单位制式，每种单位制式下又有不同的单位，简单地说就是一种物理量对应着一个具体的单位。对于各特征向量，对应的维上应当是相同的物理量，并且要注意物理量的单位。

通常特征向量中的每一维所表示的物理含义各不相同，如 x_1 表示长度，x_2 表示压力等。分类时，如果某些维上物理量采用的单位发生变化，会导致对同样的点集出现不同聚类结果的现象。例如，假设有 4 个二维模式向量 $\boldsymbol{X}_1,\boldsymbol{X}_2,\boldsymbol{X}_3,\boldsymbol{X}_4$，向量的两个分量 x_1,x_2 均表示长度，当分量的单位发生不同的变化时，会出现如图 2.1 所示的不同分类结果。

(2) 为了解决上面的问题，通常采用使特征数据标准化的办法，使其与变量的单位无关。此时所描述的点是一种相对的位置关系，只要样本点间的相对位置关系不变，就不会影响分类。例如对图 2.1(b)和(c)中的数据标准化后，四个点的相对位置关系总是和图 2.1(a)相同，由于相对位置关系不变，因此不会影响分类。同样地，如果对数据不满意，感觉所有数值整体上都太大或太小，也可以采用类似的处理方法。

2. 马氏(Maharanobis)距离

马氏距离常用平方形式表示。设 $\boldsymbol{X}$ 为模式向量，$\boldsymbol{M}$ 为某类模式的均值向量，$\boldsymbol{C}$ 为该类模式总体的协方差矩阵，则马氏距离定义为

$$D^2=(\boldsymbol{X}-\boldsymbol{M})^{\mathrm{T}}\boldsymbol{C}^{-1}(\boldsymbol{X}-\boldsymbol{M}) \tag{2-2}$$

对 n 维模式向量可表示成：$\boldsymbol{X}=\begin{pmatrix} x_1 \\ \vdots \\ x_n \end{pmatrix}$，$\boldsymbol{M}=\begin{pmatrix} m_1 \\ \vdots \\ m_n \end{pmatrix}$，

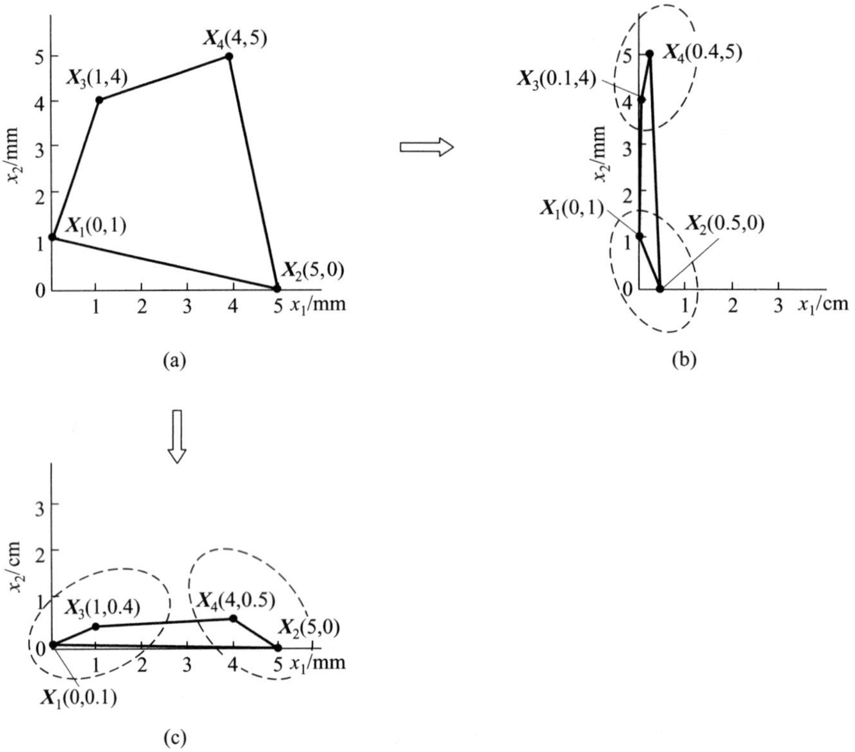

图 2.1　单位变化对聚类分析结果的影响

$$
\boldsymbol{C} = E\{(\boldsymbol{X}-\boldsymbol{M})(\boldsymbol{X}-\boldsymbol{M})^{\mathrm{T}}\} = E\begin{pmatrix} x_1 - m_1 \\ x_2 - m_2 \\ \vdots \\ x_n - m_n \end{pmatrix}(x_1 - m_1, x_2 - m_2, \cdots, x_n - m_n)
$$

$$
= \begin{pmatrix} E(x_1-m_1)(x_1-m_1) & E(x_1-m_1)(x_2-m_2) & \cdots & E(x_1-m_1)(x_n-m_n) \\ E(x_2-m_2)(x_1-m_1) & E(x_2-m_2)(x_2-m_2) & \cdots & \cdots \\ \vdots & \vdots & \ddots & \vdots \\ E(x_n-m_n)(x_1-m_1) & \cdots & \cdots & E(x_n-m_n)(x_n-m_n) \end{pmatrix}
$$

$$
= \begin{pmatrix} \sigma_{11}^2 & \sigma_{12}^2 & \cdots & \sigma_{1n}^2 \\ \sigma_{21}^2 & \ddots & \sigma_{jk}^2 & \vdots \\ \vdots & \ddots & \sigma_{kk}^2 & \vdots \\ \sigma_{n1}^2 & \cdots & \cdots & \sigma_{nn}^2 \end{pmatrix}
$$

其中，$\boldsymbol{C}$ 为对称矩阵，对角线上的元素 σ_{kk}^2 是模式向量第 k 个分量（元素）的方差，非对角线上的元素 σ_{jk}^2 是 $\boldsymbol{X}$ 的第 j 个分量 x_j 和第 k 个分量 x_k 的协方差。协方差矩阵 $\boldsymbol{C}$ 表示的概念是各分量上模式样本到均值的距离，也就是在各维上模式的分散情况，σ_{jk}^2 越大，说明离均值越远。因此模式向量 $\boldsymbol{X}$ 到均值向量 $\boldsymbol{M}$ 的马氏距离表示的是 $\boldsymbol{X}$ 与该模式类的相似性的大小，马氏距离越小，说明模式 $\boldsymbol{X}$ 与该模式类的相似程度越大；反之，说明相似程度越小。

马氏距离的优点是排除了模式样本之间的相关性影响。例如我们取一个模式特征向量，可能其中有九个分量反映的是同一特征 A，而只有一个分量反映特征 B，这时如用欧氏距离计算，则主要反映了特征 A，而用马氏距离计算则可避免这个缺点。

当 $\boldsymbol{C}$ 为单位矩阵 $\boldsymbol{I}$ 时，马氏距离等同于欧氏距离。

3. 明氏(Minkowaki)距离

设 $\boldsymbol{X}_i,\boldsymbol{X}_j$ 为 n 维模式向量，$\boldsymbol{X}_i,\boldsymbol{X}_j$ 间的明氏距离 D_m 表示为

$$D_m(\boldsymbol{X}_i,\boldsymbol{X}_j)=\left[\sum_{k=1}^{n}|x_{ik}-x_{jk}|^m\right]^{\frac{1}{m}} \tag{2-3}$$

其中，x_{ik}、x_{jk} 分别表示 $\boldsymbol{X}_i$ 和 $\boldsymbol{X}_j$ 的第 k 个分量。

当 $m=2$ 时，明氏距离即为欧氏距离。

当 $m=1$ 时，可得

$$D_1(\boldsymbol{X}_i,\boldsymbol{X}_j)=\sum_{k=1}^{n}|x_{ik}-x_{jk}|$$

这时亦称为"街坊"距离(city block distance)，其含义在二维空间中，即 $k=2$ 时，容易得到形象的说明，如图 2.2 所示，此时

$$D_1(\boldsymbol{X}_i,\boldsymbol{X}_j)=|x_{i1}-x_{j1}|+|x_{i2}-x_{j2}|$$

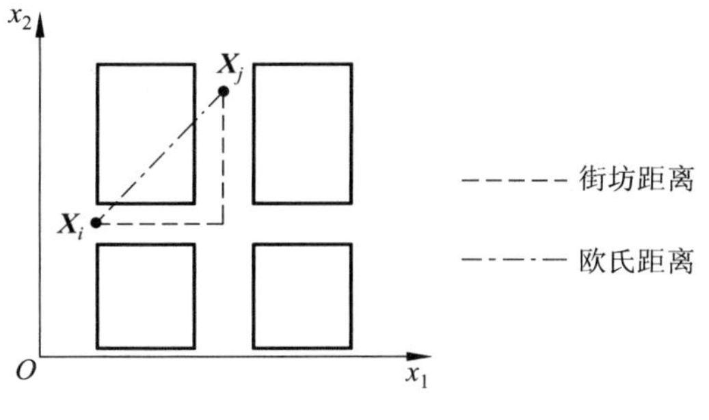

图 2.2 街坊距离图示

4. 汉明(Hamming)距离

如果模式向量各分量的值仅取 1 或(−1)，即为二值模式，则可用汉明距离衡量模式间的相似性。设 $\boldsymbol{X}_i$ 和 $\boldsymbol{X}_j$ 为 n 维二值模式向量，$\boldsymbol{X}_i$ 和 $\boldsymbol{X}_j$ 之间的汉明距离定义为

$$D_h(\boldsymbol{X}_i,\boldsymbol{X}_j)=\frac{1}{2}\left(n-\sum_{k=1}^{n}x_{ik}\cdot x_{jk}\right) \tag{2-4}$$

由定义可知，若两个模式向量的每个分量取值都不同，则汉明距离为 n；若两个模式向量的各分量取值都相同，则汉明距离为零。

5. 角度相似性函数

角度相似性函数表示为

$$S(\boldsymbol{X}_i,\boldsymbol{X}_j)=\frac{\boldsymbol{X}_i^{\mathrm{T}}\boldsymbol{X}_j}{\|\boldsymbol{X}_i\|\cdot\|\boldsymbol{X}_j\|} \tag{2-5}$$

它是模式向量 $\boldsymbol{X}_i$、$\boldsymbol{X}_j$ 之间夹角的余弦，亦为 $\boldsymbol{X}_i$ 的单位向量 $\boldsymbol{X}_i/\|\boldsymbol{X}_i\|$ 与 $\boldsymbol{X}_j$ 的单位向量 $\boldsymbol{X}_j/\|\boldsymbol{X}_j\|$ 之间的点积。夹角余弦的测度反映了几何上相似形的特征，它对于坐标系的旋转及放大缩小是不变的，但对位移和一般的线性变换并不具有不变性的性质。

当特征的取值仅为 0、1 二值时，夹角余弦度量具有特别的含义。如果 $\boldsymbol{X}_i$、$\boldsymbol{X}_j$ 向量的每一个分量都只能是 0 或者 1，当其第 i 个特征分量为 1 值时，认为该模式具有第 i 个特征；如果为 0，则无此特征。这样 $\boldsymbol{X}_i^{\mathrm{T}}\boldsymbol{X}_j$ 的值等于 $\boldsymbol{X}_i$、$\boldsymbol{X}_j$ 两向量共有的特征数目。而

$$\begin{aligned}\|\boldsymbol{X}_i\|\cdot\|\boldsymbol{X}_j\| &= \sqrt{(\boldsymbol{X}_i^{\mathrm{T}}\boldsymbol{X}_i)(\boldsymbol{X}_j^{\mathrm{T}}\boldsymbol{X}_j)} \\ &= \boldsymbol{X}_i\text{ 中具有特征的数目和 }\boldsymbol{X}_j\text{ 中具有特征数目的几何平均}\end{aligned}$$

所以在 0、1 的二值情况下，$S(\boldsymbol{X}_i,\boldsymbol{X}_j)$等于 $\boldsymbol{X}_i$、$\boldsymbol{X}_j$ 中具有共有特征数目的相似性测度。

6. Tanimoto 测度

将夹角余弦度量稍加变换，可得到 Tanimoto 测度，它亦用于 0、1 二值特征的情况，在疾病和动植物分类中尤其受到注意。Tanimoto 测度定义为

$$\begin{aligned}S(\boldsymbol{X}_i,\boldsymbol{X}_j) &= \frac{\boldsymbol{X}_i^{\mathrm{T}}\boldsymbol{X}_j}{\boldsymbol{X}_i^{\mathrm{T}}\boldsymbol{X}_i+\boldsymbol{X}_j^{\mathrm{T}}\boldsymbol{X}_j-\boldsymbol{X}_i^{\mathrm{T}}\boldsymbol{X}_j} \\ &= \frac{\boldsymbol{X}_i,\boldsymbol{X}_j\text{ 中共有的特征数目}}{\boldsymbol{X}_i\text{ 和 }\boldsymbol{X}_j\text{ 中占有的特征数目的总数}}\end{aligned}$$

相似性测度函数的共同点都涉及把两个相比较的向量 $\boldsymbol{X}_i$、$\boldsymbol{X}_j$ 的分量值组合起来，但怎样组合并无普遍有效的方法，对具体的模式分类，需视情况做适当选择。

2.2.2 聚类准则

前面讲过，两个模式向量之间的距离越小，说明两者越相似，那么小到什么程度就可以判定它们属于一类呢？这就是聚类准则将要解决的问题。

聚类准则是指根据相似性测度确定的衡量模式之间是否相似的标准，也就是把不同模式聚为一类还是归于不同类的准则。聚类准则的确定有阈值准则和函数准则两种方式。

1. 阈值准则

阈值准则是指根据规定的距离阈值进行分类的准则。实际问题中，通常凭直观和经验定义一种相似性测度的阈值，然后按最近邻规则指定某些模式样本属于某一聚类类别。这基本上是一种试探性的方法，2.3.1 节介绍的“近邻聚类法”就属于这一类。

2. 函数准则

模式类别之间的相似性或差异性可用一个函数来表示。在聚类分析中,表示模式类间的相似性或差异性的函数称为聚类准则函数。由于聚类就是进行组合分类,而类别又由一个个模式样本组成,一般来说类别的可分离性与样本间的差异性直接有关,因此聚类准则函数应当是模式样本集$\{\boldsymbol{X}\}$和模式类别$\{S_j, j=1,2,\cdots,c\}$的函数,c为类别数。在聚类分析中,可以通过定义一个准则函数,把聚类分析问题转化为寻找准则函数极值的最优化问题,通过对准则函数求极值就可以得到一个聚类准则。

一种常用的指标是误差平方之和,聚类准则函数定义为

$$J=\sum_{j=1}^{c}\sum_{\boldsymbol{X}\in S_j}\|\boldsymbol{X}-\boldsymbol{M}_j\|^2 \tag{2-6}$$

其中,c表示共有c个模式类;$\boldsymbol{M}_j=\dfrac{1}{N_j}\sum\limits_{\boldsymbol{X}\in S_j}\boldsymbol{X}$,为$S_j$中模式样本的均值向量,$N_j$为$\boldsymbol{S}_j$中的模式样本数目。

式(2-6)表明,J代表了分属于c个聚类类别的全部模式样本与其相应类别模式均值之间的误差平方和,那么当J值达到极小时,说明达到了满意的分类结果。所以,使J值极小的聚类就是我们的目的。用这种准则函数进行的聚类通常称为最小方差划分。

最小方差划分适用于各类模式样本密集且数目相差不多,而不同类间的模式样本又明显分开的情况,如图2.3所示。

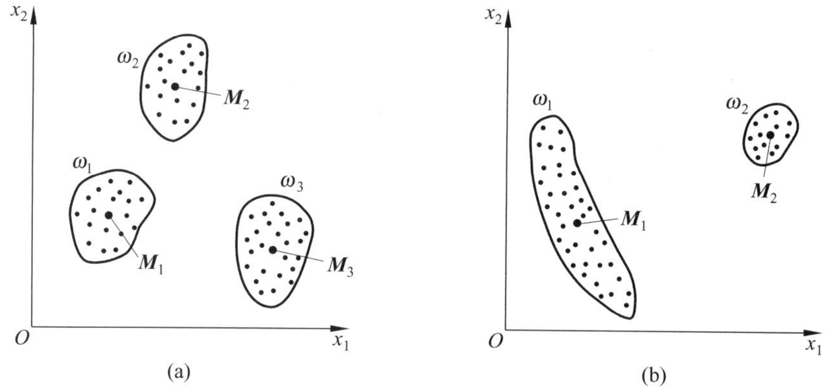

图2.3 不同模式分布图

在图2.3(a)所示的模式分布中,每一类模式的类内误差平方和很小,类间距离很远,用这种准则可以得到最好的结果。图2.3(b)的分布中,ω_1类模式的长轴两端距离聚类中心很远,这必然引起J值较大,用这种准则所得到的结果就不易令人满意。

图2.4说明了另一种情况。当不同类中的模式样本数目相差很大时,采用误差平方和作为准则函数,有时可能把模式样本数目多的一类分拆为两类,因为这样分开,J值会更小,从而造成错误的聚类。

聚类准则函数还有许多其他形式,这里不做进一步讨论了。

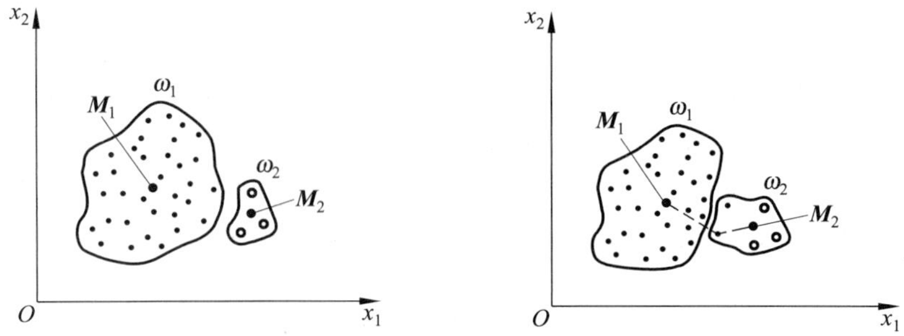

(a) 正确分类　　(b) 错误分类

图 2.4　错误的聚类分析

2.3　基于距离阈值的聚类算法

2.3.1　近邻聚类法

1. 问题的提出

有 N 个待分类的模式样本$\{\boldsymbol{X}_1,\boldsymbol{X}_2,\cdots,\boldsymbol{X}_N\}$，要求按距离阈值 T 分类到以 $\boldsymbol{Z}_1,\boldsymbol{Z}_2,\cdots$ 为聚类中心的模式类中。

2. 算法描述

(1) 任取一个模式样本 $\boldsymbol{X}_i$ 作为第一个聚类中心的初始值，例如令 $\boldsymbol{Z}_1=\boldsymbol{X}_1$。

(2) 计算模式样本 $\boldsymbol{X}_2$ 到 $\boldsymbol{Z}_1$ 的欧氏距离 $D_{21}=\|\boldsymbol{X}_2-\boldsymbol{Z}_1\|$。

若 $D_{21}>T$，定义一个新的聚类中心 $\boldsymbol{Z}_2=\boldsymbol{X}_2$；

否则 $\boldsymbol{X}_2\in$ 以 $\boldsymbol{Z}_1$ 为中心的聚类。

(3) 假如已有聚类中心 $\boldsymbol{Z}_1,\boldsymbol{Z}_2$，计算 $D_{31}=\|\boldsymbol{X}_3-\boldsymbol{Z}_1\|$ 和 $D_{32}=\|\boldsymbol{X}_3-\boldsymbol{Z}_2\|$。

若 $D_{31}>T$ 且 $D_{32}>T$，则建立第三个聚类中心 $\boldsymbol{Z}_3=\boldsymbol{X}_3$；

否则 $\boldsymbol{X}_3\in$ 离 $\boldsymbol{Z}_1$ 和 $\boldsymbol{Z}_2$ 中最近者，即最近邻的聚类中心。

依此类推，按照这种最近邻规则，直至将所有的 N 个模式样本全部分类。

3. 算法特点

(1) 局限性。近邻聚类法的聚类结果在很大程度上依赖于第一个聚类中心的位置选择、待分类模式样本的排列次序、距离阈值 T 的大小以及模式样本分布的几何性质等。

(2) 优点。虽然有局限性，而且比较粗糙，但是提供了一种简单、快速的方法。

4. 算法讨论

如果能够获得模式样本几何分布的先验知识，用先验知识指导阈值 T 和起始点 $\boldsymbol{Z}_1$

的选择，便可获得合理的聚类结果，但实际上对高维模式样本，不可能采用直观的分析来指导阈值和起始点的选择，只能选择不同的 T 和 $\boldsymbol{Z}_1$ 重复进行试探。同时对聚类结果进行验算，根据一定的评价标准，得出合理的聚类结果。例如，计算每一聚类中心离该类中最远样本点之间的距离，以及各样本点之间的距离方差等，用这些结果来指导阈值 T 和起始点的重选，然后再进行验算。只要待分类的样本集是可分的，采用这种方法也可获得合适的聚类结果。图 2.5 说明了试探过程中，选取不同阈值和聚类中心导致的不同聚类结果。

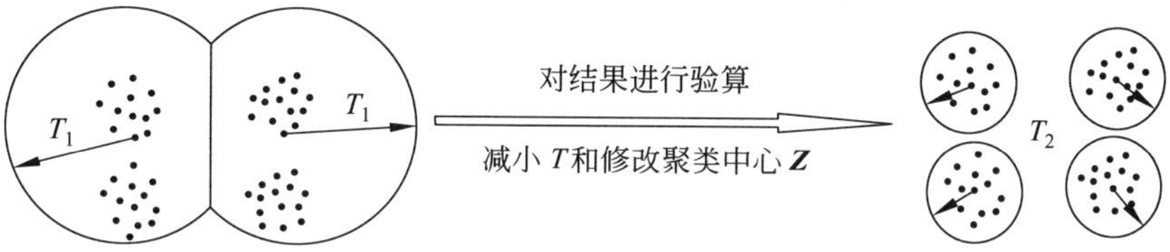

图 2.5　选取不同阈值和聚类中心时得到的不同聚类结果

2.3.2　最大最小距离算法

最大最小距离算法也称小中取大距离算法。这种方法首先根据确定的距离阈值寻找聚类中心，然后根据最近邻规则把模式样本划分到各聚类中心对应的类别中。

1. 问题的提出

已知 N 个待分类的模式样本 $\{\boldsymbol{X}_1, \boldsymbol{X}_2, \cdots, \boldsymbol{X}_N\}$，要求分别分类到聚类中心 $\boldsymbol{Z}_1, \boldsymbol{Z}_2, \cdots$ 对应的类别中。

2. 算法描述

(1) 任选一个模式样本作为第一聚类中心 $\boldsymbol{Z}_1$。

(2) 选择离 $\boldsymbol{Z}_1$ 距离最远的模式样本作为第二聚类中心 $\boldsymbol{Z}_2$。

(3) 逐个计算每个模式样本与已确定的所有聚类中心之间的距离，并选出其中的最小距离。

例如，当聚类中心数 $k=2$ 时，即计算

$$D_{i1} = \| \boldsymbol{X}_i - \boldsymbol{Z}_1 \|, \quad D_{i2} = \| \boldsymbol{X}_i - \boldsymbol{Z}_2 \|$$

并求出

$$\min(D_{i1}, D_{i2}), \quad i = 1, 2, \cdots, N$$

因为共有 N 模式样本，所以此时得到 N 个最小距离。

(4) 在所有最小距离中选出一个最大距离，如果该最大值达到 $\| \boldsymbol{Z}_1 - \boldsymbol{Z}_2 \|$ 的一定分数比值以上，则将产生最大距离的那个模式样本定义为新增聚类中心，并返回上一步。否则，聚类中心的计算步骤结束。这里的“$\| \boldsymbol{Z}_1 - \boldsymbol{Z}_2 \|$ 的一定分数比值”就是阈值 T，即

$$T = \theta \| \boldsymbol{Z}_1 - \boldsymbol{Z}_2 \|, \quad 0 < \theta < 1$$

同样以 $k=2$ 为例，若 $\max\{\min(D_{i1},D_{i2}),i=1,2,\cdots,N\}>T$，则 $\boldsymbol{Z}_3$ 存在，并取为相应的模式向量，返回步骤(3)；否则，寻找聚类中心的工作结束。

(5) 重复步骤(3)和步骤(4)，直到没有新的聚类中心出现为止。在这个过程中，当有 k 个聚类中心 $\boldsymbol{Z}_1,\boldsymbol{Z}_2,\cdots,\boldsymbol{Z}_k$ 时，分别计算每个模式样本与所有聚类中心距离中的最小值，即计算

$$\min(D_{i1},D_{i2},\cdots,D_{ik}),\quad i=1,2,\cdots,N,\quad 其中\ D_{ik}=\|\boldsymbol{X}_i-\boldsymbol{Z}_k\|$$

寻找 N 个最小距离中的最大距离并进行判断，即计算

$$\max\{\min(D_{i1},D_{i2},\cdots,D_{ik}),\quad i=1,2,\cdots,N\}$$

结果大于阈值 T 时，$\boldsymbol{Z}_{k+1}$ 存在，并取为产生最大值的相应模式向量；否则，停止寻找聚类中心。

(6) 寻找聚类中心的运算结束后，将模式样本 $\{\boldsymbol{X}_i,i=1,2,\cdots,N\}$ 按最近距离划分到相应聚类中心所代表的类别中。也就是说模式样本距哪个聚类中心近，就划分到哪个模式类中。

从上面的步骤可以看出，最大最小距离算法可以概括地描述为以“试探类间欧氏距离最大”作为预选出最初聚类中心的条件；根据最小距离中的最大距离情况，确定其余的聚类中心；将全部聚类中心确定完之后，再按最近距离将所有模式划分到各类中去。算法的关键是怎样开新类，以及新类中心如何确定。因为算法的核心是寻找最小距离中的最大距离，所以也称小中取大距离算法。

例 2.1 已知模式样本如图 2.6 所示，试用最大最小距离算法进行聚类分析。

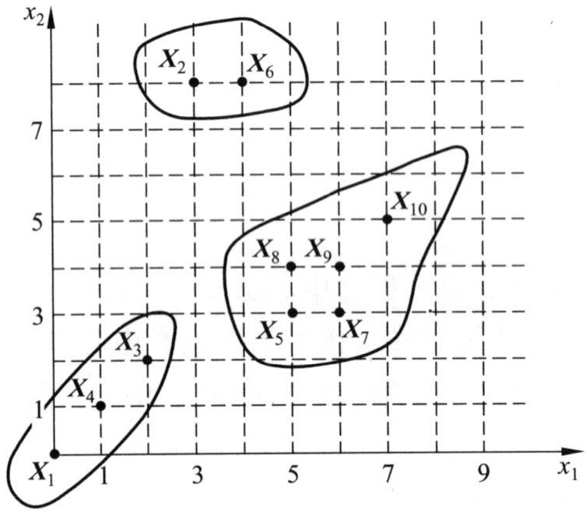

图 2.6 最大最小距离算法举例

解：(1) 任取 $\boldsymbol{Z}_1=\boldsymbol{X}_1=(0,0)^{\mathrm{T}}$。

(2) 计算各样本点到 $\boldsymbol{Z}_1$ 的距离

$$D_{11}=\|\boldsymbol{X}_1-\boldsymbol{Z}_1\|=0$$

$$D_{21}=\|\boldsymbol{X}_2-\boldsymbol{Z}_1\|=\sqrt{(3-0)^2+(8-0)^2}=\sqrt{73}$$

同理算得：$D_{31},D_{41},\cdots,D_{10,1}$，其中 D_{61} 最大，即 $\boldsymbol{X}_6$ 离 $\boldsymbol{Z}_1$ 最远，所以

$$\boldsymbol{Z}_2=\boldsymbol{X}_6=(4,8)^{\mathrm{T}}$$

取 $\theta=\frac{1}{2}$，有 $T=\theta\|\boldsymbol{Z}_1-\boldsymbol{Z}_2\|=\frac{1}{2}\sqrt{80}$。

(3) 新增计算各样本到 $\boldsymbol{Z}_2$ 的距离：$D_{12},D_{22},\cdots,D_{10,2}$，计算每个样本与 $\boldsymbol{Z}_1,\boldsymbol{Z}_2$ 间的距离，选出其中较小者。这10个最小距离中的最大者 $>T$，由 $\boldsymbol{X}_7$ 产生，所以

$$\boldsymbol{Z}_3=\boldsymbol{X}_7=(6,3)^{\mathrm{T}}$$

(4) 新增计算各样本到 $\boldsymbol{Z}_3$ 的距离：$D_{13},D_{23},\cdots,D_{10,3}$，求 $\min(D_{11},D_{12},D_{13})$，$\min(D_{21},D_{22},D_{23}),\cdots,\min(D_{10,1},D_{10,2},D_{10,3})$，有 $\max\{\min(D_{i1},D_{i2},D_{i3})i=1,2,\cdots,10\}<T$，故寻找聚类中心的步骤结束。

(5) 现有聚类中心：$\boldsymbol{Z}_1=\boldsymbol{X}_1$；$\boldsymbol{Z}_2=\boldsymbol{X}_6$；$\boldsymbol{Z}_3=\boldsymbol{X}_7$，按最近距离将10个模式样本分到三个类别中，有

$$\omega_1:\{\boldsymbol{X}_1,\boldsymbol{X}_3,\boldsymbol{X}_4\};\quad \omega_2:\{\boldsymbol{X}_2,\boldsymbol{X}_6\};\quad \omega_3:\{\boldsymbol{X}_5,\boldsymbol{X}_7,\boldsymbol{X}_8,\boldsymbol{X}_9,\boldsymbol{X}_{10}\}$$

结果如图2.6所示。

2.4 层次聚类法

层次聚类法(hierarchical clustering method)也称系统聚类法或分级聚类法，是实际工作中采用最多的方法之一。这种方法同样将距离阈值作为决定聚类数目的标准，基本思路是每个模式样本先自成一类，然后按距离准则逐步合并，减少类别数，直至达到分类要求为止。

1. 算法描述

(1) N 个初始模式样本自成一类，即建立 N 类 $G_1(0),G_2(0),\cdots,G_N(0)$。计算各类之间(各样本间)的距离，得到一个 $N\times N$ 维的距离矩阵 $\boldsymbol{D}(0)$。标号(0)表示是聚类开始运算前的状态。

(2) 如在前一步聚类运算中，已求得距离矩阵 $\boldsymbol{D}(n)$(n 为逐次聚类合并的次数)，则找出 $\boldsymbol{D}(n)$ 中的最小元素，将其对应的两类合并为一类。由此建立新的分类：$G_1(n+1)$，$G_2(n+1),\cdots$。

(3) 计算合并后新类别之间的距离，得到距离矩阵 $\boldsymbol{D}(n+1)$。

(4) 跳至第(2)步，重复计算及合并。

结束条件：设定一个距离阈值 T，当 $\boldsymbol{D}(n)$ 的最小分量超过给定值 T 时，算法停止。这时意味着，所有的类间距离均大于要求的 T 值，各类已经足够地分开了，这时所得的分类即为聚类结果。或者不设阈值 T，一直到将全部样本聚成一类为止，输出聚类的分级树。

2. 问题讨论

细心的读者可能已经考虑到，在第(3)步中，计算合并后的聚类与其他没有合并的模式类之间的距离，或者两个合并后的聚类之间的距离时，应该怎么计算呢？下面介绍几种不同的类间距离计算准则。

(1) 最短距离法。如 H,K 是两个聚类,则两类间的最短距离定义为

$$D_{HK}=\min\{D(\boldsymbol{X}_H,\boldsymbol{X}_K)\}\quad \boldsymbol{X}_H\in H,\quad \boldsymbol{X}_K\in K$$

式中,$D(\boldsymbol{X}_H,\boldsymbol{X}_K)$表示 H 类中的样本 $\boldsymbol{X}_H$ 和 K 类中的样本 $\boldsymbol{X}_K$ 之间的欧氏距离;D_{HK}表示 H 类中的所有样本与 K 类中所有样本之间的最短距离,如图 2.7(a)所示。

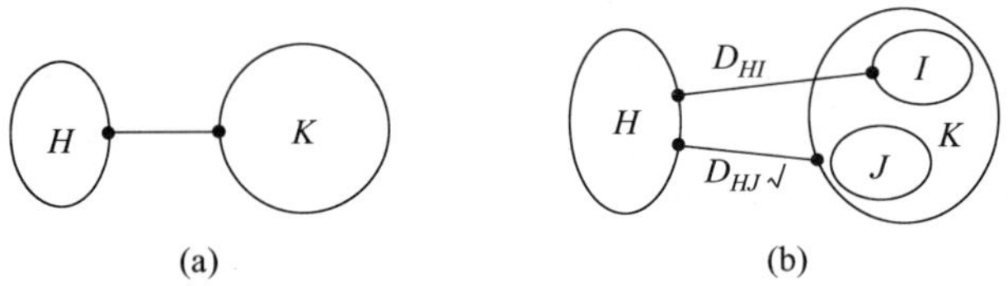

图 2.7　最短距离法图示

如果 K 类由 I 和 J 两类合并而成,则

$$D_{HI}=\min\{D(\boldsymbol{X}_H,\boldsymbol{X}_I)\}\quad \boldsymbol{X}_H\in H,\quad \boldsymbol{X}_I\in I$$

$$D_{HJ}=\min\{D(\boldsymbol{X}_H,\boldsymbol{X}_J)\}\quad \boldsymbol{X}_H\in H,\quad \boldsymbol{X}_J\in J$$

得到递推公式,如图 2.7(b)所示。

$$D_{HK}=\min\{D_{HI},D_{HJ}\}$$

(2) 最长距离法。与最短距离法类似,H 和 K 类之间的距离定义为

$$D_{HK}=\max\{D(\boldsymbol{X}_H,\boldsymbol{X}_K)\}\quad \boldsymbol{X}_H\in H,\quad \boldsymbol{X}_K\in K$$

若 K 类由 I 和 J 两类合并而成,则

$$D_{HI}=\max\{D(\boldsymbol{X}_H,\boldsymbol{X}_I)\}\quad \boldsymbol{X}_H\in H,\quad \boldsymbol{X}_I\in I$$

$$D_{HJ}=\max\{D(\boldsymbol{X}_H,\boldsymbol{X}_J)\}\quad \boldsymbol{X}_H\in H,\quad \boldsymbol{X}_J\in J$$

得到递推公式

$$D_{HK}=\max\{D_{HI},D_{HJ}\}$$

(3) 中间距离法。中间距离法介于最长与最短的距离之间。如果 K 类由 I 类和 J 类合并而成,则 H 和 K 类之间的距离为

$$D_{HK}=\sqrt{\frac{1}{2}D_{HI}^2+\frac{1}{2}D_{HJ}^2-\frac{1}{4}D_{IJ}^2}$$

(4) 重心法。以上定义的类间距离中并未考虑每一类中所包含的样本数目,重心法在这一方面有所改进。如果 I 类中有 n_I 个样本,J 类中有 n_J 个样本,则 I 和 J 合并后共有(n_I+n_J)个样本。用 $n_I/(n_I+n_J)$和 $n_J/(n_I+n_J)$代替中间距离法中的系数,即可得到重心法的类与类之间的距离递推式

$$D_{HK}=\sqrt{\frac{n_I}{n_I+n_J}D_{HI}^2+\frac{n_J}{n_I+n_J}D_{HJ}^2-\frac{n_In_J}{(n_I+n_J)^2}D_{IJ}^2}$$

(5) 类平均距离法。设 H、K 为两个聚类,则 H 类和 K 类间的距离定义为

$$D_{HK}=\sqrt{\frac{1}{n_Hn_K}\sum_{\substack{i\in H\\ j\in K}}d_{ij}^2}$$

式中,d_{ij}^2是 H 类中任一样本 $\boldsymbol{X}_i$ 和 K 类中的任一样本 $\boldsymbol{X}_j$ 之间的欧氏距离平方;n_H,n_K 分别表示 H 和 K 类中的样本数目。如果 K 类由 I 类和 J 类合并产生,则可以得到 H 和 K 类之间距离的递推式

$$D_{HK} = \sqrt{\frac{n_I}{n_I + n_J} D_{HI}^2 + \frac{n_J}{n_I + n_J} D_{HJ}^2}$$

类间距离的定义方法不同，会使分类结果不太一致。实际问题中常用几种不同的方法进行计算，比较其分类结果，从而选择一个比较切合实际的分类。

对于上述五种类间距离的定义方法，可以采用统一的递推公式表示。

例 2.2 给出 6 个五维模式样本如下：

$$\boldsymbol{X}_1 = (0,3,1,2,0)^{\mathrm{T}}, \quad \boldsymbol{X}_2 = (1,3,0,1,0)^{\mathrm{T}}, \quad \boldsymbol{X}_3 = (3,3,0,0,1)^{\mathrm{T}}$$

$$\boldsymbol{X}_4 = (1,1,0,2,0)^{\mathrm{T}}, \quad \boldsymbol{X}_5 = (3,2,1,2,1)^{\mathrm{T}}, \quad \boldsymbol{X}_6 = (4,1,1,1,0)^{\mathrm{T}}$$

试按照最短距离准则进行系统聚类分类。

解：(1) 将每一样本看做单独一类，得

$$G_1(0) = \{\boldsymbol{X}_1\}, \quad G_2(0) = \{\boldsymbol{X}_2\}, \quad G_3(0) = \{\boldsymbol{X}_3\}$$

$$G_4(0) = \{\boldsymbol{X}_4\}, \quad G_5(0) = \{\boldsymbol{X}_5\}, \quad G_6(0) = \{\boldsymbol{X}_6\}$$

计算各类间欧氏距离：

$$\begin{aligned} D_{12}(0) &= \| \boldsymbol{X}_1 - \boldsymbol{X}_2 \| \\ &= [(x_{11} - x_{21})^2 + (x_{12} - x_{22})^2 + (x_{13} - x_{23})^2 \\ &\quad + (x_{14} - x_{24})^2 + (x_{15} - x_{25})^2]^{1/2} \\ &= [1 + 0 + 1 + 1 + 0]^{1/2} = \sqrt{3} \end{aligned}$$

$$D_{13}(0) = [3^2 + 0 + 1 + 2^2 + 1]^{1/2} = \sqrt{15}$$

同理可求得

$$D_{14}(0), D_{15}(0), D_{16}(0);$$

$$D_{23}(0), D_{24}(0), D_{25}(0), D_{26}(0);$$

$$D_{34}(0), D_{35}(0), D_{36}(0);$$

$$\vdots$$

得距离矩阵 $\boldsymbol{D}(0)$ 为

$\boldsymbol{D}(0)$	$G_1(0)$	$G_2(0)$	$G_3(0)$	$G_4(0)$	$G_5(0)$	$G_6(0)$
$G_1(0)$	0					
$G_2(0)$	$\sqrt{3}$ *	0				
$G_3(0)$	$\sqrt{15}$	$\sqrt{6}$	0			
$G_4(0)$	$\sqrt{6}$	$\sqrt{5}$	$\sqrt{13}$	0		
$G_5(0)$	$\sqrt{11}$	$\sqrt{8}$	$\sqrt{6}$	$\sqrt{7}$	0	
$G_6(0)$	$\sqrt{21}$	$\sqrt{14}$	$\sqrt{8}$	$\sqrt{11}$	$\sqrt{4}$	0

(2) 将最短距离$\sqrt{3}$对应的类 $G_1(0)$和 $G_2(0)$合并为一类，得到新的分类

$$G_{12}(1) = \{G_1(0), G_2(0)\}$$

$$G_3(1) = \{G_3(0)\}, \quad G_4(1) = \{G_4(0)\}, \quad G_5(1) = \{G_5(0)\}, \quad G_6(1) = \{G_6(0)\}$$

按最短距离准则计算类间距离，由 $\boldsymbol{D}(0)$ 矩阵递推得到聚类后的距离矩阵 $\boldsymbol{D}(1)$ 为

$\boldsymbol{D}(1)$	$G_{12}(1)$	$G_3(1)$	$G_4(1)$	$G_5(1)$	$G_6(1)$
$G_{12}(1)$	0				
$G_3(1)$	$\sqrt{6}$	0			
$G_4(1)$	$\sqrt{5}$	$\sqrt{13}$	0		
$G_5(1)$	$\sqrt{8}$	$\sqrt{6}$	$\sqrt{7}$	0	
$G_6(1)$	$\sqrt{14}$	$\sqrt{8}$	$\sqrt{11}$	$\sqrt{4}$ *	0

(3) 将 $\boldsymbol{D}(1)$ 中最小值 $\sqrt{4}$ 对应的类合并为一类，得 $\boldsymbol{D}(2)$。

$\boldsymbol{D}(2)$	$G_{12}(2)$	$G_3(2)$	$G_4(2)$	$G_{56}(2)$
$G_{12}(2)$	0			
$G_3(2)$	$\sqrt{6}$	0		
$G_4(2)$	$\sqrt{5}$ *	$\sqrt{13}$	0	
$G_{56}(2)$	$\sqrt{8}$	$\sqrt{6}$	$\sqrt{7}$	0

(4) 将 $\boldsymbol{D}(2)$ 中最小值 $\sqrt{5}$ 对应的类合并为一类，得 $\boldsymbol{D}(3)$。

$\boldsymbol{D}(3)$	$G_{124}(3)$	$G_3(3)$	$G_{56}(3)$
$G_{124}(3)$	0		
$G_3(3)$	$\sqrt{6}$	0	
$G_{56}(3)$	$\sqrt{7}$	$\sqrt{6}$	0

若给定的阈值为 $T=\sqrt{5}$，$\boldsymbol{D}(3)$ 中的最小元素为 $\sqrt{6}>T$，聚类结束，结果为

$$G_1=\{\boldsymbol{X}_1,\boldsymbol{X}_2,\boldsymbol{X}_4\},\quad G_2=\{\boldsymbol{X}_3\},\quad G_3=\{\boldsymbol{X}_5,\boldsymbol{X}_6\}$$

若无阈值条件，继续聚类下去，最终全部样本归为一类，这时给出聚类过程的树状表示，如图 2.8 所示。

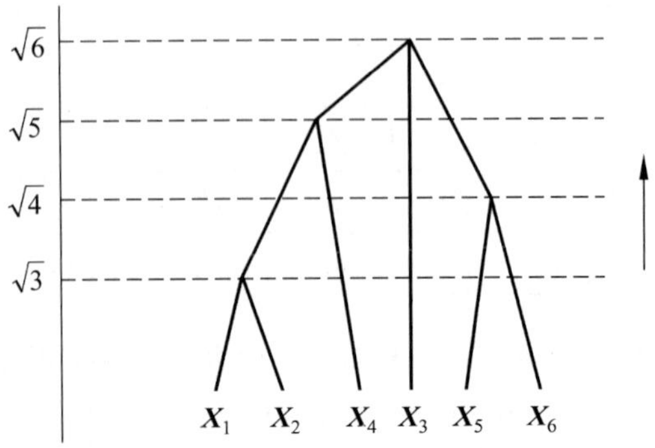

图 2.8 分级聚类法的树状表示

2.5 动态聚类法

动态聚类法首先选择若干个模式样本作为聚类中心，再按照事先确定的聚类准则进行聚类。在聚类过程中，根据聚类准则对聚类中心进行反复修改，直到分类合理为止。其基本思想如图 2.9 所示。“动态”即指聚类过程中，聚类中心不断被修改的变化状态。本节介绍两种常用算法：K-均值算法和迭代自组织的数据分析算法。

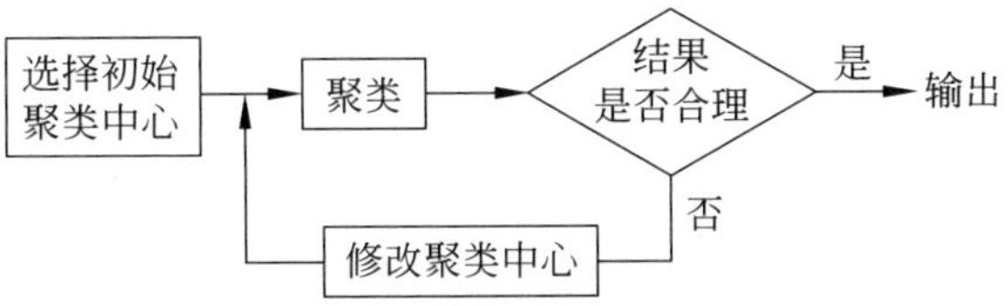

图 2.9　动态聚类法的基本思路

2.5.1　K-均值算法

K-均值算法也称 C-均值算法，是根据函数准则进行分类的聚类算法，基于使聚类准则函数最小化。这里所用的聚类准则函数是聚类集中每一个样本点到该类聚类中心的距离平方和，对于第 j 个聚类集，准则函数定义为

$$J_j = \sum_{i=1}^{N_j} \| \boldsymbol{X}_i - \boldsymbol{Z}_j \|^2, \quad \boldsymbol{X}_i \in S_j$$

式中，S_j 表示第 j 个聚类集，也称聚类域，其聚类中心为 $\boldsymbol{Z}_j$；N_j 为第 j 个聚类域 S_j 中所包含的样本个数。

对所有 K 个模式类有

$$J = \sum_{j=1}^{K} \sum_{i=1}^{N_j} \| \boldsymbol{X}_i - \boldsymbol{Z}_j \|^2, \quad \boldsymbol{X}_i \in S_j$$

K-均值算法的聚类准则是：聚类中心 $\boldsymbol{Z}_j$ 的选择应使准则函数 J 极小，也就是使 J_j 的值极小，要满足这一点，应有

$$\frac{\partial J_j}{\partial \boldsymbol{Z}_j} = 0$$

即

$$\frac{\partial}{\partial \boldsymbol{Z}_j} \sum_{i=1}^{N_j} \| \boldsymbol{X}_i - \boldsymbol{Z}_j \|^2 = \frac{\partial}{\partial \boldsymbol{Z}_j} \sum_{i=1}^{N_j} (\boldsymbol{X}_i - \boldsymbol{Z}_j)^{\mathrm{T}} (\boldsymbol{X}_i - \boldsymbol{Z}_j) = 0$$

可解得

$$\boldsymbol{Z}_j = \frac{1}{N_j} \sum_{i=1}^{N_j} \boldsymbol{X}_i, \quad \boldsymbol{X}_i \in S_j$$

该式表明，S_j 类的聚类中心应选为该类样本的均值。

1. 算法描述

设共有 N 个模式样本，计算步骤如下：

(1) 任选 K 个初始聚类中心 $\boldsymbol{Z}_1(1),\boldsymbol{Z}_2(1),\cdots,\boldsymbol{Z}_K(1)$，$K<N$。括号内的序号代表寻找聚类中心的迭代运算的次序号。一般可选择样本集中前 K 个样本作为初始聚类中心。

(2) 按最短距离原则将其余样本分配到 K 个聚类中心中的某一个，即

若

$$\min\{\|\boldsymbol{X}-\boldsymbol{Z}_i(k)\|,i=1,2,\cdots,K\}=\|\boldsymbol{X}-\boldsymbol{Z}_j(k)\|=D_j(k)$$

则

$$\boldsymbol{X}\in S_j(k)$$

式中，k 即为迭代运算的次序号，若是第一次迭代则 $k=1$。这里需要注意符号上的区别：大写的 K 代表聚类中心个数，小写的 k 代表迭代次数。

(3) 计算各个聚类中心的新向量值 $\boldsymbol{Z}_j(k+1)$，$j=1,2,\cdots,K$。

$$\boldsymbol{Z}_j(k+1)=\frac{1}{N_j}\sum_{\boldsymbol{X}\in S_j(k)}\boldsymbol{X},\quad j=1,2,\cdots,K$$

即以均值向量作为新的聚类中心。这一步要分别计算 K 个聚类中的样本均值向量，故该算法称为 K-均值算法。

(4) 如果 $\boldsymbol{Z}_j(k+1)\neq\boldsymbol{Z}_j(k)$，$j=1,2,\cdots,K$，则回到步骤(2)，将模式样本逐个重新分类，并重复迭代计算；如果 $\boldsymbol{Z}_j(k+1)=\boldsymbol{Z}_j(k)$，$j=1,2,\cdots,K$，算法收敛，计算完毕。

2. 算法讨论

K-均值算法是否有效受到以下几个因素的影响：指定的聚类中心的个数是否符合模式的实际分布；所选聚类中心的初始位置；模式样本分布的几何性质；样本读入次序等。实际应用中，需要试探不同的 K 值和选择不同的聚类中心起始值。如果模式样本形成几个距离较远的孤立分布的小块区域，一般结果都收敛。

例 2.3 已知 20 个模式样本如下，试用 K-均值算法分类。

$$\boldsymbol{X}_1=(0,0)^{\mathrm{T}},\quad \boldsymbol{X}_2=(1,0)^{\mathrm{T}},\quad \boldsymbol{X}_3=(0,1)^{\mathrm{T}},\quad \boldsymbol{X}_4=(1,1)^{\mathrm{T}},$$
$$\boldsymbol{X}_5=(2,1)^{\mathrm{T}},\quad \boldsymbol{X}_6=(1,2)^{\mathrm{T}},\quad \boldsymbol{X}_7=(2,2)^{\mathrm{T}},\quad \boldsymbol{X}_8=(3,2)^{\mathrm{T}},$$
$$\boldsymbol{X}_9=(6,6)^{\mathrm{T}},\quad \boldsymbol{X}_{10}=(7,6)^{\mathrm{T}},\quad \boldsymbol{X}_{11}=(8,6)^{\mathrm{T}},\quad \boldsymbol{X}_{12}=(6,7)^{\mathrm{T}},$$
$$\boldsymbol{X}_{13}=(7,7)^{\mathrm{T}},\quad \boldsymbol{X}_{14}=(8,7)^{\mathrm{T}},\quad \boldsymbol{X}_{15}=(9,7)^{\mathrm{T}},\quad \boldsymbol{X}_{16}=(7,8)^{\mathrm{T}},$$
$$\boldsymbol{X}_{17}=(8,8)^{\mathrm{T}},\quad \boldsymbol{X}_{18}=(9,8)^{\mathrm{T}},\quad \boldsymbol{X}_{19}=(8,9)^{\mathrm{T}},\quad \boldsymbol{X}_{20}=(9,9)^{\mathrm{T}}$$

解：(1) 取 $K=2$，并选 $\boldsymbol{Z}_1(1)=\boldsymbol{X}_1=(0,0)^{\mathrm{T}}$ 和 $\boldsymbol{Z}_2(1)=\boldsymbol{X}_2=(1,0)^{\mathrm{T}}$。

(2) 计算距离，聚类：

$$\boldsymbol{X}_1:\left.\begin{aligned}D_1&=\|\boldsymbol{X}_1-\boldsymbol{Z}_1(1)\|=0\\D_2&=\|\boldsymbol{X}_1-\boldsymbol{Z}_2(1)\|\\&=\sqrt{(0-1)^2+(0-0)^2}=\sqrt{1}\end{aligned}\right\}\Rightarrow D_1<D_2\Rightarrow\boldsymbol{X}_1\in S_1(1)$$

$$\boldsymbol{X}_2:\left.\begin{aligned}D_1&=\|\boldsymbol{X}_2-\boldsymbol{Z}_1(1)\|=\sqrt{1}\\D_2&=\|\boldsymbol{X}_2-\boldsymbol{Z}_2(1)\|=0\end{aligned}\right\}\Rightarrow D_2<D_1\Rightarrow\boldsymbol{X}_2\in S_2(1)$$

$$\boldsymbol{X}_3: \left.\begin{aligned} D_1 &= \| \boldsymbol{X}_3 - \boldsymbol{Z}_1(1) \| \\ &= \sqrt{(0-0)^2+(1-0)^2} = \sqrt{1} \\ D_2 &= \| \boldsymbol{X}_3 - \boldsymbol{Z}_2(1) \| \\ &= \sqrt{(0-1)^2+(1-0)^2} = \sqrt{2} \end{aligned}\right\} \Rightarrow D_1 < D_2 \Rightarrow \boldsymbol{X}_3 \in S_1(1)$$

$$\boldsymbol{X}_4: \left.\begin{aligned} D_1 &= \| \boldsymbol{X}_4 - \boldsymbol{Z}_1(1) \| \\ &= \sqrt{(1-0)^2+(1-0)^2} = \sqrt{2} \\ D_2 &= \| \boldsymbol{X}_4 - \boldsymbol{Z}_2(1) \| \\ &= \sqrt{(1-1)^2+(1-0)^2} = \sqrt{1} \end{aligned}\right\} \Rightarrow D_2 < D_1 \Rightarrow \boldsymbol{X}_4 \in S_2(1)$$

$$\vdots$$

可得到

$$S_1(1) = \{\boldsymbol{X}_1, \boldsymbol{X}_3\}, \quad N_1 = 2$$
$$S_2(1) = \{\boldsymbol{X}_2, \boldsymbol{X}_4, \boldsymbol{X}_5, \cdots, \boldsymbol{X}_{20}\}, \quad N_2 = 18$$

(3) 计算新的聚类中心

$$\boldsymbol{Z}_1(2) = \frac{1}{N_1}\sum_{\boldsymbol{X}\in S_1(1)} \boldsymbol{X} = \frac{1}{2}(\boldsymbol{X}_1 + \boldsymbol{X}_3) = \frac{1}{2}\left(\begin{pmatrix}0\\0\end{pmatrix} + \begin{pmatrix}0\\1\end{pmatrix}\right) = \begin{pmatrix}0\\0.5\end{pmatrix}$$

$$\boldsymbol{Z}_2(2) = \frac{1}{N_2}\sum_{\boldsymbol{X}\in S_2(1)} \boldsymbol{X} = \frac{1}{18}(\boldsymbol{X}_2 + \boldsymbol{X}_4 + \cdots + \boldsymbol{X}_{20}) = \begin{pmatrix}5.67\\5.33\end{pmatrix}$$

(4) 判断：因为 $\boldsymbol{Z}_j(2) \neq \boldsymbol{Z}_j(1), j=1,2$，故返回第(2)步。

(5) 由新的聚类中心得

$$\boldsymbol{X}_1: \left.\begin{aligned} D_1 &= \| \boldsymbol{X}_1 - \boldsymbol{Z}_1(2) \| = \cdots \\ D_2 &= \| \boldsymbol{X}_1 - \boldsymbol{Z}_2(2) \| = \cdots \end{aligned}\right\} \Rightarrow \boldsymbol{X}_1 \in S_1(2)$$

$$\boldsymbol{X}_2: \left.\begin{aligned} D_1 &= \| \boldsymbol{X}_2 - \boldsymbol{Z}_1(2) \| = \cdots \\ D_2 &= \| \boldsymbol{X}_2 - \boldsymbol{Z}_2(2) \| = \cdots \end{aligned}\right\} \Rightarrow \boldsymbol{X}_2 \in S_1(2)$$

$$\vdots$$

$$\boldsymbol{X}_{20}: \left.\begin{aligned} D_1 &= \| \boldsymbol{X}_{20} - \boldsymbol{Z}_1(2) \| = \cdots \\ D_2 &= \| \boldsymbol{X}_{20} - \boldsymbol{Z}_2(2) \| = \cdots \end{aligned}\right\} \Rightarrow \boldsymbol{X}_{20} \in S_2(2)$$

有

$$S_1(2) = \{\boldsymbol{X}_1, \boldsymbol{X}_2, \cdots, \boldsymbol{X}_8\}, \quad N_1 = 8$$
$$S_2(2) = \{\boldsymbol{X}_9, \boldsymbol{X}_{10}, \cdots, \boldsymbol{X}_{20}\}, \quad N_2 = 12$$

(6) 计算聚类中心

$$\boldsymbol{Z}_1(3) = \frac{1}{N_1}\sum_{\boldsymbol{X}\in S_1(2)} \boldsymbol{X} = \frac{1}{8}(\boldsymbol{X}_1 + \boldsymbol{X}_2 + \cdots + \boldsymbol{X}_8) = \begin{pmatrix}1.25\\1.13\end{pmatrix}$$

$$\boldsymbol{Z}_2(3) = \frac{1}{N_2}\sum_{\boldsymbol{X}\in S_2(2)} \boldsymbol{X} = \frac{1}{12}(\boldsymbol{X}_9 + \boldsymbol{X}_{10} + \cdots + \boldsymbol{X}_{20}) = \begin{pmatrix}7.67\\7.33\end{pmatrix}$$

(7) 因为 $\boldsymbol{Z}_j(3) \neq \boldsymbol{Z}_j(2), j=1,2$，故返回第(2)步，以 $\boldsymbol{Z}_1(3)$，$\boldsymbol{Z}_2(3)$ 为中心进行聚类。

(8) 以新的聚类中心分类，求得的分类结果与前一次迭代结果相同，即

$$S_1(3) = S_1(2), \quad S_2(3) = S_2(2)$$

(9) 计算新聚类中心向量值，聚类中心与前一次结果相同，即

$$\boldsymbol{Z}_1(4)=\boldsymbol{Z}_1(3)=(1.25,1.13)^{\mathrm{T}},\quad \boldsymbol{Z}_2(4)=\boldsymbol{Z}_2(3)=(7.67,7.33)^{\mathrm{T}}$$

算法收敛，得聚类中心 $\boldsymbol{Z}_1=(1.25,1.13)^{\mathrm{T}}$，$\boldsymbol{Z}_2=(7.67,7.33)^{\mathrm{T}}$。聚类结果如图 2.10 所示。

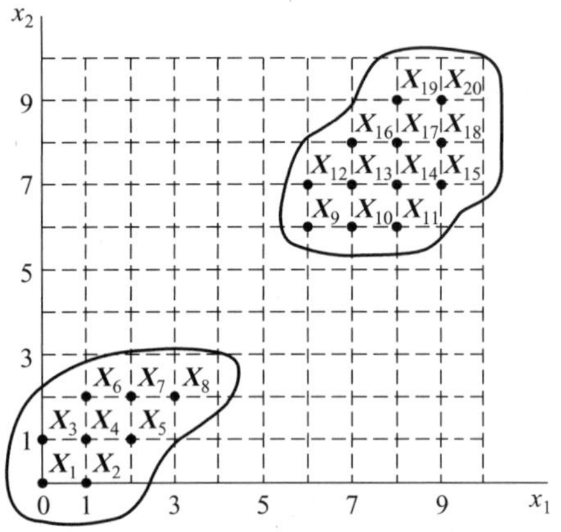

图 2.10 例 2.3K-均值算法聚类结果

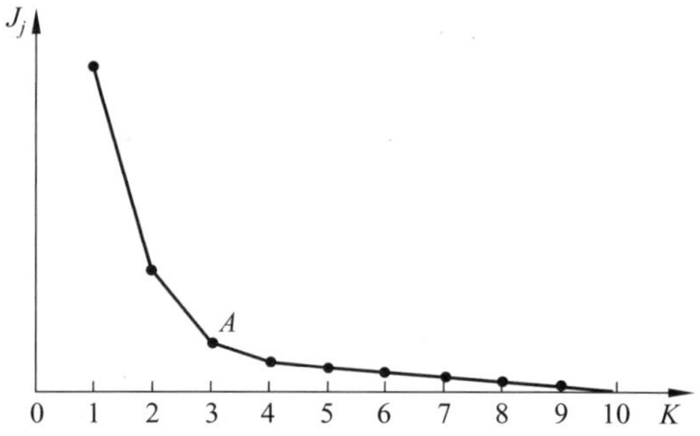

图 2.11 J_j-K 关系曲线

3. 聚类准则函数 J_j 与 K 的关系曲线

上述 K-均值算法，其类型数目假定已知为 K 个。当 K 未知时，可以令 K 逐渐增加，如 $K=1,2,\cdots$。聚类准则函数 J_j 表示的是每一类样本到各自聚类中心的距离平方和，或者说是误差的平方和。由它所代表的含义可以看出，随着 K 的增加，J_j 会单调减少。最初由于 K 较小，类型的分裂(增加)会使 J_j 迅速减小，但当 K 增加到一定数值时，J_j 的减小速度会减慢，直到 K 等于总样本数 N 时，$J_j=0$，这时意味着每类样本自成一类，每个样本就是聚类中心。J_j-K 的关系曲线如图 2.11 所示。

图 2.11 中，曲线的拐点 A 对应着接近最优的 K 值，最优 K 值是对 J_j 值减小量、计算量以及分类效果等进行权衡得出的结果。并非所有的情况都容易找到 J_j-K 关系曲线的拐点，此时 K 值将无法确定。而下面将要介绍的迭代自组织的数据分析算法可以确定模式类的个数 K。

2.5.2 迭代自组织的数据分析算法

迭代自组织的数据分析算法也常称为 ISODATA 算法(iterative self-organizing data analysis techniques algorithm，ISODATA)。此算法与 K-均值算法有相似之处，即聚类中心的位置同样是通过样本均值的迭代运算决定。不同的是，这种算法在运算的过程中聚类中心的数目不是固定不变的，而是反复进行修改，以得到较合理的类别数 K，这种修改通过模式类的合并和分裂来实现，合并与分裂在一组预先选定的参数指导下进行。

ISODATA 算法加入了一些试探性步骤，并且组合成人机交互的结构，可以利用中间结果取得的信息。

1. 算法简介

算法共分十四步，其中第一步到第六步是预选参数，进行初始分类，并为合并和分裂准备必要的数据。第七步决定下一步是进行合并还是进行分裂。第八步到第十步是分裂算法。第十一步到第十三步是合并算法。第十四步决定算法是否结束。基本思路如下。

(1) 选择某些初始值。初始值中除若干聚类中心外，还选择一些其他指标，可以在迭代过程中人为地修改。模式样本将按照这些指标分配到各模式类中去。

(2) 按最近邻规则进行分类。

(3) 计算各类中的距离函数等指标，按照给定的要求，对前次获得的聚类集进行分裂或合并处理，以获得新的聚类中心，即调整聚类中心的个数。

(4) 判断聚类结果是否符合要求，如果结果收敛，运算结束，否则回到(2)。

2. 算法描述

ISODATA 算法的具体步骤如下：

设有 N 个模式样本 $\boldsymbol{X}_1,\boldsymbol{X}_2,\cdots,\boldsymbol{X}_N$。

第一步，预选 N_C 个聚类中心$\{\boldsymbol{Z}_1,\boldsymbol{Z}_2,\cdots,\boldsymbol{Z}_{N_C}\}$。$N_C$ 不要求等于希望的聚类数目，这些初始聚类中心也可在 N 个样本中选择。预选指标如下：

K：希望的聚类中心的数目。

θ_N：每个聚类中最少的样本数。若某聚类中的样本少于 θ_N，则该聚类不能作为一个独立的聚类，应删去。

θ_S：聚类域中样本的标准差阈值。不同维上的标准差反映了样本在特征空间不同方向上，与聚类中心的位置偏差，将它们作为分量即可构成标准差向量。聚类中，标准差向量的所有分量中的最大分量应小于 θ_S，否则该类将被分裂为两类。

θ_C：两聚类中心之间的最短距离。若两类中心之间的距离小于 θ_C，则合并为一类。

L：在一次迭代中允许合并的聚类中心的最大对数。

I：允许迭代的次数。

第二步，把 N 个样本按最近邻规则分配到 N_C个聚类中。

若

$$\|\boldsymbol{X}-\boldsymbol{Z}_j\| = \min\{\|\boldsymbol{X}-\boldsymbol{Z}_i\|, i=1,2,\cdots,N_C\}$$

则

$$\boldsymbol{X}\in S_j$$

第三步，若 S_j 中的样本数 $N_j<\theta_N$，则取消该类，并且 N_C减去 1。

第四步，修正各聚类中心值。

$$\boldsymbol{Z}_j=\frac{1}{N_j}\sum_{\boldsymbol{X}\in S_j}\boldsymbol{X},\quad j=1,2,\cdots,N_C$$

第五步，计算聚类域 S_j 中各样本到该类聚类中心的平均距离$\overline{D_j}$，即类内平均距离。

$$\overline{D_j}=\frac{1}{N_j}\sum_{\boldsymbol{X}\in S_j}\|\boldsymbol{X}-\boldsymbol{Z}_j\|,\quad j=1,2,\cdots,N_C$$

第六步，计算全部样本到其所在类聚类中心距离的平均距离 $\overline{D}$，即全部样本的总体平均距离。

$$\overline{D} = \frac{1}{N}\sum_{j=1}^{N_C}\sum_{\boldsymbol{X}\in S_j}\|\boldsymbol{X}-\boldsymbol{Z}_j\| = \frac{1}{N}\sum_{j=1}^{N_C}N_j\overline{D_j}$$

第七步，判决是进行分裂还是进行合并，决定迭代步骤等。

(1) 如迭代已达 I 次，即最后一次迭代，则置 $\theta_C=0$，跳到第十一步。

(2) 若 $N_C\leqslant K/2$，即聚类中心小于或等于希望数的一半，则进入第八步，将已有的聚类分裂。

(3) 如果迭代的次数是偶数，或 $N_C\geqslant 2K$，即聚类中心数目大于或等于希望数的两倍，则跳到第十一步，进行合并处理。否则进入第八步，进行分裂处理。

第八步，计算每个聚类中样本的标准差向量。对第 S_j 类有

$$\boldsymbol{\sigma}_j = (\sigma_{j1},\sigma_{j2},\cdots,\sigma_{jn})^{\mathrm{T}}$$

其中各分量为

$$\sigma_{ji} = \sqrt{\frac{1}{N_j}\sum_{\boldsymbol{X}_k\in S_j}(x_{ki}-z_{ji})^2}$$

式中，$j=1,2,\cdots,N_C$ 是聚类数；$i=1,2,\cdots,n$ 是维数，即 $\boldsymbol{X}$ 是 n 维模式向量，也就是说，识别分类时使用的特征个数是 n。x_{ki} 是 S_k 类的第 k 个样本 $\boldsymbol{X}_k$ 的第 i 个分量，z_{ji} 是 S_j 类的聚类中心 $\boldsymbol{Z}_j$ 的第 i 个分量，σ_{ji} 是 S_j 样本第 i 个分量的标准差。

第九步，求每个标准差向量的最大分量。σ_j 的最大分量记为 $\sigma_{j\max}$，$j=1,2,\cdots,N_C$。

第十步，在最大分量集 $\{\sigma_{j\max},j=1,2,\cdots,N_C\}$ 中，若有 $\sigma_{j\max}>\theta_S$，则说明 S_j 类样本在对应方向上的标准差大于允许的值。此时，如果又满足以下两个条件之一：

(1) $\overline{D_j}>\overline{D}$ 和 $N_j>2(\theta_N+1)$，即类内平均距离大于总体平均距离，并且 S_j 类中样本数很大；

(2) $N_C\leqslant K/2$，即聚类数小于或等于希望数目的一半；则将 $\boldsymbol{Z}_j$ 分裂成两个新的聚类中心 $\boldsymbol{Z}_j^+$ 和 $\boldsymbol{Z}_j^-$，并且 N_C 加 1。其中

$\boldsymbol{Z}_j^+$ 这样构成：$\boldsymbol{Z}_j$ 中对应 $\sigma_{j\max}$ 的分量加上 $k\sigma_{j\max}$；

$\boldsymbol{Z}_j^-$ 这样构成：$\boldsymbol{Z}_j$ 中对应 $\sigma_{j\max}$ 的分量减去 $k\sigma_{j\max}$；

且 $0<k\leqslant 1$，为分裂系数。

如果本步完成了分裂运算，迭代次数加 1，跳回第二步；否则，继续下一步。

第十一步，计算所有聚类中心之间的距离。S_i 类和 S_j 类中心间的距离为

$$D_{ij} = \|\boldsymbol{Z}_i-\boldsymbol{Z}_j\| \quad i=1,2,\cdots,N_C-1;\ j=i+1,\cdots,N_C$$

第十二步，比较所有 D_{ij} 与 θ_C 的值，将小于 θ_C 的 D_{ij} 按升序排列

$$\{D_{i_1j_1},D_{i_2j_2},\cdots,D_{i_Lj_L}\}$$

式中，$D_{i_1j_1}<D_{i_2j_2}<\cdots<D_{i_Lj_L}$。

第十三步，如果将距离为 $D_{i_lj_l}$ 的两类合并，得到新的聚类中心为

$$\boldsymbol{Z}_l^* = \frac{1}{N_{i_l}+N_{j_l}}(N_{i_l}\boldsymbol{Z}_{i_l}+N_{j_l}\boldsymbol{Z}_{j_l}) \quad l=1,2,\cdots,L$$

每合并一对，N_C 减 1。

第十四步，若是最后一次迭代运算，即迭代次数为 I，则算法结束。否则，有两种情况：

(1) 需要由操作者修改输入参数时，跳到第一步；

(2) 输入参数不需改变时，跳到第二步；

此时，选择两者之一，迭代次数加 1，然后继续进行运算。

完整的算法描述，到此全部结束。

例 2.4 设有 8 个模式样本，分别为

$$\boldsymbol{X}_1=(0,0)^{\mathrm{T}},\quad \boldsymbol{X}_2=(1,1)^{\mathrm{T}},\quad \boldsymbol{X}_3=(2,2)^{\mathrm{T}},\quad \boldsymbol{X}_4=(4,3)^{\mathrm{T}}$$

$$\boldsymbol{X}_5=(5,3)^{\mathrm{T}},\quad \boldsymbol{X}_6=(4,4)^{\mathrm{T}},\quad \boldsymbol{X}_7=(5,4)^{\mathrm{T}},\quad \boldsymbol{X}_8=(6,5)^{\mathrm{T}}$$

用 ISODATA 算法对这些样本进行分类。

解：第一步，选 $N_C=1,\boldsymbol{Z}_1=\boldsymbol{X}_1=(0,0)^{\mathrm{T}}$。各参数预选为 $K=2,\theta_N=1,\theta_S=1,\theta_C=4,L=0,I=4$。这些参数在假定无先验知识可利用的情况下任意取定，目的是希望通过本算法的迭代运算使之修正过来。

第二步，只有一个聚类中心 $\boldsymbol{Z}_1$，故 $S_1=\{\boldsymbol{X}_1,\boldsymbol{X}_2,\cdots,\boldsymbol{X}_8\},N_1=8$。

第三步，因 $N_1>\theta_N$，故无聚类可删除。

第四步，修改聚类中心

$$\boldsymbol{Z}_1=\frac{1}{N_1}\sum_{\boldsymbol{X}\in S_1}\boldsymbol{X}=(3.38,2.75)^{\mathrm{T}}$$

第五步，计算 $\overline{D_1}$

$$\overline{D_1}=\frac{1}{N_1}\sum_{\boldsymbol{X}\in S_1}\|\boldsymbol{X}-\boldsymbol{Z}_1\|=2.26$$

第六步，计算 $\overline{D}$。因只有一类，故 $\overline{D}=\overline{D_1}=2.26$。

第七步，因不是最后一次迭代，且 $N_C=K/2$，故进入第八步进行分裂运算。

第八步，求 S_1 的标准差向量 $\boldsymbol{\sigma}_1$，得 $\boldsymbol{\sigma}_1=(1.99,1.56)^{\mathrm{T}}$。

第九步，$\boldsymbol{\sigma}_1$ 的最大分量是 1.99，因此 $\sigma_{1\max}=1.99$。

第十步，因 $\sigma_{1\max}>\theta_S$ 且 $N_C=K/2$，故可将 $\boldsymbol{Z}_1$ 分裂为两个新的聚类中心。因 $\sigma_{1\max}$ 是 $\boldsymbol{\sigma}_1$ 的第一个分量，即 S_1 中的样本在第一个分量方向上分布较分散，故分裂应在 $\boldsymbol{Z}_1$ 的第一个分量方向上进行，分裂系数 k 选为 0.5，得

$$\boldsymbol{Z}_1^+=(3.38+0.5\sigma_{1\max},2.75)^{\mathrm{T}}=(4.38,2.75)^{\mathrm{T}}$$

$$\boldsymbol{Z}_1^-=(3.38-0.5\sigma_{1\max},2.75)^{\mathrm{T}}=(2.38,2.75)^{\mathrm{T}}$$

为了方便，令 $\boldsymbol{Z}_1=\boldsymbol{Z}_1^+,\boldsymbol{Z}_2=\boldsymbol{Z}_1^-,N_C$ 加 1。之后，迭代次数加 1，跳回到第二步，进行第 2 次迭代运算。

第二步，按最近邻规则对所有样本聚类，得到两个聚类分别为

$$S_1=\{\boldsymbol{X}_4,\boldsymbol{X}_5,\boldsymbol{X}_6,\boldsymbol{X}_7,\boldsymbol{X}_8\},\quad N_1=5$$

$$S_2=\{\boldsymbol{X}_1,\boldsymbol{X}_2,\boldsymbol{X}_3\},\quad N_2=3$$

第三步，因 N_1 和 N_2 都大于 θ_N，故无聚类可以删除。

第四步，修改聚类中心，得

$$Z_1=\frac{1}{N_1}\sum_{X\in S_1}X=(4.80,3.80)^T,\quad Z_2=\frac{1}{N_2}\sum_{X\in S_2}X=(1.06,1.00)^T$$

第五步，计算$\overline{D_1}$和$\overline{D_2}$得

$$\overline{D_1}=\frac{1}{N_1}\sum_{X\in S_1}\|X-Z_1\|=0.8,\quad \overline{D_2}=\frac{1}{N_2}\sum_{X\in S_2}\|X-Z_2\|=0.94$$

第六步，计算 $\overline{D}$，得

$$\overline{D}=\frac{1}{8}\sum_{j=1}^{2}N_j\overline{D_j}=0.95$$

第七步，因这是偶数次迭代，符合第七步的第(3)条，故进入第十一步。

第十一步，计算聚类之间的距离，得 $D_{12}=\|Z_1-Z_2\|=4.72$。

第十二步，比较 D_{12} 与 θ_C，这里 $D_{12}>\theta_C$。

第十三步，根据第十二步的结果，聚类中心不能发生合并。

第十四步，因为不是最后一次迭代，所以要判断是否需要修改给定的参数。从前面的迭代计算结果已经得到：希望的聚类数目；聚类之间分散程度大于类内样本分离的标准差；每一聚类中样本数目都具有样本总数的足够大的百分比，且两类样本数相差不大。因此可不必修改参数。

迭代次数加 1，回到第二步。

第二步到第六步，与前一次迭代计算的结果相同。

第七步，没有一种情况被满足，继续执行第八步，进入分裂程序。

第八步，计算 S_1 和 S_2 的标准差向量$\boldsymbol{\sigma}_1$和$\boldsymbol{\sigma}_2$，这时 S_1 和 S_2 仍为

$$S_1=\{X_4,X_5,X_6,X_7,X_8\},\quad S_2=\{X_1,X_2,X_3\}$$

计算结果为

$$\boldsymbol{\sigma}_1=(0.75,0.75)^T,\quad \boldsymbol{\sigma}_2=(0.82,0.82)^T$$

第九步，$\sigma_{1\max}=0.75$，$\sigma_{2\max}=0.82$。

第十步，分裂条件不满足，故继续执行第十一步。

第十一步，计算聚类中心之间的距离，结果与前次迭代的结果相同。

$$D_{12}=\|Z_1-Z_2\|=4.72$$

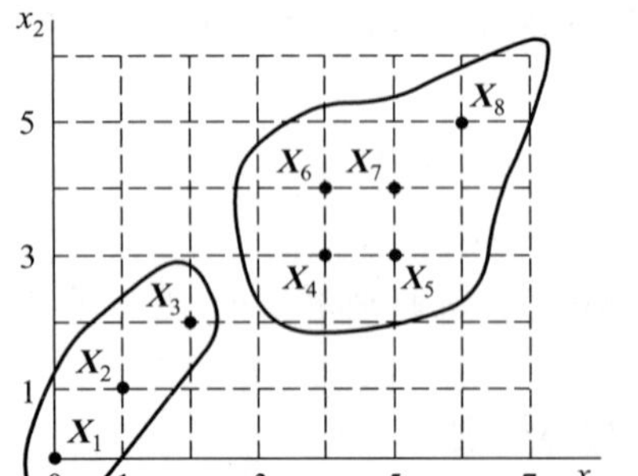

图 2.12　ISODATA 算法举例分类结果

第十二、十三步，与前一次迭代结果相同。

第十四步，因不是最后一次迭代，且不需修改参数，故返回第二步，迭代次数加 1。

第二到第六步，与前一次迭代结果相同。

第七步，由于是最后一次迭代，故置 $\theta_C=0$，跳到第十一步。

第十一步，$D_{12}=\|Z_1-Z_2\|=4.72$。

第十二步，与前一次迭代结果相同。

第十三步，没有合并发生。

第十四步，因是最后一次迭代，故算法结束。

聚类结果如图 2.12 所示。

2.6 聚类结果的评价

1. 评价的重要性

对分类结果进行评价是聚类分析的重要环节。例如，在以阈值为准则的聚类分析法中，需要对分类结果进行判断，以指导阈值的修改。在以函数为准则的聚类分析法中，对分类结果的判断或评价可用以指导选择合适的准则函数。当处理高维模式向量时，由于不能直观地看清分类效果的好坏，必须依靠评价手段。在迭代运算的人机交互系统中，需要迅速地评价聚类结果，以便及时指导输入参数的修改，较快地获得满意的分类。就ISODATA算法来说，由于算法事先预选了六个参数来指导聚类过程，因此只要参数选择合适，这种多方面的约束条件使该算法较其他算法能得到更令人满意的结果。但是，在类别先验知识了解较少的情况下，六个参数不可能一次选择得恰到好处，必须利用对中间结果迅速做出的评价信息来指导参数的适当修改，而且常常需要多次评价和多次修改，才能得到一组合适的参数，从而得到满意的聚类结果。

2. 常用的几个评价指标

评价聚类结果时，常根据以下几个指标综合进行考虑。

1）聚类中心之间的距离

一般来讲，同一类模式相距比较密集，不同类模式相距较远。聚类中心之间的距离通常总大于各类样本的类内平均距离。类间距离太小，说明两类靠得太近，有可能合并。

2）诸聚类域中样本数目

如果样本的抽取方法比较合理，通常各类的样本数应当相差不大。因此，聚类结果中，若某一类的样本数较其他类的样本数明显多得多，那么该类有可能是两个或两个以上模式类的集合。

将聚类中心之间的距离与相应的样本数目结合起来考虑，可以更清楚地分析聚类结果。例如，一个聚类域中只有少数几个样本，同时又远离其他聚类中心，这时就要联系实际情况，分析是噪声造成的，还是确实是一个样本集。

3）诸聚类域内样本的标准差向量

聚类域内样本与聚类中心对应分量差的平方和的平均值叫做方差，方差的算术平方根叫做标准差。如前所述，S_j 类样本的标准差$\boldsymbol{\sigma}_j=(\sigma_{j1},\sigma_{j2},\cdots,\sigma_{jn})^{\mathrm{T}}$ 的各分量为

$$\sigma_{ji}=\sqrt{\frac{1}{N_j}\sum_{\boldsymbol{X}_k\in S_j}(x_{ki}-z_{ji})^2},\quad i=1,2,\cdots,n$$

每个 σ_{ji} 反映的是样本在特征空间的第 i 维上与聚类中心的位置偏差，或者说距离的远近，整体上就反映了样本围绕聚类中心的分散程度，体现的是聚类域内样本的分布形状。例如：

$\boldsymbol{\sigma}_1=(1.2,0.9,0.7,1.0)^{\mathrm{T}}$，表示聚类域内样本的分布近似为超球体。

$\boldsymbol{\sigma}_2=(4.2,5.4,18.3,3.3)^{\mathrm{T}}$，表示在四维特征空间中，域内样本沿第三轴形成长条形的超椭球体分布。

此外还可以用其他距离度量值分析模式样本的聚类性能。例如，在一个聚类域内，距离聚类中心最远和最近的样本位置等。

习题

2.1 设有10个二维模式样本，如图2.13所示。若$\theta=1/2$，试用最大最小距离算法对它们进行聚类分析。

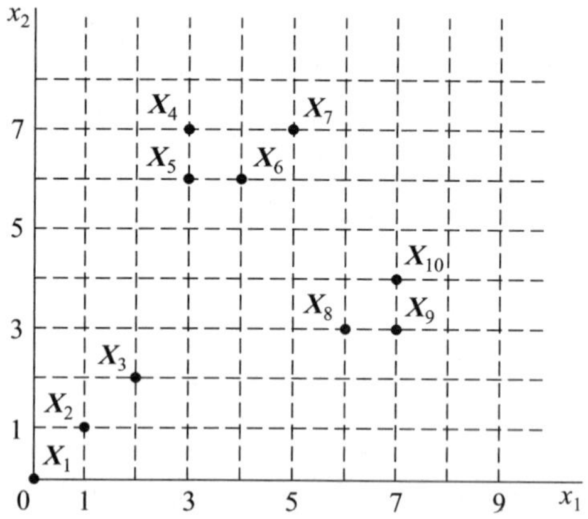

图 2.13　10个二维模式样本

2.2 设有5个二维模式样本如下：

$$\boldsymbol{X}_1=(0,0)^{\mathrm{T}},\quad \boldsymbol{X}_2=(0,1)^{\mathrm{T}},\quad \boldsymbol{X}_3=(2,0)^{\mathrm{T}},\quad \boldsymbol{X}_4=(3,3)^{\mathrm{T}},\quad \boldsymbol{X}_5=(4,4)^{\mathrm{T}}$$

定义类间距离为最短距离，且不得小于3。利用层次聚类法对这5个样本进行分类。

2.3 用K-均值算法对下列6个模式样本进行聚类分析，设聚类中心数$K=2$。

$$\boldsymbol{X}_1=(0,0)^{\mathrm{T}},\quad \boldsymbol{X}_2=(1,0)^{\mathrm{T}},\quad \boldsymbol{X}_3=(1,1)^{\mathrm{T}}$$

$$\boldsymbol{X}_4=(4,4)^{\mathrm{T}},\quad \boldsymbol{X}_5=(5,4)^{\mathrm{T}},\quad \boldsymbol{X}_6=(5,5)^{\mathrm{T}}$$

2.4 用ISODATA算法对习题2.1中的10个模式样本进行聚类分析。

2.5 给出最大最小距离算法程序框图，编写程序，自选一组分别属于三类的二维模式样本，并对它们进行聚类分析。

2.6 给出K-均值算法的程序框图，编写程序，自选一组分别属于三类的三维模式样本，并对它们进行聚类分析。

2.7 给出ISODATA算法的程序框图，编写程序，利用习题2.1中的数据进行聚类分析。在确认程序编写正确之后，选用附录C中的数据进行聚类分析。

第3章 判别函数及几何分类法

统计模式识别是模式识别学科中研究历史最长、与其他几个方向相比发展得最为成熟的理论，目前仍是模式识别的主要理论。在讨论本章内容之前，我们首先了解一下统计模式识别方法的概貌。

统计模式识别分为聚类分析法和判别函数法两大类，聚类分析法属于非监督分类，第 2 章已经做了介绍；判别函数法是本章和第 4 章将要讨论的内容，属于监督分类。判别函数法需要有足够的先验知识，首先利用已知类别的训练样本集确定出判别函数，然后再利用训练好的判别函数对未知的模式进行识别分类。

在判别函数法中，又可分为线性判别函数法、非线性判别函数法和统计决策方法等，其中线性判别函数法和非线性判别函数法是几何分类法，用于研究确定性事件的识别分类；统计决策方法是概率分类法，用于研究随机事件的识别分类。各种方法之间的关系如图 3.1 所示。

- 统计模式识别
  - 聚类分析法
  - 判别函数法
    - 线性判别函数法、非线性判别函数法 → 几何分类法（研究确定性事件的分类）
    - 统计决策方法 ——→ 概率分类法（研究随机事件的分类）

图 3.1　统计模式识别方法分类

读者在学习本章内容时，在掌握判别函数概念和性质的基础上，首先学习几何分类法。所谓"几何"指的是在特征空间中可以用几何的方法，如一些直线、曲线，或者平面、曲面等，将特征空间分解为对应不同类别的子空间，这时模式类别自身的分布是确定可分的。也就是说，对于模式类别确定可分的情况，可以采用几何方法进行分类器设计，通过训练已知类别的样本集，从而实现可训练的确定性分类器。

3.1 判别函数

1. 判别函数的定义

模式识别系统的主要作用是判别各个模式的所在类别。例如，一个两类问题就是将模式 $\boldsymbol{X}$ 划分为 ω_1 和 ω_2 两类。对于一个二维的两类问题，模式样本可表示为 $\boldsymbol{X}=(x_1,x_2)^{\mathrm{T}}$，用 x_1,x_2 作为坐标变量，则所有模式分布在一个二维平面上，如图 3.2 所示。如果这些分属于 ω_1,ω_2 两类的模式可以用一条直线划分开来，这条直线就可以作为一个识别分类的依据。这里，直线方程为

$$d(\boldsymbol{X})=w_1x_1+w_2x_2+w_3=0 \qquad (3\text{-}1)$$

式中，x_1,x_2 为坐标变量；w_1,w_2,w_3 为方程参数。

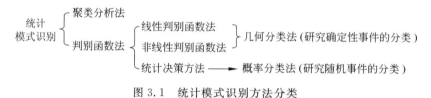

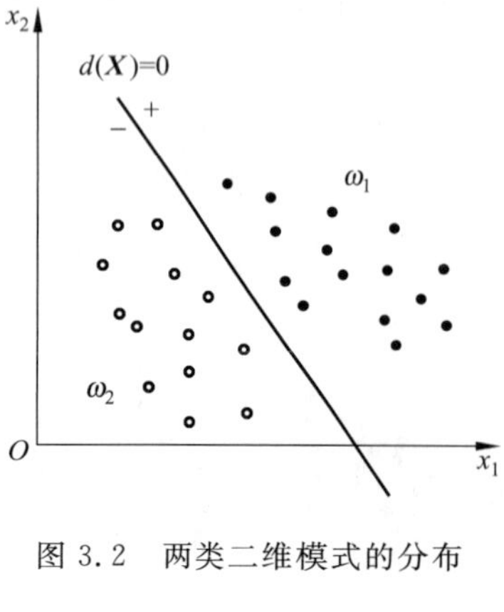

图 3.2　两类二维模式的分布

可以看出，在图 3.2 中，ω_1 类模式位于 $d(\boldsymbol{X})>0$ 的一侧，ω_2 类模式位于 $d(\boldsymbol{X})<0$ 的一侧。换个角度思考，如果将某一未知类别的模式 $\boldsymbol{X}$ 代入 $d(\boldsymbol{X})$，应该

有下面的结果

$$\text{若 } d(\boldsymbol{X})>0, \quad \text{说明 } \boldsymbol{X}\in\omega_1 \text{ 类}$$
$$\text{若 } d(\boldsymbol{X})<0, \quad \text{说明 } \boldsymbol{X}\in\omega_2 \text{ 类}$$

$d(\boldsymbol{X})=0$ 是划分两类模式的边界。也就是说，通过 $d(\boldsymbol{X})$ 可以识别出未知类别模式的所在类别，$d(\boldsymbol{X})$ 具有对模式样本进行分类的作用，所以称 $d(\boldsymbol{X})$ 为判别函数(discriminant function)。

判别函数是直接用来对模式样本进行分类的准则函数，也称为判决函数或决策函数(decision function)。利用判别函数进行模式分类是模式识别的一个重要方法。

2. 判别函数正负值的确定

利用判别函数进行分类时，是以判别函数值的正负作为识别依据的，$d(\boldsymbol{X})>0$ 和 $d(\boldsymbol{X})<0$ 分别表现为判别界面的正值一侧和负值一侧，而判别界线的正负侧是分类器在训练判别函数权值的学习过程中形成确定的。对于一个两类问题，训练判别函数的方法一般是输入已知类别的训练样本 $\boldsymbol{X}$，当 $\boldsymbol{X}\in\omega_1$ 时，定义 $d(\boldsymbol{X})>0$；当 $\boldsymbol{X}\in\omega_2$ 时，定义 $d(\boldsymbol{X})<0$。这样做的结果在几何上就表现为 ω_1 类模式集所在的一侧为判别界面的"+"侧，ω_2 类模式集所在的一侧为判别界面的"−"侧。以二维两类问题线性判别函数为例的图示如图 3.3 所示。

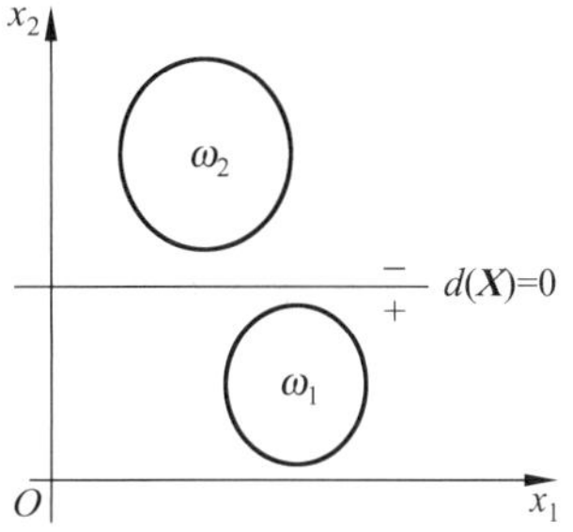

图 3.3 判别函数正负的确定

$d(\boldsymbol{X})$ 表示的是一种分类的标准，它可以推广到任意有限维欧氏空间中的模式分类问题。

3. 确定判别函数的两个因素

1) 判别函数 $d(\boldsymbol{X})$ 的几何性质

判别函数可以是线性函数，也可以是非线性函数，这取决于模式类在空间的分布情况，以及我们对分布的先验信息的足够了解。在模式维数小于或等于 3 的情况下，确定判别函数的形式常常并不困难，但是当模式维数超过 3 时，我们的想象力已不能使我们直观地确定模式类之间边界的形式，这时必须依赖于严格的数学方法。在模式分布的先验信息较少的情况下，只能通过试探的方法建立有效的判别函数。判别函数选择不当，会导致不可分的情况发生。

以解决一个三维线性分类问题为例，判别函数的"线性"性质已经将它的形式确定为 $d(\boldsymbol{X})=w_1x_1+w_2x_2+w_3x_3+w_4$，即 x_1,x_2,x_3 均为一次项，其中判别函数的项数取决于模式向量的维数，而模式向量的维数在特征选择或特征提取时就已经固定了。

非线性判别函数形式举例如图 3.4 所示。

2) 判别函数 $d(\boldsymbol{X})$ 的系数

判别函数的形式一旦选定，主要的问题就是确定判别式的系数。只要被研究的模式是可分的，就能用所给的模式样本来确定 $d(\boldsymbol{X})$ 的各个系数，但具体问题的解决还取决于一个有效并且可行的学习方法。

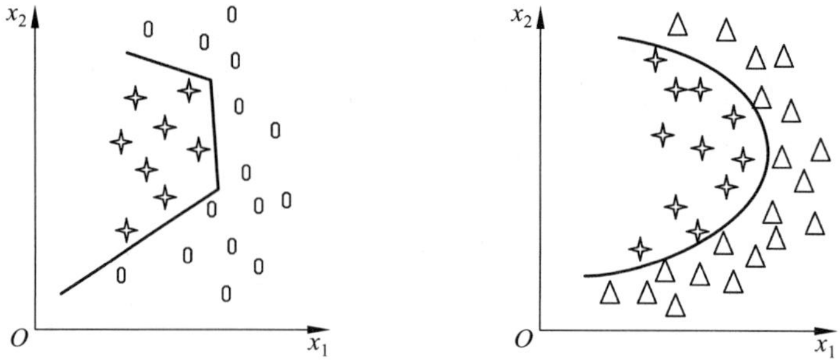

图 3.4　非线性判别函数

3.2　线性判别函数

如果一些模式类能用线性判别函数分开,则称这些模式类是线性可分的。线性判别函数用于线性可分的模式分类问题。下面讨论线性判别函数的一般形式和基本性质,以及应用这些性质进行模式分类的方法。

3.2.1　线性判别函数的一般形式

将式(3-1)的二维模式推广到 n 维情况,可得出线性判别函数的一般形式为

$$d(\boldsymbol{X}) = w_1x_1 + w_2x_2 + \cdots + w_nx_n + w_{n+1} = \boldsymbol{W}_0^{\mathrm{T}}\boldsymbol{X} + w_{n+1} \tag{3-2}$$

式中,$\boldsymbol{W}_0=(w_1, w_2, \cdots, w_n)^{\mathrm{T}}$ 称为权向量或参数向量;$\boldsymbol{X}=(x_1, x_2, \cdots, x_n)^{\mathrm{T}}$ 是 n 维特征向量,又称模式向量或样本向量;w_{n+1} 是常数,称为阈值权。

式(3-2)也可写成增广向量的形式

$$\begin{aligned} d(\boldsymbol{X}) &= w_1x_1 + w_2x_2 + \cdots + w_nx_n + w_{n+1} \cdot 1 \\ &= (w_1 \quad w_2 \quad \cdots \quad w_n \quad w_{n+1})\begin{pmatrix} x_1 \\ x_2 \\ \vdots \\ x_n \\ 1 \end{pmatrix} = \boldsymbol{W}^{\mathrm{T}}\boldsymbol{X} \end{aligned} \tag{3-3}$$

式中,$\boldsymbol{W}=(w_1, w_2, \cdots, w_n, w_{n+1})^{\mathrm{T}}$ 为增广权向量;$\boldsymbol{X}=(x_1, x_2, \cdots, x_n, 1)^{\mathrm{T}}$ 为增广模式向量。

在二维欧氏空间中,由线性判别函数所决定的判别边界为一条直线,在三维空间中为一个平面,当维数大于 3 时,判别边界称为超平面。通常,由线性判别函数确定的判别界面通称为超平面。其中,直线称为一维超平面,平面称为二维超平面,n 维空间的超平面称为$(n-1)$维超平面。

3.2.2 线性判别函数的性质及分类方法

1. 两类情况

若已知两类模式 ω_1 和 ω_2，则判别函数 $d(\boldsymbol{X})=\boldsymbol{W}^{\mathrm{T}}\boldsymbol{X}$ 具有如下性质

$$d(\boldsymbol{X})=\boldsymbol{W}^{\mathrm{T}}\boldsymbol{X}\begin{cases}>0, & 若\ \boldsymbol{X}\in\omega_1\\<0, & 若\ \boldsymbol{X}\in\omega_2\end{cases}\tag{3-4}$$

识别分类时，输入待分类模式样本 $\boldsymbol{X}$ 并计算 $d(\boldsymbol{X})$，如果 $d(\boldsymbol{X})>0$，则判决 $\boldsymbol{X}\in\omega_1$；如果 $d(\boldsymbol{X})<0$，则判决 $\boldsymbol{X}\in\omega_2$。$d(\boldsymbol{X})=0$ 定义了一个判别界面，当 $\boldsymbol{X}$ 使 $d(\boldsymbol{X})=0$ 时，可将 $\boldsymbol{X}$ 任意划分到两类之一或拒绝。

2. 多类情况

对于 M 个线性可分的模式类 $\omega_1,\omega_2,\cdots,\omega_M$，有三种划分方式。

1) 多类情况 1：$\omega_i/\bar{\omega}_i$ 两分法

这种情况下，每个模式类都可以用一个单独的判别界面将自己与其他模式类分开。或者说，ω_i 类的判别函数 $d_i(\boldsymbol{X})$ 可以将属于 ω_i 类的模式与其余不属于 ω_i 类的模式分开，其性质为

$$d_i(\boldsymbol{X})=\boldsymbol{W}_i^{\mathrm{T}}\boldsymbol{X}\begin{cases}>0, & 若\ \boldsymbol{X}\in\omega_i\\<0, & 若\ \boldsymbol{X}\in\bar{\omega}_i\end{cases},\quad i=1,2,\cdots,M\tag{3-5}$$

识别分类时，将某个待分类模式 $\boldsymbol{X}$ 分别代入 M 个类的判别函数中，若只有 $d_i(\boldsymbol{X})>0$，而其他的判别函数值均小于零，则判定 $\boldsymbol{X}\in\omega_i$ 类。对某一模式区，$d_i(\boldsymbol{X})>0$ 的条件超过一个，或全部的 $d_i(\boldsymbol{X})<0$，则分类失效，相当于不确定区(IR)。

$\omega_i/\bar{\omega}_i$ 两分法将 M 个多类问题分成 M 个两类问题，识别每一类模式均需要 M 个判别函数，识别出所有的 M 类仍是依靠这 M 个函数。

图 3.5 是一个二维三类问题的 $\omega_i/\bar{\omega}_i$ 两分法分类示意图。图 3.5 中每一类都可用一个简单的直线判别界面将它们与其他模式类分开，即由 $d_1(\boldsymbol{X})=0$，$d_2(\boldsymbol{X})=0$ 和 $d_3(\boldsymbol{X})=0$ 分别定义的三个判别界面。以 ω_1 类为例，只有当某模式样本 $\boldsymbol{X}$ 同时满足 $d_1(\boldsymbol{X})>0$，$d_2(\boldsymbol{X})<0$ 和 $d_3(\boldsymbol{X})<0$ 三个条件时，才能判定 $\boldsymbol{X}\in\omega_1$ 类。不能只用 $d_1(\boldsymbol{X})>0$ 这一个条件进行判定，因为在模式空间中还存在不确定区域，它们不属于三类中的任何一类，利用 $d_1(\boldsymbol{X})>0$ 只能确定属于 ω_1 的区域，从而排除掉不属于 ω_1 的区域，但不能排除不确定区。因此对 M 类问题，需要同时有 M 个判别函数。

例 3.1 设有一个三类问题，其判别式为

$$d_1(\boldsymbol{X})=-x_1+x_2+1,\quad d_2(\boldsymbol{X})=x_1+x_2-4,\quad d_3(\boldsymbol{X})=-x_2+1$$

现有一模式 $\boldsymbol{X}=(7,5)^{\mathrm{T}}$，用 $\omega_i/\bar{\omega}_i$ 两分法判定该模式属于哪一模式类，并写出三个判别界面。

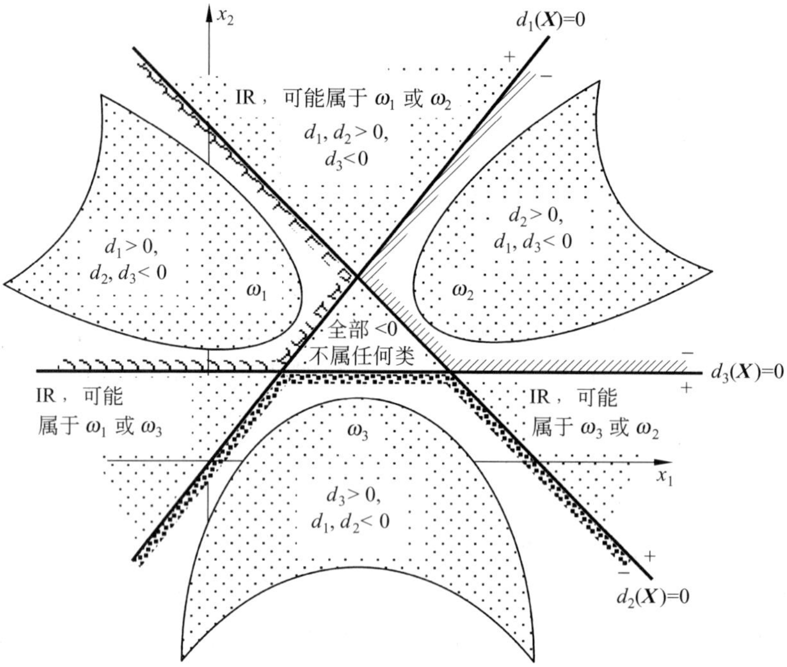

图 3.5　$\omega_i/\bar{\omega}_i$ 两分法

解：将 $\boldsymbol{X}=(7,5)^{\mathrm{T}}$ 代入三个判别函数中，有

$$d_1(\boldsymbol{X})=-7+5+1=-1<0$$
$$d_2(\boldsymbol{X})=7+5-4=8>0$$
$$d_3(\boldsymbol{X})=-5+1=-4<0$$

因为 $d_2(\boldsymbol{X})>0, d_1(\boldsymbol{X})<0, d_3(\boldsymbol{X})<0$，所以 $\boldsymbol{X}\in\omega_2$。

三个判别界面分别为

$$-x_1+x_2+1=0$$
$$x_1+x_2-4=0$$
$$-x_2+1=0$$

例 3.2　设有一个三类问题，已知三个判别界面如图 3.6(a)所示，用 $\omega_i/\bar{\omega}_i$ 两分法分析三类模式的分布区域。

解：同时满足 $d_1(\boldsymbol{X})>0, d_2(\boldsymbol{X})<0$ 和 $d_3(\boldsymbol{X})<0$ 的区域，属于 ω_1 类分布区域。

同时满足 $d_2(\boldsymbol{X})>0, d_1(\boldsymbol{X})<0$ 和 $d_3(\boldsymbol{X})<0$ 的区域，属于 ω_2 类分布区域。

同时满足 $d_3(\boldsymbol{X})>0, d_1(\boldsymbol{X})<0$ 和 $d_2(\boldsymbol{X})<0$ 的区域，属于 ω_3 类分布区域。

结果如图 3.6(b)所示。

2) 多类情况 2：ω_i/ω_j 两分法

这种情况下，模式类是成对可分的，即一个判别界面只能分开两个类别，不能保证其余模式类的可分性。能够分开 ω_i 类和 ω_j 类的判别函数的形式记为 $d_{ij}(\boldsymbol{X})=\boldsymbol{W}_{ij}^{\mathrm{T}}\boldsymbol{X}$，这里 $d_{ji}=-d_{ij}$。判别函数具有如下性质

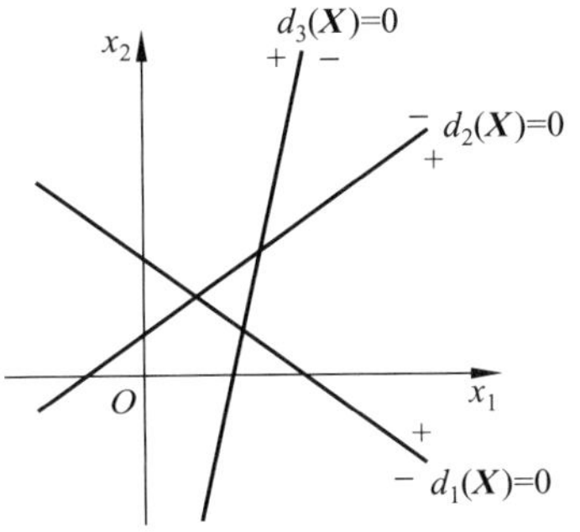

(a) 三个判别界面

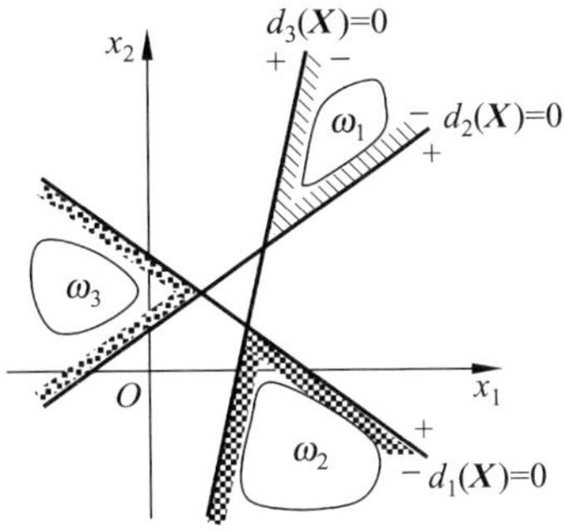

(b) 三类模式分布区域

图 3.6　$\omega_i/\bar{\omega}_i$ 两分法举例

$$d_{ij}(\boldsymbol{X}) > 0,\quad \forall j \neq i;\quad i,j = 1,2,\cdots,M,\quad 若\ \boldsymbol{X} \in \omega_i \tag{3-6}$$

识别 ω_i 类时，只有下标以 i 开头的($M-1$)个判别函数全为正值时，才能判定 $\boldsymbol{X}\in\omega_i$。若其中有一个为负值，则为 IR 区。

ω_i/ω_j 两分法每分离出一类模式，需要($M-1$)个判别函数，要分开所有的 M 类模式，共需 $M(M-1)/2$ 个判别函数，即每次从 M 类中取出两类的组合 C_M^2。对三类问题需 $3(3-1)/2=3$ 个判别函数。

图 3.7 是一个二维三类问题的 ω_i/ω_j 两分法分类示意图。图中每条直线都可以分开两个模式类，但穿过了其他模式类。以 ω_1 类为例，只有下标以 1 开头的所有判别函数值都大于零，即 $d_{12}(\boldsymbol{X})>0$，$d_{13}(\boldsymbol{X})>0$ 时，才能判定 $\boldsymbol{X}\in\omega_1$ 类，而 $d_{23}(\boldsymbol{X})$ 在识别 ω_1 类模式时不起作用。可以看出，界面 $d_{12}(\boldsymbol{X})=0$ 只能把 ω_1 类和 ω_2 类分开，不能将 ω_1 类和 ω_3 类分开，要想分离出 ω_1 类，必须再增加 $d_{13}(\boldsymbol{X})=0$ 才行。

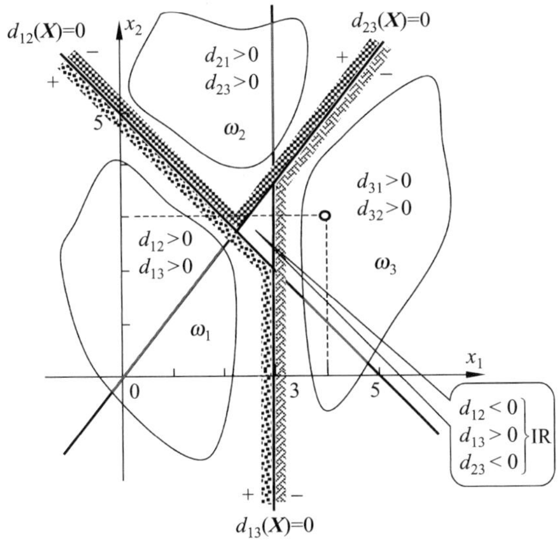

图 3.7　ω_i/ω_j 两分法

例 3.3 一个二维三类问题,三个判别函数分别为

$$d_{12}(\boldsymbol{X})=-x_1-x_2+5,\quad d_{13}(\boldsymbol{X})=-x_1+3,\quad d_{23}(\boldsymbol{X})=-x_1+x_2$$

试用 ω_i/ω_j 两分法分析模式 $\boldsymbol{X}=(4,3)^{\mathrm{T}}$ 属于哪类?

解:计算得 $d_{12}(\boldsymbol{X})=-2$,$d_{13}(\boldsymbol{X})=-1$,$d_{23}(\boldsymbol{X})=-1$,可写成

$$d_{21}(\boldsymbol{X})=2,\quad d_{31}(\boldsymbol{X})=1,\quad d_{32}(\boldsymbol{X})=1$$

因为 $d_{31}(\boldsymbol{X})>0$,$d_{32}(\boldsymbol{X})>0$,所以 $\boldsymbol{X}\in\omega_3$,如图 3.7 所示。

例 3.4 已知三个判别界面如图 3.8(a)所示,用 ω_i/ω_j 两分法分析三类模式的分布区域。

解:$d_{12}(\boldsymbol{X})>0$ 且 $d_{13}(\boldsymbol{X})>0$ 的区域,属于 ω_1 类分布区域。

$d_{21}(\boldsymbol{X})>0$ 且 $d_{23}(\boldsymbol{X})>0$ 的区域,属于 ω_2 类分布区域。

$d_{31}(\boldsymbol{X})>0$ 且 $d_{32}(\boldsymbol{X})>0$ 的区域,属于 ω_1 类分布区域。

结果如图 3.8(b)所示。

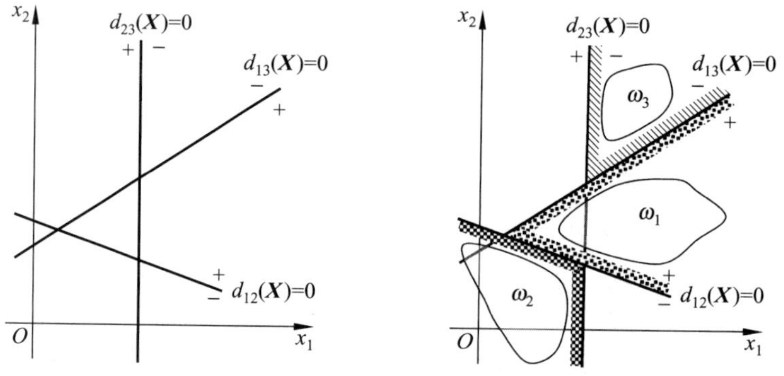

(a) 判别界面　　(b) 三类分布区域

图 3.8 ω_i/ω_j 两分法举例

3) 多类情况 3:ω_i/ω_j 两分法特例

当 ω_i/ω_j 两分法中的判别函数 $d_{ij}(\boldsymbol{X})$,可以分解为

$$d_{ij}(\boldsymbol{X})=d_i(\boldsymbol{X})-d_j(\boldsymbol{X})=\boldsymbol{W}_i^{\mathrm{T}}\boldsymbol{X}-\boldsymbol{W}_j^{\mathrm{T}}\boldsymbol{X}$$

时,那么 $d_i(\boldsymbol{X})>d_j(\boldsymbol{X})$ 就相当于多类情况 2 中的 $d_{ij}(\boldsymbol{X})>0$。因此对具有判别函数

$$d_i(\boldsymbol{X})=\boldsymbol{W}_i^{\mathrm{T}}\boldsymbol{X},\quad i=1,\cdots,M$$

的 M 类情况,分类依据的判别函数性质为

$$d_i(\boldsymbol{X})>d_j(\boldsymbol{X}),\forall j\neq i;i,j=1,2,\cdots,M,\quad 若\ \boldsymbol{X}\in\omega_i \tag{3-7}$$

或描述为

$$d_i(\boldsymbol{X})=\max\{d_k(\boldsymbol{X}),k=1,\cdots,M\},\quad 若\ \boldsymbol{X}\in\omega_i \tag{3-8}$$

由于此类情况的前提是 $d_{ij}(\boldsymbol{X})$ 可以分解为 $d_i(\boldsymbol{X})-d_j(\boldsymbol{X})$,因此如果各类别在第三种情况下可分,那么在第二种情况下也是可分的,但反过来一般不成立。

由于式(3-7)的条件,任一模式 $\boldsymbol{X}$ 总能划分到 M 类中的某一个模式类中去,因此

ω_i/ω_j 两分法特例的情况，除边界之外没有不确定区，每一类的判别界面除向无穷远处延伸的区域外全部都与其他类的判别界面相邻，如图 3.9 所示。

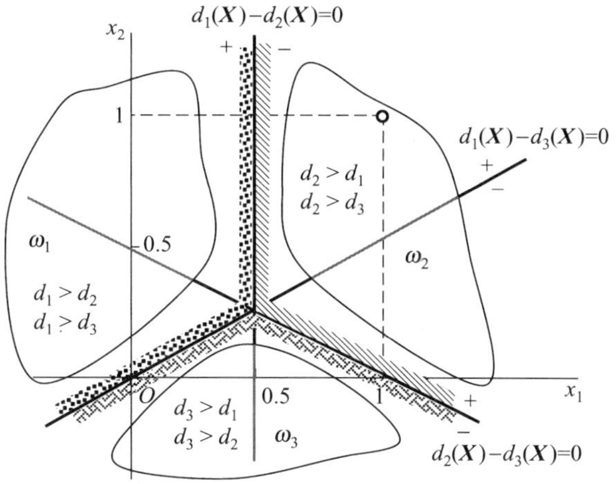

图 3.9　ω_i/ω_j 两分法特例

这种分法将 M 类情况分成了 $M-1$ 个两类问题。

例 3.5　一个三类模式分类器，其判别函数为

$$d_1(\boldsymbol{X})=-x_1+x_2,\quad d_2(\boldsymbol{X})=x_1+x_2-1,\quad d_3(\boldsymbol{X})=-x_2$$

试用 ω_i/ω_j 两分法特例中的方法判断 $\boldsymbol{X}_0=(1,1)^{\mathrm{T}}$ 属于哪一类，且分别给出三类的判别界面。

解：(1) 由 $d_1(\boldsymbol{X}_0)=-1+1=0, d_2(\boldsymbol{X}_0)=1+1-1=1, d_3(\boldsymbol{X}_0)=-1$ 有

$$d_2(\boldsymbol{X}_0)>d_1(\boldsymbol{X}_0), d_2(\boldsymbol{X}_0)>d_3(\boldsymbol{X}_0),\quad \text{所以 } \boldsymbol{X}_0\in\omega_2$$

(2) ω_1 类的判别界面为

$$d_1(\boldsymbol{X})-d_2(\boldsymbol{X})=-2x_1+1=0,\quad d_1(\boldsymbol{X})-d_3(\boldsymbol{X})=-x_1+2x_2=0$$

ω_2 类的判别界面为

$$d_2(\boldsymbol{X})-d_1(\boldsymbol{X})=2x_1-1=0,\quad d_2(\boldsymbol{X})-d_3(\boldsymbol{X})=x_1+2x_2-1=0$$

ω_3 类的判别界面为

$$d_{31}(\boldsymbol{X})=-d_{13}(\boldsymbol{X}),\quad d_{32}(\boldsymbol{X})=-d_{23}(\boldsymbol{X})$$

三类的判别界面如图 3.9 所示。

例 3.6　已知三个判别界面如图 3.10(a)所示，按多类情况 3 分析三类模式的分布区域。

解：满足 $d_1(\boldsymbol{X})-d_2(\boldsymbol{X})>0$ 且 $d_1(\boldsymbol{X})-d_3(\boldsymbol{X})>0$ 的区域属于 ω_1 类分布区域。

满足 $d_2(\boldsymbol{X})-d_1(\boldsymbol{X})>0$ 且 $d_2(\boldsymbol{X})-d_3(\boldsymbol{X})>0$ 的区域属于 ω_2 类分布区域。

满足 $d_3(\boldsymbol{X})-d_1(\boldsymbol{X})>0$ 且 $d_3(\boldsymbol{X})-d_2(\boldsymbol{X})>0$ 的区域属于 ω_3 类分布区域。

三类模式的分布区域如图 3.10(b)所示。

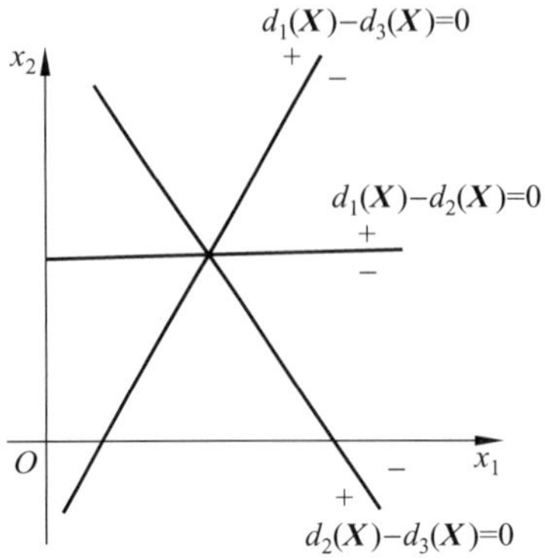

(a) 判别界面

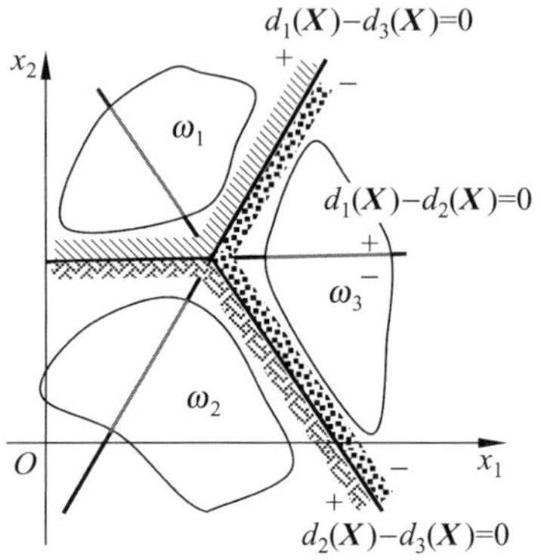

(b) 三类分布区域

图 3.10　ω_i/ω_j 两分法特例举例

3. 小结

对于 M 类模式的分类，$\omega_i/\bar{\omega}_i$ 两分法共需要 M 个判别函数，而 ω_i/ω_j 两分法需要 $M(M-1)/2$ 个。当 $M>3$ 时，后者虽然需要更多的判别式，但对模式线性可分的可能性更大一些，这是 ω_i/ω_j 两分法的主要优点。

究其原因，在 $\omega_i/\bar{\omega}_i$ 两分法中，每一个判别函数要把一种类别的模式与其余$(M-1)$种类别的模式划分开，而 ω_i/ω_j 两分法仅是将一种类别与另一种类别分开。显然，一种类别模式的分布要比$(M-1)$类模式的分布更为聚集，ω_i/ω_j 两分法不需考虑其他模式类的影响，因此受到的限制条件少，线性可分的可能性较大。

以上介绍了线性判别函数的性质。模式类别如果可以用任一线性判别函数来划分，这些模式就称为线性可分。一旦线性判别函数的系数 $\boldsymbol{W}_k$ 被确定以后，这些函数就可作为模式分类的基础。

3.3　广义线性判别函数

前面的讨论是在模式线性可分的前提下进行的，而实际的模式分布并不都是线性可分的，但只要各类模式的特征不同，判别边界总是存在的，只不过是非线性边界而已，这时需要用非线性判别函数来分类。

然而，在能够有效分类的前提下，人们总是希望采用形式比较简单的判别函数，线性判别函数的突出优点就是形式简单，因此可以考虑通过某种变换，把原空间中线性不可分的模式类变换到一个新的空间，成为线性可分的模式类，这就涉及广义线性判别函数的概念。

通过某映射，把模式空间 X 变成 X^*，从而将 X 空间中非线性可分的模式集变成在 X^* 空间中线性可分的模式集，把原空间中的非线性判别函数变成线性判别函数，这时得到的判别函数称为广义线性判别函数，可以看成是线性判别函数的推广。广义线性判别函数用于处理模式类之间边界的非线性问题。

1. 非线性多项式函数

非线性判别函数的形式之一是非线性多项式函数。由非线性多项式函数构成的判别函数的一般形式如下

$$d(\boldsymbol{X}) = w_1 f_1(\boldsymbol{X}) + w_2 f_2(\boldsymbol{X}) + \cdots + w_k f_k(\boldsymbol{X}) + w_{k+1} = \sum_{i=1}^{k+1} w_i f_i(\boldsymbol{X}) \tag{3-9}$$

式中，$\{f_i(\boldsymbol{X}), i=1,2,\cdots,k\}$是模式 $\boldsymbol{X}$ 的单值实函数，其形式是多种多样的，$f_{k+1}(\boldsymbol{X})=1$。式(3-9)可以有无穷多个具体的变形，$f_i(\boldsymbol{X})$取什么形式以及 $d(\boldsymbol{X})$共取多少项数，取决于模式类之间非线性分界面的复杂程度。

2. 广义线性判别函数

设 n 维训练用模式集$\{\boldsymbol{X}\}$在模式空间 X 中线性不可分，其非线性判别函数形式为式(3-9)。为了使式(3-9)变成线性函数，必须要将模式向量 $\boldsymbol{X}$ 变换到新的空间。为此，定义一个新的模式向量 $\boldsymbol{X}^*$，它的分量等于 $f_i(\boldsymbol{X})$，即

$$\boldsymbol{X}^* = (f_1(\boldsymbol{X}), f_2(\boldsymbol{X}), \cdots, f_k(\boldsymbol{X}), 1)^{\mathrm{T}} \tag{3-10}$$

这样，式(3-9)可以表示为

$$d(\boldsymbol{X}) = \boldsymbol{W}^{\mathrm{T}}\boldsymbol{X}^* = d(\boldsymbol{X}^*) \tag{3-11}$$

式中，$\boldsymbol{W}=(w_1, w_2, \cdots, w_k, w_{k+1})$是增广权向量，$\boldsymbol{X}^*$ 是增广模式向量，其所在的空间称为 X^* 空间，是一个 k 维的空间。这里，$d(\boldsymbol{X})$已经变成了 $d(\boldsymbol{X}^*)$，$d(\boldsymbol{X}^*)$是 $\boldsymbol{X}^*$ 的线性函数，也就是说，完成了从非线性判别函数到线性判别函数的转化。$d(\boldsymbol{X}^*)$称为广义线性判别函数。

如果在原空间 X 中，模式类可以用非线性多项式函数 $d(\boldsymbol{X})$分开，那么在新空间 X^* 里，模式类就可以用线性判别函数 $d(\boldsymbol{X}^*)$分开。由于任何非线性函数都可以通过级数展开转化为多项式函数进行逼近，所以任何非线性判别函数都可以转化为广义线性判别函数。将非线性判别函数变为线性判别函数后，就可以利用前面介绍的线性判别函数的方法进行分类了。

用广义线性判别函数虽然可以将非线性问题转化为简单的线性问题来处理，但需要注意的是，实现这种转化的非线性变换可能非常复杂，另外，在原空间 X 中模式样本 $\boldsymbol{X}$ 是 n 维向量，在新空间 X^* 中，$\boldsymbol{X}^*$ 是 k 维向量，通常 k 比 n 大许多，经过上述变换，维数大大增加了。维数的增加会导致计算量的迅速增加，以致计算机难以处理，这就是所谓的“维数灾难”。20 世纪 90 年代以后，随着小样本学习理论和支持向量机的迅速发展，广义线性判别函数的这种“维数灾难”问题在一定程度上得到了解决。

例 3.7 假设 X 为二维模式向量，$f_i(\boldsymbol{X})$选用二次多项式函数，原判别函数为

$$d(\boldsymbol{X}) = w_{11}x_1^2 + w_{12}x_1x_2 + w_{22}x_2^2 + w_1x_1 + w_2x_2 + w_3$$

则广义线性判别函数可以通过下面的过程得到

定义 $x_1^* = f_1(\boldsymbol{X}) = x_1^2$，　$x_2^* = f_2(\boldsymbol{X}) = x_1x_2$

$$x_3^* = f_3(\boldsymbol{X}) = x_2^2, \quad x_4^* = f_4(\boldsymbol{X}) = x_1, \quad x_5^* = f_5(\boldsymbol{X}) = x_2$$

有

$$\boldsymbol{X}^* = (x_1^2, x_1x_2, x_2^2, x_1, x_2, 1)^{\mathrm{T}}, \quad \boldsymbol{W} = (w_{11}, w_{12}, w_{22}, w_1, w_2, w_3)^{\mathrm{T}}$$

这样，原非线性判别函数 $d(\boldsymbol{X})$ 被线性化为 $d(\boldsymbol{X}^*)=\boldsymbol{W}^{\mathrm{T}}\boldsymbol{X}^*$。

3.4 线性判别函数的几何性质

3.4.1 模式空间与超平面

设有 n 维模式向量 $\boldsymbol{X}$，则以 $\boldsymbol{X}$ 的 n 个分量为坐标变量的欧氏空间称为模式空间。在模式空间里，模式向量可以表示成一个点，也可以表示成从原点出发到这个点的一个有向线段。当模式类线性可分时，判别函数的形式是线性的，剩下的问题就是确定一组系数，从而确定一个符合条件的超平面。对于两类问题，利用线性判别函数 $d(\boldsymbol{X})$ 进行分类，就是用超平面 $d(\boldsymbol{X})=0$ 把模式空间分成两个决策区域。

设判别函数为

$$d(\boldsymbol{X}) = \boldsymbol{W}_0^{\mathrm{T}}\boldsymbol{X} + w_{n+1} \tag{3-12}$$

式中，$\boldsymbol{W}_0=(w_1, w_2, \cdots, w_n)^{\mathrm{T}}$；$\boldsymbol{X}=(x_1, x_2, \cdots, x_n)^{\mathrm{T}}$。则由 $d(\boldsymbol{X})$ 确定的超平面为

$$d(\boldsymbol{X}) = \boldsymbol{W}_0^{\mathrm{T}}\boldsymbol{X} + w_{n+1} = 0 \tag{3-13}$$

若 $\boldsymbol{X}_1$ 和 $\boldsymbol{X}_2$ 为超平面上任意两个模式向量，由式(3-13)有

$$\boldsymbol{W}_0^{\mathrm{T}}\boldsymbol{X}_1 + w_{n+1} = \boldsymbol{W}_0^{\mathrm{T}}\boldsymbol{X}_2 + w_{n+1}$$

整理得

$$\boldsymbol{W}_0^{\mathrm{T}}(\boldsymbol{X}_1 - \boldsymbol{X}_2) = 0 \tag{3-14}$$

该式表示向量 $\boldsymbol{W}_0$ 与差向量 $(\boldsymbol{X}_1-\boldsymbol{X}_2)$ 的点积等于零，因此 $\boldsymbol{W}_0$ 和 $(\boldsymbol{X}_1-\boldsymbol{X}_2)$ 正交，即向量 $\boldsymbol{W}_0$ 垂直于超平面上任一向量 $(\boldsymbol{X}_1-\boldsymbol{X}_2)$，因此也就垂直于超平面 $d(\boldsymbol{X})=0$，这说明 $\boldsymbol{W}_0$ 是超平面的法向量，方向由超平面的负侧指向正侧。设超平面的单位法线向量为 $\boldsymbol{U}$，则

$$\boldsymbol{U} = \frac{\boldsymbol{W}_0}{\|\boldsymbol{W}_0\|} \tag{3-15}$$

式中的 $\|\boldsymbol{W}_0\|$ 在这里理解为向量 $\boldsymbol{W}_0$ 的模值，由下式计算得到

$$\|\boldsymbol{W}_0\| = \sqrt{w_1^2 + w_2^2 + \cdots + w_n^2}$$

以二维情况为例的说明如图 3.11(a)所示，图 3.11(a)中 $d(\boldsymbol{X})=0$ 为二维模式空间中的一个超平面，$\boldsymbol{X}_1$ 和 $\boldsymbol{X}_2$ 在超平面上，差向量 $(\boldsymbol{X}_1-\boldsymbol{X}_2)$ 和超平面重合。

当 $\boldsymbol{X}$ 为不在超平面上的模式点时，将 $\boldsymbol{X}$ 向超平面上投影得向量 $\boldsymbol{X}_p$，并构造向量 $\boldsymbol{R}$，如图 3.11(b)所示，由式(3-15)有

$$\boldsymbol{R} = r \cdot \boldsymbol{U} = r\frac{\boldsymbol{W}_0}{\|\boldsymbol{W}_0\|}$$

式中，r 是 $\boldsymbol{X}$ 到超平面的垂直距离。这样，$\boldsymbol{X}$ 就可以表示成如下向量相加的形式

$$\boldsymbol{X} = \boldsymbol{X}_p + \boldsymbol{R} = \boldsymbol{X}_p + r\frac{\boldsymbol{W}_0}{\|\boldsymbol{W}_0\|} \tag{3-16}$$

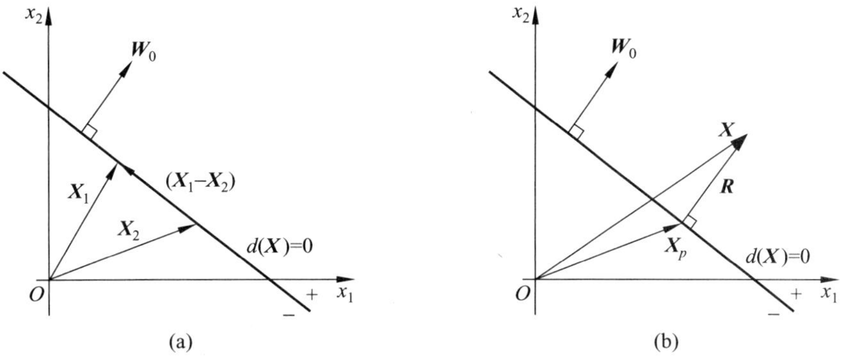

图 3.11　点到超平面的距离

将式(3-16)代入式(3-12)得

$$d(\boldsymbol{X}) = \boldsymbol{W}_0^{\mathrm{T}}\left(\boldsymbol{X}_p + r\frac{\boldsymbol{W}_0}{\|\boldsymbol{W}_0\|}\right) + w_{n+1} = (\boldsymbol{W}_0^{\mathrm{T}}\boldsymbol{X}_p + w_{n+1}) + \boldsymbol{W}_0^{\mathrm{T}} \cdot r\frac{\boldsymbol{W}_0}{\|\boldsymbol{W}_0\|}$$

因 $\boldsymbol{X}_p$ 在超平面上，故上式中第一项为零，又由于 $\boldsymbol{W}_0^{\mathrm{T}}\boldsymbol{W}_0 = \|\boldsymbol{W}_0\|^2$，整理得

$$d(\boldsymbol{X}) = r\|\boldsymbol{W}_0\|$$

因此，$\boldsymbol{X}$ 到超平面的距离为

$$r = \frac{d(\boldsymbol{X})}{\|\boldsymbol{W}_0\|} \tag{3-17}$$

图 3.11(b)中 $\boldsymbol{X}$ 在超平面的正侧，因而 $d(\boldsymbol{X})>0$；若 $\boldsymbol{X}$ 在超平面的负侧，则 $d(\boldsymbol{X})<0$，也就是说，点 $\boldsymbol{X}$ 到超平面的代数距离(带正负号)正比于 $d(\boldsymbol{X})$ 函数值，或者说判别函数 $d(\boldsymbol{X})$ 正比于点 $\boldsymbol{X}$ 到超平面的代数距离。

考虑式(3-17)，当 $\boldsymbol{X}$ 在原点时，$d(\boldsymbol{X})=w_{n+1}$，原点到超平面的距离为

$$r_0 = \frac{w_{n+1}}{\|\boldsymbol{W}_0\|} \tag{3-18}$$

该式说明超平面的位置是由阈值权 w_{n+1} 决定的。显然，当 $w_{n+1}>0$ 时，原点在超平面的正侧；当 $w_{n+1}<0$ 时，原点在超平面的负侧；若 $w_{n+1}=0$，则超平面通过原点。

综上所述，在模式空间中超平面具有如下特点：超平面 $d(\boldsymbol{X})=0$ 的法向量是权向量 $\boldsymbol{W}_0$；超平面的位置由 w_{n+1} 决定；判别函数 $d(\boldsymbol{X})$ 正比于点 $\boldsymbol{X}$ 到超平面的代数距离；当 $\boldsymbol{X}$ 在超平面的正侧时 $d(\boldsymbol{X})>0$，当 $\boldsymbol{X}$ 在超平面的负侧时 $d(\boldsymbol{X})<0$。

3.4.2　权空间与权向量解

有时经常将判别函数绘制在权向量空间中。设有线性判别函数

$$d(\boldsymbol{X}) = w_1x_1 + w_2x_2 + \cdots + w_nx_n + w_{n+1}$$

则以 $w_1, w_2, \cdots, w_n, w_{n+1}$ 为坐标变量的$(n+1)$维欧氏空间称为权空间。在权空间里，增广权向量 $\boldsymbol{W}=(w_1, w_2, \cdots, w_n, w_{n+1})^{\mathrm{T}}$ 对应该空间中的一个点，也可以表示成从原点出发到这个点的一条有向线段。

当线性可分时，判别函数形式已定，只需要确定一个符合条件的权向量，也就是确定权向量的所有分量的具体值。下面以两类问题为例，讨论权空间中符合条件的权向量的解区。

设 $\boldsymbol{X}_{11},\boldsymbol{X}_{12},\cdots,\boldsymbol{X}_{1p}$ 是属于 ω_1 类的 p 个增广样本向量，$\boldsymbol{X}_{21},\boldsymbol{X}_{22},\cdots,\boldsymbol{X}_{2q}$ 是属于 ω_2 类的 q 个增广样本向量，并设两类问题的线性判别函数为 $d(\boldsymbol{X})=\boldsymbol{W}^{\mathrm{T}}\boldsymbol{X}$。根据 $d(\boldsymbol{X})$ 的性质，要使 $d(\boldsymbol{X})$ 把 ω_1 类和 ω_2 类分开，必须使下面 $(p+q)$ 个不等式成立

$$d(\boldsymbol{X}_{1i})>0,\quad i=1,2,\cdots,p$$
$$d(\boldsymbol{X}_{2i})<0,\quad i=1,2,\cdots,q$$

如果将 ω_2 的 q 个增广模式都乘以 (-1)，也即增广模式的每个分量乘以 (-1)，则上面的不等式变为

$$d(\boldsymbol{X}_{1i})>0,\quad i=1,2,\cdots,p$$
$$d(-\boldsymbol{X}_{2i})>0,\quad i=1,2,\cdots,q \tag{3-19}$$

这样就可以不管原样本的类别属性，将两类模式分开的条件变为对所有的 $(p+q)$ 个样本满足

$$d(\boldsymbol{X})>0,\quad \text{其中 } \boldsymbol{X}=\begin{cases}\boldsymbol{X}_{1i}, & i=1,2,\cdots,p\\ -\boldsymbol{X}_{2i}, & i=1,2,\cdots,q\end{cases} \tag{3-20}$$

这一过程叫做样本的规范化，$\boldsymbol{X}$ 称为规范化增广样本向量。

在不等式(3-20)中，$\boldsymbol{X}$ 是已知的，增广权向量的各分量是变量。可以看出，每个 $d(\boldsymbol{X})=0$ 都在权空间中确定一个超平面，共有 $(p+q)$ 个超平面。在权空间中寻找一个向量 $\boldsymbol{W}$ 使判别函数 $d(\boldsymbol{X})$ 能把 ω_1 类和 ω_2 类分开，就是寻找一个权向量使得式(3-20)中的 $(p+q)$ 个不等式同时成立，因此满足条件的权向量必然在 $(p+q)$ 个超平面的正侧的交叠区域里，这个区域就是 $\boldsymbol{W}$ 的解区。

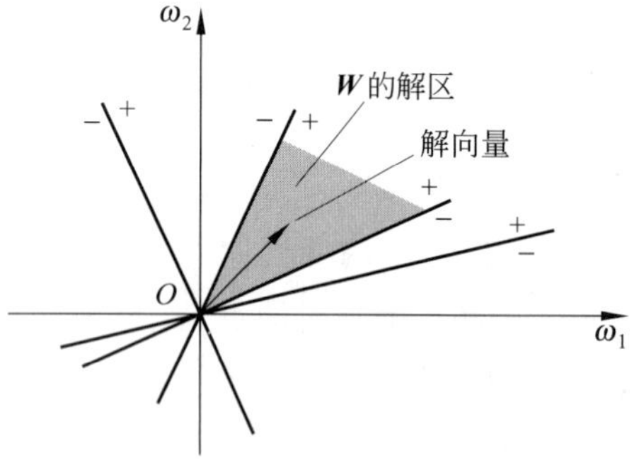

图 3.12　权向量的解区和解向量

图 3.12 表示二维权空间，超平面的方程为 $w_1x_1+w_2x_2=0$，$x_2=1$，超平面是过原点的直线，图 3.12 中阴影部分就是解区。

从原则上讲，解区中的任一权向量都是符合式(3-20)的权向量，但是处于解区中央部分的权向量更可靠，更能对新的模式进行正确分类。在高维权空间里，满足式(3-20)的权向量的解区对应着 $(p+q)$ 个超平面围成的顶点在原点的超锥面体的内部区域。

以上关于两类问题权向量解区的讨论也可推广到线性可分的多类情况。

3.4.3　二分法

所谓二分法(dichotomies)是指用判别函数 $d(\boldsymbol{X})$ 把给定的 N 个模式分成两类的方法，二分法是一种基本的分类方法。判别函数将一定的模式集分割成两类的各种可能方法的总数反映了判别函数的二分能力，不同形式的判别函数对给定模式集的不同分类能

力可以通过二分法总数的多少来衡量。

假设有4个二维模式样本，可以用线性判别函数分类，也可以用非线性判别函数分类，则把4个模式任意地分为两类的可能方法共有 $2^4=16$ 种，其中每个超平面或超曲面对应两个二分法。如图 3.13 所示，直线①可以将 $\boldsymbol{X}_1$ 决策为 ω_1 类，其余三个模式决策为 ω_2 类，这是一种分法；也可以将 $\boldsymbol{X}_1$ 决策为 ω_2 类，其余三个模式决策为 ω_1 类，这是第二种分法；直线⑦将所有模式决策为一类，另一类为空集，又对应着两种分法；曲线⑧将其内部模式划分为 ω_1 类或 ω_2 类，对应着两种分法……一共有16种分法。在限定用线性判别函数分类的情况下，若样本点的分布良好，没有三点在一条直线上，那么16种可能的分法中有14种是线性可分的；否则，线性二分法总数小于14。

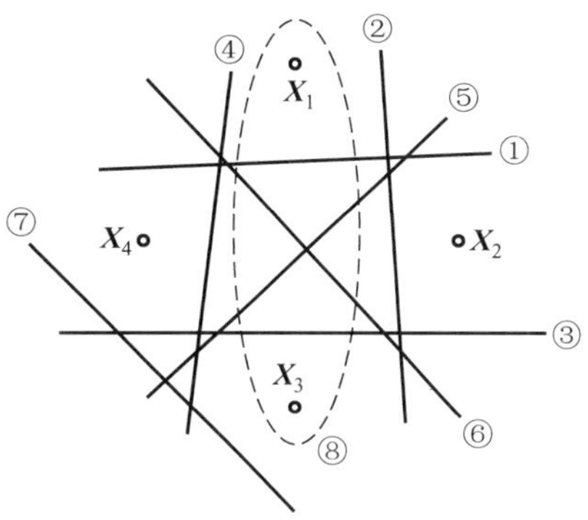

图 3.13　二分法

一般来说，如果不限制判别函数的形式，N 个 n 维模式用判别函数分成两类的二分法总数为 2^N。如果限定用线性判别函数，并且样本在模式空间是良好分布的，即在 n 维模式空间中没有 $(n+1)$ 个模式位于 $(n-1)$ 维子空间中；那么可以证明，N 个 n 维模式用线性判别函数分成两类的方法总数，即线性二分法总数为

$$D(N,n)=\begin{cases}2\sum_{j=0}^{n}C_{N-1}^{j}, & N-1>n\\ 2^N, & N-1\leqslant n\end{cases} \tag{3-21}$$

线性判别函数的分类能力也可以用二分法概率来衡量。N 个 n 维良好分布的模式实现线性二分法的概率，即线性二分法概率为

$$P(N,n)=\frac{D(N,n)}{2^N}=\begin{cases}2^{1-N}\sum_{j=0}^{n}C_{N-1}^{j}, & N-1>n\\ 1, & N-1\leqslant n\end{cases} \tag{3-22}$$

例如，对4个良好分布的二维模式，用线性判别函数分类如下。

因为 $N=4, n=2$，即 $N-1>n$，所以：

线性二分法总数为 $D(4,2)=2\sum_{j=0}^{2}C_{4-1}^{j}=14$；

线性二分法概率为 $P(4,2)=2^{1-4}\sum_{j=0}^{2}C_{4-1}^{j}=\frac{7}{8}\approx 0.88$。

由式(3-22)可知，只要模式的个数 N 小于或等于增广模式的维数 $(n+1)$，则模式类总是线性可分的，否则就不能保证用给定形式的线性判别函数正确分类。线性判别函数的二分法概率 $P(N,n)$ 与模式个数 N 和维数 n 的关系曲线如图 3.14 所示。

图 3.14 中定义 $\lambda=N/(n+1)$，可以看出当 $\lambda=2$ 时，$P(N,n)=0.5$；当 $\lambda>2$ 时，$P(N,n)<0.5$，并且当模式个数 N 比模式维数 n 大得多时，$P(N,n)$ 下降很快。通常将

$\lambda=2$ 时的 N 值定义为阈值 N_0，称为二分法能力，即

$$N_0 = 2(n+1) \tag{3-23}$$

N_0 是在模式维数 n 给定的情况下，用线性判别函数正确分类的概率为 50%时能够划分的模式的个数，当模式数目超过 N_0 时，线性二分法能完成的概率迅速下降。通过 N_0，可以对任意 N 个样本的线性可分性进行一个粗略的估计。

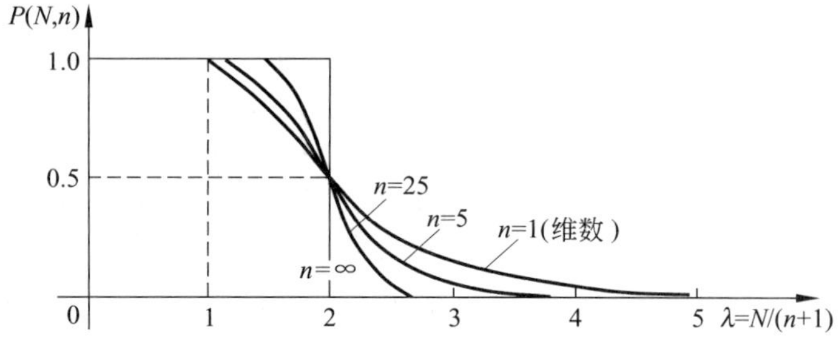

图 3.14 线性二分法的概率

实际工作中常依靠已知类别的训练样本确定判别函数，再用该判别函数构成的分类器对未知类别模式进行分类。这里有一个问题，要获得一个有较好判别性能的线性分类器，需要多少个训练样本呢？由于受经济条件的限制和对计算机运算时间的考虑，一般训练所用的样本数目不可能太多，但是也不能太少。比如取训练样本数小于 N_0，此时训练线性判别函数容易成功，但实际中待分类的未知模式往往数量很大，当分类器识别数目远远大于 N_0 的模式集时，线性二分能力迅速下降，正确识别的概率必然很低。因此，有研究者规定在训练阶段样本的数目应大于 N_0，也有人提出选为 N_0 的 5～10 倍，即 $\lambda=10\sim20$。从图 3.14 可以看出，当 λ 很大时，$P(N,n)$ 的值已经很小，这意味着这样做训练线性判别函数的成功率较小，但是一旦训练成功，用所获得的判别函数对数目更多的待分类模式进行识别时，由于不能进行线性二分而造成的错误就不会增加很多了。

3.5 感知器算法

对于线性判别函数，当模式的维数已知时判别函数的形式实际上就已经定了下来，如

二维 $\boldsymbol{X}=(x_1,x_2)^{\mathrm{T}}$，$d(\boldsymbol{X})=w_1x_1+w_2x_2+w_3$

三维 $\boldsymbol{X}=(x_1,x_2,x_3)^{\mathrm{T}}$，$d(\boldsymbol{X})=w_1x_1+w_2x_2+w_3x_3+w_4$

剩下的问题就是确定权向量 $\boldsymbol{W}$，只要求出权向量，分类器的设计即告完成。非线性判别函数也有类似的问题。本章的后续部分将主要讨论一些基本的训练权向量的算法，或者说学习权向量的算法，它们都是用于设计确定性分类器的迭代算法。

1. 概念理解

在学习感知器算法之前，首先要明确几个概念。

1）训练与学习

训练是指利用已知类别的模式样本指导机器对分类规则进行反复修改，最终使分类结果与已知类别信息完全相同的过程。从分类器的角度来说，就是学习的过程。

学习分为监督学习和非监督学习两大类。非监督学习主要用于学习聚类规则，没有先验知识或仅有极少的先验知识可供利用，通过多次学习和反复评价，结果合理即可。监督学习主要用于学习判别函数，判别函数的形式已知时，学习判别函数的有关参数；判别函数的形式未知时，则直接学习判别函数。

训练与监督学习方法相对应，需要掌握足够的与模式类别有关的先验信息，这些先验信息主要通过一定数量的已知类别的模式样本提供，这些样本常称做训练样本集。用训练样本集对分类器训练成功后，得到了合适的判别函数，才能用于分类。前面在介绍线性判别函数性质的同时，已经讨论了如何利用判别函数的性质进行分类，当然，前提是假定判别函数已知。

2）确定性分类器

这种分类器只能处理确定可分的情况，包括线性可分和非线性可分。只要找到一个用于分离的判别函数就可以进行分类。由于模式在空间位置上的分布是可分离的，可以通过几何方法把特征空间分解为对应于不同类别的子空间，故又称为几何分类器。

当不同类别的样本聚集的空间发生重叠现象时，这种分类器寻找分离函数的迭代过程将加长，甚至振荡，也就是说不收敛，这时需要用第4章将要介绍的以概率分类法为基础的概率分类器进行分类。几何分类法和概率分类法都是使用判别函数的方法。

3）感知器

感知器（perception）是一种神经网络模型，是20世纪50年代中期到60年代初人们对模拟人脑学习能力的一种分类学习机模型的称呼。当时有些研究者认为它是一种学习机的强有力模型，后来发现估计过高，由于无法实现非线性分类，到60年代中期，从事感知器研究的实验室纷纷下马，但在发展感知器时所获得的一些数学概念，如“赏罚概念”（reward-punishment concept）今天仍在模式识别中起着很大的作用。

2. 算法描述

对于两类线性可分的模式类 ω_1 和 ω_2，设判别函数为

$$d(\boldsymbol{X}) = \boldsymbol{W}^{\mathrm{T}}\boldsymbol{X}$$

其中，$\boldsymbol{W}=(w_1,w_2,\cdots,w_n,w_{n+1})^{\mathrm{T}}$，$\boldsymbol{X}=(x_1,x_2,\cdots,x_n,1)^{\mathrm{T}}$。$d(\boldsymbol{X})$应具有如下性质

$$d(\boldsymbol{X}) = \boldsymbol{W}^{\mathrm{T}}\boldsymbol{X}\begin{cases} >0, & \text{若 } \boldsymbol{X}\in\omega_1 \\ <0, & \text{若 } \boldsymbol{X}\in\omega_2 \end{cases} \tag{3-24}$$

对样本进行规范化处理，即将 ω_2 类的全部样本都乘以（−1），这样对于两类的所有模式样本，判别函数的性质描述为

$$d(\boldsymbol{X}) = \boldsymbol{W}^{\mathrm{T}}\boldsymbol{X} > 0 \tag{3-25}$$

感知器算法（perception approach）通过对已知类别的训练样本集的学习，寻找一个满足式（3-25）的权向量。

感知器算法的具体步骤如下：

(1) 选择 N 个分属于 ω_1 类和 ω_2 类的模式样本构成训练样本集，将训练样本写成增广向量形式，并进行规范化处理。将 N 个样本编号为 $\boldsymbol{X}_1,\boldsymbol{X}_2,\cdots,\boldsymbol{X}_i,\cdots,\boldsymbol{X}_N$。任取权向量初始值 $\boldsymbol{W}(1)$开始迭代，括号中的 1 代表迭代次数 $k=1$。

(2) 用全部训练样本进行一轮迭代。每输入一个样本 $\boldsymbol{X}$，计算一次判别函数 $\boldsymbol{W}^{\mathrm{T}}\boldsymbol{X}$，根据判别函数分类结果的正误修正权向量，此时迭代次数 k 加 1。

假设进行到第 k 次迭代时，输入的样本为 $\boldsymbol{X}_i$，计算 $\boldsymbol{W}^{\mathrm{T}}(k)\boldsymbol{X}_i$ 的值，分两种情况更新权向量：

① 若 $\boldsymbol{W}^{\mathrm{T}}(k)\boldsymbol{X}_i\leqslant 0$，说明分类器对 $\boldsymbol{X}_i$ 的分类发生错误，权向量需要校正，且校正为

$$\boldsymbol{W}(k+1)=\boldsymbol{W}(k)+c\boldsymbol{X}_i \tag{3-26}$$

其中，c 为校正增量系数，$c>0$。

② 若 $\boldsymbol{W}^{\mathrm{T}}(k)\boldsymbol{X}_i>0$，表明分类正确，权向量不变，即 $\boldsymbol{W}(k+1)=\boldsymbol{W}(k)$。

以上两步可统一写为

$$\boldsymbol{W}(k+1)=\begin{cases}\boldsymbol{W}(k), & \text{若 } \boldsymbol{W}^{\mathrm{T}}(k)\boldsymbol{X}_i>0\\ \boldsymbol{W}(k)+c\boldsymbol{X}_i, & \text{若 } \boldsymbol{W}^{\mathrm{T}}(k)\boldsymbol{X}_i\leqslant 0\end{cases} \tag{3-27}$$

(3) 分析分类结果，在这一轮的迭代中只要有一个样本的分类发生了错误，即出现了 $\boldsymbol{W}^{\mathrm{T}}(k)\boldsymbol{X}_i\leqslant 0$ 的情况，则回到步骤(2)进行下一轮迭代，用全部样本再训练一次，建立新的 $\boldsymbol{W}(k+1)$，直至用全部样本进行训练都获得了正确的分类结果，迭代结束。这时的权向量值即为算法结果。

从上面的过程可以看出，感知器算法就是一种赏罚过程：当分类器发生分类错误时，对分类器进行“罚”——修改权向量，以使其向正确的方向转化；分类正确时，对其进行“赏”——这里表现为“不罚”，即权向量不变。

3. 收敛性

如果经过算法的有限次迭代运算后，求出了一个使训练集中所有样本都能正确分类的 $\boldsymbol{W}$，则称算法是收敛的。可以证明感知器算法是收敛的。对于感知器算法，只要模式类别是线性可分的，就可以在有限的迭代步数里求出权向量的解。

例 3.8 已知两类训练样本

$$\omega_1:\boldsymbol{X}_1=(0,0)^{\mathrm{T}},\quad \boldsymbol{X}_2=(0,1)^{\mathrm{T}};\quad \omega_2:\boldsymbol{X}_3=(1,0)^{\mathrm{T}},\quad \boldsymbol{X}_4=(1,1)^{\mathrm{T}}$$

用感知器算法求出将模式分为两类的权向量解和判别函数。

解：首先将训练样本写成增广向量形式，然后进行规范化处理，将属于 ω_2 的训练样本乘以(-1)，有

$$\boldsymbol{X}_1=(0,0,1)^{\mathrm{T}},\quad \boldsymbol{X}_2=(0,1,1)^{\mathrm{T}},$$

$$\boldsymbol{X}_3=(-1,0,-1)^{\mathrm{T}},\quad \boldsymbol{X}_4=(-1,-1,-1)^{\mathrm{T}}$$

任取 $\boldsymbol{W}(1)=(0,0,0)^{\mathrm{T}}$，取校正增量系数 $c=1$。迭代过程如下。

第一轮，

$$\boldsymbol{W}^{\mathrm{T}}(1)\boldsymbol{X}_1=(0,0,0)\begin{pmatrix}0\\0\\1\end{pmatrix}=0\leqslant 0,\text{故}$$

$$\boldsymbol{W}(2)=\boldsymbol{W}(1)+\boldsymbol{X}_1=(0,0,0)^{\mathrm{T}}+(0,0,1)^{\mathrm{T}}=(0,0,1)^{\mathrm{T}}$$

$$\boldsymbol{W}^{\mathrm{T}}(2)\boldsymbol{X}_2=(0,0,1)\begin{pmatrix}0\\1\\1\end{pmatrix}=1>0,\text{故}$$

$$\boldsymbol{W}(3)=\boldsymbol{W}(2)=(0,0,1)^{\mathrm{T}}$$

$$\boldsymbol{W}^{\mathrm{T}}(3)\boldsymbol{X}_3=(0,0,1)\begin{pmatrix}-1\\0\\-1\end{pmatrix}=-1\leqslant 0,\text{故}$$

$$\boldsymbol{W}(4)=\boldsymbol{W}(3)+\boldsymbol{X}_3=(0,0,1)^{\mathrm{T}}+(-1,0,-1)^{\mathrm{T}}=(-1,0,0)^{\mathrm{T}}$$

$$\boldsymbol{W}^{\mathrm{T}}(4)\boldsymbol{X}_4=(-1,0,0)\begin{pmatrix}-1\\-1\\-1\end{pmatrix}=1>0,\text{故}$$

$$\boldsymbol{W}(5)=\boldsymbol{W}(4)=(-1,0,0)^{\mathrm{T}}$$

第一轮迭代中有两个 $\boldsymbol{W}^{\mathrm{T}}(k)\boldsymbol{X}_i\leqslant 0$ 的情况，说明发生了两次错判，继续进行第二轮迭代。

第二轮，

$\boldsymbol{W}^{\mathrm{T}}(5)X_1=0\leqslant 0$，　故 $\boldsymbol{W}(6)=\boldsymbol{W}(5)+\boldsymbol{X}_1=(-1,0,1)^{\mathrm{T}}$

$\boldsymbol{W}^{\mathrm{T}}(6)X_2=1>0$，　故 $\boldsymbol{W}(7)=\boldsymbol{W}(6)=(-1,0,1)^{\mathrm{T}}$

$\boldsymbol{W}^{\mathrm{T}}(7)X_3=0\leqslant 0$，　故 $\boldsymbol{W}(8)=\boldsymbol{W}(7)+\boldsymbol{X}_3=(-2,0,0)^{\mathrm{T}}$

$\boldsymbol{W}^{\mathrm{T}}(8)X_4=2>0$，　故 $\boldsymbol{W}(9)=\boldsymbol{W}(8)=(-2,0,0)^{\mathrm{T}}$

第三轮，

$\boldsymbol{W}^{\mathrm{T}}(9)\boldsymbol{X}_1=0\leqslant 0$，　故 $\boldsymbol{W}(10)=\boldsymbol{W}(9)+\boldsymbol{X}_1=(-2,0,1)^{\mathrm{T}}$

$\boldsymbol{W}^{\mathrm{T}}(10)\boldsymbol{X}_2=1>0$，　故 $\boldsymbol{W}(11)=\boldsymbol{W}(10)$

$\boldsymbol{W}^{\mathrm{T}}(11)\boldsymbol{X}_3=1>0$，　故 $\boldsymbol{W}(12)=\boldsymbol{W}(11)$

$\boldsymbol{W}^{\mathrm{T}}(12)\boldsymbol{X}_4=1>0$，　故 $\boldsymbol{W}(13)=\boldsymbol{W}(12)$

第四轮，

$\boldsymbol{W}^{\mathrm{T}}(13)\boldsymbol{X}_1=1>0$，　故 $\boldsymbol{W}(14)=\boldsymbol{W}(13)$

$\boldsymbol{W}^{\mathrm{T}}(14)\boldsymbol{X}_2=1>0$，　故 $\boldsymbol{W}(15)=\boldsymbol{W}(14)$

$\boldsymbol{W}^{\mathrm{T}}(15)\boldsymbol{X}_3=1>0$，　故 $\boldsymbol{W}(16)=\boldsymbol{W}(15)$

$\boldsymbol{W}^{\mathrm{T}}(16)\boldsymbol{X}_4=1>0$，　故 $\boldsymbol{W}(17)=\boldsymbol{W}(16)$

该轮迭代的分类结果全部正确，故解向量 $\boldsymbol{W}=(-2,0,1)^{\mathrm{T}}$，相应的判别函数为

$$d(\boldsymbol{X})=-2x_1+1$$

判别界面 $d(\boldsymbol{X})=0$，如图 3.15 所示。

当 c 和 $W(1)$ 取其他值时，结果可能不一样，所以感知器算法的解不是单值的。

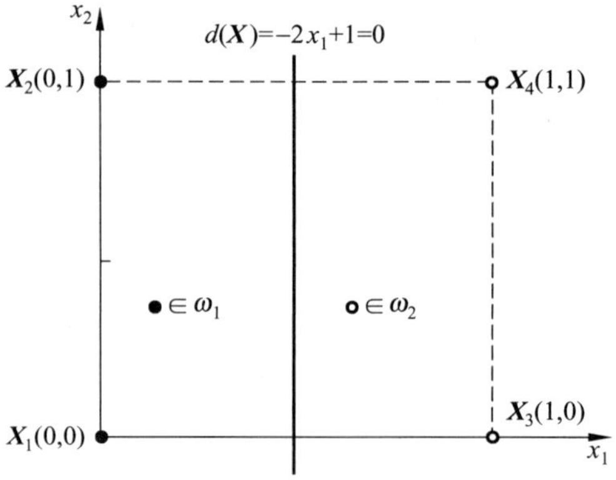

图 3.15　感知器算法举例

4. 感知器算法用于多类情况

感知器算法也可以推广到线性可分多类情况判别函数的学习。用多类情况 1 和多类情况 2 的方式分类时，每个判别函数相当于一个两类问题的判别函数，因此可以用感知器算法直接学习判别函数的权向量。而对多类情况 3，感知器算法需要稍加修改才可以用来训练权向量。

下面介绍在多类情况 3 的分类方式下，用感知器算法训练判别函数权向量的具体步骤。我们已经知道，对于 M 类模式，当分类方式为多类情况 3 时，依据的判别函数性质为

$$若\ \boldsymbol{X}\in\omega_i，则\ d_i(\boldsymbol{X})>d_j(\boldsymbol{X}),\quad \forall j\neq i;i,j=1,2,\cdots,M$$

对应每个模式类 ω_i 均有一个判别函数 $d_i(\boldsymbol{X})$，共有 M 个。感知器算法必须同时学习 M 个判别函数的权向量，使其满足该式的条件。

算法描述如下：

(1) 选择分属于 M 个类的样本构成训练样本集，将训练样本写成增广向量形式，但不需要进行规范化处理。任取每类模式的初始权向量为 $\boldsymbol{W}_j(1)$，$j=1,\cdots,M$，括号内的数字代表迭代次数 $k=1$，开始迭代。

(2) 若第 k 次迭代时，一个属于 ω_i 类的样本 $\boldsymbol{X}$ 被送入分类器，则计算所有判别函数

$$d_j(k)=\boldsymbol{W}_j^{\mathrm{T}}(k)\boldsymbol{X},\quad j=1,\cdots,M$$

分两种情况修改权向量：

① 若 $d_i(k)>d_j(k)$，$\forall j\neq i;j=1,2,\cdots,M$，权向量不变，仍为

$$\boldsymbol{W}_j(k+1)=\boldsymbol{W}_j(k),\quad j=1,2,\cdots,M$$

② 若第 l 个权向量使 $d_i(k)\leqslant d_l(k)$，则相应的权向量调整为

$$\begin{cases}\boldsymbol{W}_i(k+1)=\boldsymbol{W}_i(k)+c\boldsymbol{X}\\ \boldsymbol{W}_l(k+1)=\boldsymbol{W}_l(k)-c\boldsymbol{X}\\ \boldsymbol{W}_j(k+1)=\boldsymbol{W}_j(k),\quad \forall j\neq i,l;j=1,2,\cdots,M\end{cases}\tag{3-28}$$

式中，c 为正的校正增量系数。

(3) 如果全部训练样本都能被正确分类，则迭代结束；否则，回到步骤(2)进行下一轮迭代。

可以证明，只要模式类在情况 3 下是可分的，则该算法经过有限次迭代后收敛。

例 3.9 设有三个线性可分的模式类，三类的训练样本分别为

$$\omega_1: \boldsymbol{X}_1 = (0,0)^{\mathrm{T}};\quad \omega_2: \boldsymbol{X}_2 = (1,1)^{\mathrm{T}};\quad \omega_3: \boldsymbol{X}_3 = (-1,1)^{\mathrm{T}}$$

现采用多类情况 3 的方式分类，试用感知器算法求出判别函数。

解：将训练样本写成增广向量形式，有

$$\boldsymbol{X}_1 = (0,0,1)^{\mathrm{T}},\quad \boldsymbol{X}_2 = (1,1,1)^{\mathrm{T}},\quad \boldsymbol{X}_3 = (-1,1,1)^{\mathrm{T}}$$

注意，这里不是两类问题，所以哪一类的样本都不能乘以(−1)。任取初始权向量为

$$\boldsymbol{W}_1(1) = \boldsymbol{W}_2(1) = \boldsymbol{W}_3(1) = (0,0,0)^{\mathrm{T}}$$

取校正增量系数 $c=1$。迭代过程如下：

第一次迭代，$k=1$，以 $\boldsymbol{X}_1=(0,0,1)^{\mathrm{T}}$ 作为训练样本，计算得

$$d_1(1) = \boldsymbol{W}_1^{\mathrm{T}}(1)\boldsymbol{X}_1 = 0$$

$$d_2(1) = \boldsymbol{W}_2^{\mathrm{T}}(1)\boldsymbol{X}_1 = 0$$

$$d_3(1) = \boldsymbol{W}_3^{\mathrm{T}}(1)\boldsymbol{X}_1 = 0$$

$\boldsymbol{X}_1 \in \omega_1$，但 $d_1(1)>d_2(1)$ 且 $d_1(1)>d_3(1)$ 不成立，故 3 个权向量都需要修改，即

$$\boldsymbol{W}_1(2) = \boldsymbol{W}_1(1) + \boldsymbol{X}_1 = (0,0,1)^{\mathrm{T}}$$

$$\boldsymbol{W}_2(2) = \boldsymbol{W}_2(1) - \boldsymbol{X}_1 = (0,0,-1)^{\mathrm{T}}$$

$$\boldsymbol{W}_3(2) = \boldsymbol{W}_3(1) - \boldsymbol{X}_1 = (0,0,-1)^{\mathrm{T}}$$

第二次迭代，$k=2$，以 $\boldsymbol{X}_2=(1,1,1)^{\mathrm{T}}$ 作为训练样本，计算得

$$d_1(2) = \boldsymbol{W}_1^{\mathrm{T}}(2)\boldsymbol{X}_2 = 1$$

$$d_2(2) = \boldsymbol{W}_2^{\mathrm{T}}(2)\boldsymbol{X}_2 = -1$$

$$d_3(2) = \boldsymbol{W}_3^{\mathrm{T}}(2)\boldsymbol{X}_2 = -1$$

$\boldsymbol{X}_2 \in \omega_2$，但 $d_2(2)>d_1(2)$ 且 $d_2(2)>d_3(2)$ 不成立，故权向量修改为

$$\boldsymbol{W}_1(3) = \boldsymbol{W}_1(2) - \boldsymbol{X}_2 = (-1,-1,0)^{\mathrm{T}}$$

$$\boldsymbol{W}_2(3) = \boldsymbol{W}_2(2) + \boldsymbol{X}_2 = (1,1,0)^{\mathrm{T}}$$

$$\boldsymbol{W}_3(3) = \boldsymbol{W}_3(2) - \boldsymbol{X}_2 = (-1,-1,-2)^{\mathrm{T}}$$

第三次迭代，$k=3$，以 $\boldsymbol{X}_3=(-1,1,1)^{\mathrm{T}}$ 作为训练样本，计算得

$$d_1(3) = \boldsymbol{W}_1^{\mathrm{T}}(3)\boldsymbol{X}_3 = 0$$

$$d_2(3) = \boldsymbol{W}_2^{\mathrm{T}}(3)\boldsymbol{X}_3 = 0$$

$$d_3(3) = \boldsymbol{W}_3^{\mathrm{T}}(3)\boldsymbol{X}_3 = -2$$

$\boldsymbol{X}_3 \in \omega_3$，但 $d_3(3)>d_1(3)$ 且 $d_3(3)>d_2(3)$ 不成立，故权向量修改为

$$\boldsymbol{W}_1(4) = \boldsymbol{W}_1(3) - \boldsymbol{X}_3 = (0,-2,-1)^{\mathrm{T}}$$

$$\boldsymbol{W}_2(4) = \boldsymbol{W}_2(3) - \boldsymbol{X}_3 = (2,0,-1)^{\mathrm{T}}$$

$$\boldsymbol{W}_3(4) = \boldsymbol{W}_3(3) + \boldsymbol{X}_3 = (-2,0,-1)^{\mathrm{T}}$$

以上进行了一轮迭代运算，三个样本都未正确分类，还需进行下一轮迭代。

第四次迭代，$k=4$，以 $\boldsymbol{X}_1=(0,0,1)^{\mathrm{T}}$ 作为训练样本，计算得

$$d_1(4)=\boldsymbol{W}_1^{\mathrm{T}}(4)\boldsymbol{X}_1=-1$$

$$d_2(4)=\boldsymbol{W}_2^{\mathrm{T}}(4)\boldsymbol{X}_1=-1$$

$$d_3(4)=\boldsymbol{W}_3^{\mathrm{T}}(4)\boldsymbol{X}_1=-1$$

$\boldsymbol{X}_1\in\omega_1$，但 $d_1(4)>d_2(4)$ 且 $d_1(4)>d_3(4)$ 不成立，故权向量修改为

$$\boldsymbol{W}_1(5)=\boldsymbol{W}_1(4)+\boldsymbol{X}_1=(0,-2,0)^{\mathrm{T}}$$

$$\boldsymbol{W}_2(5)=\boldsymbol{W}_2(4)-\boldsymbol{X}_1=(2,0,-2)^{\mathrm{T}}$$

$$\boldsymbol{W}_3(5)=\boldsymbol{W}_3(4)-\boldsymbol{X}_1=(-2,0,-2)^{\mathrm{T}}$$

第五次迭代，$k=5$，以 $\boldsymbol{X}_2=(1,1,1)^{\mathrm{T}}$ 作为训练样本，计算得

$$d_1(5)=\boldsymbol{W}_1^{\mathrm{T}}(5)\boldsymbol{X}_2=-2$$

$$d_2(5)=\boldsymbol{W}_2^{\mathrm{T}}(5)\boldsymbol{X}_2=0$$

$$d_3(5)=\boldsymbol{W}_3^{\mathrm{T}}(5)\boldsymbol{X}_2=-4$$

$\boldsymbol{X}_2\in\omega_2$，且 $d_2(5)>d_1(5)$ 和 $d_2(5)>d_3(5)$ 成立，说明已正确分类，权向量不变，有

$$\boldsymbol{W}_1(6)=\boldsymbol{W}_1(5);\quad \boldsymbol{W}_2(6)=\boldsymbol{W}_2(5);\quad \boldsymbol{W}_3(6)=\boldsymbol{W}_3(5)$$

第六次迭代，$k=6$，以 $\boldsymbol{X}_3=(-1,1,1)^{\mathrm{T}}$ 作为训练样本，计算得

$$d_1(6)=\boldsymbol{W}_1^{\mathrm{T}}(6)\boldsymbol{X}_3=-2$$

$$d_2(6)=\boldsymbol{W}_2^{\mathrm{T}}(6)\boldsymbol{X}_3=-4$$

$$d_3(6)=\boldsymbol{W}_3^{\mathrm{T}}(6)\boldsymbol{X}_3=0$$

$\boldsymbol{X}_3\in\omega_3$，且 $d_3(6)>d_1(6)$ 和 $d_3(6)>d_2(6)$ 成立，正确分类，权向量不变，有

$$\boldsymbol{W}_1(7)=\boldsymbol{W}_1(6);\quad \boldsymbol{W}_2(7)=\boldsymbol{W}_2(6);\quad \boldsymbol{W}_3(7)=\boldsymbol{W}_3(6)$$

第七次迭代，$k=7$，以 $\boldsymbol{X}_1=(0,0,1)^{\mathrm{T}}$ 作为训练样本，计算得

$$d_1(7)=\boldsymbol{W}_1^{\mathrm{T}}(7)\boldsymbol{X}_1=0$$

$$d_2(7)=\boldsymbol{W}_2^{\mathrm{T}}(7)\boldsymbol{X}_1=-2$$

$$d_3(7)=\boldsymbol{W}_3^{\mathrm{T}}(7)\boldsymbol{X}_1=-2$$

$\boldsymbol{X}_1\in\omega_1$，且 $d_1(7)>d_2(7)$ 和 $d_1(7)>d_3(7)$ 成立，正确分类，权向量不变。

在第五、六、七迭代中，对所有三个样本都已正确分类，故权向量的解为

$$\boldsymbol{W}_1=\boldsymbol{W}_1(7)=\boldsymbol{W}_1(6)=\boldsymbol{W}_1(5)=(0,-2,0)^{\mathrm{T}}$$

$$\boldsymbol{W}_2=\boldsymbol{W}_2(7)=\boldsymbol{W}_2(6)=\boldsymbol{W}_2(5)=(2,0,-2)^{\mathrm{T}}$$

$$\boldsymbol{W}_3=\boldsymbol{W}_3(7)=\boldsymbol{W}_3(6)=\boldsymbol{W}_3(5)=(-2,0,-2)^{\mathrm{T}}$$

由此得三个判别函数分别为

$$d_1(\boldsymbol{X})=-2x_2$$

$$d_2(\boldsymbol{X})=2x_1-2$$

$$d_3(\boldsymbol{X})=-2x_1-2$$

3.6 梯度法

利用梯度的概念学习线性判别函数是更一般的学习线性判别函数的方法，是一种很重要的方法。后面将会看到，感知器算法是梯度法的一个特殊情况。

3.6.1 梯度法基本原理

1. 梯度概念

设函数 $f(\boldsymbol{Y})$ 是向量 $\boldsymbol{Y}=(y_1,\cdots,y_i,\cdots,y_n)^{\mathrm{T}}$ 的一个标量函数，则 $f(\boldsymbol{Y})$ 的梯度定义为

$$\nabla f(\boldsymbol{Y})=\frac{\mathrm{d}}{\mathrm{d}\boldsymbol{Y}}f(\boldsymbol{Y})=\left(\frac{\partial f}{\partial y_1},\cdots,\frac{\partial f}{\partial y_i},\cdots,\frac{\partial f}{\partial y_n}\right)^{\mathrm{T}} \tag{3-29}$$

梯度是一个向量，它的分量 $\partial f/\partial y_i$ 表示函数 $f(\boldsymbol{Y})$ 在自变量分量 y_i 方向上的变化速率。梯度方向是自变量增加时 $f(\boldsymbol{Y})$ 增长最快的方向，因此负梯度方向是 $f(\boldsymbol{Y})$ 减小最快的方向。这启发我们，在求某函数极大值时，若沿着梯度方向走，就可以最快地到达极大值；若沿负梯度方向走，则可以最快地求得极小值。梯度法就是根据这一思想得到的。

在梯度法中，定义一个准则函数 $J(\boldsymbol{W},\boldsymbol{X})$，其中 $\boldsymbol{W}$ 是权向量，$\boldsymbol{X}$ 是训练样本，由于训练样本是已知的，所以 J 是权向量 $\boldsymbol{W}$ 的函数，它是一个标量。J 对 $\boldsymbol{W}$ 的梯度为

$$\nabla J=\frac{\partial J(\boldsymbol{W},\boldsymbol{X})}{\partial \boldsymbol{W}} \tag{3-30}$$

∇J 的方向是 $\boldsymbol{W}$ 增加时 J 增长最快的方向，因此 $(-\nabla J)$ 的方向是 $\boldsymbol{W}$ 增加时 J 减小最快的方向。梯度法用这个负梯度向量的值对权向量 $\boldsymbol{W}$ 进行修正，实现使准则函数达到极小值的目的。

2. 梯度算法

设两个线性可分的模式类 ω_1 和 ω_2 的样本共 N 个，对 ω_2 类样本乘以 (-1) 进行规范化处理，将两类样本分开的判别函数 $d(\boldsymbol{X})$ 应满足

$$d(\boldsymbol{X}_i)=\boldsymbol{W}^{\mathrm{T}}\boldsymbol{X}_i>0,\quad i=1,2,\cdots,N$$

共 N 个不等式，相当于联立不等式求解 $\boldsymbol{W}$。梯度算法的目的仍然是求一个满足上述条件的权向量，主导思想是将联立不等式求解 $\boldsymbol{W}$ 的问题，转换成通过求准则函数极小值求解 $\boldsymbol{W}$ 的问题。为了实现这一转换，准则函数的选取有一定的条件，即准则函数具有唯一的极小值，并且这个极小值发生在 $\boldsymbol{W}^{\mathrm{T}}\boldsymbol{X}_i>0$ 时。

梯度算法的基本思路是定义一个对错误分类敏感的准则函数 $J(\boldsymbol{W},\boldsymbol{X})$，在 J 的负梯度方向上修改权向量 $\boldsymbol{W}$，给 $\boldsymbol{W}$ 加上一个适当比例的负梯度向量。一般关系表示为

$$\boldsymbol{W}(k+1)=\boldsymbol{W}(k)+c(-\nabla J)=\boldsymbol{W}(k)-c\nabla J \tag{3-31}$$

即

$$\boldsymbol{W}(k+1)=\boldsymbol{W}(k)-c\cdot\left.\frac{\partial J(\boldsymbol{W},\boldsymbol{X})}{\partial \boldsymbol{W}}\right|_{\boldsymbol{W}=\boldsymbol{W}(k)} \tag{3-32}$$

式中，c 是正的比例因子，作为步长。由于权向量按梯度值 ∇J 减小，是在 J 向极小值变化的最快方向上修正权值，所以这种方法称为梯度算法，亦称最速下降法。为了使权向量能较快地收敛于一个使函数 J 极小的解，c 的选择也很重要，c 太小，收敛太慢，但若太大，搜索又可能过头，甚至引起发散。

梯度算法求解的具体步骤如下：

(1) 将分属于 ω_1 类和 ω_2 类的样本写成规范化增广向量形式。选择准则函数 $J(\boldsymbol{W},\boldsymbol{X})$，设置初始权向量 $\boldsymbol{W}(1)$，括号内的数字表示迭代次数 $k=1$。

(2) 依次输入训练样本 $\boldsymbol{X}$。设第 k 次迭代时输入样本为 $\boldsymbol{X}_i$，此时已有权向量 $\boldsymbol{W}(k)$，根据式(3-30)求出 $\nabla J(k)$，即

$$\nabla J(k)=\left.\frac{\partial J(\boldsymbol{W},\boldsymbol{X}_i)}{\partial \boldsymbol{W}}\right|_{\boldsymbol{W}=\boldsymbol{W}(k)}$$

权向量修正为

$$\boldsymbol{W}(k+1)=\boldsymbol{W}(k)-c\nabla J(k)$$

迭代次数 k 加 1，输入下一个训练样本，计算新的权向量，直至对全部训练样本完成一轮迭代。

(3) 在一轮迭代中，如果有一个样本使 $\nabla J\neq 0$，则回到步骤(2)，进行下一轮迭代。否则，对所有样本均有 $\nabla J=0$，此时 $\boldsymbol{W}$ 不再变化，算法结束。

在上面的过程中，随着权向量 $\boldsymbol{W}$ 向理想值靠近，∇J 会越来越趋近于零，这意味着准则函数 J 越来越接近极小值。当 $\nabla J=0$ 时，J 达到极小值，此时 $\boldsymbol{W}$ 不再改变，为最终的权向量解，算法收敛。

例 3.10 选择准则函数 $J(\boldsymbol{W},\boldsymbol{X})=|\boldsymbol{W}^{\mathrm{T}}\boldsymbol{X}|-\boldsymbol{W}^{\mathrm{T}}\boldsymbol{X}$，简单地考虑 $\boldsymbol{X}$ 为一维增广模式的情况 $\boldsymbol{X}=1$，此时 $\boldsymbol{W}=w$，两者均为标量，$J(\boldsymbol{W},\boldsymbol{X})=J(w,1)=|w|-w$。

错误分类时：$\boldsymbol{W}^{\mathrm{T}}\boldsymbol{X}<0$，有 $w<0$，此时

$$\nabla J=\frac{\partial}{\partial w}(|w|-w)=\frac{\partial}{\partial w}(-2w)=-2$$

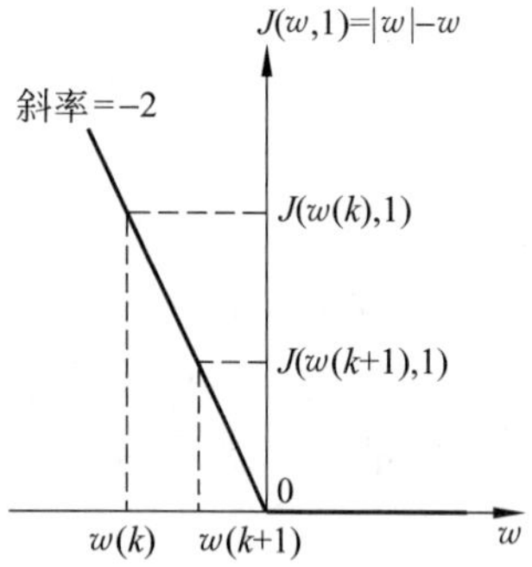

图 3.16 梯度法的几何说明

有 $w(k+1)=w(k)-c\nabla J(k)=w(k)-c(-2)=w(k)+2c$，对权向量校正。

正确分类时：$\boldsymbol{W}^{\mathrm{T}}\boldsymbol{X}>0$，有 $w>0$，此时

$$\nabla J=\frac{\partial}{\partial w}(|w|-w)=0$$

有 $w(k+1)=w(k)-c\nabla J(k)=w(k)$，对权向量不做修正，达到极小值的情况。

图 3.16 给出了该过程中 $J(w,1)$ 对 w 的变化关系。在坐标原点的左侧，$J(w,1)$ 为斜率等于(-2)的斜线；在原点的右侧 $J(w,1)=0$，是 w 可以获得一定解的区域。

由式(3-32)可知，梯度算法是求解权向量的一般解法，算法的具体计算形式取决于准则函数 $J(\boldsymbol{W},\boldsymbol{X})$ 的选择，$J(\boldsymbol{W},\boldsymbol{X})$ 的形式不同，得到的具体算法也不同。下面介绍由梯度算法导出的固定增量算法。

3.6.2 固定增量算法

选择准则函数的形式为

$$J(\boldsymbol{W},\boldsymbol{X})=\frac{1}{2}(|\boldsymbol{W}^{\mathrm{T}}\boldsymbol{X}|-\boldsymbol{W}^{\mathrm{T}}\boldsymbol{X})\tag{3-33}$$

显然，该准则函数有唯一最小值0，且发生在$\boldsymbol{W}^{\mathrm{T}}\boldsymbol{X}>0$的时候。下面推导权向量$\boldsymbol{W}$的递推公式。

设$\boldsymbol{X}$为n维向量，$\boldsymbol{X}=(x_1,x_2,\cdots,x_n,1)^{\mathrm{T}}$，$\boldsymbol{W}=(w_1,w_2,\cdots,w_n,w_{n+1})^{\mathrm{T}}$。推导过程分两步进行，首先求$J$的梯度$\nabla J$，然后根据式(3-32)写出$\boldsymbol{W}$的递推式。

1. 推导∇J

$$\nabla J=\frac{\partial J(\boldsymbol{W},\boldsymbol{X})}{\partial \boldsymbol{W}}=\frac{1}{2}\frac{\partial}{\partial \boldsymbol{W}}(|\boldsymbol{W}^{\mathrm{T}}\boldsymbol{X}|-\boldsymbol{W}^{\mathrm{T}}\boldsymbol{X}) \tag{3-34}$$

首先考察$\boldsymbol{W}^{\mathrm{T}}\boldsymbol{X}$部分

$$\frac{\partial(\boldsymbol{W}^{\mathrm{T}}\boldsymbol{X})}{\partial \boldsymbol{W}}=\frac{\partial}{\partial \boldsymbol{W}}\left(\sum_{i=1}^{n}w_ix_i+w_{n+1}\right)$$

由于一个函数$f(\boldsymbol{X})$对向量$\boldsymbol{X}$求导等于函数对这个向量的各分量求导，故

$$\begin{aligned}\frac{\partial(\boldsymbol{W}^{\mathrm{T}}\boldsymbol{X})}{\partial \boldsymbol{W}}=&\left(\frac{\partial}{\partial w_1}\left(\sum_{i=1}^{n}w_ix_i+w_{n+1}\right),\cdots,\frac{\partial}{\partial w_k}\left(\sum_{i=1}^{n}w_ix_i+w_{n+1}\right),\cdots,\right.\\&\left.\frac{\partial}{\partial w_{n+1}}\left(\sum_{i=1}^{n}w_ix_i+w_{n+1}\right)\right)^{\mathrm{T}}\\=&(x_1,\cdots,x_k,\cdots,x_n,1)^{\mathrm{T}}=\boldsymbol{X}\end{aligned} \tag{3-35}$$

或者由矩阵论的知识$\frac{\mathrm{d}\boldsymbol{X}}{\mathrm{d}\boldsymbol{X}^{\mathrm{T}}}=\frac{\mathrm{d}\boldsymbol{X}^{\mathrm{T}}}{\mathrm{d}\boldsymbol{X}}=\boldsymbol{I}$，可直接得到$\frac{\partial(\boldsymbol{W}^{\mathrm{T}}\boldsymbol{X})}{\partial \boldsymbol{W}}=\boldsymbol{I}\cdot\boldsymbol{X}=\boldsymbol{X}$。

由式(3-35)的结论有

$$\boldsymbol{W}^{\mathrm{T}}\boldsymbol{X}>0\text{ 时，}\frac{\partial(|\boldsymbol{W}^{\mathrm{T}}\boldsymbol{X}|)}{\partial \boldsymbol{W}}=\frac{\partial(\boldsymbol{W}^{\mathrm{T}}\boldsymbol{X})}{\partial \boldsymbol{W}}=\boldsymbol{X}$$

$$\boldsymbol{W}^{\mathrm{T}}\boldsymbol{X}\leqslant 0\text{ 时，}\frac{\partial(|\boldsymbol{W}^{\mathrm{T}}\boldsymbol{X}|)}{\partial \boldsymbol{W}}=\frac{\partial(-\boldsymbol{W}^{\mathrm{T}}\boldsymbol{X})}{\partial \boldsymbol{W}}=-\boldsymbol{X}$$

所以

$$\frac{\partial(|\boldsymbol{W}^{\mathrm{T}}\boldsymbol{X}|)}{\partial \boldsymbol{W}}=[\operatorname{sgn}(\boldsymbol{W}^{\mathrm{T}}\boldsymbol{X})]\cdot\boldsymbol{X}$$

式中

$$\operatorname{sgn}(\boldsymbol{W}^{\mathrm{T}}\boldsymbol{X})=\begin{cases}+1, & \boldsymbol{W}^{\mathrm{T}}\boldsymbol{X}>0\\-1, & \boldsymbol{W}^{\mathrm{T}}\boldsymbol{X}\leqslant 0\end{cases}$$

故根据式(3-34)有

$$\nabla J=\frac{\partial J(\boldsymbol{W},\boldsymbol{X})}{\partial \boldsymbol{W}}=\frac{1}{2}[\boldsymbol{X}\operatorname{sgn}(\boldsymbol{W}^{\mathrm{T}}\boldsymbol{X})-\boldsymbol{X}] \tag{3-36}$$

2. 求$\boldsymbol{W}(k+1)$

将式(3-36)代入式(3-32)，得

$$\boldsymbol{W}(k+1)=\boldsymbol{W}(k)+\frac{c}{2}[\boldsymbol{X}-\boldsymbol{X}\operatorname{sgn}(\boldsymbol{W}^{\mathrm{T}}(k)\boldsymbol{X})] \tag{3-37}$$

$$=\boldsymbol{W}(k)+\begin{cases}0, & \boldsymbol{W}^{\mathrm{T}}(k)\boldsymbol{X}>0\\cX, & \boldsymbol{W}^{\mathrm{T}}(k)\boldsymbol{X}\leqslant 0\end{cases} \tag{3-38}$$

其中 c 为正值。由于 c 是预先选定的固定值，所以该算法称为固定增量算法。

从上面的分析可以看出，式(3-38)与感知器算法式(3-27)的形式完全相同，所以感知器算法相当于梯度算法中准则函数取式(3-33)时的一种特殊情况。梯度算法是将感知器算法中联立不等式求解 $\boldsymbol{W}$ 的问题，转化为通过求准则函数 J 极小值求解 $\boldsymbol{W}$ 的问题，也就是说将原来有多个解的情况变成求最优解的情况。

最后应当指出，只要模式类是线性可分的，算法就会给出解。如果模式不是线性可分的，算法的结果会来回摆动，得不到收敛。

3.7 最小平方误差算法

上述的感知器算法、梯度算法和固定增量算法或其他类似方法，只有当被分模式类可分离时才收敛，在不可分的情况下，算法会来回摆动，始终不收敛。另一方面，在训练样本较多的情况下，即使模式类是线性可分的，也不可能事先算出达到收敛时所需的迭代步数。这样在判别分类的运算过程中，当迭代过程反复进行了很长时间而算法仍不收敛时，很难断定造成不收敛现象的真正原因是由于迭代过程收敛得缓慢，还是由于模式类本身根本就线性不可分，这样就可能造成空等现象，白白浪费时间。

最小平方误差(least mean square error，LMSE)算法的推导利用了梯度概念，它除了对线性可分的模式类收敛外，对线性不可分的情况也可以在算法的迭代过程中明确地表示出来，这个独特的性能使这种算法成为设计模式分类器的有用工具。

LMSE 算法亦称 Ho-Kashyap 算法，简称 H-K 算法。

1. 分类器的不等式方程

我们已经知道，两类分类问题的解相当于求一组线性不等式的解。如果给出分别属于 ω_1,ω_2 两个模式类的训练样本集$\{\boldsymbol{X}_i, i=1,2,\cdots,N\}$，就可以求出其权向量 $\boldsymbol{W}$，它的性质应满足

$$\boldsymbol{W}^{\mathrm{T}}\boldsymbol{X}_i > 0 \tag{3-39}$$

其中，$\boldsymbol{X}_i$ 是规范化增广样本向量。设模式样本为 n 维，即 $\boldsymbol{X}_i=(x_{i1},x_{i2},\cdots,x_{in},1)^{\mathrm{T}}$，则上式可以分开写为

$$\begin{array}{c} \omega_1 \\ \\ --- \\ \\ \omega_2 \end{array}\left\{\begin{array}{ll} w_1x_{11}+w_2x_{12}+\cdots+w_nx_{1n}+w_{n+1}>0 & \text{对 } \boldsymbol{X}_1 \\ w_1x_{21}+w_2x_{22}+\cdots+w_nx_{2n}+w_{n+1}>0 & \text{对 } \boldsymbol{X}_2 \\ \vdots & \\ -w_1x_{N1}-w_2x_{N2}-\cdots-w_nx_{Nn}-w_{n+1}>0 & \text{对 } \boldsymbol{X}_N \end{array}\right.$$

写成矩阵形式为
$$\begin{pmatrix} x_{11} & x_{12} & \cdots & x_{1n} & 1 \\ x_{21} & x_{22} & \cdots & x_{2n} & 1 \\ \vdots & \vdots & \ddots & \vdots & \vdots \\ -x_{N1} & -x_{N2} & \cdots & -x_{Nn} & -1 \end{pmatrix}_{N\times(n+1)} \begin{pmatrix} w_1 \\ w_2 \\ \vdots \\ w_n \\ w_{n+1} \end{pmatrix}_{(n+1)\times 1} > \begin{pmatrix} 0 \\ 0 \\ \vdots \\ 0 \\ 0 \end{pmatrix}_{N\times 1} = \boldsymbol{0}$$

令上述 $N\times(n+1)$ 长方阵为 $\boldsymbol{X}$，则式(3-39)变为

$$\boldsymbol{XW} > \boldsymbol{0} \tag{3-40}$$

式中，$\boldsymbol{X}=\begin{pmatrix} \boldsymbol{X}_1^{\mathrm{T}} \\ \boldsymbol{X}_2^{\mathrm{T}} \\ \vdots \\ \boldsymbol{X}_i^{\mathrm{T}} \\ \vdots \\ -\boldsymbol{X}_{N-1}^{\mathrm{T}} \\ -\boldsymbol{X}_N^{\mathrm{T}} \end{pmatrix}_{N\times(n+1)}$ $\begin{matrix}\}\in\omega_1 \\ \}\in\omega_2\end{matrix}$ 是规范化增广样本矩阵；

$\boldsymbol{W}=(w_1,w_2,\cdots,w_n,w_{n+1})^{\mathrm{T}}$。

$\boldsymbol{0}$ 为零向量。

感知器算法就是通过解不等式组(3-40)求得的 $\boldsymbol{W}$。如果模式是线性可分的，则 $\boldsymbol{X}$ 的每一个$(n+1)\times(n+1)$阶子矩阵的秩都等于$(n+1)$。

2. LMSE 算法

1）原理

LMSE 算法把满足 $\boldsymbol{XW}>\boldsymbol{0}$ 的求解，改为满足

$$\boldsymbol{XW} = \boldsymbol{B} \tag{3-41}$$

的求解，式中 $\boldsymbol{B}=(b_1,b_2,\cdots,b_i,\cdots,b_N)^{\mathrm{T}}$ 是各分量均为正值的矢量，故式(3-41)与式(3-40)是等价的，现在的形式变为由 N 个方程组成的含有从 $w_1\sim w_{n+1}$ 的$(n+1)$个未知数的方程组。

在方程组中，当方程个数多于未知数时，也就是行数大于列数时，通常没有精确解存在，称为矛盾方程组，一般求近似解。在模式识别中训练样本数 N 总是大于模式的维数 n，因此在式(3-41)中方程的个数大于未知数 $\boldsymbol{W}$ 分量的个数，是矛盾方程组，只能求近似解，方法是求满足

$$\|\boldsymbol{XW}^* - \boldsymbol{B}\| = \text{极小} \tag{3-42}$$

的 $\boldsymbol{W}^*$，$\boldsymbol{W}^*$ 称为最小二乘近似解，也称最优近似解。LMSE 算法的出发点就是选择一个准则函数 J，使得准则函数 J 达到极小值时，$\boldsymbol{XW}=\boldsymbol{B}$ 可以得到最小二乘近似解，即又将方程组的求解转化为求准则函数极小值的问题。依据这样的思路，可将 LMSE 算法的准则函数定义为

$$J(\boldsymbol{W},\boldsymbol{X},\boldsymbol{B}) = \frac{1}{2}\|\boldsymbol{XW}-\boldsymbol{B}\|^2 \tag{3-43}$$

可以看出，$J(\boldsymbol{W},\boldsymbol{X},\boldsymbol{B})$有唯一的极小值 0，发生在 $\boldsymbol{XW}=\boldsymbol{B}$ 时。也就是说，使 J 达到最小值的解 $\boldsymbol{W}$，就是矛盾方程组(3-41)的最小二乘近似解。

考察向量$(\boldsymbol{XW}-\boldsymbol{B})$有

$$\boldsymbol{XW}-\boldsymbol{B}=\begin{pmatrix} x_{11} & \cdots & x_{1n} & 1 \\ x_{21} & \cdots & x_{2n} & 1 \\ \vdots & \ddots & \vdots & 1 \\ x_{i1} & \cdots & x_{in} & 1 \\ \vdots & \ddots & \vdots & 1 \\ -x_{N1} & \cdots & -x_{Nn} & 1 \end{pmatrix}_{N\times(n+1)} \begin{pmatrix} w_1 \\ w_2 \\ \vdots \\ w_n \\ w_{n+1} \end{pmatrix}_{(n+1)\times 1} - \begin{pmatrix} b_1 \\ \vdots \\ b_i \\ \vdots \\ b_N \end{pmatrix}_{N\times 1}$$

$$=\begin{pmatrix} x_{11}w_1+\cdots+x_{1n}w_n+w_{n+1}-b_1 \\ \vdots \\ x_{i1}w_1+\cdots+x_{in}w_n+w_{n+1}-b_i \\ \vdots \\ -x_{N1}w_1-\cdots-x_{Nn}w_n-w_{n+1}-b_N \end{pmatrix}_{N\times 1} = \begin{pmatrix} \boldsymbol{W}^{\mathrm{T}}\boldsymbol{X}_1-b_1 \\ \vdots \\ \boldsymbol{W}^{\mathrm{T}}\boldsymbol{X}_i-b_i \\ \vdots \\ \boldsymbol{W}^{\mathrm{T}}\boldsymbol{X}_N-b_N \end{pmatrix}$$

故

$$\|\boldsymbol{XW}-\boldsymbol{B}\|^2=(\boldsymbol{W}^{\mathrm{T}}\boldsymbol{X}_1-b_1)^2+\cdots+(\boldsymbol{W}^{\mathrm{T}}\boldsymbol{X}_N-b_N)^2=\sum_{i=1}^{N}(\boldsymbol{W}^{\mathrm{T}}\boldsymbol{X}_i-b_i)^2$$

准则函数可继续写成

$$J(\boldsymbol{W},\boldsymbol{X},\boldsymbol{B})=\frac{1}{2}\|\boldsymbol{XW}-\boldsymbol{B}\|^2=\frac{1}{2}\sum_{i=1}^{N}(\boldsymbol{W}^{\mathrm{T}}\boldsymbol{X}_i-b_i)^2 \tag{3-44}$$

由式(3-44)可以看出，准则函数的值等于 $\boldsymbol{W}^{\mathrm{T}}\boldsymbol{X}_i$ 与 b_i 误差的平方之和，此时 $i=1,2,\cdots,N$，我们的目标是使这个误差的平方和最小化，因此称由这一准则函数导出的算法为最小平方误差算法。

从式(3-44)中可以看出，因为 J 有两个变量 $\boldsymbol{W}$ 和 $\boldsymbol{B}$，有更多的自由度供选择求解，因此有望改善算法的收敛速率。

综上所述，LMSE 算法的思路可以用图 3.17 简单地表示。

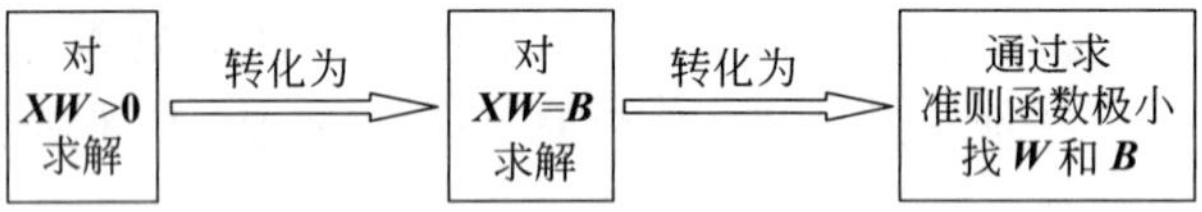

图 3.17　LMSE 算法思路

2）LMSE 算法递推公式的推导

下面采用梯度算法推导 LMSE 算法递推公式。首先准备与问题相关的两个梯度$\dfrac{\partial J}{\partial \boldsymbol{W}}$和$\dfrac{\partial J}{\partial \boldsymbol{B}}$

$$\frac{\partial J}{\partial \boldsymbol{W}}=\frac{\partial}{\partial \boldsymbol{W}}\left[\frac{1}{2}(\boldsymbol{XW}-\boldsymbol{B})^{\mathrm{T}}(\boldsymbol{XW}-\boldsymbol{B})\right]=\boldsymbol{X}^{\mathrm{T}}(\boldsymbol{XW}-\boldsymbol{B}) \tag{3-45}$$

$$\frac{\partial J}{\partial \boldsymbol{B}}=-\frac{1}{2}[(\boldsymbol{XW}-\boldsymbol{B})+|\boldsymbol{XW}-\boldsymbol{B}|] \tag{3-46}$$

分以下几步进行：

(1) 求 $\boldsymbol{W}$ 的计算式。使 J 对 $\boldsymbol{W}$ 求最小，则令$\partial J/\partial \boldsymbol{W}=0$，由式(3-45)有

$$\boldsymbol{X}^{\mathrm{T}}(\boldsymbol{XW}-\boldsymbol{B})=0$$

$$\boldsymbol{X}^{\mathrm{T}}\boldsymbol{XW}=\boldsymbol{X}^{\mathrm{T}}\boldsymbol{B}$$

$$\boldsymbol{W}=(\boldsymbol{X}^{\mathrm{T}}\boldsymbol{X})^{-1}\boldsymbol{X}^{\mathrm{T}}\boldsymbol{B}=\boldsymbol{X}^{\#}\boldsymbol{B} \tag{3-47}$$

式中，$\boldsymbol{X}^{\#}=(\boldsymbol{X}^{\mathrm{T}}\boldsymbol{X})^{-1}\boldsymbol{X}^{\mathrm{T}}$ 称为 $\boldsymbol{X}$ 的伪逆，$\boldsymbol{X}$ 为 $N\times(n+1)$阶长方阵，$\boldsymbol{X}^{\#}$ 为$(n+1)\times N$ 阶长方阵。由式(3-47)可知，只要求出 $\boldsymbol{B}$，就可以求出 $\boldsymbol{W}$。

(2) 求 $\boldsymbol{B}$ 的迭代式。根据梯度算法式(3-32)的递推公式有

$$\boldsymbol{B}(k+1)=\boldsymbol{B}(k)-c'\frac{\partial J}{\partial \boldsymbol{B}}\bigg|_{\boldsymbol{B}=\boldsymbol{B}(k)} \tag{3-48}$$

将式(3-46)代入式(3-48)，得

$$\boldsymbol{B}(k+1)=\boldsymbol{B}(k)+\frac{c'}{2}[(\boldsymbol{XW}(k)-\boldsymbol{B}(k))+|\boldsymbol{XW}(k)-\boldsymbol{B}(k)|]$$

令 $c'/2=c$，c 为正的校正增量，并定义

$$\boldsymbol{XW}(k)-\boldsymbol{B}(k)=\boldsymbol{e}(k) \tag{3-49}$$

有

$$\boldsymbol{B}(k+1)=\boldsymbol{B}(k)+c[\boldsymbol{e}(k)+|\boldsymbol{e}(k)|] \tag{3-50}$$

(3) 求 $\boldsymbol{W}$ 的迭代式。将式(3-50)代入式(3-47)，有

$$\begin{aligned}\boldsymbol{W}(k+1)&=\boldsymbol{X}^{\#}\boldsymbol{B}(k+1)=\boldsymbol{X}^{\#}\{\boldsymbol{B}(k)+c[\boldsymbol{e}(k)+|\boldsymbol{e}(k)|]\}\\&=\boldsymbol{X}^{\#}\boldsymbol{B}(k)+\boldsymbol{X}^{\#}c\boldsymbol{e}(k)+\boldsymbol{X}^{\#}c\,|\boldsymbol{e}(k)|\end{aligned} \tag{3-51}$$

该式第二项中

$$\begin{aligned}\boldsymbol{X}^{\#}\boldsymbol{e}(k)&=(\boldsymbol{X}^{\mathrm{T}}\boldsymbol{X})^{-1}\boldsymbol{X}^{\mathrm{T}}[\boldsymbol{XW}(k)-\boldsymbol{B}(k)]\\&=(\boldsymbol{X}^{\mathrm{T}}\boldsymbol{X})^{-1}\boldsymbol{X}^{\mathrm{T}}[\boldsymbol{XX}^{\#}\boldsymbol{B}(k)-\boldsymbol{B}(k)]=\boldsymbol{0}\end{aligned}$$

整理式(3-51)得

$$\boldsymbol{W}(k+1)=\boldsymbol{W}(k)+c\boldsymbol{X}^{\#}\,|\boldsymbol{e}(k)| \tag{3-52}$$

这样就得到了全部的递推公式。LMSE 算法的迭代计算过程如下：

设初值 $\boldsymbol{B}(1)$，须使其每一分量都为正值，括号中的数字代表迭代次数 $k=1$。

$$\begin{aligned}&\boldsymbol{W}(1)=\boldsymbol{X}^{\#}\boldsymbol{B}(1)\\&\vdots\\&\boldsymbol{e}(k)=\boldsymbol{XW}(k)-\boldsymbol{B}(k)\\&\boldsymbol{W}(k+1)=\boldsymbol{W}(k)+c\boldsymbol{X}^{\#}\,|\boldsymbol{e}(k)|\\&\boldsymbol{B}(k+1)=\boldsymbol{B}(k)+c[\boldsymbol{e}(k)+|\boldsymbol{e}(k)|]\end{aligned}$$

在上面的过程中 $\boldsymbol{W}(k+1)$和 $\boldsymbol{B}(k+1)$互相独立，因此两者计算的先后次序对计算结果没有影响。另一种方法是在迭代过程中先计算 $\boldsymbol{B}(k+1)$，然后按 $\boldsymbol{W}(k+1)=\boldsymbol{X}^{\#}\boldsymbol{B}(k+1)$来计算权向量，即

$$\begin{aligned}&\boldsymbol{W}(1)=\boldsymbol{X}^{\#}\boldsymbol{B}(1)\\&\vdots\\&\boldsymbol{e}(k)=\boldsymbol{XW}(k)-\boldsymbol{B}(k)\\&\boldsymbol{B}(k+1)=\boldsymbol{B}(k)+c[\boldsymbol{e}(k)+|\boldsymbol{e}(k)|]\\&\boldsymbol{W}(k+1)=\boldsymbol{X}^{\#}\boldsymbol{B}(k+1)\end{aligned}$$

3）模式类别可分性的判别

可以证明，当模式类线性可分，且校正系数 c 满足 $0<c\leqslant 1$ 时，该算法收敛，可求得解 $\boldsymbol{W}$。因为理论上不能证明到底需要迭代多少步才能达到收敛，所以在执行时可以监视出现解的过程，从而判断是否收敛。通常的方法是每次迭代计算后检查一下 $\boldsymbol{XW}(k)$ 的各分量和误差向量 $\boldsymbol{e}(k)$，从而可以判断是否收敛。具体分为以下几种情况：

① 如果 $\boldsymbol{e}(k)=\boldsymbol{0}$，表明 $\boldsymbol{XW}(k)=\boldsymbol{B}(k)>\boldsymbol{0}$，有解。

② 如果 $\boldsymbol{e}(k)>\boldsymbol{0}$，表明 $\boldsymbol{XW}(k)>\boldsymbol{B}(k)>\boldsymbol{0}$，隐含着有解。若继续迭代，可使 $\boldsymbol{e}(k)\to 0$。

③ 如果 $\boldsymbol{e}(k)<\boldsymbol{0}$，也就是说 $\boldsymbol{e}(k)$ 的所有分量为负数或零但不全部为零，表明模式类别可能线性不可分，停止迭代，进一步考察 $\boldsymbol{XW}(k)$，若 $\boldsymbol{XW}(k)<0$，有解；否则无解，表明线性不可分。

此时若继续迭代，数据将不再发生变化，不能再调整。这是因为当 $\boldsymbol{e}(k)$ 的所有分量为非正时，$\boldsymbol{e}(k)+|\boldsymbol{e}(k)|=0$，有

$$
\begin{gathered}
① \ \boldsymbol{e}(k)\leqslant \boldsymbol{0}\\
\because\ \boldsymbol{B}(k+1)=\boldsymbol{B}(k)+c[\boldsymbol{e}(k)+|\boldsymbol{e}(k)|]\downarrow\\
② \ \boldsymbol{B}(k+1)=\boldsymbol{B}(k)\\
\because\ \boldsymbol{W}(k+1)=\boldsymbol{X}^{\#}\boldsymbol{B}(k+1)\downarrow\\
③ \ \boldsymbol{W}(k+1)=\boldsymbol{W}(k)\\
\because\ \boldsymbol{e}(k+1)=\boldsymbol{XW}(k+1)-\boldsymbol{B}(k+1)\downarrow\\
④ \ \boldsymbol{e}(k+1)=\boldsymbol{e}(k)
\end{gathered}
$$

从上面的过程可以清楚地看出，当 $\boldsymbol{e}(k)\leqslant\boldsymbol{0}$ 后，如果继续迭代下去，$\boldsymbol{B}$，$\boldsymbol{W}$ 和 $\boldsymbol{e}$ 都不会再发生变化。因此，只有当 $\boldsymbol{e}(k)$ 中有大于零的分量时，才需要继续迭代，一旦 $\boldsymbol{e}(k)$ 的全部分量只有 0 和负数，则立即停止。

事实上，对一个线性不可分的模式，要达到 $\boldsymbol{e}(k)$ 全部分量都为非正，需要迭代很多次，往往早在 $\boldsymbol{e}(k)$ 全部分量都达到非正值以前，就能看出其中有些分量向正值变化得非常缓慢；由于 $\boldsymbol{e}(k)$ 的第 j 个分量对应着第 j 个训练样本 $\boldsymbol{X}_j$，所以这时已经能估计出造成线性不可分的那些样本，可及早采取对策。

4）算法描述

LMSE 算法的完整过程描述如下：

(1) 将 N 个分属于 ω_1 类和 ω_2 类的 n 维模式样本写成增广形式，将属于 ω_2 的训练样本乘以(−1)，写出规范化增广样本矩阵 $\boldsymbol{X}$。

(2) 求 $\boldsymbol{X}$ 的伪逆矩阵 $\boldsymbol{X}^{\#}=(\boldsymbol{X}^{\mathrm{T}}\boldsymbol{X})^{-1}\boldsymbol{X}^{\mathrm{T}}$。

(3) 设置初值 c 和 $\boldsymbol{B}(1)$，c 为正的校正增量，$\boldsymbol{B}(1)$ 的各分量大于零，括号中数字代表迭代次数 $k=1$。开始迭代：

计算 $\boldsymbol{W}(1)=\boldsymbol{X}^{\#}\boldsymbol{B}(1)$

……

(4) 计算 $\boldsymbol{e}(k)=\boldsymbol{XW}(k)-\boldsymbol{B}(k)$，进行可分性判别。

如果 $\boldsymbol{e}(k)=\boldsymbol{0}$，模式类线性可分，解为 $\boldsymbol{W}(k)$，算法结束。

如果 $\boldsymbol{e}(k)>\boldsymbol{0}$，模式类线性可分，有解。若进入第(5)步继续迭代，可使 $\boldsymbol{e}(k)\to\boldsymbol{0}$，得到

最优解。

如果 $\boldsymbol{e}(k)<\boldsymbol{0}$，停止迭代，检查 $\boldsymbol{XW}(k)$，若 $\boldsymbol{XW}(k)>0$，有解；否则无解，算法结束。

若不是上述任一种情况，说明 $\boldsymbol{e}(k)$ 的各分量值有正有负，进入第(5)步。

(5) 计算 $\boldsymbol{W}(k+1)$ 和 $\boldsymbol{B}(k+1)$。

方法1：分别计算 $\boldsymbol{W}(k+1)=\boldsymbol{W}(k)+c\boldsymbol{X}^{\#}|\boldsymbol{e}(k)|$ 和 $\boldsymbol{B}(k+1)=\boldsymbol{B}(k)+c[\boldsymbol{e}(k)+|\boldsymbol{e}(k)|]$。

方法2：先计算 $\boldsymbol{B}(k+1)=\boldsymbol{B}(k)+c[\boldsymbol{e}(k)+|\boldsymbol{e}(k)|]$，再计算 $\boldsymbol{W}(k+1)=\boldsymbol{X}^{\#}\boldsymbol{B}(k+1)$。迭代次数 k 加1，返回第(4)步。

3. 算法特点

(1) 除了对线性可分模式类收敛外，对于线性不可分的模式类在算法迭代过程中就可以明确地表示出来，也就是说该算法提供了一种线性可分性的检测手段。

(2) 由于算法同时利用了 N 个训练样本，并且同时修改 $\boldsymbol{W}$ 和 $\boldsymbol{B}$，所以收敛速度快。

(3) LMSE算法的明显缺点是计算矩阵 $(\boldsymbol{X}^{\mathrm{T}}\boldsymbol{X})^{-1}$ 比较复杂，好在一个分类问题只需要进行一次求逆。此外，当有新样本加入时，相当于在 $\boldsymbol{X}$ 中增加一行，逆矩阵 $(\boldsymbol{X}^{\mathrm{T}}\boldsymbol{X})^{-1}$ 可用迭代算法计算。$(\boldsymbol{X}^{\mathrm{T}}\boldsymbol{X})$ 具有逆矩阵的条件是它的秩为 $(n+1)$，只要组成 $\boldsymbol{X}$ 的模式样本至少有 $(n+1)$ 个是良好的分布，就能保证 $\boldsymbol{X}$ 的秩为 $(n+1)$。

例 3.11 已知两类模式训练样本为

$$\omega_1:(0,0)^{\mathrm{T}},\quad (0,1)^{\mathrm{T}};\quad \omega_2:(1,0)^{\mathrm{T}},\quad (1,1)^{\mathrm{T}}$$

试用LMSE算法求解权向量。

(1) 写出规范化增广样本矩阵：$\boldsymbol{X}=\begin{pmatrix}0&0&1\\0&1&1\\-1&0&-1\\-1&-1&-1\end{pmatrix}$。

(2) 求伪逆矩阵 $\boldsymbol{X}^{\#}=(\boldsymbol{X}^{\mathrm{T}}\boldsymbol{X})^{-1}\boldsymbol{X}^{\mathrm{T}}$。

在矩阵计算中，矩阵 $\boldsymbol{A}=\begin{pmatrix}a_{11}&a_{12}&a_{13}\\a_{21}&a_{22}&a_{23}\\a_{31}&a_{32}&a_{33}\end{pmatrix}$ 的逆矩阵为

$$\boldsymbol{A}^{-1}=\frac{1}{|\boldsymbol{A}|}\boldsymbol{A}^{*} \tag{3-53}$$

式中，$\boldsymbol{A}$ 的行列式 $|\boldsymbol{A}|=\begin{vmatrix}a_{11}&a_{12}&a_{13}\\a_{21}&a_{22}&a_{23}\\a_{31}&a_{32}&a_{33}\end{vmatrix}$；$\boldsymbol{A}$ 的伴随矩阵 $\boldsymbol{A}^{*}=\begin{pmatrix}A_{11}&A_{21}&A_{31}\\A_{12}&A_{22}&A_{32}\\A_{13}&A_{23}&A_{33}\end{pmatrix}$，$A_{ij}$ 是 a_{ij} 的代数余子式，注意两者的行号和列号互换。在 $\boldsymbol{A}$ 的行列式 $|\boldsymbol{A}|$ 中，划去 a_{ij} 所在的行和列的元素，余下的元素构成的行列式称为 a_{ij} 的余子式 M_{ij}，$A_{ij}=(-1)^{i+j}M_{ij}$ 是 a_{ij} 的代数余子式。

现在计算伪逆矩阵 $\boldsymbol{X}^{\#}=(\boldsymbol{X}^{\mathrm{T}}\boldsymbol{X})^{-1}\boldsymbol{X}^{\mathrm{T}}$。

$$\boldsymbol{X}^{\mathrm{T}}\boldsymbol{X}=\begin{pmatrix}0&0&-1&-1\\0&1&0&-1\\1&1&-1&-1\end{pmatrix}\begin{pmatrix}0&0&1\\0&1&1\\-1&0&-1\\-1&-1&-1\end{pmatrix}=\begin{pmatrix}2&1&2\\1&2&2\\2&2&4\end{pmatrix}$$

$$|\boldsymbol{X}^{\mathrm{T}}\boldsymbol{X}|=\begin{vmatrix}2&1&2\\1&2&2\\2&2&4\end{vmatrix}=16+4+4-8-8-4=4$$

由式(3-53)有

$$(\boldsymbol{X}^{\mathrm{T}}\boldsymbol{X})^{-1}=\frac{1}{|\boldsymbol{X}^{\mathrm{T}}\boldsymbol{X}|}\begin{pmatrix}4&0&-2\\0&4&-2\\-2&-2&3\end{pmatrix}=\frac{1}{4}\begin{pmatrix}4&0&-2\\0&4&-2\\-2&-2&3\end{pmatrix}$$

所以

$$\boldsymbol{X}^{\#}=(\boldsymbol{X}^{\mathrm{T}}\boldsymbol{X})^{-1}\boldsymbol{X}^{\mathrm{T}}=\frac{1}{4}\begin{pmatrix}4&0&-2\\0&4&-2\\-2&-2&3\end{pmatrix}\begin{pmatrix}0&0&-1&-1\\0&1&0&-1\\1&1&-1&-1\end{pmatrix}$$

$$=\frac{1}{4}\begin{pmatrix}-2&-2&-2&-2\\-2&2&2&-2\\3&1&-1&1\end{pmatrix}$$

(3) 取初始值 $\boldsymbol{B}(1)=(1,1,1,1)^{\mathrm{T}}$ 和 $c=1$,开始迭代。

$$\boldsymbol{W}(1)=\boldsymbol{X}^{\#}\boldsymbol{B}(1)=\frac{1}{4}\begin{pmatrix}-2&-2&-2&-2\\-2&2&2&-2\\3&1&-1&1\end{pmatrix}\begin{pmatrix}1\\1\\1\\1\end{pmatrix}=\frac{1}{4}\begin{pmatrix}-8\\0\\4\end{pmatrix}=\begin{pmatrix}-2\\0\\1\end{pmatrix}$$

$$\boldsymbol{e}(1)=\boldsymbol{XW}(1)-\boldsymbol{B}(1)=\begin{pmatrix}0&0&1\\0&1&1\\-1&0&-1\\-1&-1&-1\end{pmatrix}\begin{pmatrix}-2\\0\\1\end{pmatrix}-\begin{pmatrix}1\\1\\1\\1\end{pmatrix}=\begin{pmatrix}1\\1\\1\\1\end{pmatrix}-\begin{pmatrix}1\\1\\1\\1\end{pmatrix}=\begin{pmatrix}0\\0\\0\\0\end{pmatrix}=\boldsymbol{0}$$

因 $\boldsymbol{e}(k)=\boldsymbol{0}$,故迭代结束,权向量解为 $\boldsymbol{W}(1)=(-2,0,1)^{\mathrm{T}}$,判别函数为

$$d(\boldsymbol{X}_1)=-2x_1+1$$

结果如图 3.18 所示。

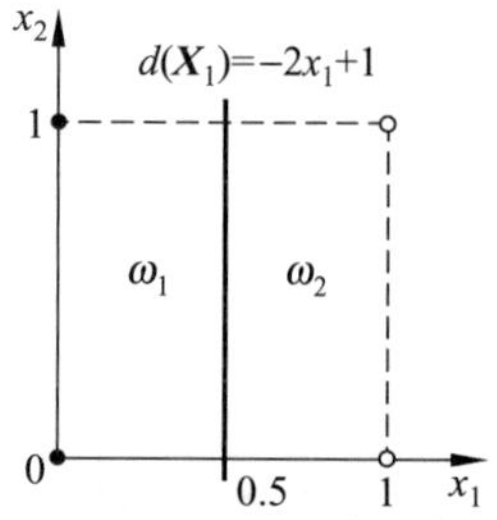

图 3.18 线性可分时 LMSE 算法举例

例 3.12 已知模式训练样本

ω_1: $(0,0)^{\mathrm{T}}$, $(1,1)^{\mathrm{T}}$; ω_2: $(0,1)^{\mathrm{T}}$, $(1,0)^{\mathrm{T}}$

用 LMSE 算法求解权向量。

解:(1) 规范化增广样本矩阵:$\boldsymbol{X}=\begin{pmatrix}0&0&1\\1&1&1\\0&-1&-1\\-1&0&-1\end{pmatrix}$。

(2) 求 $\boldsymbol{X}^{\#}$

$$\boldsymbol{X}^{\#}=(\boldsymbol{X}^{\mathrm{T}}\boldsymbol{X})^{-1}\boldsymbol{X}^{\mathrm{T}}=\frac{1}{4}\begin{pmatrix}-2 & 2 & 2 & -2\\ -2 & 2 & -2 & 2\\ 3 & -1 & -1 & -1\end{pmatrix}$$

(3) 取初值 $\boldsymbol{B}(1)=(1,1,1,1)^{\mathrm{T}}$ 和 $c=1$,开始迭代。

$$\boldsymbol{W}(1)=\boldsymbol{X}^{\#}\boldsymbol{B}(1)=(0,0,0)^{\mathrm{T}}$$

$$\boldsymbol{e}(1)=\boldsymbol{X}\boldsymbol{W}(1)-\boldsymbol{B}(1)=(0,0,0,0)^{\mathrm{T}}-(1,1,1,1)^{\mathrm{T}}=(-1,-1,-1,-1)^{\mathrm{T}}$$

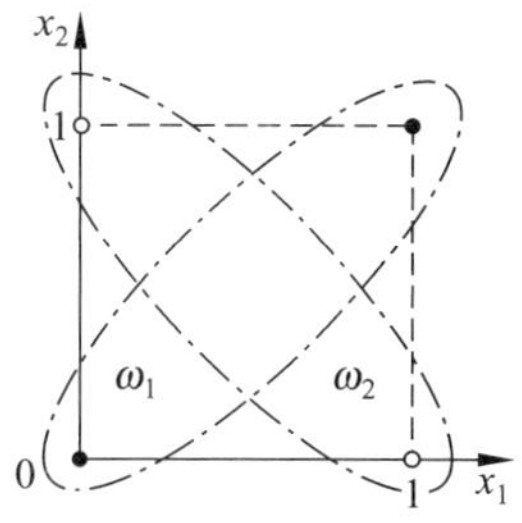

图 3.19 线性不可分时 LMSE 算法举例

$\boldsymbol{e}(1)$全部分量为负,停止迭代。进一步地,$\boldsymbol{X}\boldsymbol{W}(k)>0$ 不成立,故无解,为线性不可分模式。

模式分布情况如图 3.19 所示。

综合前面几节,小结如下:

(1) 前面讨论的感知器算法、梯度算法、固定增量算法、最小平方误差算法都是通过模式样本来确定判别函数的系数,但是一个分类器的识别性能最终要受并未用于训练的那些未知类别的样本的考验。因此,要使一个分类器设计完善,必须采用有代表性的数据,它们能合理反映模式数据的总体。

(2) 一般要获得一个有较好判别性能的线性分类器,所需要的训练样本数目可以用二分法能力 $N_0=2(n+1)$来确定,n 为模式维数。训练样本的数目不能低于 N_0,通常选为 N_0 的 5～10 倍左右。例如

二维时:不能低于 6 个样本,最好选在 30～60 个样本之间;

三维时:不能低于 8 个样本,最好选在 40～80 个样本之间。

3.8 非线性判别函数

线性判别函数的突出优点是形式简单,容易学习,但是它只能对判决区域是单连通的线性可分的模式类正确分类,对于判决区域分界面比较复杂的线性不可分的模式类则无能为力。在模式类线性不可分的情况下,需要用非线性判别函数进行分类判决,其中分段线性判别函数是一种特殊性的非线性判别函数。本节,首先讨论分段线性判别函数及其学习方法,然后讨论用势函数法学习非线性判别函数的方法。

3.8.1 分段线性判别函数

从整体上看,分段线性判别函数所构成的分界面是非线性界面,但从局部看,分界面是一些超平面段。由于它的基本组成仍然是超平面,所以与一般超曲面相比仍然是简单的。而由超平面段组成的特点使得分段线性判别函数能够逼近各种形状的超曲面,具有很强的适应能力。图 3.20 表示线性不可分的两类模式,采用由线性判别函数、分段线性判别函数和一般的非线性函数得到的判别界面进行划分的情况。可以看出,分段线性超

曲面和一般的超曲面(这里是超抛物面)都能把两类分开,但分段线性超曲面比一般的超曲面简单,同时又比线性判别界面错误率小。

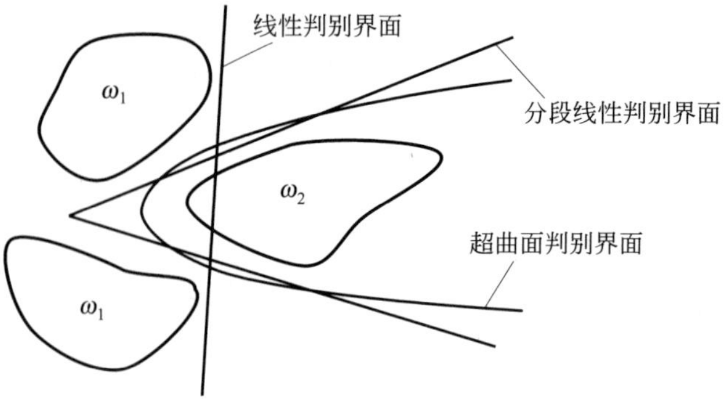

图 3.20　不同的判别界面

下面首先讨论分段线性判别函数的一般形式,然后讨论基于距离的分段线性判别函数。

1. 一般分段线性判别函数

在考虑用分段线性判别函数分类的时候,首先考虑把每个模式类划分成若干子区域,一个子区域称为该类的一个子类,子类之间线性可分。给每个子类定义一个线性判别函数,对某个模式 $\boldsymbol{X}$,首先用子类的判别函数将其分配到某一子类里,然后以子类中最大值判别函数所对应的子类判别函数作为该类的判别函数。用这样的方法,确定出 $\boldsymbol{X}$ 对每一类的判别函数,最后以类判别函数对 $\boldsymbol{X}$ 进行分类划分。这样形成的判决面是分段线性面。分段线性判别函数的具体构成方法如下:

设有 M 类模式,把每一类划分成若干个子类。例如,将 ω_i 类划分为 l_i 个子类,即

$$\omega_i:\{\omega_i^1,\omega_i^2,\cdots,\omega_i^{l_i}\}\quad i=1,2,\cdots,M$$

对于 ω_i 类的每个子类定义一个线性判别函数,其中第 n 个子类的判别函数定义为

$$d_i^n(\boldsymbol{X})=(\boldsymbol{W}_i^n)^{\mathrm{T}}\boldsymbol{X}\quad n=1,2,\cdots,l_i;\quad i=1,2,\cdots,M \tag{3-54}$$

然后,对 M 类中的每一类定义一个判别函数,其中第 ω_i 类的判别函数定义为

$$d_i(\boldsymbol{X})=\max\{d_i^n(\boldsymbol{X}),\quad n=1,2,\cdots,l_i\} \tag{3-55}$$

那么,M 类的判决规则为

$$\text{若 } d_j(\boldsymbol{X})=\max\{d_i(\boldsymbol{X}),\quad i=1,2,\cdots,M\},\quad \text{则 } \boldsymbol{X}\in\omega_j$$

根据各模式类判别函数的定义和分类判决规则可知,用各类判别函数进行分类判决实际上是用各类选出的子类判别函数进行判决,因此判别界面是由各子类的判别函数决定的。若 ω_i 类的第 n 个子类和 ω_j 类的第 m 个子类相邻,则这两个子类之间的判别界面是一个超平面段,判别界面的方程为

$$d_i^n(\boldsymbol{X})=d_j^m(\boldsymbol{X}) \tag{3-56}$$

由子类之间的判别界面组成各类之间的判别界面,这些面必然是分段线性判别界面。

由上述方法确定的判别函数称为分段线性判别函数。图 3.21 表示由两类问题的分段线性判别函数确定的判别界面,这个判别界面是由两个模式类中子类之间的判别界面段连接而成的。

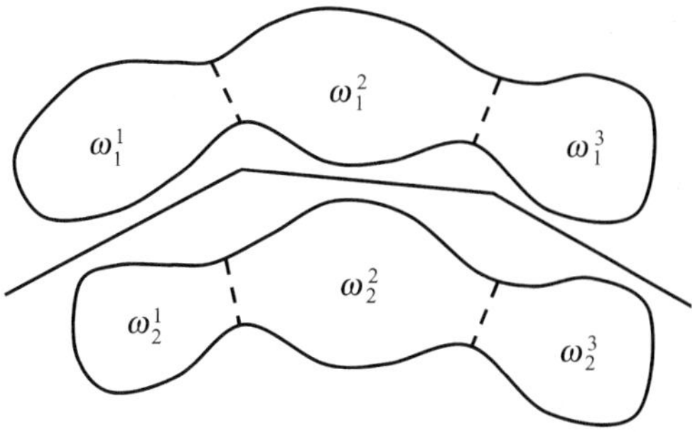

图 3.21　分段线性判别函数确定的判别界面

2. 基于距离的分段线性判别函数

分段线性判别函数可以用表示点与点之间欧氏距离的函数构成。首先讨论用距离函数构成两类线性可分模式类的判别函数的问题。设 ω_1 类和 ω_2 类的均值向量分别为 $\boldsymbol{M}_1$ 和 $\boldsymbol{M}_2$，表示为各类样本向量的平均值，即

$$\boldsymbol{M}_1 = \frac{1}{N_1}\sum_{i=1}^{N_1}\boldsymbol{X}_i$$

$$\boldsymbol{M}_2 = \frac{1}{N_2}\sum_{i=1}^{N_2}\boldsymbol{X}_i$$

式中，N_1 和 N_2 和分别为 ω_1 类和 ω_2 类的样本数。在几何空间上，$\boldsymbol{M}_1$ 和 $\boldsymbol{M}_2$ 分别处于 ω_1 类和 ω_2 类模式分布区域的中心。任一模式 $\boldsymbol{X}$ 到 $\boldsymbol{M}_1$ 和 $\boldsymbol{M}_2$ 的欧氏距离平方分别为

$$d_1(\boldsymbol{X}) = \|\boldsymbol{X}-\boldsymbol{M}_1\|^2$$

$$d_2(\boldsymbol{X}) = \|\boldsymbol{X}-\boldsymbol{M}_2\|^2$$

这样，可以用下面的规则进行分类判别

$$若\ d_1(\boldsymbol{X}) < d_2(\boldsymbol{X}),\quad 则\ \boldsymbol{X}\in\omega_1$$

$$若\ d_2(\boldsymbol{X}) < d_1(\boldsymbol{X}),\quad 则\ \boldsymbol{X}\in\omega_2$$

ω_1类和 ω_2类之间的分界面方程为

$$\|\boldsymbol{X}-\boldsymbol{M}_1\|^2 = \|\boldsymbol{X}-\boldsymbol{M}_2\|^2$$

根据欧氏距离的定义，对上式化简得

$$2(\boldsymbol{M}_1-\boldsymbol{M}_2)^{\mathrm{T}}\boldsymbol{X}+(\boldsymbol{M}_2^{\mathrm{T}}\boldsymbol{M}_2-\boldsymbol{M}_1^{\mathrm{T}}\boldsymbol{M}_1) = 0$$

显然，分界面方程是 $\boldsymbol{X}$ 的线性方程，它确定了一个超平面。由图 3.22(a)可以看出，用上述判别函数和规则确定的分界面是 $\boldsymbol{M}_1$ 和 $\boldsymbol{M}_2$ 连线的垂直平分面。用这样的规则进行分类的分类器称为最小距离分类器。

下面根据以上结论构成基于距离的分段线性判别函数。

设有 M 个模式类，其中 ω_i 类划分成 l_i 个子类，第 n 个子类的均值向量(中心)为 $\boldsymbol{M}_i^n$。对每个子类定义一个判别函数为

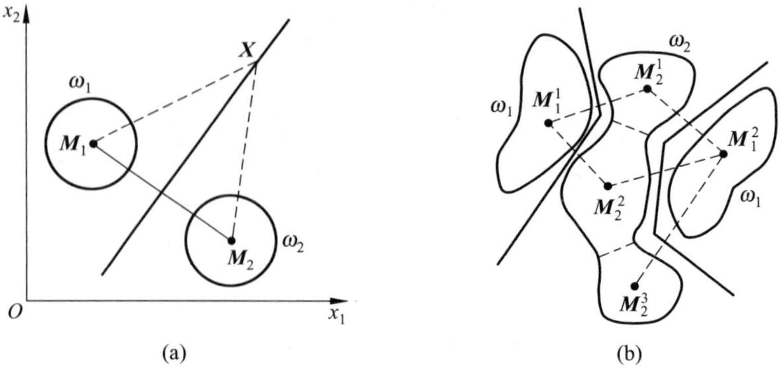

图 3.22　基于距离的分段线性判别函数

$$d_i^n(\boldsymbol{X}) = \| \boldsymbol{X} - \boldsymbol{M}_i^n \|^2, \quad n = 1,2,\cdots,l_i;\ i = 1,2,\cdots,M$$

然后定义每个模式类的判别函数为

$$d_i(\boldsymbol{X}) = \min \{d_i^n(\boldsymbol{X}), n = 1,2,\cdots,l_i\}, \quad i = 1,2,\cdots,M$$

分类判决规则为

$$\text{若 } d_j(\boldsymbol{X}) = \min \{d_i(\boldsymbol{X}), i = 1,2,\cdots,M\}, \quad \text{则 } \boldsymbol{X} \in \omega_j$$

由基于距离的分段线性判别函数确定的分界面如图 3.22(b)所示。用基于距离的分段线性判别函数进行分类的分类器称为分段线性距离分类器。

3.8.2　分段线性判别函数的学习方法

学习分段线性判别函数，就是学习每个子类的线性判别函数的增广权向量，若 ω_i 类有 l_i 个子类，就是学习 l_i个增广权向量 $\boldsymbol{W}_i^n$，$n=1,2,\cdots,l_i$。下面分几种不同的情况进行讨论。

1. 已知子类划分时的学习方法

这种情况下，将每一类的子类看成独立的类，然后在一类范围内用前面讨论的线性可分多类情况 3 的学习算法，学习该类中每个子类的判别函数。得到子类的判别函数，自然就得到了各类的判别函数。这种方法必须以已知子类的划分为前提，划分子类的方法可以根据先验知识直观划分，也可以借助于聚类分析法。

2. 已知子类数目时的学习方法

如果已知子类数目，但不知子类的划分情况，这时可以用类似于固定增量算法的错误修正算法学习分段线性判别函数。具体方法如下：

(1) 首先给每类的各子类设置初始权向量。

设有 M 类模式，权向量为 $\boldsymbol{W}_i^n(k)$，其中下标 i 代表模式类别号，$i=1,2,\cdots,M$，上标 n

代表模式类中的子类别号，k 代表迭代次数。那么

ω_i 类有 l_i 个子类，初始权向量表示为 $\boldsymbol{W}_i^1(1),\cdots,\boldsymbol{W}_i^n(1),\cdots,\boldsymbol{W}_i^{l_i}(1)$；

ω_j 类有 l_j 个子类，初始权向量表示为 $\boldsymbol{W}_j^1(1),\cdots,\boldsymbol{W}_j^n(1),\cdots,\boldsymbol{W}_j^{l_j}(1)$。

(2) 利用学习样本集对权向量进行修改。

首先应明确，如果输入样本 $\boldsymbol{X}$ 属于 ω_j 类第 m 个子类，那么 $\boldsymbol{X}$ 与权向量 $\boldsymbol{W}_j^m(k)$ 的内积值 $(\boldsymbol{W}_j^m(k))^{\mathrm{T}}\boldsymbol{X}$ 在所有模式类的所有子类中应是最大的，所以权向量的修正方法如下：

设第 k 次迭代时，输入 ω_j 类第 m 个子类的样本 $\boldsymbol{X}$，若

$$(\boldsymbol{W}_j^m(k))^{\mathrm{T}}\boldsymbol{X} = \max\{(\boldsymbol{W}_j^n(k))^{\mathrm{T}}\boldsymbol{X},\quad n=1,2,\cdots,l_j\}$$

并且

$$(\boldsymbol{W}_j^m(k))^{\mathrm{T}}\boldsymbol{X} > (\boldsymbol{W}_i^n(k))^{\mathrm{T}}\boldsymbol{X},\quad n=1,2,\cdots,l_i;\ i=1,2,\cdots,M;\ i\neq j$$

则 $\boldsymbol{X}$ 正确分类，所有权向量不修改。如果存在某个或某几个非 ω_j 类的子类不满足以上条件，即存在 $\boldsymbol{W}_i^n(k)$，使得

$$(\boldsymbol{W}_j^m(k))^{\mathrm{T}}\boldsymbol{X} \leqslant (\boldsymbol{W}_i^n(k))^{\mathrm{T}}\boldsymbol{X},\quad n=1,2,\cdots,l_i;\ i=1,2,\cdots,M;\ i\neq j$$

表示 $\boldsymbol{X}$ 被错误分类，因此需要对权向量进行修正。设

$$(\boldsymbol{W}_i^L(k))^{\mathrm{T}}\boldsymbol{X} = \max\{(\boldsymbol{W}_i^n(k))^{\mathrm{T}}\boldsymbol{X},\quad n=1,2,\cdots,l_i;\ i=1,2,\cdots,M;\ i\neq j\}$$

权向量修正为

$$\boldsymbol{W}_j^m(k+1) = \boldsymbol{W}_j^m(k) + \rho_k\boldsymbol{X}$$
$$\boldsymbol{W}_i^L(k+1) = \boldsymbol{W}_i^L(k) - \rho_k\boldsymbol{X}$$

其中，ρ_k 为正的校正增量。

(3) 重复上述迭代过程，直到算法收敛或达到规定的迭代次数为止。

当学习样本集对于给定的子类数目能用分段线性判别函数正确分类时，算法会在有限的步数内收敛，否则将不收敛。这时可以选择用递减的 ρ_k 序列使算法收敛，但这样学习的判别函数会增大分类的错误率。

3. 未知子类数目时的学习方法

当不知道每类应划分的子类数目时，设计学习分段线性判别函数的方法很多。下面以两类问题为例介绍一种学习方法。

设有一个学习样本集，其中的样本属于 ω_1 类和 ω_2 类。先用学习两类线性判别函数的算法找到一个权向量 $\boldsymbol{W}_1$，它对应的超平面 H_1 把整个样本集分成两部分，称为两个样本子集。因为样本集不是线性可分的，所以每个子集中仍包含两类样本。

根据上面的划分结果，再利用两类问题的学习算法学习第二个权向量 $\boldsymbol{W}_2$ 和第三个权向量 $\boldsymbol{W}_3$。$\boldsymbol{W}_2$ 和 $\boldsymbol{W}_3$ 对应的超平面 H_2 和 H_3 分别把 H_1 划分的两个子集中的一个子集分成两部分，共得到四个子集。若每一部分仍包含两类样本，则继续上面的学习过程。直到某一步学习的权向量对应的超平面把相应的子集中两类样本正确分开为止。

图 3.23(a)表示了这种学习方法的学习结果。在这种情况下，共得到四个权向量，对应四个超平面，由这四个超平面组成的分界面是分段线性界面。用这种方法得到的超平面进行识别的过程是一个树状结构，如图 3.23(b)所示。图 3.23(b)表示对属于 ω_1 类的模式点的识别过程，经过三步判决 $\boldsymbol{X}$ 属于 ω_1 类。这种分类器称为树状分段线性分类器。

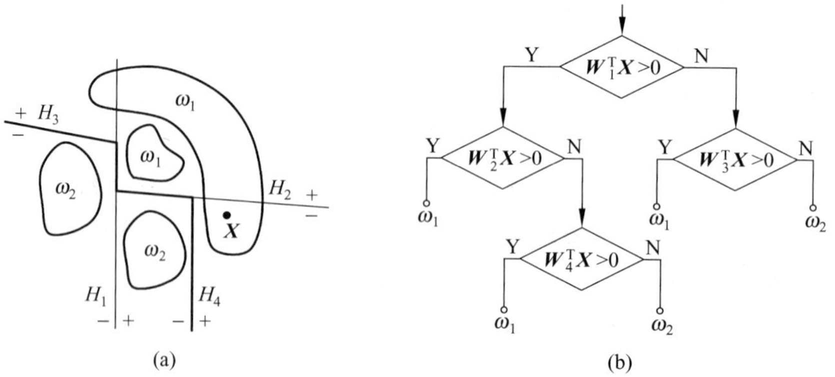

图 3.23 树状分段性分类器判别函数的学习及分类过程

树状分段线性分类器判别函数的学习方法对初始权向量的选择很敏感，结果随初始权向量的不同而差别较大。通常可以选择分属于两类的两个欧氏距离最小的样本，取其垂直平分面的法向量作为 $\boldsymbol{W}_1$ 的初始值，然后求最优解。学习划分包含两类样本的子类的方法也采用同样的方法。

3.8.3 势函数法

1. 势函数概念

势函数法借用物理学中点能源的势能概念解决模式分类问题。例如，对于两类问题，分属于 ω_1 和 ω_2 两种类别的模式样本是分布在模式空间中的一些点，如果想识别它们，可以将每个样本点比拟为一个点能源，在点上势能达到峰值，与该点距离越远处势能越小。也就是说，把样本 $\boldsymbol{X}_k$ 附近空间 $\boldsymbol{X}$ 点上的势能分布看做一个势函数 $K(\boldsymbol{X},\boldsymbol{X}_k)$。为了分类，$\omega_1$ 类样本点的势能值是正值，可以将 ω_2 类样本点的势能值乘以(−1)，这样在 ω_1 类样本点分布的空间区域，许多样本点势能的叠加将形成一个“高地”，在 ω_2 类样本分布的区域将形成一个“凹地”。在两类样本势能分布之间选择合适的等势面，如零等势面，就可以将两类样本分开了，因此等势面就可以作为模式分类的判别界面。图 3.24 是一维两类问题的示意图，其中图 3.24(a)是单个样本的势函数，图 3.24(b)是两类样本的积累势函数。

2. 势函数法判别函数的产生

势函数算法的训练过程，是依次输入样本时利用势函数逐步积累势能的过程，模式

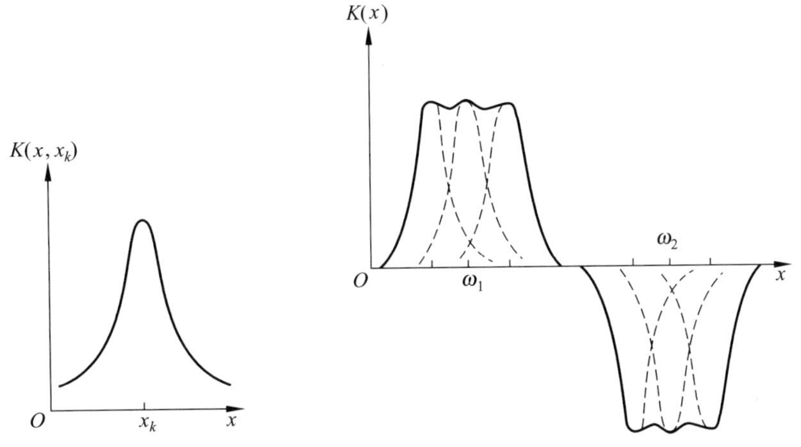

(a) 一个样本产生的势函数　　(b) 积累势函数

图 3.24　势函数与积累势函数

分类的判别函数由分布在模式空间中的许多样本向量的势函数累加产生。在训练状态，样本逐个输入到分类器，样本点 $\boldsymbol{X}_k$ 产生势函数 $K(\boldsymbol{X},\boldsymbol{X}_k)$，分类器计算积累势函数 $K(\boldsymbol{X})$ 的值，$K(\boldsymbol{X})$ 决定于在该步之前所有样本的单独势函数的累加。计算的方法是，如果加入的训练样本 $\boldsymbol{X}_k$ 被错误分类，则修改 $K(\boldsymbol{X})$；若被正确分类，则 $K(\boldsymbol{X})$ 不变。最后，取 $d(\boldsymbol{X})=K(\boldsymbol{X})$。对两类问题，势函数法描述如下：

设积累势函数初始值 $K_0(\boldsymbol{X})=0$，下标代表迭代次数。

第一步，加入训练样本 $\boldsymbol{X}_1$，有

$$K_1(\boldsymbol{X}) = \begin{cases} K_0(\boldsymbol{X}) + K(\boldsymbol{X},\boldsymbol{X}_1), & 若\ \boldsymbol{X}_1 \in \omega_1 \\ K_0(\boldsymbol{X}) - K(\boldsymbol{X},\boldsymbol{X}_1), & 若\ \boldsymbol{X}_2 \in \omega_2 \end{cases}$$

这里积累势函数 $K_1(\boldsymbol{X})$ 描述了加入第一个样本后的边界划分。

第二步，加第二个训练样本 $\boldsymbol{X}_2$，分三种情况：

(1) 若 $\boldsymbol{X}_2\in\omega_1$ 且 $K_1(\boldsymbol{X}_2)>0$，或 $\boldsymbol{X}_2\in\omega_2$ 且 $K_1(\boldsymbol{X}_2)<0$，表示分类正确，积累势函数不变，即

$$K_2(\boldsymbol{X}) = K_1(\boldsymbol{X})$$

(2) 若 $\boldsymbol{X}_2\in\omega_1$，但 $K_1(\boldsymbol{X}_2)\leqslant 0$，错误分类，需要修改积累势函数，改为

$$K_2(\boldsymbol{X}) = K_1(\boldsymbol{X}) + K(\boldsymbol{X},\boldsymbol{X}_2) = \pm K(\boldsymbol{X},\boldsymbol{X}_1) + K(\boldsymbol{X},\boldsymbol{X}_2)$$

式中正负号取决于第一个加入的样本 $\boldsymbol{X}_1$。

(3) 若 $\boldsymbol{X}_2\in\omega_2$，但 $K_1(\boldsymbol{X}_2)\geqslant 0$，错误分类，积累势函数修改为

$$K_2(\boldsymbol{X}) = K_1(\boldsymbol{X}) - K(\boldsymbol{X},\boldsymbol{X}_2) = \pm K(\boldsymbol{X},\boldsymbol{X}_1) - K(\boldsymbol{X},\boldsymbol{X}_2)$$

……

第 k 步，设 $K_k(\boldsymbol{X})$ 为加入训练样本 $\boldsymbol{X}_1,\boldsymbol{X}_2,\cdots,\boldsymbol{X}_k$ 后的积累势函数，则加入第 $k+1$ 个样本，有

(1) 若 $\boldsymbol{X}_{k+1}\in\omega_1$ 且 $K_k(\boldsymbol{X}_{k+1})>0$ 或 $\boldsymbol{X}_{k+1}\in\omega_2$ 且 $K_k(\boldsymbol{X}_{k+1})<0$，正确分类，有

$$K_{k+1}(\boldsymbol{X}) = K_k(\boldsymbol{X})$$

(2) 若 $\boldsymbol{X}_{k+1} \in \omega_1$，但 $K_k(\boldsymbol{X}_{k+1}) \leqslant 0$，错误分类，有

$$K_{k+1}(\boldsymbol{X}) = K_k(\boldsymbol{X}) + K(\boldsymbol{X}, \boldsymbol{X}_{k+1})$$

(3) 若 $\boldsymbol{X}_{k+1} \in \omega_2$，但 $K_k(\boldsymbol{X}_{k+1}) \geqslant 0$，错误分类，有

$$K_{k+1}(\boldsymbol{X}) = K_k(\boldsymbol{X}) - K(\boldsymbol{X}, \boldsymbol{X}_{k+1})$$

这就是决定积累势函数的迭代算法，该算法也可写成

$$K_{k+1}(\boldsymbol{X}) = K_k(\boldsymbol{X}) + r_{k+1} K(\boldsymbol{X}, \boldsymbol{X}_{k+1}) \tag{3-57}$$

其中 r_{k+1} 为校正项系数，定义为

$$r_{k+1} = \begin{cases} 0, & \text{对于 } \boldsymbol{X}_{k+1} \in \omega_1 \text{ 且 } K_k(\boldsymbol{X}_{k+1}) > 0 \\ 0, & \text{对于 } \boldsymbol{X}_{k+1} \in \omega_2 \text{ 且 } K_k(\boldsymbol{X}_{k+1}) < 0 \\ 1, & \text{对于 } \boldsymbol{X}_{k+1} \in \omega_1 \text{ 且 } K_k(\boldsymbol{X}_{k+1}) \leqslant 0 \\ -1, & \text{对于 } \boldsymbol{X}_{k+1} \in \omega_2 \text{ 且 } K_k(\boldsymbol{X}_{k+1}) \geqslant 0 \end{cases} \tag{3-58}$$

如从所给的训练样本集 $\{\boldsymbol{X}_1, \boldsymbol{X}_2, \cdots, \boldsymbol{X}_k, \cdots\}$ 中略去不使积累势发生变化的那些样本，即去掉式(3-58)中的前两种情况，那么可得到一个简化的样本序列 $\{\hat{\boldsymbol{X}}_1, \hat{\boldsymbol{X}}_2, \cdots, \hat{\boldsymbol{X}}_j, \cdots\}$，它完全由校正错误的样本构成，这样算法可归纳为

$$K_{k+1}(\boldsymbol{X}) = \sum_{\hat{\boldsymbol{X}}_j} \alpha_j K(\boldsymbol{X}, \hat{\boldsymbol{X}}_j) \tag{3-59}$$

式中，

$$\alpha_j = \begin{cases} 1, & \text{对于 } \hat{\boldsymbol{X}}_j \in \omega_1 \\ -1, & \text{对于 } \hat{\boldsymbol{X}}_j \in \omega_2 \end{cases} \tag{3-60}$$

即由 $(K+1)$ 个训练样本产生的积累势，等于 ω_1 类和 ω_2 类中的校正错误的样本的总势能之差。

从势函数算法中可看出，积累势函数起着判别函数的作用，因此不必做任何修改就可用做判别函数，故取 $d(\boldsymbol{X}) = K(\boldsymbol{X})$，由式(3-57)得

$$d_{k+1}(\boldsymbol{X}) = d_k(\boldsymbol{X}) + r_{k+1} K(\boldsymbol{X}, \boldsymbol{X}_{k+1}) \tag{3-61}$$

式中 r_{k+1} 按式(3-58)取值，也可简写成

$$r_{k+1} = \frac{1}{2} \alpha_{k+1} \{1 - \alpha_{k+1} \operatorname{sgn}[d_k(\boldsymbol{X}_{k+1})]\} \tag{3-62}$$

式中，α_{k+1} 取值同式(3-60)。

3. 势函数的选择

1) 势函数应具备的条件

一般说来，两个 n 维向量 $\boldsymbol{X}$ 和 $\boldsymbol{X}_k$ 的函数 $K(\boldsymbol{X}, \boldsymbol{X}_k)$，如果同时满足下列 3 个条件，都可以作为势函数。

(1) $K(\boldsymbol{X}, \boldsymbol{X}_k) = K(\boldsymbol{X}_k, \boldsymbol{X})$，当且仅当 $\boldsymbol{X} = \boldsymbol{X}_k$ 时达到最大值。

(2) 当向量 $\boldsymbol{X}$ 与 $\boldsymbol{X}_k$ 的距离趋于无穷时，$K(\boldsymbol{X},\boldsymbol{X}_k)$趋于零。

(3) $K(\boldsymbol{X},\boldsymbol{X}_k)$是光滑函数，且是 $\boldsymbol{X}$ 与 $\boldsymbol{X}_k$ 之间距离的单调下降函数。

2）构成势函数的两种方法

本节所采用的势函数有两种构成方式，分别介绍如下。

(1) Ⅰ型势函数。用对称的有限项多项式展开，即

$$K(\boldsymbol{X},\boldsymbol{X}_k)=\sum_{i=1}^{m}\varphi_i(\boldsymbol{X}_k)\varphi_i(\boldsymbol{X}) \tag{3-63}$$

式中，$\{\varphi_i(\boldsymbol{X}),i=1,2,\cdots\}$在模式定义域内应为正交函数集，$m$ 为项数。将这类势函数代入式(3-61)判别函数，有

$$\begin{aligned}d_{k+1}(\boldsymbol{X})&=d_k(\boldsymbol{X})+r_{k+1}\sum_{i=1}^{m}\varphi_i(\boldsymbol{X}_{k+1})\varphi_i(\boldsymbol{X})\\&=d_k(\boldsymbol{X})+\sum_{i=1}^{m}r_{k+1}\varphi_i(\boldsymbol{X}_{k+1})\varphi_i(\boldsymbol{X})\end{aligned} \tag{3-64}$$

其迭代关系式为

$$d_{k+1}(\boldsymbol{X})=\sum_{i=1}^{m}C_i(k+1)\varphi_i(\boldsymbol{X}) \tag{3-65}$$

其中

$$C_i(k+1)=C_i(k)+r_{k+1}\varphi_i(\boldsymbol{X}_{k+1})$$

式中

$$C_i(1)=r_1\varphi_i(\boldsymbol{X}_1),\quad r_1=\begin{cases}1, & \boldsymbol{X}_1\in\omega_1\\-1, & \boldsymbol{X}_1\in\omega_2\end{cases}$$

(2) Ⅱ型势函数。直接选择双变量 $\boldsymbol{X}$ 和 $\boldsymbol{X}_k$ 的对称函数作为势函数，即

$$K(\boldsymbol{X},\boldsymbol{X}_k)=K(\boldsymbol{X}_k,\boldsymbol{X})$$

并且它们可展成无穷级数。这些条件与式(3-63)的一般形式是一致的。例如

$$K(\boldsymbol{X},\boldsymbol{X}_k)=\exp\{-\alpha\|\boldsymbol{X}-\boldsymbol{X}_k\|^2\} \tag{3-66}$$

$$K(\boldsymbol{X},\boldsymbol{X}_k)=\frac{1}{1+\alpha\|\boldsymbol{X}-\boldsymbol{X}_k\|^2} \tag{3-67}$$

$$K(\boldsymbol{X},\boldsymbol{X}_k)=\left|\frac{\sin\alpha\|\boldsymbol{X}-\boldsymbol{X}_k\|^2}{\alpha\|\boldsymbol{X}-\boldsymbol{X}_k\|^2}\right| \tag{3-68}$$

式中 α 为正常数。函数的一维形式如图 3.25 所示(参数 $\alpha=1,\boldsymbol{X}_k=0$)，其中 a 为式(3-66)曲线，b 为式(3-67)曲线，c 为式(3-68)曲线，它们都是自原点开始随距离下降的分布，这是因为 $\|\boldsymbol{X}-\boldsymbol{X}_k\|^2$ 仍是欧氏距离的概念。曲线 c 具有振荡的特点，只有第一个振荡周期是可用的范围。

例 3.13 已知两类训练样本

$$\omega_1:\boldsymbol{X}_1=(1,0)^{\mathrm{T}},\quad \boldsymbol{X}_2=(0,-1)^{\mathrm{T}};\quad \omega_2:\boldsymbol{X}_3=(-1,0)^{\mathrm{T}},\quad \boldsymbol{X}_4=(0,1)^{\mathrm{T}}$$

用Ⅰ型势函数对模式进行分类，求判别函数。

解：(1) 选择合适的正交函数集$\{\varphi_i(\boldsymbol{X})\}$。

埃尔米特(Hermite)多项式的正交域为$(-\infty,+\infty)$，在本例中很容易实现。该函数的一维形式为

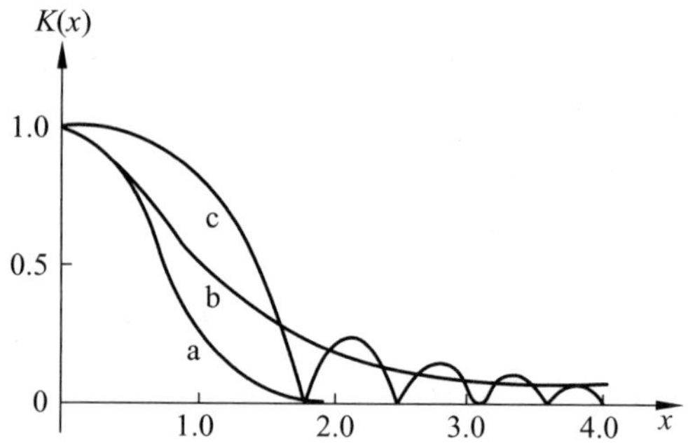

图 3.25 一维Ⅱ型势函数举例

$$\varphi_k = \frac{\exp(-x^2/2)}{\sqrt{2^k \cdot k!\sqrt{\pi}}} H_k(x), \quad k = 0,1,2,\cdots$$

式中，$H_k(x)$前面的乘式为正交归一化因子，为了计算方便，这里不计算前面的因子。埃尔米特多项式前几项的式子为

$$H_0(x) = 1, \quad H_1(x) = 2x, \quad H_2(x) = 4x^2 - 2$$

$$H_3(x) = 8x^3 - 12x, \quad H_4(x) = 16x^4 - 48x^2 + 12$$

(2) 建立二维正交函数集。

二维正交函数可由任意一对一维的正交函数组成。这里取四项最低阶的二维正交函数

$$\varphi_1(\boldsymbol{X}) = \varphi_1(x_1, x_2) = H_0(x_1)H_0(x_2) = 1$$

$$\varphi_2(\boldsymbol{X}) = \varphi_2(x_1, x_2) = H_1(x_1)H_0(x_2) = 2x_1$$

$$\varphi_3(\boldsymbol{X}) = \varphi_3(x_1, x_2) = H_0(x_1)H_1(x_2) = 2x_2$$

$$\varphi_4(\boldsymbol{X}) = \varphi_4(x_1, x_2) = H_1(x_1)H_1(x_2) = 4x_1x_2$$

(3) 生成势函数。

根据式(3-63)写出势函数

$$K(\boldsymbol{X}, \boldsymbol{X}_k) = \sum_{i=1}^{4} \varphi_i(\boldsymbol{X}_k)\varphi_i(\boldsymbol{X}) = 1 + 4x_{k1}x_1 + 4x_{k2}x_2 + 16x_{k1}x_{k2}x_1x_2$$

式中，$\boldsymbol{X}=(x_1, x_2)^{\mathrm{T}}$，$\boldsymbol{X}_k=(x_{k1}, x_{k2})^{\mathrm{T}}$。

(4) 依次输入训练样本，逐步计算积累势函数 $K(\boldsymbol{X})$。

设初始积累势函数 $K_0(\boldsymbol{X})=0$。

第一步，输入 $\boldsymbol{X}_1=(1,0)^{\mathrm{T}}$，因 $\boldsymbol{X}_1 \in \omega_1$，所以

$$\begin{aligned} K_1(\boldsymbol{X}) &= K_0(\boldsymbol{X}) + K(\boldsymbol{X}, \boldsymbol{X}_1) = K(\boldsymbol{X}, \boldsymbol{X}_1) \\ &= 1 + 4 \times 1 \cdot x_1 + 4 \times 0 \cdot x_2 + 16 \times 1 \times 0 \cdot x_1 \cdot x_2 \\ &= 1 + 4x_1 \end{aligned}$$

第二步，输入 $\boldsymbol{X}_2=(0,-1)^{\mathrm{T}} \in \omega_1$，因 $K_1(\boldsymbol{X}_2)=1+4\times 0=1>0$，分类正确，故

$$K_2(\boldsymbol{X}) = K_1(\boldsymbol{X}) = 1 + 4x_1$$

第三步，输入 $\boldsymbol{X}_3=(-1,0)^{\mathrm{T}} \in \omega_2$，因 $K_2(\boldsymbol{X}_3)=1+4\times(-1)=-3<0$，分类正确，故

$$K_3(\boldsymbol{X}) = K_2(\boldsymbol{X}) = 1 + 4x_1$$

第四步，输入 $\boldsymbol{X}_4=(0,1)^{\mathrm{T}}\in\omega_2$，因 $K_3(\boldsymbol{X}_4)=1+4\times0=1>0$，分类错误，故

$$\begin{aligned}K_4(\boldsymbol{X})&=K_3(\boldsymbol{X})-K(\boldsymbol{X},\boldsymbol{X}_4)\\&=1+4x_1-(1+4\times0\cdot x_1+4\times1\cdot x_2\\&\quad+16\times0\times1\cdot x_1\cdot x_2)\\&=4x_1-4x_2\end{aligned}$$

在这一轮迭代过程中有错误分类，故将全部训练样本重新再迭代一次，有

$\boldsymbol{X}_5=\boldsymbol{X}_1=(1,0)^{\mathrm{T}}\in\omega_1$，$K_4(\boldsymbol{X}_5)=4>0$，故 $K_5(\boldsymbol{X})=K_4(\boldsymbol{X})=4x_1-4x_2$；

$\boldsymbol{X}_6=\boldsymbol{X}_2=(0,-1)^{\mathrm{T}}\in\omega_1$，$K_5(\boldsymbol{X}_6)=4>0$，故 $K_6(\boldsymbol{X})=K_5(\boldsymbol{X})=4x_1-4x_2$；

$\boldsymbol{X}_7=\boldsymbol{X}_3=(-1,0)^{\mathrm{T}}\in\omega_2$，$K_6(\boldsymbol{X}_7)=-4<0$，故 $K_7(\boldsymbol{X})=K_6(\boldsymbol{X})=4x_1-4x_2$；

$\boldsymbol{X}_8=\boldsymbol{X}_4=(0,1)^{\mathrm{T}}\in\omega_2$，$K_7(\boldsymbol{X}_8)=-4<0$，故 $K_8(\boldsymbol{X})=K_7(\boldsymbol{X})=4x_1-4x_2$。

第二轮迭代中，对全部样本都能正确分类，算法收敛于判别函数

$$d(\boldsymbol{X})=K_8(\boldsymbol{X})=4x_1-4x_2$$

判别界面 $d(\boldsymbol{X})=4x_1-4x_2=0$ 如图 3.26 所示。

例 3.14 设两类训练样本集

$$\omega_1:\boldsymbol{X}_1=(0,0)^{\mathrm{T}},\quad\boldsymbol{X}_2=(2,0)^{\mathrm{T}};\quad\omega_2:\boldsymbol{X}_3=(1,1)^{\mathrm{T}},\quad\boldsymbol{X}_4=(1,-1)^{\mathrm{T}}$$

样本分布如图 3.27 所示。用Ⅱ型势函数对模式进行分类，求判别函数。

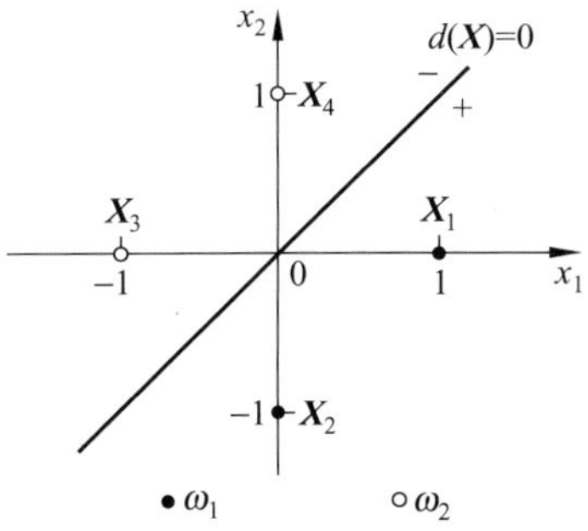

图 3.26 Ⅰ型势函数法举例

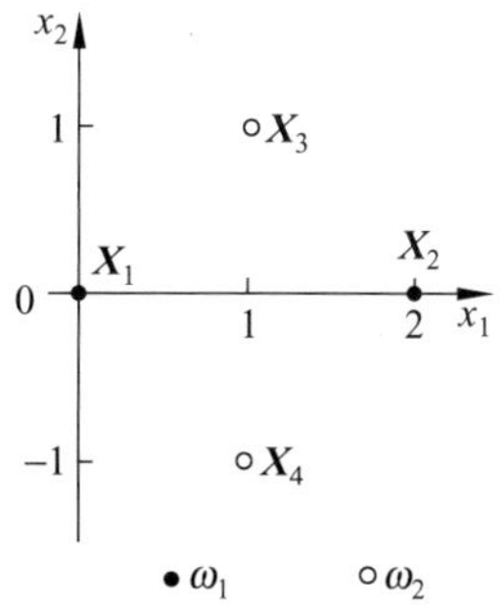

图 3.27 Ⅱ型势函数法举例

解：从图 3.27 中可以看出两类模式不是线性可分的，这里选择指数型的势函数，取 $\alpha=1$，在二维情况下势函数为

$$K(\boldsymbol{X},\boldsymbol{X}_k)=\exp\{-\|\boldsymbol{X}-\boldsymbol{X}_k\|^2\}=\exp\{-[(x_1-x_{k1})^2+(x_2-x_{k2})^2]\}$$

其中，$\boldsymbol{X}=(x_1,x_2)^{\mathrm{T}}$，$\boldsymbol{X}_k=(x_{k1},x_{k2})^{\mathrm{T}}$。设 $K_0(\boldsymbol{X})=0$，开始迭代，过程如下：

第一步，因为 $\boldsymbol{X}_1=(0,0)^{\mathrm{T}}\in\omega_1$，所以

$$K_1(\boldsymbol{X})=K(\boldsymbol{X},\boldsymbol{X}_1)=\exp\{-[(x_1-0)^2+(x_2-0)^2]\}=\exp\{-[x_1^2+x_2^2]\}$$

第二步，因为

$$\boldsymbol{X}_2=(2,0)^{\mathrm{T}}\in\omega_1,K_1(\boldsymbol{X}_2)=\exp\{-(4+0)\}=\mathrm{e}^{-4}>0$$

分类正确，不修改积累势函数。所以

$$K_2(\boldsymbol{X})=K_1(\boldsymbol{X})=\exp\{-[x_1^2+x_2^2]\}$$

第三步，因为 $\boldsymbol{X}_3=(1,1)^{\mathrm{T}}\in\omega_2$，$K_2(\boldsymbol{X}_3)=\mathrm{e}^{-2}>0$，分类错误，修改积累势函数。所以

$$\begin{aligned}K_3(\boldsymbol{X})&=K_2(\boldsymbol{X})-K(\boldsymbol{X},\boldsymbol{X}_3)\\&=\exp\{-[x_1^2+x_2^2]\}-\exp\{-[(x_1-1)^2+(x_2-1)^2]\}\end{aligned}$$

第四步，因为 $\boldsymbol{X}_4=(1,-1)^{\mathrm{T}}\in\omega_2$，$K_3(\boldsymbol{X}_4)=\mathrm{e}^{-(1+1)}-\mathrm{e}^{-(0+4)}=\mathrm{e}^{-2}-\mathrm{e}^{-4}>0$，分类错误，修改积累势函数。所以

$$\begin{aligned}K_4(\boldsymbol{X})&=K_3(\boldsymbol{X})-K(\boldsymbol{X},\boldsymbol{X}_4)\\&=\exp\{-[x_1^2+x_2^2]\}-\exp\{-[(x_1-1)^2+(x_2-1)^2]\}\\&\quad-\exp\{-[(x_1-1)^2+(x_2+1)^2]\}\end{aligned}$$

有错误分类，对全部样本再进行一轮迭代。

第五步，因为 $\boldsymbol{X}_5=\boldsymbol{X}_1=(0,0)^{\mathrm{T}}\in\omega_1$，$K_4(\boldsymbol{X}_5)=\mathrm{e}^0-\mathrm{e}^{-2}-\mathrm{e}^{-2}>0$，不修正。所以

$$K_5(\boldsymbol{X})=K_4(\boldsymbol{X})$$

第六步，因为 $\boldsymbol{X}_6=\boldsymbol{X}_2=(2,0)^{\mathrm{T}}\in\omega_1$，$K_5(\boldsymbol{X}_6)=\mathrm{e}^{-4}-\mathrm{e}^{-2}-\mathrm{e}^{-2}<0$，修正。所以

$$\begin{aligned}K_6(\boldsymbol{X})&=K_5(\boldsymbol{X})+K(\boldsymbol{X},\boldsymbol{X}_6)\\&=\exp\{-[x_1^2+x_2^2]\}-\exp\{-[(x_1-1)^2+(x_2-1)^2]\}\\&\quad-\exp\{-[(x_1-1)^2+(x_2+1)^2]\}\\&\quad+\exp\{-[(x_1-2)^2+x_2^2]\}\end{aligned}$$

第七步，因为 $\boldsymbol{X}_7=\boldsymbol{X}_3=(1,1)^{\mathrm{T}}\in\omega_2$，$K_6(\boldsymbol{X}_7)=\mathrm{e}^{-2}-\mathrm{e}^0-\mathrm{e}^{-4}+\mathrm{e}^{-2}<0$，不修正。所以

$$K_7(\boldsymbol{X})=K_6(\boldsymbol{X})$$

第八步，因为 $\boldsymbol{X}_8=\boldsymbol{X}_4=(1,-1)^{\mathrm{T}}\in\omega_2$，$K_7(\boldsymbol{X}_8)=\mathrm{e}^{-2}-\mathrm{e}^{-2}-\mathrm{e}^0+\mathrm{e}^{-2}<0$，不修正。所以

$$K_8(\boldsymbol{X})=K_7(\boldsymbol{X})$$

第九步，因为 $\boldsymbol{X}_9=\boldsymbol{X}_1=(0,0)^{\mathrm{T}}\in\omega_1$，$K_8(\boldsymbol{X}_9)=\mathrm{e}^0-\mathrm{e}^{-2}-\mathrm{e}^{-2}+\mathrm{e}^{-4}>0$，不修正。所以

$$K_9(\boldsymbol{X})=K_8(\boldsymbol{X})$$

第十步，因为 $\boldsymbol{X}_{10}=\boldsymbol{X}_2=(2,0)^{\mathrm{T}}\in\omega_1$，$K_9(\boldsymbol{X}_8)=\mathrm{e}^{-4}-\mathrm{e}^{-2}-\mathrm{e}^{-2}+\mathrm{e}^0>0$，不修正。所以

$$K_{10}(\boldsymbol{X})=K_9(\boldsymbol{X})$$

从 $\boldsymbol{X}_7\sim\boldsymbol{X}_{10}$ 的四次迭代中，所有训练样本皆被正确分类，故算法收敛于判别函数，分类器设计完毕。判别函数 $d(\boldsymbol{X})=K_{10}(\boldsymbol{X})$，即

$$\begin{aligned}d(\boldsymbol{X})&=\exp\{-[x_1^2+x_2^2]\}-\exp\{-[(x_1-1)^2+(x_2-1)^2]\}\\&\quad-\exp\{-[(x_1-1)^2+(x_2+1)^2]\}+\exp\{-[(x_1-2)^2+x_2^2]\}\end{aligned}$$

判别界面由 $d(\boldsymbol{X})=0$ 求出。

可以看出，当训练样本的维数和数目较高时，用Ⅱ型势函数需要计算和存储更多的指数项，但正因为判别函数由许多新项组成，故有很强的分类能力。

习题

3.1 在一个10类的模式识别问题中，有三类单独满足多类情况1，其余的类别满足多类情况2。问该模式识别问题所需判别函数的最少数目为多少？

3.2 一个三类问题，其判别函数为

$$d_1(\boldsymbol{X}) = x_1 + 2x_2 - 4,\quad d_2(\boldsymbol{X}) = x_1 - 4x_2 + 4,\quad d_3(\boldsymbol{X}) = -x_1 + 3$$

(1) 设这些函数是在多类情况1条件下确定的，绘出判别界面及每一模式类别的区域。

(2) 设为多类情况2，并使 $d_{12}(\boldsymbol{X})=d_1(\boldsymbol{X})$，$d_{13}(\boldsymbol{X})=d_2(\boldsymbol{X})$，$d_{23}(\boldsymbol{X})=d_3(\boldsymbol{X})$，绘出判别界面及每一模式类别的区域。

(3) 设 $d_1(\boldsymbol{X})$，$d_2(\boldsymbol{X})$ 和 $d_3(\boldsymbol{X})$ 是在多类情况3的条件下确定的，绘出其判别界面及每一模式类别的区域。

3.3 有5个良好分布的二维模式，问把它们任意线性地分为两组的概率是多少？

3.4 设准则函数为

$$J(\boldsymbol{W},\boldsymbol{X},b) = \frac{1}{8\|\boldsymbol{X}\|^2}[(\boldsymbol{W}^{\mathrm{T}}\boldsymbol{X}-b)-|\boldsymbol{W}^{\mathrm{T}}\boldsymbol{X}-b|]^2$$

式中实数 $b>0$，试导出两类模式的分类算法。

3.5 已知两类训练样本为

$$\omega_1:(0,0,0)^{\mathrm{T}},\quad (1,0,0)^{\mathrm{T}},\quad (1,0,1)^{\mathrm{T}},\quad (1,1,0)^{\mathrm{T}}$$
$$\omega_2:(0,0,1)^{\mathrm{T}},\quad (0,1,1)^{\mathrm{T}},\quad (0,1,0)^{\mathrm{T}},\quad (1,1,1)^{\mathrm{T}}$$

设 $\boldsymbol{W}(1)=(-1,-2,-2,0)^{\mathrm{T}}$，用感知器算法求解判别函数，并绘出判别界面。

3.6 已知三类问题的训练样本为

$$\omega_1:(-1,-1)^{\mathrm{T}},\quad \omega_2:(0,0)^{\mathrm{T}},\quad \omega_3:(1,1)^{\mathrm{T}}$$

试用多类感知器算法求解判别函数。

3.7 用LMSE算法求解习题3.5中两类模式的判别函数，并绘出判别界面。

3.8 已知两类模式

$$\omega_1:(0,1)^{\mathrm{T}},\quad (0,-1)^{\mathrm{T}};\quad \omega_2:(1,0)^{\mathrm{T}},\quad (-1,0)^{\mathrm{T}}$$

用LMSE算法检验模式样本的线性可分性。

3.9 用二次埃尔米特多项式的势函数法计算习题3.8中两类模式的判别函数。

3.10 用指数型势函数 $K(\boldsymbol{X},\boldsymbol{X}_k)=\exp\{-\alpha\|\boldsymbol{X}-\boldsymbol{X}_k\|^2\}$ 求解3.8题中两类模式的判别函数，设 $\alpha=1$。

3.11 给出感知器算法程序框图，编写算法程序，解习题3.5，然后采用附录C中的数据进行计算。

3.12 给出LMSE算法程序框图，编写算法程序，解习题3.7，然后采用附录C中的数据进行计算。

3.13 编写二次埃尔米特多项式的势函数算法程序，解习题3.9。

第4章 基于统计决策的概率分类法

4.1 研究对象及相关概率

1. 两类研究对象

模式识别的目的是要确定某一给定的模式样本属于哪一类。我们通过对被识别对象的多种观察和测量构成特征向量，并将其作为某一判决规则的输入，依此规则对样本进行分类。在这个过程中，最初获取模式的观察值时会遇到两种情况：

一种情况是事物间有确定的因果关系，即某事件在一定的条件下必然会发生或必然不发生。例如根据“三条直线边的闭合连线和一个直角”这个特征，就完全可以确定是直角三角形，这是确定性现象。第3章的模式判别都是基于这种现象，一个模式样本要么属于这一类，要么属于其他类，不同类别的样本是不连接的子集。

另一种情况是事物间没有确定的因果关系。在许多实际情况中，由于存在噪声和缺乏测度模式向量的完全信息，有些观察数据具有不确定的特点，有时属于某一类，有时又不属于那一类，只有在大量重复的观察下其结果才呈现出某种规律性。也就是说，对它们观察得到的特征具有统计特性，特征向量不再是一个确定的向量，而是随机向量，其分量是随机变量。对随机模式向量只能利用模式集的统计特性来分类，以使分类器发生分类错误的概率最小，这就是本章将要介绍的统计决策理论。这时不同类别的样本不再是不连接的子集，只能根据样本属于某一类的可能性大小来决策它是否属于该类。

2. 相关概率

统计决策理论建立在依据概率分类的基础之上，因此我们直观地称之为“概率分类法”。在介绍具体的统计决策方法之前，首先对有关的概率知识做一个简单的概述。

1）概率的定义

设Ω是随机试验的基本空间（指所有可能的试验结果或基本事件的全体构成的集合，也称样本空间）。A为随机事件，$P(A)$为定义在所有随机事件组成的集合上的实函数，若$P(A)$满足

(1) 对任一事件A有：$0\leqslant P(A)\leqslant 1$；

(2) $P(\Omega)=1$，Ω为事件的全体；

(3) 对于两两互斥的事件$A_1,A_2,\cdots$有$P(A_1+A_2+\cdots)=P(A_1)+P(A_2)+\cdots$，

则称函数$P(A)$为事件A的概率。

2）概率的性质

(1) 不可能事件V的概率为零，即$P(V)=0$；

(2) $P(\overline{A})=1-P(A)$；

(3) $P(A\cup B)=P(A)+P(B)-P(AB)$，其中$P(AB)$为$A$、$B$同时发生的联合概率。

3）条件概率的定义

设A、B是两个随机事件，且$P(B)>0$，则称

$$P(A \mid B) = \frac{P(AB)}{P(B)} \tag{4-1}$$

为事件 B 发生的条件下事件 A 发生的条件概率。

4）条件概率的三个重要公式

（1）概率乘法公式。如果 $P(B)>0$，则联合概率

$$P(AB) = P(B)P(A \mid B) = P(A)P(B \mid A) \tag{4-2}$$

（2）全概率公式。设事件 $A_1, A_2, \cdots A_n$ 两两互斥，且

$$\sum_{i=1}^{n} A_i = \Omega, \quad P(A_i) > 0, \quad i = 1,2,\cdots,n$$

则对任一事件 B 有

$$P(B) = \sum_{i=1}^{n} P(A_i)P(B \mid A_i) \tag{4-3}$$

（3）贝叶斯公式。在全概率公式的条件下，若 $P(B)>0$，则将式(4-2)和式(4-3)代入式(4-1)，有

$$P(A_i \mid B) = \frac{P(A_iB)}{P(B)} = \frac{P(A_i)P(B \mid A_i)}{\sum\limits_{i=1}^{n} P(A_i)P(B \mid A_i)} \tag{4-4}$$

5）模式识别中常用的三个概率

设样本的特征向量 $\boldsymbol{X}$ 是随机向量，常用的三个概率如下：

（1）先验概率 $P(\omega_i)$。指事先根据大量的统计资料得出的 ω_i 类样本出现的概率。先验概率来自于先前的知识和经验，与现在无关，只能提供分类的基础性信息。

（2）后验概率 $P(\omega_i|\boldsymbol{X})$。后验概率与先验概率相对应。指收到数据 $\boldsymbol{X}$（一批样本）后，根据这批样本提供的信息统计出的 ω_i 类出现的概率。它表明了样本 $\boldsymbol{X}$ 属于 ω_i 类的概率。

（3）条件概率 $P(\boldsymbol{X}|\omega_i)$。指已知属于 ω_i 类的样本 $\boldsymbol{X}$ 发生某种事件的概率。例如，要对一批患者进行一项化验，我们可以用 ω_1 代表患病人群，患者的化验结果就是特征向量的值，仍然用 $\boldsymbol{X}$ 表示。由于化验结果不是阴性就是阳性，所以这里的 $\boldsymbol{X}$ 是一维特征向量，只有两个取值。那么“对一批患者进行一项化验，结果为阳性的概率为 95％”可以表示为 $P(\boldsymbol{X}=\text{阳性}|\omega_1)=0.95$；也可以先设 $\boldsymbol{X}=$阳性，写成 $P(\boldsymbol{X}|\omega_1)=0.95$。今后分类中经常涉及的是条件概率密度函数，即类条件概率密度函数，也称类概率密度函数，统计学中称为似然函数。ω_i 类的类（条件）概率密度函数表示为 $p(\boldsymbol{X}|\omega_i)$。

例如：一个二类问题，ω_1 类表示某地区患有某病的人群，ω_2 类表示无此病的人群。那么：

先验概率 $P(\omega_1)$ 表示该地区居民患有此病的概率；

先验概率 $P(\omega_2)$ 表示该地区人群无此病的概率。

这两个值可以通过大量的统计数据得到。

如果采用某种方法检测是否患病，设 $\boldsymbol{X}$ 表示“试验反应呈阳性”，那么：

$P(\boldsymbol{X}|\omega_2)$ 表示无病的人群做该试验时反应呈阳性（显示有病）的概率；

$P(\omega_2|\boldsymbol{X})$表示试验呈阳性的人中，实际无病者的概率。

从上面的概率可以看出，诊断病情需要多种手段，用一种方法诊断为可能有病时，还要综合其他结果才能做最后确诊。

类似地，也有 ω_1 类的条件概率和后验概率。

(4) 三者之间的关系。根据贝叶斯公式，可以得到后验概率、先验概率和类概率密度函数之间的关系为

$$P(\omega_i \mid \boldsymbol{X}) = \frac{p(\boldsymbol{X} \mid \omega_i)P(\omega_i)}{p(\boldsymbol{X})} = \frac{p(\boldsymbol{X} \mid \omega_i)P(\omega_i)}{\sum_{i=1}^{M} p(\boldsymbol{X} \mid \omega_i)P(\omega_i)} \tag{4-5}$$

其中 M 为类别数。

4.2 贝叶斯决策

贝叶斯(Bayes)决策是统计决策理论中的一个基本方法，用这个方法进行分类时要求各类别总体的概率分布是已知的，并且分类的类别数是一定的。本节主要介绍最小错误率贝叶斯决策和最小风险贝叶斯决策，4.3 节讨论贝叶斯分类器的错误率问题。

4.2.1 最小错误率贝叶斯决策

1. 问题分析

讨论模式集的分类，目的是确定 $\boldsymbol{X}$ 属于哪一类，所以要看 $\boldsymbol{X}$ 来自哪一类的概率大。在 4.1 节介绍的三种概率中：

先验概率 $P(\omega_i)$。与现在无关，不提供具体样本的分类信息；

条件概率 $P(\boldsymbol{X}|\omega_i)$。是对已知类别的样本进行操作；

后验概率 $P(\omega_i|\boldsymbol{X})$。是收到数据后统计出的 $\boldsymbol{X}$ 属于 ω_i 类的概率。

显然，用后验概率进行分类最合理，它可以提供更加有效的分类信息。

2. 决策规则

设有 M 类模式，分类规则为

$$\text{若 } P(\omega_i \mid \boldsymbol{X}) = \max\{P(\omega_j \mid \boldsymbol{X}),\quad j = 1,2,\cdots,M\},\quad \text{则 } \boldsymbol{X} \in \omega_i \tag{4-6}$$

式(4-6)称为最小错误率贝叶斯决策规则。顾名思义，这一决策规则的错误率是最小的，其原因我们将在后面讨论贝叶斯分类器的错误率时具体分析。

虽然后验概率 $P(\omega_i|\boldsymbol{X})$可以提供有效的分类信息，但先验概率 $P(\omega_i)$和类概率密度函数 $p(\boldsymbol{X}|\omega_i)$从统计资料中容易获得，所以考虑利用贝叶斯公式将后验概率用类概率密度函数和先验概率的表示，即式(4-5)。观察式(4-5)可以看到，分母是全概率 $P(\boldsymbol{X})$，与类别 ω_i 是无关的，也就是说与分类无关，所以分类规则又可以等价地表示为

$$\text{若 } p(\boldsymbol{X} \mid \omega_i)P(\omega_i) = \max\{p(\boldsymbol{X} \mid \omega_j)P(\omega_j),\quad j = 1,2,\cdots,M\},\quad \text{则 } \boldsymbol{X} \in \omega_i \tag{4-7}$$

对两类问题，该式相当于

$$\text{若 } p(\boldsymbol{X} \mid \omega_1)P(\omega_1) > p(\boldsymbol{X} \mid \omega_2)P(\omega_2), \quad \text{则 } \boldsymbol{X} \in \omega_1$$
$$\text{若 } p(\boldsymbol{X} \mid \omega_1)P(\omega_1) < p(\boldsymbol{X} \mid \omega_2)P(\omega_2), \quad \text{则 } \boldsymbol{X} \in \omega_2$$

可改写为

$$\text{若 } l_{12}(\boldsymbol{X}) = \frac{p(\boldsymbol{X} \mid \omega_1)}{p(\boldsymbol{X} \mid \omega_2)} > \frac{P(\omega_2)}{P(\omega_1)}, \quad \text{则 } \boldsymbol{X} \in \omega_1$$

$$\text{若 } l_{12}(\boldsymbol{X}) = \frac{p(\boldsymbol{X} \mid \omega_1)}{p(\boldsymbol{X} \mid \omega_2)} < \frac{P(\omega_2)}{P(\omega_1)}, \quad \text{则 } \boldsymbol{X} \in \omega_2$$

在统计学中，$l_{12}(\boldsymbol{X})$称为似然比，$P(\omega_2)/P(\omega_1)$称为似然比阈值，统一写为

$$\text{若 } l_{12}(\boldsymbol{X}) = \frac{p(\boldsymbol{X} \mid \omega_1)}{p(\boldsymbol{X} \mid \omega_2)} \gtrless \frac{P(\omega_2)}{P(\omega_1)}, \quad \text{则 } \boldsymbol{X} \in \begin{cases}\omega_1 \\ \omega_2\end{cases} \tag{4-8}$$

对上式取自然对数，有

$$\begin{aligned}\text{若 } h(\boldsymbol{X}) &= \ln l_{12}(\boldsymbol{X}) \\ &= \ln p(\boldsymbol{X} \mid \omega_1) - \ln p(\boldsymbol{X} \mid \omega_2) \gtrless \ln \frac{P(\omega_2)}{P(\omega_1)}, \quad \text{则 } \boldsymbol{X} \in \begin{cases}\omega_1 \\ \omega_2\end{cases}\end{aligned} \tag{4-9}$$

式(4-7)～式(4-9)都是最小错误率贝叶斯决策规则的等价形式。式(4-8)称似然比决策规则，式(4-9)称对数似然比决策规则，后者比前者在计算上更方便些。

例 4.1 假定在细胞识别中，病变细胞的先验概率 $P(\omega_1)$和正常细胞的先验概率 $P(\omega_2)$ 分别为 $P(\omega_1)=0.05$，$P(\omega_2)=0.95$。现有一待识别细胞，其观察值为 $\boldsymbol{X}$，从类条件概率密度分布曲线上查得 $p(\boldsymbol{X}|\omega_1)=0.5$，$p(\boldsymbol{X}|\omega_2)=0.2$，试对细胞 $\boldsymbol{X}$ 进行分类。

解：[方法 1] 通过后验概率计算。

$$P(\omega_1 \mid \boldsymbol{X}) = \frac{p(\boldsymbol{X} \mid \omega_1)P(\omega_1)}{\sum_{i=1}^{2} p(\boldsymbol{X} \mid \omega_i)P(\omega_i)} = \frac{0.5 \times 0.05}{0.5 \times 0.05 + 0.2 \times 0.95} \approx 0.16$$

$$P(\omega_2 \mid \boldsymbol{X}) = \frac{0.2 \times 0.95}{0.5 \times 0.05 + 0.2 \times 0.95} \approx 0.884$$

因为 $P(\omega_2|\boldsymbol{X})>P(\omega_1|\boldsymbol{X})$，所以 $\boldsymbol{X}\in\omega_2$，是正常细胞。

[方法 2] 利用先验概率和类概率密度计算。

$$p(\boldsymbol{X} \mid \omega_1)P(\omega_1) = 0.5 \times 0.05 = 0.025$$
$$p(\boldsymbol{X} \mid \omega_2)P(\omega_2) = 0.2 \times 0.95 = 0.19$$

因为 $p(\boldsymbol{X}|\omega_2)P(\omega_2)>p(\boldsymbol{X}|\omega_1)P(\omega_1)$，所以 $\boldsymbol{X}\in\omega_2$ 是正常细胞。

当然，还可以用式(4-8)的似然比形式或式(4-9)计算。

4.2.2 最小风险贝叶斯决策

1. 风险的概念

在分类决策中以错误率最小为规则是合理的，但实际中不同的错误判断所造成的损

失是不同的。例如在室内自动灭火系统中，如果灭火系统将正常状态判断为失火状态，灭火设备就会错误地自动打开；如果将失火状态判断为正常状态，那么发生火险时灭火设备仍然关闭，无法阻止火势蔓延和灭火。这两种错误判断都会造成损失，但显然后一种错判造成的损失要比前一种大得多。另一个例子是疾病诊断，把健康人误诊为患者和把患者误诊为健康人的损失也是大不相同的。将健康人诊断为患者，给被诊断者带来了精神负担，但是如果将患者诊断为健康人，就会延误治疗，造成严重后果，甚至付出生命的代价，后者的损失是远远大于前者的。

造成的损失不同，也就是风险不同，风险和损失是紧密相连的。最小风险贝叶斯决策对最小错误率贝叶斯决策规则做了一些修改，考虑了不同错判情况时风险大小不同的问题，当对某一类的错判要比对另一类的错判更为关键时，对其作用予以体现，提出了“条件平均风险”的概念，以各种错判所造成的“平均风险”最小为规则进行分类决策。

2. 决策规则

对于 M 类问题，如果观察样本 $\boldsymbol{X}$ 被判定属于 ω_i 类，则条件平均风险 $r_i(\boldsymbol{X})$ 是指将某一 $\boldsymbol{X}$ 判为属于 ω_i 类时造成的平均损失，表示为

$$r_i(\boldsymbol{X}) = \sum_{j=1}^{M} L_{ij}(\boldsymbol{X}) P(\omega_j \mid \boldsymbol{X}) \tag{4-10}$$

式中，i 表示分类判决后指定的类别号；

j 表示样本自然属性所在的类别号；

$L_{ij}(\boldsymbol{X})$ 表示将自然属性是 ω_j 类的样本决策为 ω_i 类时的是非代价，即损失函数。并有

$$L_{ij}(\boldsymbol{X}) = \begin{cases} 0\text{ 或负值}, & i = j \\ \text{正值}, & i \neq j \end{cases}$$

可以看出，将样本 $\boldsymbol{X}$ 判为 ω_i 类引起的条件平均风险就是将各后验概率 $P(\omega_j \mid \boldsymbol{X})$ 用相应的损失 $L_{ij}(\boldsymbol{X})$ 做加权平均。

对每一个样本的分类而言，有 M 种可能的类别可供选择，最小风险贝叶斯决策对每一个 $\boldsymbol{X}$ 分别计算出归属于每个类别的条件平均风险 $r_1(\boldsymbol{X}), r_2(\boldsymbol{X}), \cdots, r_M(\boldsymbol{X})$，然后将 $\boldsymbol{X}$ 指定为具有最小风险的那一类。决策规则表示为

$$\text{若 } r_k(\boldsymbol{X}) = \min\{r_i(\boldsymbol{X}),\quad i = 1,\cdots,M\},\quad \text{则 } \boldsymbol{X} \in \omega_k \tag{4-11}$$

如果对每一个 $\boldsymbol{X}$ 都按条件平均风险最小决策，那么总的条件平均风险也最小。总的条件平均风险称为平均风险。

这里注意，条件平均风险是针对某个样本而言，而平均风险是对样本总体而言。下面分多类情况和两类情况具体讨论。

1) 多类情况

设有 M 类模式，对于任一 $\boldsymbol{X}$ 对应着 M 个条件平均风险

$$r_i(\boldsymbol{X}) = \sum_{j=1}^{M} L_{ij}(\boldsymbol{X}) P(\omega_j \mid \boldsymbol{X}),\quad i = 1,2,\cdots,M \tag{4-12}$$

通常 $L_{ij}(\boldsymbol{X})$ 为常数，写作 L_{ij}。利用贝叶斯公式将上式写成先验概率和条件概率的形式，有

$$\sum_{j=1}^{M} L_{ij} P(\omega_j \mid \boldsymbol{X}) = \sum_{j=1}^{M} L_{ij} \frac{p(\boldsymbol{X} \mid \omega_j) P(\omega_j)}{p(\boldsymbol{X})}$$

$$= \frac{1}{p(\boldsymbol{X})} \sum_{j=1}^{M} L_{ij} p(\boldsymbol{X} \mid \omega_j) P(\omega_j)$$

因为 $p(\boldsymbol{X})$对所有类均一样，不提供分类信息，可以舍去。式(4-12)简化为

$$r_i(\boldsymbol{X}) = \sum_{j=1}^{M} L_{ij} p(\boldsymbol{X} \mid \omega_j) P(\omega_j), \quad i = 1,2,\cdots,M \tag{4-13}$$

决策规则为

$$\text{若 } r_k(\boldsymbol{X}) < r_i(\boldsymbol{X}), \quad i = 1,2,\cdots,M; i \neq k, \text{则 } \boldsymbol{X} \in \omega_k \tag{4-14}$$

2）两类情况

对样本 $\boldsymbol{X}$，当 $\boldsymbol{X}$ 被判为 ω_1 类时有

$$r_1(\boldsymbol{X}) = L_{11} p(\boldsymbol{X} \mid \omega_1) P(\omega_1) + L_{12} p(\boldsymbol{X} \mid \omega_2) P(\omega_2)$$

当 $\boldsymbol{X}$ 被判为 ω_2 类时有

$$r_2(\boldsymbol{X}) = L_{21} p(\boldsymbol{X} \mid \omega_1) P(\omega_1) + L_{22} p(\boldsymbol{X} \mid \omega_2) P(\omega_2)$$

决策规则为

$$\text{若 } r_1(\boldsymbol{X}) < r_2(\boldsymbol{X}), \quad \text{则 } \boldsymbol{X} \in \omega_1 \tag{4-15}$$

$$\text{若 } r_1(\boldsymbol{X}) > r_2(\boldsymbol{X}), \quad \text{则 } \boldsymbol{X} \in \omega_2 \tag{4-16}$$

由式(4-15)可得

$$L_{11} p(\boldsymbol{X} \mid \omega_1) P(\omega_1) + L_{12} p(\boldsymbol{X} \mid \omega_2) P(\omega_2) < L_{21} p(\boldsymbol{X} \mid \omega_1) P(\omega_1) + L_{22} p(\boldsymbol{X} \mid \omega_2) P(\omega_2)$$

$$(L_{12} - L_{22}) p(\boldsymbol{X} \mid \omega_2) P(\omega_2) < (L_{21} - L_{11}) p(\boldsymbol{X} \mid \omega_1) P(\omega_1)$$

整理得似然比形式

$$\text{若} \frac{p(\boldsymbol{X} \mid \omega_1)}{p(\boldsymbol{X} \mid \omega_2)} > \frac{(L_{12} - L_{22}) P(\omega_2)}{(L_{21} - L_{11}) P(\omega_1)}, \quad \text{则 } \boldsymbol{X} \in \omega_1 \tag{4-17}$$

式中，$l_{12}(\boldsymbol{X}) = \dfrac{p(\boldsymbol{X}|\omega_1)}{p(\boldsymbol{X}|\omega_2)}$是似然比；$\theta_{12} = \dfrac{(L_{12} - L_{22}) P(\omega_2)}{(L_{21} - L_{11}) P(\omega_1)}$是似然比阈值。

判别步骤如下：

(1) 定义损失函数 L_{ij}。

(2) 计算似然比阈值 θ_{12}。

(3) 计算似然比 $l_{12}(\boldsymbol{X})$。

(4) 分类判别。若 $l_{12}(\boldsymbol{X}) > \theta_{12}$，则 $\boldsymbol{X} \in \omega_1$，
若 $l_{12}(\boldsymbol{X}) < \theta_{12}$，则 $\boldsymbol{X} \in \omega_2$，
若 $l_{12}(\boldsymbol{X}) = \theta_{12}$，任意判决。

例 4.2 在细胞识别中，病变细胞的先验概率 $P(\omega_1)$和正常细胞的先验概率 $P(\omega_2)$分别为 $P(\omega_1)=0.05$，$P(\omega_2)=0.95$。现有一待识别细胞，其观察值为 $\boldsymbol{X}$，从类条件概率密度分布曲线上查得 $p(\boldsymbol{X}|\omega_1)=0.5$，$p(\boldsymbol{X}|\omega_2)=0.2$，损失函数的值分别为 $L_{11}=0$，$L_{21}=10$，$L_{22}=0$，$L_{12}=1$。试按最小风险贝叶斯决策规则分类。

解：计算 θ_{12}和 $l_{12}(\boldsymbol{X})$得

$$\theta_{12} = \frac{(L_{12} - L_{22}) P(\omega_2)}{(L_{21} - L_{11}) P(\omega_1)} = \frac{(1-0) \times 0.95}{(10-0) \times 0.05} = 1.9$$

$$l_{12}(\boldsymbol{X})=\frac{p(\boldsymbol{X}\mid\omega_1)}{p(\boldsymbol{X}\mid\omega_2)}=\frac{0.5}{0.2}=2.5$$

因为 $l_{12}(\boldsymbol{X})>\theta_{12}$，所以 $\boldsymbol{X}\in\omega_1$ 是病变细胞。

对比例4.1，在那里分类结果由先验概率和类条件概率密度共同决定，但是由于ω_2类的先验概率远远大于 ω_1 类的先验概率，因此先验概率在决策中起了主导作用。这里由于两种错误造成的损失相差很大，因此损失在决策中起了主导作用。

3. (0-1)损失最小风险贝叶斯决策

损失函数的一种特殊情况是(0-1)损失。这时，正确分类造成的损失为0，错误分类造成的损失为1，因此有

$$L_{ii}=0;\quad L_{ij}=1,\quad i\neq j$$

下面仍然按多类情况和两类情况分别讨论。

1) 多类情况

多类判决时的判别函数式(4-13)在(0-1)情况下可写为

$$r_i(\boldsymbol{X})=\sum_{j=1}^{M}p(\boldsymbol{X}\mid\omega_j)P(\omega_j)-p(\boldsymbol{X}\mid\omega_i)P(\omega_i)=p(\boldsymbol{X})-p(\boldsymbol{X}\mid\omega_i)P(\omega_i)$$

$\boldsymbol{X}\in\omega_k$ 类的决策规则式(4-14)可写为

$$p(\boldsymbol{X})-p(\boldsymbol{X}\mid\omega_k)P(\omega_k)<p(\boldsymbol{X})-p(\boldsymbol{X}\mid\omega_i)P(\omega_i)$$

$$p(\boldsymbol{X}\mid\omega_k)P(\omega_k)>p(\boldsymbol{X}\mid\omega_i)P(\omega_i)$$

不等式两边的式子就相当于判别函数，故设判别函数的等价形式为

$$d_i(\boldsymbol{X})=p(\boldsymbol{X}\mid\omega_i)P(\omega_i),\quad i=1,2,\cdots,M \tag{4-18}$$

那么决策规则的等价形式为

$$\text{若 } d_k(\boldsymbol{X})>d_i(\boldsymbol{X}),\quad i=1,2,\cdots,M;i\neq k,\text{则 } \boldsymbol{X}\in\omega_k \tag{4-19}$$

这个决策规则所表示的含义与式(4-7)的最小错误率贝叶斯决策规则是完全一致的。也就是说，(0-1)损失下的最小风险贝叶斯决策等价于最小错误率贝叶斯决策，或者说最小错误率贝叶斯决策是最小风险贝叶斯决策的特例。

2) 两类情况

此时 $L_{11}=L_{22}=0, L_{12}=L_{21}=1$，有

$$d_1(\boldsymbol{X})=p(\boldsymbol{X}\mid\omega_1)P(\omega_1)$$

$$d_2(\boldsymbol{X})=p(\boldsymbol{X}\mid\omega_2)P(\omega_2)$$

决策规则为

$$\begin{cases}\text{若 } d_1(\boldsymbol{X})>d_2(\boldsymbol{X}), & \text{则 } \boldsymbol{X}\in\omega_1\\ \text{若 } d_2(\boldsymbol{X})>d_1(\boldsymbol{X}), & \text{则 } \boldsymbol{X}\in\omega_2\end{cases} \tag{4-20}$$

也可以从式(4-20)和式(4-21)导出似然比形式，即对 $\boldsymbol{X}\in\omega_1$ 的情况，由

$$p(\boldsymbol{X}\mid\omega_1)P(\omega_1)>p(\boldsymbol{X}\mid\omega_2)P(\omega_2)$$

有

$$\frac{p(\boldsymbol{X}\mid\omega_1)}{p(\boldsymbol{X}\mid\omega_2)}>\frac{P(\omega_2)}{P(\omega_1)} \tag{4-21}$$

式中，$l_{12}(\boldsymbol{X})=\dfrac{p(\boldsymbol{X}|\omega_1)}{p(\boldsymbol{X}|\omega_2)}$，$\theta_{12}=\dfrac{P(\omega_2)}{P(\omega_1)}$。类似地，可以导出 $\boldsymbol{X}\in\omega_2$ 时的似然比形式。

决策规则为

$$\text{若 } l_{12}(\boldsymbol{X}) > \theta_{12}, \quad \text{则 } \boldsymbol{X} \in \omega_1$$
$$\text{若 } l_{12}(\boldsymbol{X}) < \theta_{12}, \quad \text{则 } \boldsymbol{X} \in \omega_2$$

应该指出的是，最小风险贝叶斯决策除了要有符合实际的 $p(\boldsymbol{X}|\omega_i)$ 和常值 $P(\omega_i)$ 之外，还要有合适的损失函数 $L_{ij}(\boldsymbol{X})$。损失函数要根据实际问题的性质，分析各种错误决策造成损失的严重程度，结合专家的实际经验来确定。

当没有提供先验概率，也不能直接估计出先验概率，或者先验概率是变化的情况时，可以采用最小最大(minimax)决策，这种方法基于使最大可能的风险为最小，也就是在最差的情况下争取最好的结果。假如先验概率和损失函数都不知道，可以采用后面将要介绍的聂曼-皮尔逊(Neyman-Pearson)决策规则。这些方法都是以与似然比做对比为基础的。由于多数模式识别系统中，先验概率和损失函数都可以预先确定，所以贝叶斯决策方法应用得最为广泛。

4.2.3 正态分布模式的贝叶斯决策

正态分布广泛存在于自然、生产及科学技术的众多领域之中，对许多实际情况都是一种合适的模型。同时，正态分布又具有许多好的性质，有利于做数学分析，所以受到人们的高度重视。它在 19 世纪前叶由高斯加以推广，又称为高斯分布。如果特征空间中的某一类样本较多地分布在其均值附近，远离均值点的样本比较少，此时用正态分布作为概率模型是合理的。

前面介绍的贝叶斯方法应用范围很广，但事先必须求出 $p(\boldsymbol{X}|\omega_i)$ 和 $P(\omega_i)$ 才能做出判决，这一工作一般做起来比较繁杂。当 $p(\boldsymbol{X}|\omega_i)$ 呈正态分布时，将会使决策简化，这时不再需要求出 $p(\boldsymbol{X}|\omega_i)$ 的具体函数形式，只需要知道它的均值向量 $\boldsymbol{M}$ 和协方差矩阵 $\boldsymbol{C}$ 这两个参数即可。

1. 相关知识概述

1) 二次型

设向量 $\boldsymbol{X}=(x_1,\cdots,x_n)^{\mathrm{T}}$，矩阵 $\boldsymbol{A}=\begin{pmatrix} a_{11} & \cdots & a_{1n} \\ \vdots & \ddots & \vdots \\ a_{n1} & \cdots & a_{nn} \end{pmatrix}$，则 $\boldsymbol{X}^{\mathrm{T}}\boldsymbol{A}\boldsymbol{X}$ 称为二次型。它表示一个二次齐次多项式，即 $\boldsymbol{X}^{\mathrm{T}}\boldsymbol{A}\boldsymbol{X} = \sum_{i,j=1}^{n} a_{ij}x_ix_j$。二次型中的矩阵 $\boldsymbol{A}$ 是一个对称矩阵。

2) 正定二次型

对于 $\forall\, \boldsymbol{X}\neq \boldsymbol{0}$($\boldsymbol{X}$ 分量不全为零)，总有 $\boldsymbol{X}^{\mathrm{T}}\boldsymbol{A}\boldsymbol{X}>0$，则称此二次型是正定的，而其对应的矩阵称为正定矩阵。

3) 单变量正态分布

单变量正态分布的概率密度函数定义为

$$p(x) = \frac{1}{\sqrt{2\pi}\sigma}\exp\left\{-\frac{1}{2}\left(\frac{x-\mu}{\sigma}\right)^2\right\}$$
$$= \frac{1}{\sqrt{2\pi}\sigma}e^{-\frac{(x-\mu)^2}{2\sigma^2}}, \quad -\infty < x < \infty \tag{4-22}$$

式中，μ 为随机变量 x 的期望；σ^2 为 x 的方差；σ 为标准差。

$$\mu = E\{x\} = \int_{-\infty}^{\infty} xp(x)\mathrm{d}(x)$$

$$\sigma^2 = E\{(x-\mu)^2\} = \int_{-\infty}^{\infty}(x-\mu)^2 p(x)\mathrm{d}(x)$$

μ 一定时，曲线的形状由 σ 确定。σ 越大，曲线越“矮胖”，表明总体的分布越分散；反之曲线越“瘦高”，表明总体分布越集中。

4）3σ 规则

$$P\{\mu - k\sigma \leqslant x \leqslant \mu + k\sigma\} = \begin{cases} 0.683, & \text{当 } k=1 \text{ 时} \\ 0.954, & \text{当 } k=2 \text{ 时} \\ 0.997, & \text{当 } k=3 \text{ 时} \end{cases}$$

如图 4.1 所示，曲线下面阴影部分的面积为概率 P 的值。上式表明从正态分布总体中抽取的样本绝大部分都落在了均值 μ 附近 $\pm 3\sigma$ 的范围内，因此正态分布概率密度曲线完全可由均值和方差来确定，常简记为 $p(x) \sim N(\mu, \sigma^2)$。

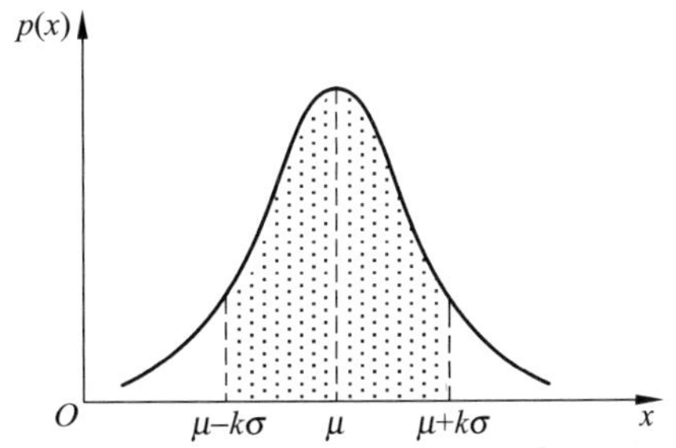

图 4.1　单变量正态分布概率密度曲线

5）多变量正态分布

多变量正态分布的概率密度函数与单变量类似，定义为

$$p(\boldsymbol{X}) = \frac{1}{(2\pi)^{n/2}|\boldsymbol{C}|^{1/2}}\exp\left\{-\frac{1}{2}(\boldsymbol{X}-\boldsymbol{M})^{\mathrm{T}}\boldsymbol{C}^{-1}(\boldsymbol{X}-\boldsymbol{M})\right\} \tag{4-23}$$

式中：$\boldsymbol{X}=(x_1,\cdots,x_n)^{\mathrm{T}}$；$\boldsymbol{M}=(m_1,\cdots,m_n)^{\mathrm{T}}$ 为均值向量；$\boldsymbol{C}=\begin{pmatrix}\sigma_{11}^2 & \cdots & \sigma_{1n}^2 \\ \vdots & \ddots & \vdots \\ \sigma_{n1}^2 & \cdots & \sigma_{nn}^2\end{pmatrix}$ 为协方差矩阵，是对称正定矩阵，独立元素有 $n(n+1)/2$ 个。$|\boldsymbol{C}|$ 为 $\boldsymbol{C}$ 的行列式，$\boldsymbol{C}^{-1}$ 为 $\boldsymbol{C}$ 的逆矩阵。

多维正态分布的概率密度函数完全由 n 个均值向量元素和 $n(n+1)/2$ 个协方差矩阵的独立元素所确定，简记为 $p(\boldsymbol{X}) \sim N(\boldsymbol{M}, \boldsymbol{C})$。当 $\boldsymbol{X}$ 的全部分量两两统计独立时，协方差矩阵 $\boldsymbol{C}$ 全部非对角线上的元素都为零，多变量正态分布概率密度函数可以简化成 n 个单变量正态分布概率密度函数的乘积。

以二维正态分布概率密度函数为例，如图 4.2 所示，它的等密度线（等高线）投影到 x_1ox_2 面上为椭圆，$\boldsymbol{M}$ 是均值向量，决定椭圆的位置。椭圆的形状由协方差矩阵 $\boldsymbol{C}$ 决定，椭圆在平行于 x_1 轴的方向上受 x_1 的方差 σ_{11}^2 的影响，在平行于 x_2 轴的方向上受 x_2 的方

差 σ_{22}^2 的影响，在其他方向上受 x_1 和 x_2 的协方差 σ_{ij}^2 的影响，这里 $i,j=1,2$ 且 $i\neq j$。椭圆的主轴方向由 $\boldsymbol{C}$ 的特征向量决定，主轴的长度与相应的特征值成正比。

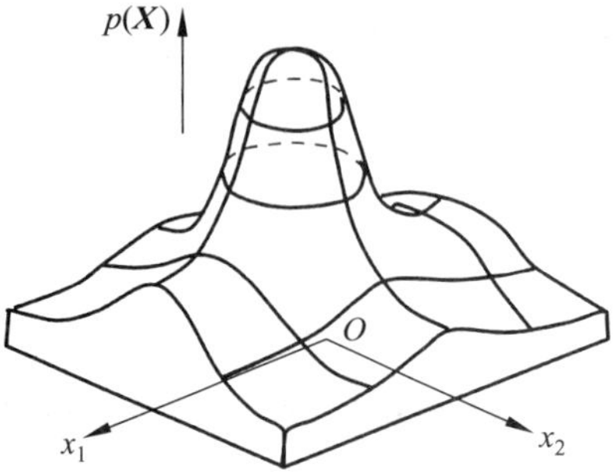

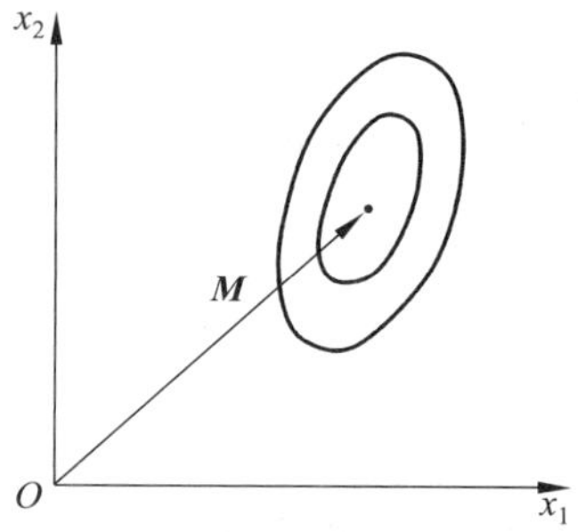

图 4.2　二维正态分布概率密度函数

2. 正态分布的最小错误率贝叶斯决策规则

1）多类情况

设模式类别数为 M，$\boldsymbol{X}=(x_1,\cdots,x_n)^{\mathrm{T}}$，则正态分布的类概率密度函数为

$$p(\boldsymbol{X}\mid\omega_i)=\frac{1}{(2\pi)^{n/2}\mid\boldsymbol{C}_i\mid^{1/2}}\exp\left\{-\frac{1}{2}(\boldsymbol{X}-\boldsymbol{M}_i)^{\mathrm{T}}\boldsymbol{C}_i^{-1}(\boldsymbol{X}-\boldsymbol{M}_i)\right\},\quad i=1,2,\cdots,M \tag{4-24}$$

每一类模式的概率密度函数都完全被其均值向量 $\boldsymbol{M}_i$ 和协方差矩阵 $\boldsymbol{C}_i$ 所规定，$\boldsymbol{M}_i$ 和 $\boldsymbol{C}_i$ 分别定义为

$$\boldsymbol{M}_i=E_i\{\boldsymbol{X}\}$$
$$\boldsymbol{C}_i=E_i\{(\boldsymbol{X}-\boldsymbol{M}_i)(\boldsymbol{X}-\boldsymbol{M}_i)^{\mathrm{T}}\}$$

式中，$E_i\{\boldsymbol{X}\}$表示对 ω_i 类样本做数学期望运算。协方差矩阵 $\boldsymbol{C}_i$ 反映了 ω_i 类样本分布区域的形状，均值向量 $\boldsymbol{M}_i$ 表明了区域中心的位置。

在最小错误率贝叶斯决策中，类别 ω_i 的判别函数为 $p(\boldsymbol{X}|\omega_i)P(\omega_i)$。对正态分布的概率密度函数，为了方便计算可以取对数形式，因为对数是单调递增函数，取对数后仍具有相对应的分类性能。对 $p(\boldsymbol{X}|\omega_i)P(\omega_i)$取自然对数，然后将式(4-24)代入，有

$$\begin{aligned}\ln[p(\boldsymbol{X}\mid\omega_i)P(\omega_i)]&=\ln[p(\boldsymbol{X}\mid\omega_i)]+\ln[P(\omega_i)]\\&=\ln P(\omega_i)-\frac{n}{2}\ln 2\pi-\frac{1}{2}\ln|\boldsymbol{C}_i|\\&\quad-\frac{1}{2}\{(\boldsymbol{X}-\boldsymbol{M}_i)^{\mathrm{T}}\boldsymbol{C}_i^{-1}(\boldsymbol{X}-\boldsymbol{M}_i)\}\end{aligned}$$

去掉与 i 无关的项不影响分类，简化后就得到了正态分布的最小错误率贝叶斯决策的判别函数 $d_i(\boldsymbol{X})$，即

$$d_i(\boldsymbol{X})=\ln P(\omega_i)-\frac{1}{2}\ln\mid\boldsymbol{C}_i\mid$$

$$-\frac{1}{2}\{(\boldsymbol{X}-\boldsymbol{M}_i)^{\mathrm{T}}\boldsymbol{C}_i^{-1}(\boldsymbol{X}-\boldsymbol{M}_i)\},\quad i=1,2,\cdots,M \tag{4-25}$$

$d_i(\boldsymbol{X})$表示的是超二次曲面。判决规则与以前相同，为

$$\text{若 } d_j(\boldsymbol{X})>d_i(\boldsymbol{X}),\quad i=1,2,\cdots,M;i\neq j,\quad \text{则 } \boldsymbol{X}\in\omega_j \tag{4-26}$$

所以对于正态分布的贝叶斯分类器，两类模式之间用一个二次判别界面分开就可以求得最优的分类效果。下面就两类问题做进一步讨论。

2）两类问题

（1）$\boldsymbol{C}_1\neq\boldsymbol{C}_2$ 时

$$p(\boldsymbol{X}\mid\omega_1)\sim N(\boldsymbol{M}_1,\boldsymbol{C}_1)$$
$$p(\boldsymbol{X}\mid\omega_2)\sim N(\boldsymbol{M}_2,\boldsymbol{C}_2)$$

对应的判别函数为

$$d_1(\boldsymbol{X})=\ln P(\omega_1)-\frac{1}{2}\ln|\boldsymbol{C}_1|-\frac{1}{2}\{(\boldsymbol{X}-\boldsymbol{M}_1)^{\mathrm{T}}\boldsymbol{C}_1^{-1}(\boldsymbol{X}-\boldsymbol{M}_1)\}$$

$$d_2(\boldsymbol{X})=\ln P(\omega_2)-\frac{1}{2}\ln|\boldsymbol{C}_2|-\frac{1}{2}\{(\boldsymbol{X}-\boldsymbol{M}_2)^{\mathrm{T}}\boldsymbol{C}_2^{-1}(\boldsymbol{X}-\boldsymbol{M}_2)\}$$

决策规则为

$$\text{若 } d_1(\boldsymbol{X})-d_2(\boldsymbol{X})\begin{cases}>0, & \text{则 } \boldsymbol{X}\in\omega_1\\ <0, & \text{则 } \boldsymbol{X}\in\omega_2\end{cases} \tag{4-27}$$

判别界面 $d_1(\boldsymbol{X})-d_2(\boldsymbol{X})=0$ 是 $\boldsymbol{X}$ 的二次型方程决定的超曲面，可以是超球面、超椭球面、超抛物面或超双曲面（超双曲面有时退化为一对超平面）等。二维时判别界面的示例如图 4.3 所示。

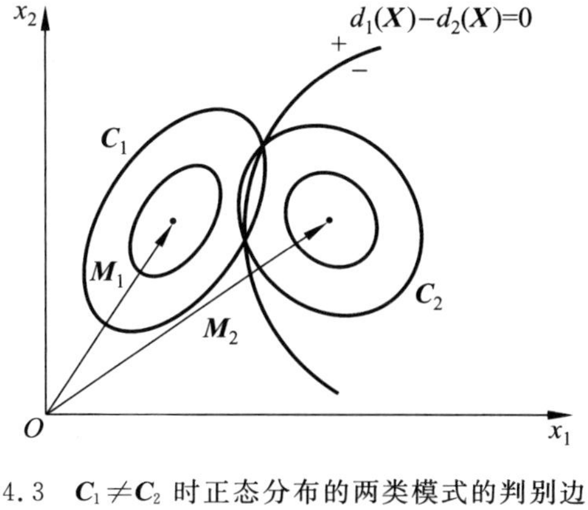

图 4.3　$\boldsymbol{C}_1\neq\boldsymbol{C}_2$ 时正态分布的两类模式的判别边界

（2）$\boldsymbol{C}_1=\boldsymbol{C}_2=\boldsymbol{C}$ 时，由式(4-25)有

$$d_i(\boldsymbol{X})=\ln P(\omega_i)-\frac{1}{2}\ln|\boldsymbol{C}|-\frac{1}{2}\{(\boldsymbol{X}^{\mathrm{T}}-\boldsymbol{M}_i^{\mathrm{T}})(\boldsymbol{C}^{-1}\boldsymbol{X}-\boldsymbol{C}^{-1}\boldsymbol{M}_i)\}$$

$$=\ln P(\omega_i)-\frac{1}{2}\ln|\boldsymbol{C}|-\frac{1}{2}\{\boldsymbol{X}^{\mathrm{T}}\boldsymbol{C}^{-1}\boldsymbol{X}-\boldsymbol{X}^{\mathrm{T}}\boldsymbol{C}^{-1}\boldsymbol{M}_i$$

$$-\boldsymbol{M}_i^{\mathrm{T}}\boldsymbol{C}^{-1}\boldsymbol{X}+\boldsymbol{M}_i^{\mathrm{T}}\boldsymbol{C}^{-1}\boldsymbol{M}_i\}$$

由于$\boldsymbol{C}$为对称矩阵，上式中$\boldsymbol{X}^{\mathrm{T}}\boldsymbol{C}^{-1}\boldsymbol{M}_i$和$\boldsymbol{M}_i^{\mathrm{T}}\boldsymbol{C}^{-1}\boldsymbol{X}$两项相等，化简为

$$d_i(\boldsymbol{X})=\ln P(\omega_i)-\frac{1}{2}\ln|\boldsymbol{C}|-\frac{1}{2}\boldsymbol{X}^{\mathrm{T}}\boldsymbol{C}^{-1}\boldsymbol{X}+\boldsymbol{M}_i^{\mathrm{T}}\boldsymbol{C}^{-1}\boldsymbol{X}$$

$$-\frac{1}{2}\boldsymbol{M}_i^{\mathrm{T}}\boldsymbol{C}^{-1}\boldsymbol{M}_i,\quad i=1,2$$

由此导出判别式为

$$d_1(\boldsymbol{X})-d_2(\boldsymbol{X})=\ln P(\omega_1)-\ln P(\omega_2)+(\boldsymbol{M}_1-\boldsymbol{M}_2)^{\mathrm{T}}\boldsymbol{C}^{-1}\boldsymbol{X}$$

$$-\frac{1}{2}\boldsymbol{M}_1^{\mathrm{T}}\boldsymbol{C}^{-1}\boldsymbol{M}_1+\frac{1}{2}\boldsymbol{M}_2^{\mathrm{T}}\boldsymbol{C}^{-1}\boldsymbol{M}_2 \tag{4-28}$$

判别界面$d_1(\boldsymbol{X})-d_2(\boldsymbol{X})=0$是$\boldsymbol{X}$的线性函数，为一超平面。以二维情况为例，这时判别界面为一直线，向先验概率较小的一侧偏移，当先验概率相等时，判别界面过均值连线的中点。图4.4所示为$P(\omega_1)>P(\omega_2)$时的情况。

(3) $\boldsymbol{C}_1=\boldsymbol{C}_2=\boldsymbol{I}$且$P(\omega_1)=P(\omega_2)=\frac{1}{2}$时

$$d_1(\boldsymbol{X})-d_2(\boldsymbol{X})=(\boldsymbol{M}_1-\boldsymbol{M}_2)^{\mathrm{T}}\boldsymbol{X}-\frac{1}{2}(\boldsymbol{M}_1^{\mathrm{T}}\boldsymbol{M}_1-\boldsymbol{M}_2^{\mathrm{T}}\boldsymbol{M}_2) \tag{4-29}$$

判别界面经过均值连线的交点并垂直于均值连线，如图4.5所示。

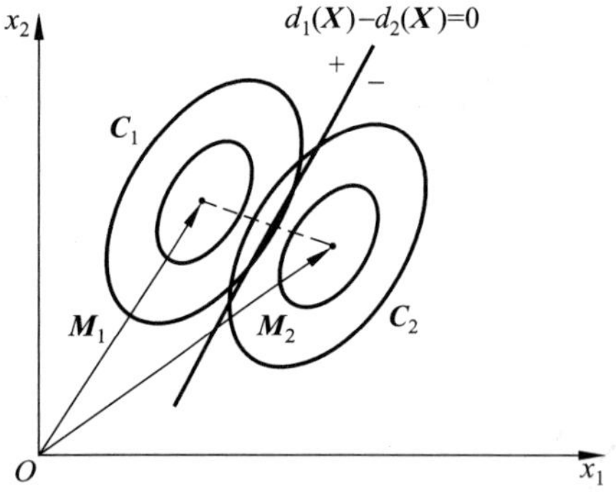

图4.4 $\boldsymbol{C}_1=\boldsymbol{C}_2=\boldsymbol{C}$时正态分布的两类模式的判别边界

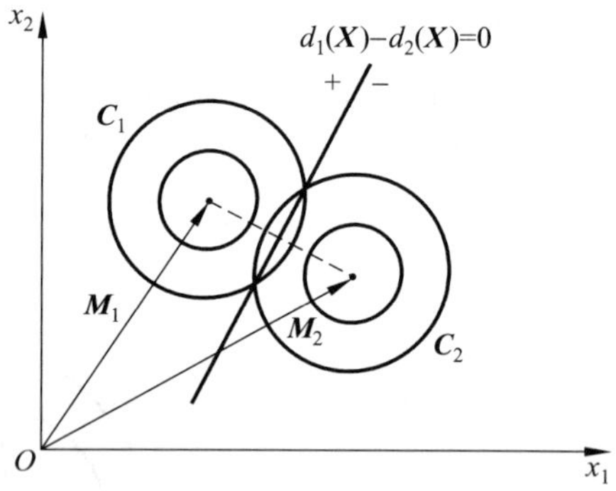

图4.5 $\boldsymbol{C}_1=\boldsymbol{C}_2=\boldsymbol{I}$且先验概率相等时两类模式的判别边界

例4.3 设在三维特征空间里，有两类正态分布模式，每类各有4个样本，分别为

ω_1：$(1,0,1)^{\mathrm{T}}$，$(1,0,0)^{\mathrm{T}}$，$(0,0,0)^{\mathrm{T}}$，$(1,1,0)^{\mathrm{T}}$

ω_2：$(0,0,1)^{\mathrm{T}}$，$(0,1,1)^{\mathrm{T}}$，$(1,1,1)^{\mathrm{T}}$，$(0,1,0)^{\mathrm{T}}$

其均值向量和协方差矩阵可用下式估计

$$\boldsymbol{M}_i=\frac{1}{N_i}\sum_{j=1}^{N_i}\boldsymbol{X}_{ij} \tag{4-30}$$

$$\boldsymbol{C}_i=\frac{1}{N_i}\sum_{j=1}^{N_i}\boldsymbol{X}_{ij}\boldsymbol{X}_{ij}^{\mathrm{T}}-\boldsymbol{M}_i\boldsymbol{M}_i^{\mathrm{T}} \tag{4-31}$$

式中，N_i 为类别 ω_i 中样本的数目；$\boldsymbol{X}_{ij}$ 代表在第 i 类中的第 j 个样本。两类的先验概率

$$P(\omega_1) = P(\omega_2) = \frac{1}{2}$$

试确定两类之间的判别界面。

解：

$$\boldsymbol{M}_1 = \frac{1}{4}\left\{\begin{pmatrix}1\\0\\1\end{pmatrix}+\begin{pmatrix}1\\0\\0\end{pmatrix}+\begin{pmatrix}0\\0\\0\end{pmatrix}+\begin{pmatrix}1\\1\\0\end{pmatrix}\right\}=\frac{1}{4}\begin{pmatrix}3\\1\\1\end{pmatrix}=\frac{1}{4}(3,1,1)^{\mathrm{T}}$$

$$\boldsymbol{M}_2 = \frac{1}{4}(1,3,3)^{\mathrm{T}}$$

$$\boldsymbol{C}_1 = \boldsymbol{C}_2 = \frac{1}{16}\begin{pmatrix}3 & 1 & 1\\1 & 3 & -1\\1 & -1 & 3\end{pmatrix} = \boldsymbol{C}$$

计算得

$$\boldsymbol{C}^{-1} = \begin{pmatrix}8 & -4 & -4\\-4 & 8 & 4\\-4 & 4 & 8\end{pmatrix}$$

因协方差矩阵相等，故判别式为式(4-28)。由于 $P(\omega_1)=P(\omega_2)=\frac{1}{2}$，有

$$d_1(\boldsymbol{X}) - d_2(\boldsymbol{X}) = (\boldsymbol{M}_1 - \boldsymbol{M}_2)^{\mathrm{T}}\boldsymbol{C}^{-1}\boldsymbol{X} - \frac{1}{2}\boldsymbol{M}_1^{\mathrm{T}}\boldsymbol{C}^{-1}\boldsymbol{M}_1 + \frac{1}{2}\boldsymbol{M}_2^{\mathrm{T}}\boldsymbol{C}^{-1}\boldsymbol{M}_2$$

将 $\boldsymbol{X}=(x_1,x_2,x_3)^{\mathrm{T}}$ 以及上面的计算结果代入上式，得

$$d_1(\boldsymbol{X}) - d_2(\boldsymbol{X}) = 8x_1 - 8x_2 - 8x_3 + 4$$

由 $d_1(\boldsymbol{X})-d_2(\boldsymbol{X})=0$ 得判别界面为

$$2x_1 - 2x_2 - 2x_3 + 1 = 0$$

图 4.6 中画出了判别界面的一部分。

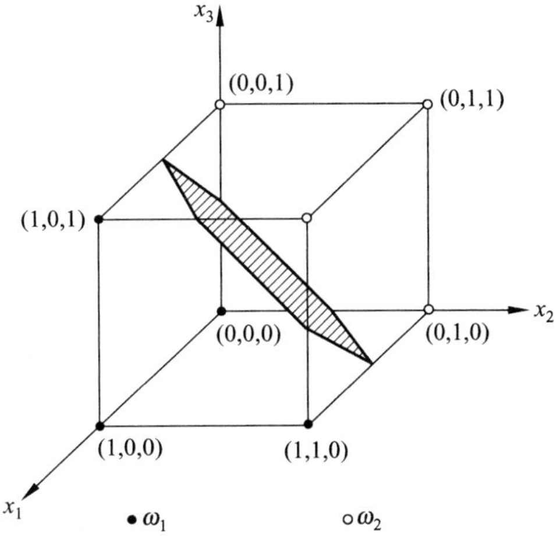

图 4.6　两类模式及贝叶斯判别界面

4.3 贝叶斯分类器的错误率

4.3.1 错误率的概念

错误率是指将应属于某一类的模式错分到其他类中的概率。在分类过程中，任何一种决策规则都有相应的错误率，都不能得到完全正确的分类。在分类器设计出来以后，通常总是以错误率的大小来衡量其性能的优劣，特别是对同一问题设计出不同的分类方案时，错误率更是比较方案好坏的重要标准。因此，在模式识别的理论和实践中，错误率是非常重要的参数。所谓错误率指的是平均错误率，定义为

$$P(e)=\int_{-\infty}^{\infty} P(e \mid \boldsymbol{X}) p(\boldsymbol{X}) \mathrm{d}\boldsymbol{X} \tag{4-32}$$

式中，$\boldsymbol{X}=(x_1,\cdots,x_n)^{\mathrm{T}}$；$P(e|\boldsymbol{X})$是 $\boldsymbol{X}$ 的条件错误概率；$\int_{-\infty}^{\infty}(\ )\mathrm{d}\boldsymbol{X}$ 表示 n 重积分，即整个 n 维特征空间上的积分。

错误率的计算一般比较复杂，特别是在多维模式情况下计算相当困难。正是由于错误率在模式识别中的重要性以及计算上的复杂性，促使人们在处理实际问题时研究了一些错误率的计算或估计方法，这些方法可以概括为三个方面：按理论公式计算；计算错误率上界；实验估计。

下面，首先分析两类和多类问题的错误率，探讨最小错误率贝叶斯决策为何错误率最小的问题。然后计算用最小错误率贝叶斯决策划分正态分布模式类时的错误率，最后介绍错误率的实验估计方法。

4.3.2 错误率分析

1. 两类问题的错误率

设 R_1 和 R_2 分别为 ω_1 类和 ω_2 类样本的判决区域。在两类问题中，属于 ω_1 类和 ω_2 类的样本应该对应地划分到 R_1、R_2 区域中，但是可能会发生两种错误：

(1) 将来自 ω_1 类的样本错分到 R_2 中去。

(2) 将来自 ω_2 类的样本错分到 R_1 中去。

错误率表示为两种错误之和，由式(4-32)有

$$\begin{aligned} P(e) &= P(\boldsymbol{X}\in R_2,\omega_1)+P(\boldsymbol{X}\in R_1,\omega_2) \\ &= \int_{R_2} P_1(e \mid \boldsymbol{X}) p(\boldsymbol{X}) \mathrm{d}\boldsymbol{X}+\int_{R_1} P_2(e \mid \boldsymbol{X}) p(\boldsymbol{X}) \mathrm{d}\boldsymbol{X} \end{aligned} \tag{4-33}$$

式中，第一项表示 ω_1 类样本被错分的错误率；第二项表示 ω_2 类样本被错分的错误率。一维情况如图 4.7 所示，两个阴影区域的面积之和为错误率。

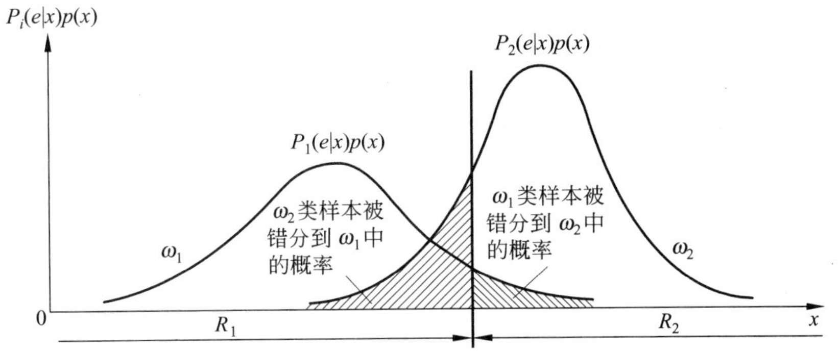

图 4.7　两类问题错误率

在两类问题的最小错误率贝叶斯决策中，决策规则用后验概率表示为

$$\text{若 } P(\omega_1 \mid \boldsymbol{X}) > P(\omega_2 \mid \boldsymbol{X}),\quad \text{则 } \boldsymbol{X} \in \omega_1$$
$$\text{若 } P(\omega_1 \mid \boldsymbol{X}) < P(\omega_2 \mid \boldsymbol{X}),\quad \text{则 } \boldsymbol{X} \in \omega_2$$

用先验概率和类概率密度函数表示为

$$\text{若 } p(\boldsymbol{X} \mid \omega_1)P(\omega_1) > p(\boldsymbol{X} \mid \omega_2)P(\omega_2),\quad \text{则 } \boldsymbol{X} \in \omega_1$$
$$\text{若 } p(\boldsymbol{X} \mid \omega_1)P(\omega_1) < p(\boldsymbol{X} \mid \omega_2)P(\omega_2),\quad \text{则 } \boldsymbol{X} \in \omega_2$$

判别界面为

$$P(\omega_1 \mid \boldsymbol{X}) = P(\omega_2 \mid \boldsymbol{X})$$

或

$$p(\boldsymbol{X} \mid \omega_1)P(\omega_1) = p(\boldsymbol{X} \mid \omega_2)P(\omega_2)$$

此时式(4-33)中，$\boldsymbol{X}$ 的条件错误概率为

$$P(e \mid \boldsymbol{X}) = \begin{cases} P_1(e \mid \boldsymbol{X}) = P(\omega_1 \mid \boldsymbol{X}), & \text{若 } P(\omega_2 \mid \boldsymbol{X}) > P(\omega_1 \mid \boldsymbol{X}) \\ P_2(e \mid \boldsymbol{X}) = P(\omega_2 \mid \boldsymbol{X}), & \text{若 } P(\omega_1 \mid \boldsymbol{X}) > P(\omega_2 \mid \boldsymbol{X}) \end{cases} \tag{4-34}$$

以上式第一行为例，其含义是：当 $P(\omega_2|\boldsymbol{X})>P(\omega_1|\boldsymbol{X})$时，分类器会将 $\boldsymbol{X}$ 判为属于 ω_2 类的样本，但此时 $\boldsymbol{X}$ 属于 ω_1 类的可能性 $P(\omega_1|\boldsymbol{X})$仍然存在，那么从另一个角度考虑，发生错分的概率也是这么大，这也就是 ω_1 类样本被错分的概率。将式(4-34)代入式(4-33)，得出错误率为

$$P(e) = \int_{R_2} P(\omega_1 \mid \boldsymbol{X})p(\boldsymbol{X})\mathrm{d}\boldsymbol{X} + \int_{R_1} P(\omega_2 \mid \boldsymbol{X})p(\boldsymbol{X})\mathrm{d}\boldsymbol{X} \tag{4-35}$$

根据式(4-5)所给的后验概率与先验概率和类概率密度函数之间的关系可知，式(4-35)可写为

$$\begin{aligned} P(e) &= \int_{R_2} p(\boldsymbol{X} \mid \omega_1)P(\omega_1)\mathrm{d}\boldsymbol{X} + \int_{R_1} p(\boldsymbol{X} \mid \omega_2)P(\omega_2)\mathrm{d}\boldsymbol{X} \\ &= P(\omega_1)\int_{R_2} p(\boldsymbol{X} \mid \omega_1)\mathrm{d}\boldsymbol{X} + P(\omega_2)\int_{R_1} p(\boldsymbol{X} \mid \omega_2)\mathrm{d}\boldsymbol{X} \end{aligned} \tag{4-36}$$

令 $P_1(e) = \int_{R_2} p(\boldsymbol{X} \mid \omega_1)\mathrm{d}\boldsymbol{X}, P_2(e) = \int_{R_1} p(\boldsymbol{X} \mid \omega_2)\mathrm{d}\boldsymbol{X}$，则

$$P(e) = P(\omega_1)P_1(e) + P(\omega_2)P_2(e) \tag{4-37}$$

一维模式情况如图 4.8 所示。从图 4.8 中可以看到，最小错误率贝叶斯决策的判别

界面

$$p(\boldsymbol{X} \mid \omega_1)P(\omega_1) = p(\boldsymbol{X} \mid \omega_2)P(\omega_2)$$

位于两条曲线的交点处，与图 4.7 相比，网格填充的三角区面积这时已减小为 0，错误率达到了最小。这也就是这一决策规则为何称为“最小错误率”的原因。实际上式(4-34)是对每个 $\boldsymbol{X}$ 都使 $P(e|\boldsymbol{X})$ 取最小，这也就使式(4-35)的积分必然为最小，即错误率达到最小，但错误率不可能为零，即两个斜线阴影部分的面积之和不可能为零。

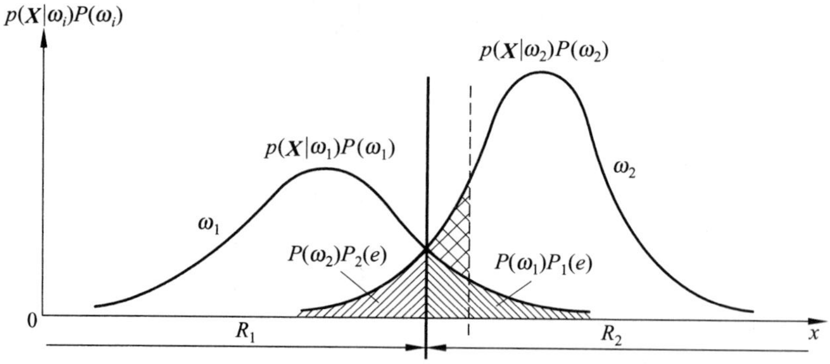

图 4.8　两类问题最小错误率贝叶斯决策的错误率

考虑两类总的错误率是有必要的，因为对分类问题来说，待识别样本可能属于 ω_1 类，也可能属于 ω_2 类，仅使一类样本的错误率最小是没有意义的，因为这时另一类的错误率可能很大。

2. 多类情况错误率

设共有 M 类模式，当决策 $\boldsymbol{X}\in\omega_i$ 时错误率为

$$\sum_{\substack{j=1\\ j\neq i}}^{M}\int_{R_i} P(\omega_j \mid \boldsymbol{X})p(\boldsymbol{X})\mathrm{d}\boldsymbol{X} = \sum_{\substack{j=1\\ j\neq i}}^{M}\int_{R_i} p(\boldsymbol{X} \mid \omega_j)P(\omega_j)\mathrm{d}\boldsymbol{X}$$

类似地，$\boldsymbol{X}$ 被判决为任何一类时，都存在这样一个可能的错误，故错误率为

$$P(e) = \sum_{i=1}^{M}\sum_{\substack{j=1\\ j\neq i}}^{M}\int_{R_i} p(\boldsymbol{X} \mid \omega_j)P(\omega_j)\mathrm{d}\boldsymbol{X} \tag{4-38}$$

共有 $M(M-1)$项。可见直接求 $P(e)$的计算量很大，可以通过计算平均正确分类概率来间接求取。平均正确分类概率为

$$P(c) = \sum_{i=1}^{M}\int_{R_i} p(\boldsymbol{X} \mid \omega_i)P(\omega_i)\mathrm{d}\boldsymbol{X}$$

则错误率为

$$P(e) = 1 - P(c)$$

4.3.3　正态分布贝叶斯决策的错误率计算

一般情况下，当 $\boldsymbol{X}$ 是多维向量时计算错误率需要进行多重积分，困难较大，我们只能

在某些特殊情况下才能实现错误率的理论计算。下面讨论利用对数似然比的概率密度函数计算正态分布情况下两类问题最小错误率贝叶斯决策的错误率。

1. 正态分布的对数似然比

设样本正态分布时 ω_1 类和 ω_2 类的概率密度函数分别为

$$p(\boldsymbol{X}\mid\omega_1)\sim N(\boldsymbol{M}_1,\boldsymbol{C}_1)$$
$$p(\boldsymbol{X}\mid\omega_2)\sim N(\boldsymbol{M}_2,\boldsymbol{C}_2)$$

为了计算简单，假定 $\boldsymbol{C}_1=\boldsymbol{C}_2=\boldsymbol{C}$。在讨论最小错误率贝叶斯决策规则时，曾给出了几种等价形式，其中式(4-9)的对数似然比决策规则为

$$\text{若 } h(\boldsymbol{X})=\ln l_{12}(\boldsymbol{X})=\ln p(\boldsymbol{X}\mid\omega_1)-\ln p(\boldsymbol{X}\mid\omega_2)\gtrless\ln\frac{P(\omega_2)}{P(\omega_1)},\text{则 } \boldsymbol{X}\in\begin{cases}\omega_1\\ \omega_2\end{cases}$$

令 $t=\ln\dfrac{P(\omega_2)}{P(\omega_1)}$，决策规则可简单地写为

$$\text{若 } h(\boldsymbol{X})\gtrless t,\quad \text{则 } \boldsymbol{X}\in\begin{cases}\omega_1\\ \omega_2\end{cases}$$

将多变量正态分布的概率密度函数式(4-24)代入对数似然比，进一步写为

$$\begin{aligned}h(\boldsymbol{X})&=\ln p(\boldsymbol{X}\mid\omega_1)-\ln p(\boldsymbol{X}\mid\omega_2)\\&=-\frac{1}{2}(\boldsymbol{X}-\boldsymbol{M}_1)^{\mathrm{T}}\boldsymbol{C}^{-1}(\boldsymbol{X}-\boldsymbol{M}_1)+\frac{1}{2}(\boldsymbol{X}-\boldsymbol{M}_2)^{\mathrm{T}}\boldsymbol{C}^{-1}(\boldsymbol{X}-\boldsymbol{M}_2)\\&=\boldsymbol{X}^{\mathrm{T}}\boldsymbol{C}^{-1}(\boldsymbol{M}_1-\boldsymbol{M}_2)-\frac{1}{2}(\boldsymbol{M}_1+\boldsymbol{M}_2)^{\mathrm{T}}\boldsymbol{C}^{-1}(\boldsymbol{M}_1-\boldsymbol{M}_2)\end{aligned}$$

该式表明 $h(\boldsymbol{X})$是 $\boldsymbol{X}$ 的线性函数，$\boldsymbol{X}$ 是正态分布的随机向量，因此 $h(\boldsymbol{X})$是正态分布的一维随机变量。由于其分布的密度函数是一维的，便于进行积分运算，所以用它计算错误率较为方便。

2. 对数似然比的概率分布

对于 $\boldsymbol{X}\in\omega_1$，设 $h(\boldsymbol{X})$的概率密度函数为 $p(h\mid\omega_1)$，其均值和方差分别为 μ_1 和 σ_1^2，分别由下式计算

$$\begin{aligned}\mu_1&=E\{h(\boldsymbol{X})\}\\&=\boldsymbol{M}_1^{\mathrm{T}}\boldsymbol{C}^{-1}(\boldsymbol{M}_1-\boldsymbol{M}_2)-\frac{1}{2}(\boldsymbol{M}_1+\boldsymbol{M}_2)^{\mathrm{T}}\boldsymbol{C}^{-1}(\boldsymbol{M}_1-\boldsymbol{M}_2)\\&=\frac{1}{2}(\boldsymbol{M}_1-\boldsymbol{M}_2)^{\mathrm{T}}\boldsymbol{C}^{-1}(\boldsymbol{M}_1-\boldsymbol{M}_2)\end{aligned}$$

令

$$r_{12}^2=(\boldsymbol{M}_1-\boldsymbol{M}_2)^{\mathrm{T}}\boldsymbol{C}^{-1}(\boldsymbol{M}_1-\boldsymbol{M}_2)\tag{4-39}$$

则

$$\mu_1=\frac{1}{2}r_{12}^2\tag{4-40}$$

r_{12}是 ω_1 类和 ω_2 类间的马氏距离。

$$\sigma_1^2 = E\{[h(\boldsymbol{X}) - \mu_1]^2\} = (\boldsymbol{M}_1 - \boldsymbol{M}_2)^{\mathrm{T}}\boldsymbol{C}^{-1}(\boldsymbol{M}_1 - \boldsymbol{M}_2) = r_{12}^2 \tag{4-41}$$

故 $p(h|\omega_1)$为

$$p(h \mid \omega_1) \sim N\left(\frac{1}{2}r_{12}^2, r_{12}^2\right) \tag{4-42}$$

对于 $\boldsymbol{X}\in\omega_2$，设 $h(\boldsymbol{X})$的概率密度函数为 $p(h|\omega_2)$，其均值和方差分别为 μ_2 和 σ_2^2。用同样的方法计算得

$$\mu_2 = E\{h(\boldsymbol{X})\} = -\frac{1}{2}r_{12}^2 \tag{4-43}$$

$$\sigma_2^2 = E\{[h(\boldsymbol{X}) - \mu_2]^2\} = r_{12}^2 \tag{4-44}$$

$$p(h \mid \omega_2) \sim N\left(-\frac{1}{2}r_{12}^2, r_{12}^2\right) \tag{4-45}$$

对数似然比 $h(\boldsymbol{X})$的概率分布如图 4.9 所示。

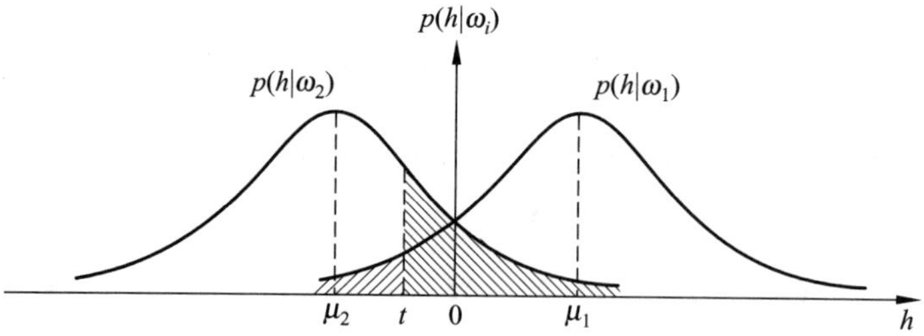

图 4.9　对数似然比 $h(\boldsymbol{X})$的概率分布

3. 正态分布最小错误率贝叶斯决策的错误率

回顾式(4-37)两类问题最小错误率贝叶斯决策的错误率

$$P(e) = P(\omega_1)P_1(e) + P(\omega_2)P_2(e)$$

由于对数似然比决策规则为

$$\text{若 } h(\boldsymbol{X}) > t, \quad \text{则 } \boldsymbol{X} \in \omega_1$$
$$\text{若 } h(\boldsymbol{X}) < t, \quad \text{则 } \boldsymbol{X} \in \omega_2$$

故由图 4.9 可知，$P_1(e)$和 $P_2(e)$可以用 $p(h|\omega_1)$和 $p(h|\omega_2)$来计算，分别为

$$P_1(e) = \int_{-\infty}^{t} p(h \mid \omega_1)\mathrm{d}h$$

$$P_2(e) = \int_{t}^{\infty} p(h \mid \omega_2)\mathrm{d}h$$

错误率 $P(e)$为

$$P(e) = P(\omega_1)\int_{-\infty}^{t} p(h \mid \omega_1)\mathrm{d}h + P(\omega_2)\int_{t}^{\infty} p(h \mid \omega_2)\mathrm{d}h \tag{4-46}$$

将式(4-42)和式(4-45)代入式(4-46)得

$$P(e) = P(\omega_1)\int_{-\infty}^{t} \frac{1}{\sqrt{2\pi}r_{12}}\exp\left[-\frac{\left(h - \frac{1}{2}r_{12}^2\right)^2}{2r_{12}^2}\right]\mathrm{d}h$$

$$+P(\omega_2)\int_t^{\infty}\frac{1}{\sqrt{2\pi}r_{12}}\exp\left[-\frac{\left(h+\frac{1}{2}r_{12}^2\right)^2}{2r_{12}^2}\right]\mathrm{d}h$$

$$=P(\omega_1)\Phi\left(\frac{t-\frac{1}{2}r_{12}^2}{r_{12}}\right)+P(\omega_2)\left[1-\Phi\left(\frac{t+\frac{1}{2}r_{12}^2}{r_{12}}\right)\right]$$

式中，$\Phi(\zeta)=\int_{-\infty}^{\zeta}\frac{1}{\sqrt{2\pi}}\exp\left(-\frac{y^2}{2}\right)\mathrm{d}y$

若 $P(\omega_1)=P(\omega_2)=\frac{1}{2}$，则 $t=0$，$P(e)$为

$$P(e)=\frac{1}{2}\Phi\left(-\frac{1}{2}r_{12}\right)+\frac{1}{2}\left[1-\Phi\left(\frac{1}{2}r_{12}\right)\right]$$

$$=\int_{\frac{r_{12}}{2}}^{\infty}\frac{1}{\sqrt{2\pi}}\exp\left(-\frac{y^2}{2}\right)\mathrm{d}y \tag{4-47}$$

计算结果可以通过查标准正态分布表求得。这个关系式表明了最小错误率贝叶斯决策的错误率 $P(e)$与马氏距离平方 r_{12}^2的关系，如图 4.10 所示。图 4.10 中的曲线表明，$P(e)$随着 r_{12}^2的增大而单调递减，只要两类模式的马氏距离足够大，错误率就可以减到足够小。例如，当 $r_{12}^2=11$ 时，$P(e)$约为 5%。

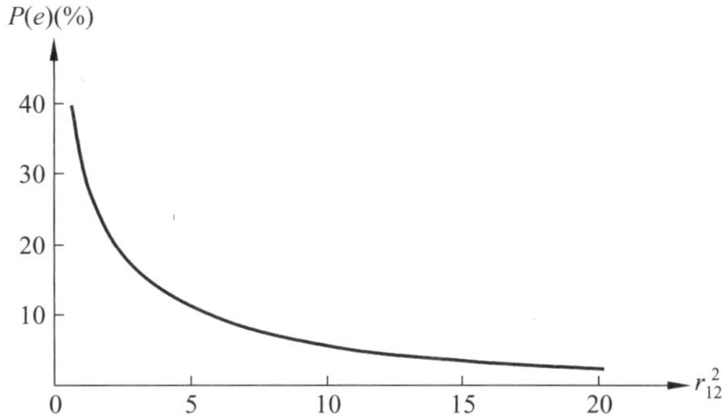

图 4.10 错误率与马氏距离的关系

马氏距离反映了两类模式之间的可分性，从式(4-39)可以看出，它是排除了模式样本之间的相关性影响而定义的两类间的平均距离。如果 $\boldsymbol{C}$ 是单位矩阵，r_{12}就是两类均值向量之间的欧氏距离。

4.3.4 错误率的估计

错误率是模式识别中的关键指标，但它的理论计算相当困难，必须对复杂的密度函数做高维积分，这样便难以从理论推导获得结果。一种方法是代之以计算错误率的上界，但是这同样存在许多困难。在处理实际问题时，我们更多的是依赖于实验，即通过实验的方法利用样本求错误率的估计值，分两种情况：

(1) 对于已设计好的分类器,利用样本来估计错误率。

(2) 对于未设计好的分类器,将样本分成两部分,分别用于分类器设计和错误率的估计。

1. 已设计好分类器时错误率的估计

1) 先验概率未知——随机抽样

如果不知道先验概率 $P(\omega_i)$,我们可以简单地随机抽取 N 个样本,用它们检验分类器的分类效果。设 ε 是真实的错误率,假定得到的错分样本数目为 k,可以认为错误率的估计值 $\hat{\varepsilon}$ 为被错分的样本数目与样本总数之比,即

$$\hat{\varepsilon}=\frac{k}{N} \tag{4-48}$$

但是考虑到我们是任意抽取出 N 个样本的,每次抽取的并不一定是相同的 N 个样本,所以每次实验的错分样本数就可能不同,因此 k 是一个离散随机变量。这样,式(4-48)的估计值 $\hat{\varepsilon}$ 是否可信呢?回答是肯定的。下面做一个简单说明。

假定,在给定 ε 的条件下对 N 个样本做分类实验,错分样本数为 k,则 k 满足二项式分布

$$P(k\mid\varepsilon)=C_N^k\varepsilon^k(1-\varepsilon)^{N-k} \tag{4-49}$$

式中,$C_N^k=\dfrac{N!}{k!(N-k)!}$。$\varepsilon$ 的最大似然估计应满足

$$\left.\frac{\partial P(k\mid\varepsilon)}{\partial\varepsilon}\right|_{\varepsilon=\hat{\varepsilon}}=0$$

写成对数形式不会改变其最大值,即

$$\left.\frac{\partial\ln P(k\mid\varepsilon)}{\partial\varepsilon}\right|_{\varepsilon=\hat{\varepsilon}}=0$$

上式左边为

$$\frac{\partial}{\partial\varepsilon}\{\ln C_N^k+k\ln\varepsilon+(N-k)\ln(1-\varepsilon)\}=\frac{k}{\varepsilon}+(N-k)\frac{-1}{1-\varepsilon}$$

亦即

$$k(1-\hat{\varepsilon})=(N-k)\hat{\varepsilon}$$

所以

$$\hat{\varepsilon}=\frac{k}{N}$$

2) 先验概率已知——选择性抽样

如果先验概率 $P(\omega_i)$ 已知,对于两类情况,我们可分别从 ω_1 类和 ω_2 类中抽取出 N_1 和 N_2 个样本,使

$$N_1=P(\omega_1)N,\quad N_2=P(\omega_2)N$$

并用 $N_1+N_2=N$ 个样本对设计好的分类器作分类检验。设来自 ω_1 类的样本被错分的个数为 k_1,来自 ω_2 类的样本被错分的个数为 k_2,因 k_1 和 k_2 是统计独立的,所以 k_1 和 k_2 的联合概率为

$$P(k_1,k_2)=P(k_1)P(k_2)=\prod_{i=1}^{2}C_{N_i}^{k_i}\varepsilon_i^{k_i}(1-\varepsilon_i)^{N_i-k_i} \tag{4-50}$$

式中，ε_i 是 ω_i 类的真实错误率。用同样的方法可求得总的错误率 ε 的最大似然估计为

$$\hat{\varepsilon}'=\sum_{i=1}^{2}P(\omega_i)\,k_i/N_i \tag{4-51}$$

2. 未设计好分类器时错误率的估计

在实际工作中往往遇到这样的情况，能收集到的样本只有有限的个数，要求我们设计出分类器并估计其性能。这时，这些样本就不得不既用来作为设计分类器的训练样本，又用来检验分类器的错误率。

显然，待估计的错误率与采用哪一种分类器有关，为了使问题简化，假定采用贝叶斯分类器，这样待估计的贝叶斯最小错误率在给定的样本分布条件下就成为一个确定的参数，同时这个错误率也是对于给定分布条件下所能达到的最小错误率。一般来说，错误率既与用于设计分类器的那些样本的分布参数 θ_1 有关，也与用于检验分类器性能的那些样本的分布参数 θ_2 有关，即错误率的函数形式应该是 $\varepsilon(\theta_1,\theta_2)$。

设 θ 是全部训练样本分布的真实参数集，如果既用这些样本设计贝叶斯分类器，又用它们来检验分类器，这时的错误率为 $\varepsilon(\theta,\theta)$，但在设计分类器时如果只采用全部样本中的 N 个，其分布的参数估计量为 $\hat{\theta}_N$，这时如果用同样的 N 个样本来检验所设计的分类器，则对 N 个样本的一种选择而言，其分类错误率是 $\varepsilon(\hat{\theta}_N,\hat{\theta}_N)$。凭直观想象，这时的错误率应当比 $\varepsilon(\theta_1,\theta_2)$ 小，即为错误率估计值的下限。考虑到选择 N 个样本的随机组合，$\hat{\theta}_N$ 是随机变量，应取它的平均错误率，于是可得

$$E\{\varepsilon(\hat{\theta}_N,\hat{\theta}_N)\}\leqslant\varepsilon(\theta,\theta) \tag{4-52}$$

再考虑另一种情况，如果我们仍是选取 N 个样本来设计贝叶斯分类器，但用全部样本对分类器进行检验，假如这里不考虑这些样本与设计分类器样本的相关性，可以想象，这时的错误率会大一些，即

$$E\{\varepsilon(\hat{\theta}_N,\theta)\}\geqslant\varepsilon(\theta,\theta) \tag{4-53}$$

以此作为错误率估计值的上限。

现在讨论将有限的样本划分为设计样本集和检验样本集的两种基本方法。

1）样本划分法

设样本总数为 N，将样本分成两组，其中一组用来设计分类器，另一组用来检验分类器，求其错误率。采用不同的样本划分方法，可以得到不同的错误率，取它们的平均值作为错误率的估计。采用这种方法时，为了得到较好的分类器设计和较好的错误率估计，需要的样本数 N 很大。当 N 较小时，可采用下面的留一法来估计错误率。

2）留一法

为了能充分利用样本集，将 N 个样本每次留下其中的一个，用其余的$(N-1)$个样本设计分类器，然后用留下的那个样本进行检验，检验完后将样本重新放回样本集。下一次，仍是从 N 个样本中取一个用做检验，用剩余的$(N-1)$个设计分类器，这样重复进行

N 次。需要注意的是,每次留下的一个样本应当是不同的样本。在 N 次检验中根据判别错误的样本数目就能算出错误率的估计值。留一法的优点是有效地利用了 N 个样本,比较适用于样本数较小的情况,缺点是需要计算 N 次分类器,计算量大。

4.4 聂曼-皮尔逊决策

1. 基本思想

设计贝叶斯分类器时需要知道先验概率 $P(\omega_i)$ 或 $P(\omega_i)$ 和损失函数 $L_{ij}(\boldsymbol{X})$,当 $P(\omega_i)$ 和 $L_{ij}(\boldsymbol{X})$ 难以确定时,可以采用聂曼-皮尔逊(Neyman-Person)决策规则。其基本思想是设法限制或约束某一错误率,与此同时追求另一错误率最小。

回顾式(4-37)两类问题贝叶斯决策的错误率

$$P(e) = P(\omega_1)P_1(e) + P(\omega_2)P_2(e)$$

式中,

$$P_1(e) = \int_{R_2} p(\boldsymbol{X} \mid \omega_1)\mathrm{d}\boldsymbol{X} \tag{4-54}$$

$$P_2(e) = \int_{R_1} p(\boldsymbol{X} \mid \omega_2)\mathrm{d}\boldsymbol{X} \tag{4-55}$$

由于很多情况下先验概率对具体问题来说是常数,所以一般亦称 $P_1(e)$ 和 $P_2(e)$ 为两类错误率,即 $P_1(e)$ 为 ω_1 类模式被误判为 ω_2 类的错误率,$P_2(e)$ 为 ω_2 类模式被误判为 ω_1 类的错误率。聂曼-皮尔逊决策的出发点就是在取 $P_2(e)$ 等于常数的条件下,使 $P_1(e)$ 为最小,以此来确定阈值 t。$\boldsymbol{X}$ 为一维时的情况如图 4.11 所示。

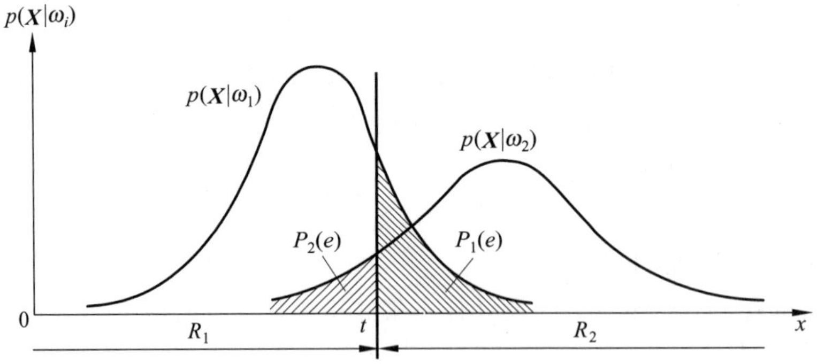

图 4.11 聂曼-皮尔逊决策示意

例如在信号检测中,如果用 $P_2(e)$ 代表虚警概率(无敌机时,雷达误测出有敌机),用 $P_1(e)$ 代表漏报概率(有敌机出现,雷达却没有探测到),那么此时聂曼-皮尔逊决策在这个具体应用中的含义就是:在虚警概率 $P_2(e)$ 是一个可以承受的常数值的条件下,使漏报概率为最小。

2. 判别式推导

聂曼-皮尔逊决策可以看成是在 $P_2(e)$ 等于常数的条件下，求 $P_1(e)$ 极小值的条件极值问题，$P_2(e)$ 的值一般很小。设计一个辅助函数

$$Q = P_1(e) + \mu P_2(e) \tag{4-56}$$

式中，μ 为待定常数。由于 $P_2(e)$ 也是常数，在 $P_1(e)$ 上加常数 $\mu P_2(e)$ 并不改变极小的条件，求 $P_1(e)$ 的极小值就是求 Q 的极小值。将式(4-54)和式(4-55)代入式(4-56)，有

$$\begin{aligned} Q &= \int_{R_2} p(\boldsymbol{X} \mid \omega_1)\mathrm{d}\boldsymbol{X} + \mu\int_{R_1} p(\boldsymbol{X} \mid \omega_2)\mathrm{d}\boldsymbol{X} \\ &= \left(1 - \int_{R_1} p(\boldsymbol{X} \mid \omega_1)\mathrm{d}\boldsymbol{X}\right) + \mu\int_{R_1} p(\boldsymbol{X} \mid \omega_2)\mathrm{d}\boldsymbol{X} \\ &= 1 + \int_{R_1} [\mu p(\boldsymbol{X} \mid \omega_2) - p(\boldsymbol{X} \mid \omega_1)]\mathrm{d}\boldsymbol{X} \end{aligned} \tag{4-57}$$

要使 Q 极小，积分项至少应为负值，即在 R_1 区域内至少应保证

$$\mu p(\boldsymbol{X} \mid \omega_2) < p(\boldsymbol{X} \mid \omega_1)$$

即

$$\frac{p(\boldsymbol{X} \mid \omega_1)}{p(\boldsymbol{X} \mid \omega_2)} > \mu \Rightarrow \boldsymbol{X} \in \omega_1 \tag{4-58}$$

同理，由式(4-57)有

$$\begin{aligned} Q &= \int_{R_2} p(\boldsymbol{X} \mid \omega_1)\mathrm{d}\boldsymbol{X} + \mu\left(1 - \int_{R_2} p(\boldsymbol{X} \mid \omega_2)\mathrm{d}\boldsymbol{X}\right) \\ &= \mu + \int_{R_2} [p(\boldsymbol{X} \mid \omega_1) - \mu p(\boldsymbol{X} \mid \omega_2)]\mathrm{d}\boldsymbol{X} \end{aligned}$$

在 R_2 区域内至少应保证

$$p(\boldsymbol{X} \mid \omega_1) < \mu p(\boldsymbol{X} \mid \omega_2)$$

即

$$\frac{p(\boldsymbol{X} \mid \omega_1)}{p(\boldsymbol{X} \mid \omega_2)} < \mu \Rightarrow \boldsymbol{X} \in \omega_2 \tag{4-59}$$

从式(4-58)和式(4-59)可得聂曼-皮尔逊决策规则为

$$\text{若}\frac{p(\boldsymbol{X} \mid \omega_1)}{p(\boldsymbol{X} \mid \omega_2)} \gtrless \mu, \quad \text{则 } \boldsymbol{X} \in \begin{cases} \omega_1 \\ \omega_2 \end{cases} \tag{4-60}$$

当

$$\frac{p(\boldsymbol{X} \mid \omega_1)}{p(\boldsymbol{X} \mid \omega_2)} = \mu \tag{4-61}$$

时，$\boldsymbol{X}$ 为 μ 的函数，可以求出 $\boldsymbol{X}=t(\mu)$，参考图 4.11，可知 $t(\mu)$ 是子空间 R_1 和 R_2 的边界，即两类模式的判别界面。

由式(4-60)可以看出，由于 $p(\boldsymbol{X}|\omega_1)$ 和 $p(\boldsymbol{X}|\omega_2)$ 是已知的，所以聂曼-皮尔逊决策规则实际上最终归结为寻找似然比阈值 μ。求解 μ 值通常从已规定为常数的 $P_2(e)$ 入手，

这时由

$$P_2(e)=\int_{R_1}p(\boldsymbol{X}\mid\omega_2)\mathrm{d}\boldsymbol{X}$$

有

$$P_2(e)=\int_{-\infty}^{t(\mu)}p(\boldsymbol{X}\mid\omega_2)\mathrm{d}\boldsymbol{X}$$

即 μ 是 $P_2(e)$的函数,通过查标准正态分布表可以求得 μ 的值。

例 4.4 一个两类问题,模式分布为二维正态,其分布参数为

$$\boldsymbol{M}_1=(-1,0)^{\mathrm{T}},\quad \boldsymbol{M}_2=(1,0)^{\mathrm{T}}$$

协方差矩阵等于单位矩阵,即 $\boldsymbol{C}_1=\boldsymbol{C}_2=\boldsymbol{I}$。设 $P_2(e)=0.046$,求聂曼-皮尔逊决策规则的似然比阈值 μ 和判别界面。

解:(1) 求类概率密度函数

由式(4-24)有两类模式的类概率密度函数

$$p(\boldsymbol{X}\mid\omega_i)=\frac{1}{(2\pi)^{n/2}\mid\boldsymbol{C}_i\mid^{1/2}}\exp\left\{-\frac{1}{2}(\boldsymbol{X}-\boldsymbol{M}_i)^{\mathrm{T}}\boldsymbol{C}_i^{-1}(\boldsymbol{X}-\boldsymbol{M}_i)\right\},\quad i=1,2$$

由已知条件计算得

$$\mid\boldsymbol{C}_i\mid^{\frac{1}{2}}=\begin{vmatrix}1&0\\0&1\end{vmatrix}^{\frac{1}{2}}=1,\quad \boldsymbol{C}_i^{-1}=\begin{pmatrix}1&0\\0&1\end{pmatrix}^{-1}=\begin{pmatrix}1&0\\0&1\end{pmatrix}=\boldsymbol{I}$$

故

$$\begin{aligned}p(\boldsymbol{X}\mid\omega_1)&=\frac{1}{2\pi}\exp\left\{-\frac{(\boldsymbol{X}-\boldsymbol{M}_1)^{\mathrm{T}}(\boldsymbol{X}-\boldsymbol{M}_1)}{2}\right\}\\&=\frac{1}{2\pi}\exp\left\{-\frac{(x_1+1)^2+x_2^2}{2}\right\}\\p(\boldsymbol{X}\mid\omega_2)&=\frac{1}{2\pi}\exp\left\{-\frac{(\boldsymbol{X}-\boldsymbol{M}_2)^{\mathrm{T}}(\boldsymbol{X}-\boldsymbol{M}_2)}{2}\right\}\\&=\frac{1}{2\pi}\exp\left\{-\frac{(x_1-1)^2+x_2^2}{2}\right\}\end{aligned}$$

(2) 求似然比

$$\begin{aligned}\frac{p(\boldsymbol{X}\mid\omega_1)}{p(\boldsymbol{X}\mid\omega_2)}&=\exp\left\{-\frac{1}{2}(x_1^2+2x_1+1+x_2^2)+\frac{1}{2}(x_1^2-2x_1+1+x_2^2)\right\}\\&=\exp\{-2x_1\}\end{aligned}$$

(3) 求判别式

$$\text{决策规则:若 }\exp\{-2x_1\}\gtrless\mu,\quad \text{则 }\boldsymbol{X}\in\begin{cases}\omega_1\\\omega_2\end{cases}$$

对上式两边取自然对数,有 $-2x_1\gtrless\ln\mu$,得判别式

$$\text{若 }x_1\gtrless-\frac{1}{2}\ln\mu,\quad \text{则 }\boldsymbol{X}\in\begin{cases}\omega_1\\\omega_2\end{cases}\tag{4-62}$$

(4) 求似然比阈值 μ:

由 $P_2(e)$与 μ 的关系有

$$P_2(e)=\int_{R_1}p(\boldsymbol{X}\mid\omega_2)\mathrm{d}\boldsymbol{X}=\int_{-\infty}^{x_1}\int_{-\infty}^{x_2}\frac{1}{2\pi}\exp\left\{-\frac{(x_1-1)^2+x_2^2}{2}\right\}\mathrm{d}x_2\mathrm{d}x_1$$

分离积分,向正态分布表的标准形式

$$\Phi(\lambda)=\int_{-\infty}^{\lambda}\frac{1}{\sqrt{2\pi}}e^{-\frac{x^2}{2}}\mathrm{d}x\quad\lambda\geqslant 0$$

变换,有

$$P_2(e)=\int_{-\infty}^{-\frac{1}{2}\ln\mu}\frac{1}{\sqrt{2\pi}}\exp\left\{-\frac{(x_1-1)^2}{2}\right\}\mathrm{d}x_1\cdot\int_{-\infty}^{+\infty}\frac{1}{\sqrt{2\pi}}\exp\left\{-\frac{x_2^2}{2}\right\}\mathrm{d}x_2$$

令 $x_1-1=y$,有

$$P_2(e)=\int_{-\infty}^{-\frac{1}{2}\ln\mu-1}\frac{1}{\sqrt{2\pi}}\exp\left\{-\frac{y^2}{2}\right\}\mathrm{d}y$$

查正态分布表,要求 $P_2(e)=0.046$。表 4.1 为标准正态分布表的一部分,因为此时 $\lambda=-\frac{1}{2}\ln\mu-k_0$,故在表 4.1 中查 $\Phi(\lambda')=1-0.046=0.954$,可取两个值 0.9535 或 0.9545,这里取后者,相应的 $\lambda'=1.69$,可得 $\lambda=-\lambda'=-1.69$。即

表 4.1 标准正态分布表片段

λ	0	1	2	3	4	5	6	7	8	9
0.0	0.5000	0.5040	0.5080	0.5120	0.5160	0.5199	0.5239	0.5279	0.5319	0.5359
0.1	0.5398	0.5438	0.5478	0.5517	0.5557	0.5596	0.5636	0.5675	0.5714	0.5753
⋮	⋮	⋮	⋮	⋮	⋮	⋮	⋮	⋮	⋮	⋮
1.5	0.9332	0.9345	0.9357	0.9370	0.9382	0.9394	0.5406	0.9418	0.9430	0.9441
1.6	0.9452	0.9463	0.9474	0.9484	0.9495	0.9505	0.9159	0.9525	0.9535	0.9545
1.7	0.9554	0.9564	0.9573	0.9582	0.9591	0.9599	0.9608	0.9616	0.9625	0.9633
1.8	0.9641	0.9648	0.9656	0.9664	0.9671	0.9678	0.9686	0.9693	0.9700	0.9706
1.9	0.9713	0.9719	0.9726	0.9732	0.9738	0.9744	0.9750	0.9756	0.9762	0.9767
⋮	⋮	⋮	⋮	⋮	⋮	⋮	⋮	⋮	⋮	⋮

$$-\frac{1}{2}\ln\mu-1=-1.69$$

计算得

$$\mu=\mathrm{e}^{1.38}=3.98$$

由式(4-62)得判别界面

$$x_1=-\frac{1}{2}\ln\mu=-0.69$$

结果如图 4.12 所示。

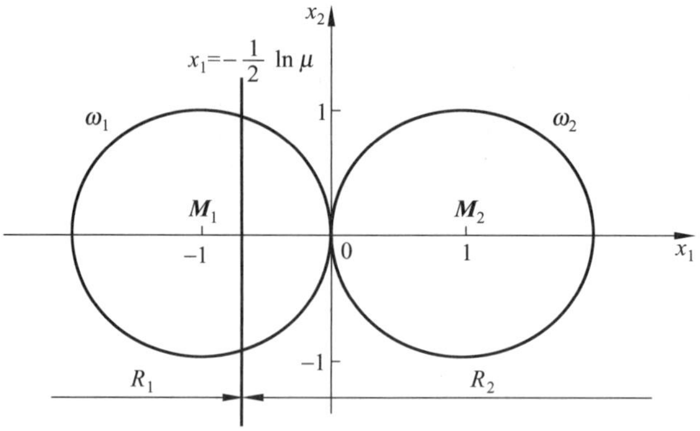

图 4.12 聂曼-皮尔逊决策结果

4.5 概率密度函数的参数估计

在前面讨论的分类器设计方法中，都需要知道类概率密度函数 $p(\boldsymbol{X}|\omega_i)$，当时我们假定它是已知的，但实际工作中类概率密度函数常常是未知的。这就需要根据已有的样本利用统计推断中的估计理论做出估计，然后将估计值当做真实值来使用。

估计的方法一般有两类：参数估计法和非参数估计法。参数估计法是指在已知概率密度函数的形式而函数的有关参数未知的情况下，通过估计参数来估计概率密度函数的方法。非参数估计法是指概率密度函数的形式未知而直接估计概率密度函数的方法。两种估计都是根据一组已知类别的样本进行的。在这一节里我们讨论两种主要的参数估计法——最大似然估计和贝叶斯估计与学习。

4.5.1 最大似然估计

设 ω_i 类的类概率密度函数具有某种确定的函数形式，θ 是该函数的一个未知参数或参数集，可记为参数向量$\boldsymbol{\theta}$。最大似然估计把$\boldsymbol{\theta}$ 当做确定的（非随机）未知量进行估计。

若从 ω_i 类中独立地抽取 N 个样本，即

$$X^N=\{\boldsymbol{X}_1,\boldsymbol{X}_2,\cdots,\boldsymbol{X}_N\}$$

则这 N 个样本的联合概率密度函数 $p(X^N|\boldsymbol{\theta})$ 称为相对于样本集 X^N 的$\boldsymbol{\theta}$ 的似然函数。因为 N 个样本是独立抽取的，所以

$$p(X^N\mid\boldsymbol{\theta})=p(\boldsymbol{X}_1,\boldsymbol{X}_2,\cdots,\boldsymbol{X}_N\mid\boldsymbol{\theta})=\prod_{k=1}^{N}p(\boldsymbol{X}_k\mid\boldsymbol{\theta})\tag{4-63}$$

式中，$p(\boldsymbol{X}_k|\boldsymbol{\theta})$ 实际上是$\boldsymbol{\theta}$ 已知时 ω_i 类的概率密度函数 $p(\boldsymbol{X}|\omega_i)$ 在 $\boldsymbol{X}=\boldsymbol{X}_k$ 时的值。为了便于理解，首先假定$\boldsymbol{\theta}$ 是已知的，那么最可能出现的 N 个样本或者说最具代表性的 N 个样本是使 $p(X^N|\boldsymbol{\theta})$ 为最大的样本。另一方面，若$\boldsymbol{\theta}$ 是未知的，我们想知道抽取的这组最具代表性的样本最可能来自哪个密度函数（$\boldsymbol{\theta}$ 取什么值），即我们要找到一个$\boldsymbol{\theta}$，它能使似

然函数 $p(X^N|\boldsymbol{\theta})$ 极大化。$\boldsymbol{\theta}$ 的最大似然估计量 $\hat{\boldsymbol{\theta}}$ 就是使似然函数达到最大的估计量，是下面微分方程的解，即

$$\frac{\mathrm{d}p(X^N \mid \boldsymbol{\theta})}{\mathrm{d}\boldsymbol{\theta}} = 0 \tag{4-64}$$

图 4.13 所示是 $\boldsymbol{\theta}$ 为一维时，即只有一个未知参数时的情况。

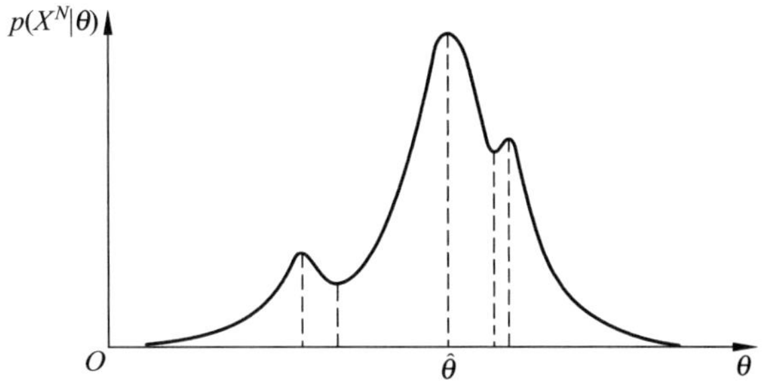

图 4.13 最大似然估计

为了便于分析，使用似然函数的对数比使用似然函数本身更容易些。因为对数函数是单调增加的，所以使对数似然函数最大的 $\hat{\boldsymbol{\theta}}$ 值也必然使似然函数最大。定义似然函数的对数为

$$H(\boldsymbol{\theta}) = \ln p(X^N \mid \boldsymbol{\theta}) \tag{4-65}$$

$\boldsymbol{\theta}$ 的最大似然估计就是下面微分方程的解

$$\frac{\mathrm{d}H(\boldsymbol{\theta})}{\mathrm{d}\boldsymbol{\theta}} = 0 \tag{4-66}$$

设 ω_i 类的概率密度函数有 p 个未知参数 $\theta_1,\theta_2,\cdots,\theta_p$，此时 $\boldsymbol{\theta}$ 是一个 p 维向量，记为 $\boldsymbol{\theta}=(\theta_1,\theta_2,\cdots,\theta_p)^{\mathrm{T}}$，由式(4-63)有

$$H(\boldsymbol{\theta}) = \ln p(X^N \mid \boldsymbol{\theta}) = \sum_{k=1}^{N} \ln p(\boldsymbol{X}_k \mid \boldsymbol{\theta}) \tag{4-67}$$

代入式(4-66)有

$$\frac{\mathrm{d}}{\mathrm{d}\boldsymbol{\theta}}\left[\sum_{k=1}^{N} \ln p(\boldsymbol{X}_k \mid \boldsymbol{\theta})\right] = 0 \tag{4-68}$$

该式表示 $\boldsymbol{\theta}$ 的最大似然估计就是使似然函数的对数关于 $\boldsymbol{\theta}$ 的梯度为零的解，又可表示成以下 p 个微分方程，即

$$\begin{cases} \displaystyle\sum_{k=1}^{N} \frac{\partial}{\partial\theta_1}\ln p(\boldsymbol{X}_k \mid \boldsymbol{\theta}) = 0 \\ \displaystyle\sum_{k=1}^{N} \frac{\partial}{\partial\theta_2}\ln p(\boldsymbol{X}_k \mid \boldsymbol{\theta}) = 0 \\ \vdots \\ \displaystyle\sum_{k=1}^{N} \frac{\partial}{\partial\theta_p}\ln p(\boldsymbol{X}_k \mid \boldsymbol{\theta}) = 0 \end{cases} \tag{4-69}$$

解以上微分方程，就可得到 $\boldsymbol{\theta}$ 的最大似然估计值。下面以正态分布的模式类为例说明参

数的最大似然估计法。

设 ω_i 类模式为正态分布，并且模式向量是一维的。ω_i 类的概率密度函数为

$$p(\boldsymbol{X} \mid \omega_i) \sim N(\mu,\sigma^2)$$

在这种情况下，待估计的未知参数为 μ 和 σ^2，即$\boldsymbol{\theta}$ 是二维向量。设$\boldsymbol{\theta}=(\theta_1,\theta_2)^{\mathrm{T}}$，$\theta_1=\mu$，$\theta_2=\sigma^2$，$p(\boldsymbol{X}|\omega_i)$也可表示为

$$p(\boldsymbol{X} \mid \boldsymbol{\theta}) \sim N(\mu,\sigma^2)$$

若 X^N 表示从 ω_i 类中独立抽取的 N 个样本，则$\boldsymbol{\theta}$ 的似然函数为

$$p(X^N \mid \boldsymbol{\theta}) = \prod_{k=1}^{N} p(\boldsymbol{X}_k \mid \boldsymbol{\theta})$$

$p(\boldsymbol{X}_k|\boldsymbol{\theta})$和它的对数分别为

$$p(\boldsymbol{X}_k \mid \boldsymbol{\theta}) = \frac{1}{\sqrt{2\pi}\sigma}\exp\left[-\frac{(\boldsymbol{X}_k-\mu)^2}{2\sigma^2}\right]$$

$$\ln p(\boldsymbol{X}_k \mid \boldsymbol{\theta}) = -\frac{1}{2}\ln(2\pi\sigma^2) - \frac{(\boldsymbol{X}_k-\mu)^2}{2\sigma^2}$$

由式(4-69)得

$$\begin{cases} \displaystyle\sum_{k=1}^{N}\frac{\partial}{\partial\theta_1}\ln p(\boldsymbol{X}_k \mid \boldsymbol{\theta}) = \sum_{k=1}^{N}\frac{\boldsymbol{X}_k-\theta_1}{\theta_2}=0 \\ \displaystyle\sum_{k=1}^{N}\frac{\partial}{\partial\theta_2}\ln p(\boldsymbol{X}_k \mid \boldsymbol{\theta}) = \sum_{k=1}^{N}\left[\frac{-1}{2\theta_2}+\frac{(\boldsymbol{X}_k-\theta_1)^2}{2\theta_2^2}\right]=0 \end{cases}$$

由以上方程组解得均值和方差的估计量为

$$\hat{\mu} = \hat{\theta}_1 = \frac{1}{N}\sum_{k=1}^{N}\boldsymbol{X}_k$$

$$\hat{\sigma}^2 = \hat{\theta}_2 = \frac{1}{N}\sum_{k=1}^{N}(\boldsymbol{X}_k-\hat{\mu})^2$$

对于多维正态分布的模式类 ω_i，均值向量和协方差矩阵的最大似然估计也可仿照上述方法得到，分别为

$$\hat{\boldsymbol{M}}_i = \frac{1}{N}\sum_{k=1}^{N}\boldsymbol{X}_k$$

$$\hat{\boldsymbol{C}}_i = \frac{1}{N}\sum_{k=1}^{N}(\boldsymbol{X}_k-\hat{\boldsymbol{M}}_i)(\boldsymbol{X}_k-\hat{\boldsymbol{M}}_i)^{\mathrm{T}}$$

以上结论表明，均值向量的最大似然估计是样本的均值，协方差矩阵的最大似然估计是 N 个矩阵的算术平均。由于真正的均值向量是随机样本的期望值，真正的协方差矩阵是随机矩阵$(\boldsymbol{X}-\boldsymbol{M}_i)(\boldsymbol{X}-\boldsymbol{M}_i)^{\mathrm{T}}$ 的期望值，所以均值向量和协方差矩阵的最大似然估计结果是非常合理的。

4.5.2 贝叶斯估计与贝叶斯学习

最大似然估计是把未知参数看做确定性参数进行估计，而贝叶斯估计和贝叶斯学习是把未知参数看成随机参数进行考虑。下面首先介绍贝叶斯估计和贝叶斯学习的概念，

然后以正态分布为例介绍求解类概率密度函数 $p(\boldsymbol{X}|\omega_i)$ 的贝叶斯估计法和贝叶斯学习法。

1. 贝叶斯估计和贝叶斯学习的概念

1）贝叶斯估计

设 ω_i 类的概率密度函数 $p(\boldsymbol{X}|\omega_i)$ 有确定的函数形式，θ 是待估计的概率密度函数的未知参数。贝叶斯估计是指，一组样本通过似然函数 $p(X^N|\theta)$ 并利用贝叶斯公式将随机变量 θ 的先验概率密度 $p(\theta)$ 转变为后验概率密度，然后根据 θ 的后验概率密度求出估计量 $\hat{\theta}$。由于类概率密度函数的形式是已知的，因此未知参数估计出来了，$p(\boldsymbol{X}|\omega_i)$ 也就求了出来。贝叶斯估计的步骤如下：

(1) 确定 θ 的先验概率密度 $p(\theta)$。

(2) 由样本集 $X^N=\{\boldsymbol{X}_1,\boldsymbol{X}_2,\cdots,\boldsymbol{X}_N\}$ 求出样本的联合概率密度 $p(X^N|\theta)$，也就是 θ 的似然函数。

(3) 利用贝叶斯公式求出 θ 的后验概率密度

$$p(\theta \mid X^N)=\frac{p(X^N \mid \theta)p(\theta)}{\int p(X^N \mid \theta)p(\theta)\mathrm{d}\theta}$$

(4) 求贝叶斯估计量。可以证明，θ 的贝叶斯估计为

$$\hat{\theta}=\int \theta p(\theta \mid X^N)\mathrm{d}\theta \tag{4-70}$$

2）贝叶斯学习

贝叶斯学习是指利用 θ 的先验概率密度及样本提供的信息递推求出 θ 的后验概率密度，然后根据后验概率密度直接求出类概率密度函数 $p(\boldsymbol{X}|\omega_i)$。

因为 $p(\boldsymbol{X}|\omega_i)$ 由未知参数 θ 确定，所以 $p(\boldsymbol{X}|\omega_i)$ 也可写成 $p(\boldsymbol{X}|\theta)$，即

$$p(\boldsymbol{X} \mid \omega_i)=p(\boldsymbol{X} \mid \theta) \tag{4-71}$$

假定 $X^N=\{\boldsymbol{X}_1,\boldsymbol{X}_2,\cdots,\boldsymbol{X}_N\}$ 是独立抽取的 ω_i 类的一组样本，设 θ 的后验概率密度函数为 $p(\theta|X^N)$，根据贝叶斯公式有

$$p(\theta \mid X^N)=\frac{p(X^N \mid \theta)p(\theta)}{\int p(X^N \mid \theta)p(\theta)\mathrm{d}\theta} \tag{4-72}$$

因为 X^N 中的样本是独立抽取的，所以式中 θ 的似然函数 $p(X^N|\theta)$ 可写为

$$p(X^N \mid \theta)=p(\boldsymbol{X}_N \mid \theta)p(X^{N-1} \mid \theta) \tag{4-73}$$

X^{N-1} 是除样本 $\boldsymbol{X}_N$ 以外其余样本的集合。把式(4-73)代入式(4-72)得

$$p(\theta \mid X^N)=\frac{p(\boldsymbol{X}_N \mid \theta)p(X^{N-1} \mid \theta)p(\theta)}{\int p(\boldsymbol{X}_N \mid \theta)p(X^{N-1} \mid \theta)p(\theta)\mathrm{d}\theta} \tag{4-74}$$

类似地，由贝叶斯公式有

$$p(\theta \mid X^{N-1})=\frac{p(X^{N-1} \mid \theta)p(\theta)}{\int p(X^{N-1} \mid \theta)p(\theta)\mathrm{d}\theta} \tag{4-75}$$

将式(4-75)代入式(4-74)得

$$p(\theta \mid X^N) = \frac{p(\boldsymbol{X}_N \mid \theta)p(\theta \mid X^{N-1})}{\int p(\boldsymbol{X}_N \mid \theta)p(\theta \mid X^{N-1})\mathrm{d}\theta} \tag{4-76}$$

式(4-76)就是利用样本集 X^N 估计 $p(\theta|X^N)$的迭代计算式,称为参数估计的递推贝叶斯方法,迭代过程也就是贝叶斯学习的过程。下面简述迭代式的使用。

首先根据先验知识得到 θ 的先验概率密度函数的初始估计,记为 $p(\theta)$,它相当于 $N=0(X^N=X^0)$时的密度函数的一个估计。然后给出样本 $\boldsymbol{X}_1$ 对 θ 进行估计,即用 $\boldsymbol{X}_1$ 对初始的 $p(\theta)$进行修改。根据式(4-76),令 $N=1$,得到

$$p(\theta \mid X^1) = p(\theta \mid \boldsymbol{X}_1) = \frac{p(\boldsymbol{X}_1 \mid \theta)p(\theta)}{\int p(\boldsymbol{X}_1 \mid \theta)p(\theta)\mathrm{d}\theta}$$

$p(\boldsymbol{X}_1|\theta)$根据式(4-71)计算得到。

再给出 $\boldsymbol{X}_2$,对用 $\boldsymbol{X}_1$ 估计的结果进行修改,得到 $p(\theta|X^2)$。对 $p(\theta|X^2)$而言,$p(\theta|X^1)$是它的先验概率密度。由式(4-76)得

$$p(\theta \mid X^2) = p(\theta \mid \boldsymbol{X}_1,\boldsymbol{X}_2) = \frac{p(\boldsymbol{X}_2 \mid \theta)p(\theta \mid X^1)}{\int p(\boldsymbol{X}_2 \mid \theta)p(\theta \mid X^1)\mathrm{d}\theta}$$

然后,再逐次给出 $\boldsymbol{X}_3,\boldsymbol{X}_4,\cdots,\boldsymbol{X}_N$,每次均在前一次的基础上进行修改,$p(\theta|X^{N-1})$可以看成是 $p(\theta|X^N)$的先验概率密度。最后,当 $\boldsymbol{X}_N$ 给出后得到

$$p(\theta \mid X^N) = \frac{p(\boldsymbol{X}_N \mid \theta)p(\theta \mid X^{N-1})}{\int p(\boldsymbol{X}_N \mid \theta)p(\theta \mid X^{N-1})\mathrm{d}\theta}$$

当 θ 的后验概率密度函数 $p(\theta|X^N)$求出后,类概率密度函数 $p(\boldsymbol{X}|\omega_i)$可以直接由 $p(\theta|X^N)$计算得到。此时 $p(\boldsymbol{X}|\omega_i)$可以写为 $p(\boldsymbol{X}|X^N)$。根据一般概率公式得到

$$p(\boldsymbol{X} \mid X^N) = \int p(\boldsymbol{X},\theta \mid X^N)\mathrm{d}\theta = \int p(\boldsymbol{X} \mid \theta)p(\theta \mid X^N)\mathrm{d}\theta \tag{4-77}$$

这就是贝叶斯学习。

2. 正态分布密度函数的贝叶斯估计和贝叶斯学习

下面以正态分布为例说明贝叶斯估计和贝叶斯学习的运用。为了简化问题,这里以单变量正态分布为例,并假定方差 σ^2 已知,待估计的仅是均值 μ。

1) 贝叶斯估计

设 ω_i 类模式的分布密度函数为

$$p(x \mid \mu) \sim N(\mu,\sigma^2)$$

式中,均值 μ 是未知随机参数。

由最大似然估计知道,μ 可以由样本均值估计,因为样本来自正态分布的模式类,所以可以合理地假定 μ 也服从正态分布,这样计算起来比较简单。设 μ 的先验概率密度 $p(\mu)$服从均值为 μ_0,方差为 σ_0^2 的正态分布,即

$$p(\mu) \sim N(\mu_0,\sigma_0^2) \tag{4-78}$$

μ_0 和 σ_0^2 是已知的，μ_0 是凭先验知识对未知量 μ 的最好推测，σ_0^2 是对这种推测不确定性的度量。

设 $x^N=\{x_1,x_2,\cdots,x_N\}$ 是 ω_i 类的 N 个独立抽取的样本，利用贝叶斯公式求 μ 的后验概率密度函数 $p(\mu|x^N)$

$$p(\mu \mid x^N)=\frac{p(x^N \mid \mu)p(\mu)}{\int p(x^N \mid \mu)p(\mu)\mathrm{d}\mu} \tag{4-79}$$

式中，μ 的似然函数 $p(x^N|\mu)$ 可以表示为

$$p(x^N \mid \mu)=\prod_{k=1}^{N} p(x_k \mid \mu)$$

代入式(4-79)有

$$p(\mu \mid x^N)=\alpha\prod_{k=1}^{N} p(x_k \mid \mu)p(\mu) \tag{4-80}$$

式中，$\alpha=1\Big/\int p(x^N \mid \mu)p(\mu)\mathrm{d}\mu$，是与 μ 无关的比例因子，不影响 $p(\mu|x^N)$ 的形式。由于

$$p(x \mid \mu)\sim N(\mu,\sigma^2),\quad p(\mu)\sim N(\mu_0,\sigma_0^2)$$

所以

$$\begin{aligned}
p(\mu \mid x^N)&=\alpha\prod_{k=1}^{N} p(x_k \mid \mu)p(\mu)\\
&=\alpha\prod_{k=1}^{N}\frac{1}{\sqrt{2\pi}\sigma}\exp\left[-\frac{(x_k-\mu)^2}{2\sigma^2}\right]\frac{1}{\sqrt{2\pi}\sigma_0}\exp\left[-\frac{(\mu-\mu_0)^2}{2\sigma_0^2}\right]\\
&=\alpha'\exp\left\{-\frac{1}{2}\left[\sum_{k=1}^{N}\frac{(\mu-x_k)^2}{\sigma^2}+\frac{(\mu-\mu_0)^2}{\sigma_0^2}\right]\right\}\\
&=\alpha''\exp\left\{-\frac{1}{2}\left[\left(\frac{N}{\sigma^2}+\frac{1}{\sigma_0^2}\right)\mu^2-2\left(\frac{1}{\sigma^2}\sum_{k=1}^{N}x_k+\frac{\mu_0}{\sigma_0^2}\right)\mu\right]\right\}
\end{aligned} \tag{4-81}$$

式中，与 μ 无关的项全部收入 α' 和 α'' 中，这样 $p(\mu|x^N)$ 是 μ 的二次函数的指数函数，所以仍是一个正态密度函数。把 $p(\mu|x^N)$ 写成正态分布密度函数的标准形式 $N(\mu_N,\sigma_N^2)$，即

$$p(\mu \mid x^N)=\frac{1}{\sqrt{2\pi}\sigma_N}\exp\left\{-\frac{1}{2}\left(\frac{\mu-\mu_N}{\sigma_N}\right)^2\right\} \tag{4-82}$$

令式(4-81)和式(4-82)的对应项系数相等，即可求得 μ_N 和 σ_N^2 分别为

$$\mu_N=\frac{N\sigma_0^2}{N\sigma_0^2+\sigma^2}m_N+\frac{\sigma^2}{N\sigma_0^2+\sigma^2}\mu_0 \tag{4-83}$$

$$\sigma_N^2=\frac{\sigma_0^2\sigma^2}{N\sigma_0^2+\sigma^2} \tag{4-84}$$

式中，$m_N=\frac{1}{N}\sum_{k=1}^{N}x_k$。将所求的 μ_N 和 σ_N^2 代入式(4-82)就得到了 μ 的后验概率密度 $p(\mu|X^N)$。这时，由式(4-70)计算 μ 的贝叶斯估计为

$$\hat{\mu}=\int \mu p(\mu \mid x^{N})\mathrm{d}\mu=\int \mu \frac{1}{\sqrt{2\pi}\sigma_N}\exp\left[-\frac{1}{2}\left(\frac{\mu-\mu_N}{\sigma_N}\right)^2\right]\mathrm{d}\mu=\mu_N$$

将式(4-83)结果代入上式，得

$$\hat{\mu}=\frac{N\sigma_0^2}{N\sigma_0^2+\sigma^2}m_N+\frac{\sigma^2}{N\sigma_0^2+\sigma^2}\mu_0$$

当 $N(\mu_0,\sigma_0^2)=N(0,1)$ 且 $\sigma^2=1$ 时，有

$$\hat{\mu}=\frac{N}{N+1}m_N=\frac{1}{N+1}\sum_{k=1}^{N}x_k$$

也就是说，此时 μ 的贝叶斯估计与最大似然估计有类似的形式，只是分母不同。

2) 贝叶斯学习

贝叶斯学习的概念是递推求解出后验概率密度 $p(\mu|X^N)$后，直接计算类概率密度函数。后验概率密度 $p(\mu|X^N)$及其参数 μ_N 和 σ_N^2 与式(4-82)～式(4-84)相同。μ_N 表示在观察了 N 个样本后对 μ 的最好估计，而 σ_N^2 表示这种估计的不确定性。σ_N^2 随观察样本数 N 的增加而单调减小，当 $N\rightarrow\infty$时 σ_N^2 趋于零，所以每增加一个样本就可以减少对 μ 估计的不确定性。当 N 增大时，$p(\mu \mid X^N)$就变得越来越尖峰突起，当 N 趋于无穷时，$p(\mu|X^N)$趋于一个 δ 函数，这就是贝叶斯学习的过程，如图 4.14 所示。

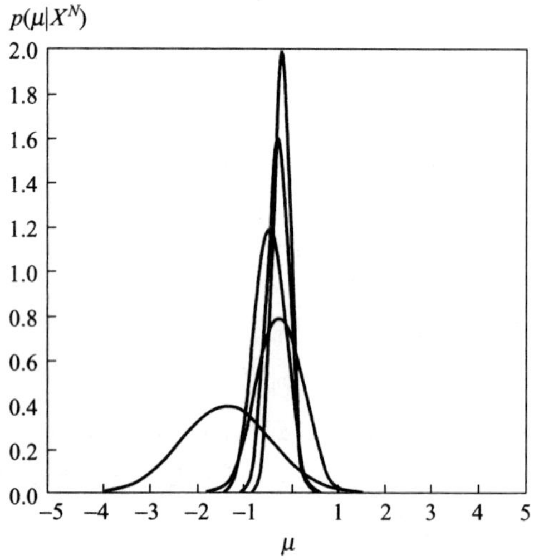

图 4.14　贝叶斯学习过程示意

得到后验概率密度 $p(\mu \mid X^N)$后，由式(4-77)就可以得到类概率密度函数 $p(x|x^N)$，即

$$\begin{aligned}p(x \mid x^N)&=\int p(x \mid \mu)p(\mu \mid x^N)\mathrm{d}\mu\\&=\int \frac{1}{\sqrt{2\pi}\sigma}\exp\left[-\frac{(x-\mu)^2}{2\sigma^2}\right]\frac{1}{\sqrt{2\pi}\sigma_N}\exp\left[-\frac{(\mu-\mu_N)^2}{2\sigma_N^2}\right]\mathrm{d}\mu\\&=\frac{1}{\sqrt{2\pi}\sqrt{\sigma^2+\sigma_N^2}}\exp\left[-\frac{(x-\mu_N)^2}{2(\sigma^2+\sigma_N^2)}\right]\end{aligned}\tag{4-85}$$

由式(4-85)可见，$p(x|x^N)$是正态分布，其均值是μ_N，方差为$(\sigma^2+\sigma_N^2)$。均值与贝叶斯估计的结果是相同的，原方差σ^2增加到$(\sigma^2+\sigma_N^2)$，这是由于用μ的估计值代替了真实值，引起了不确定性的增加。

对于多维正态分布，可以采用与一维情况类似的方法估计均值向量，但计算比较复杂，下面只给出估计结果。

设ω_i类模式向量服从正态分布，协方差矩阵$\boldsymbol{C}$已知，均值向量$\boldsymbol{M}$未知，$\boldsymbol{M}$为随机向量。类概率密度函数$p(\boldsymbol{X}|\omega_i)$和$\boldsymbol{M}$的先验概率密度函数$p(\boldsymbol{M})$分别为

$$p(\boldsymbol{X} \mid \omega_i) \sim N(\boldsymbol{M},\boldsymbol{C})$$

$$p(\boldsymbol{M}) \sim N(\boldsymbol{M}_0,\boldsymbol{C}_0)$$

假定$X^N=\{\boldsymbol{X}_1,\boldsymbol{X}_2,\cdots,\boldsymbol{X}_N\}$是从$\omega_i$类中独立抽取的$N$个样本，则利用贝叶斯估计得到的$\boldsymbol{M}$的后验概率密度函数为

$$p(\boldsymbol{M} \mid X^N) \sim N(\boldsymbol{M}_N,\boldsymbol{C}_N) \tag{4-86}$$

其中，

$$\boldsymbol{M}_N = \boldsymbol{C}_0\left(\boldsymbol{C}_0+\frac{1}{N}\boldsymbol{C}\right)^{-1}\hat{\boldsymbol{M}}+\frac{1}{N}\boldsymbol{C}\left(\boldsymbol{C}_0+\frac{1}{N}\boldsymbol{C}\right)^{-1}\boldsymbol{M}_0$$

$$\boldsymbol{C}_N = \frac{1}{N}\boldsymbol{C}\left(\boldsymbol{C}_0+\frac{1}{N}\boldsymbol{C}\right)^{-1}\boldsymbol{C}_0$$

$$\hat{\boldsymbol{M}} = \frac{1}{N}\sum_{k=1}^{N}\boldsymbol{X}_k$$

根据式(4-77)得到类概率密度函数为

$$p(\boldsymbol{X} \mid X^N) = \int p(\boldsymbol{X} \mid \boldsymbol{M})p(\boldsymbol{M} \mid X^N)\mathrm{d}\boldsymbol{M} \tag{4-87}$$

其均值为$\boldsymbol{M}_N$，协方差矩阵为$(\boldsymbol{C}+\boldsymbol{C}_N)$。

4.6 概率密度函数的非参数估计

前面研究了类概率密度函数形式已知情况下，通过估计其参数来估计密度函数的方法，但在大部分模式分类问题中，并不知道类概率密度函数的具体形式，即分布不是一些通常遇到的典型分布形式或不能写成某些参数的函数。在这种情况下，为了设计贝叶斯分类器，只能根据一些样本直接估计类概率密度函数，这种方法称为类概率密度函数的非参数估计法。在这一节里，我们讨论 Parzen 窗法和k_N近邻估计法。

4.6.1 非参数估计的基本方法

估计概率密度函数的方法很多，它们的基本思想都很简单，但要严格证明这些估计的收敛性还是需要十分小心的。最根本的出发点基于这样的一个事实：随机向量$\boldsymbol{X}$落入区域R的概率P为

$$P = \int_R p(\boldsymbol{X})\mathrm{d}\boldsymbol{X} \tag{4-88}$$

式中，$p(\boldsymbol{X})$是类概率密度函数。

设有 N 个从密度为 $p(\boldsymbol{X})$的总体中独立抽取的样本 $\boldsymbol{X}_1,\boldsymbol{X}_2,\cdots,\boldsymbol{X}_N$。若 N 个样本中有 k 个落入区域 R 中的概率最大，则可以得到

$$k \doteq N\hat{P}$$

$$\hat{P} \doteq k/N \tag{4-89}$$

式中$\hat{P}$希望是 $\boldsymbol{X}$ 落入区域 R 中的概率 P 的一个很好估计，但我们要估计的是类概率密度函数 $p(\boldsymbol{X})$的估计$\hat{p}(\boldsymbol{X})$。为此设 $p(\boldsymbol{X})$连续，且区域 R 足够小，以致 $p(\boldsymbol{X})$在这样小的区域中没有什么变化，那么可以得到

$$P = \int_R p(\boldsymbol{X})\mathrm{d}\boldsymbol{X} = p(\boldsymbol{X})V \tag{4-90}$$

式中，V 是区域 R 的体积，$\boldsymbol{X}$ 是 R 中的点。根据式(4-89)和式(4-90)得到

$$\frac{k}{N} \doteq \hat{P} = \int_R \hat{p}(\boldsymbol{X})\mathrm{d}\boldsymbol{X} = \hat{p}(\boldsymbol{X})V$$

因此得到

$$\hat{p}(\boldsymbol{X}) = \frac{k/N}{V} \tag{4-91}$$

该式就是 $\boldsymbol{X}$ 点概率密度的估计，它与样本数 N、包含 $\boldsymbol{X}$ 的区域 R 的体积 V 和落入 R 中的样本数有关。

根据式(4-91)估计$\hat{p}(\boldsymbol{X})$在理论和实际上存在两方面的问题。一方面若把体积 V 固定，而样本取得愈来愈多，则比值k/N以概率 1 收敛，但这样只能得到在某一体积 V 中的平均估计。要想得到 $p(\boldsymbol{X})$而不是 $p(\boldsymbol{X})$的某种平均，则必须让 V 趋于零。另一方面，若把样本数 N 固定而使体积 V 趋于零，则又会由于区域不断缩小以致最后不包含任何样本，结果得出 $p(\boldsymbol{X})\doteq 0$ 这种没有什么价值的估计。如果碰巧有一个或 n 个样本同 $\boldsymbol{X}$ 点重合，则估计会发散到无穷大，这同样也是没有意义的。由于以上两个方面的问题，使得我们在使用式(4-91)时必须注意 $V,k,k/N$ 随 N 变化的趋势和极限，使得当 N 适当增大时能保持式(4-91)的合理性。

如果只从理论上考虑，假定有无限多个样本可供使用。为了估计概率密度函数 $p(\boldsymbol{X})$，我们按以下步骤进行：为了估计 $\boldsymbol{X}$ 点的密度，先构造一串包含 $\boldsymbol{X}$ 的区域 R_1，$R_2,\cdots,R_N,\cdots$，对 R_1 采用一个样本估计，对 R_2 采用两个样本，……假定 V_N 是 R_N 的体积，k_N 是落入 R_N 内的样本数目，$\hat{p}_N(\boldsymbol{X})$是 $p(\boldsymbol{X})$的第 N 次估计，则

$$\hat{p}_N(\boldsymbol{X}) = \frac{k_N/N}{V_N} \tag{4-92}$$

为了保证上述估计的合理性，应满足以下三个条件：

(1) $\lim\limits_{N\to\infty} V_N = 0$

(2) $\lim\limits_{N\to\infty} k_N = \infty$

(3) $\lim\limits_{N\to\infty} k_N/N = 0$

此时，$\hat{p}_N(\boldsymbol{X})$收敛于 $p(\boldsymbol{X})$。第一个条件保证当 N 增大时，$\hat{p}_N(\boldsymbol{X})$能代表 $\boldsymbol{X}$ 点的密度 $p(\boldsymbol{X})$。第二个条件保证出现的频率，即式(4-92)右边能以概率 1 收敛于 $p(\boldsymbol{X})$。第三条是$\hat{p}_N(\boldsymbol{X})$收敛的一个必要条件，它表明，尽管在一个极小的区域 R_N 中落入了无限多个样本，但落入 R_N 中的样本数与样本总数比较起来仍然是极小的部分。

满足上述三个条件的区域序列一般有两种选择方法，从而得到两种非参数估计法。

(1) Parzen 窗法。这种方法使区域序列 V_N 以 N 的某个函数(例如 $V_N=1/\sqrt{N}$)关系不断缩小。但这时 k_N 与 N 的关系不能任选，必须加一些限制条件以使$\hat{p}_N(\boldsymbol{X})$收敛于 $p(\boldsymbol{X})$。

(2) k_N 近邻估计法。这种方法使 k_N 为 N 的某个函数(例如 $k_N=\sqrt{N}$)，而 V_N 的选取应使相应的 R_N 正好包含 $\boldsymbol{X}$ 的 k_N 个近邻。下面分别介绍这两种方法。

4.6.2 Parzen 窗法

1. Parzen 窗估计的基本概念

设区域 R_N 是一个 d 维超立方体，并设 h_N是超立方体的棱长，则超立方体的体积为

$$V_N = h_N^d \tag{4-93}$$

定义窗函数 $\varphi(u)$为

$$\varphi(u) = \begin{cases} 1, & |u_j| \leqslant \dfrac{1}{2};\quad j=1,2,\cdots,d \\ 0, & \text{其他} \end{cases} \tag{4-94}$$

由于 $\varphi(u)$是以原点为中心的一个超立方体，所以当 $\boldsymbol{X}_i$ 落入以 $\boldsymbol{X}$ 为中心，体积为 V_N 的超立方体时，$\varphi(u)=\varphi[(\boldsymbol{X}-\boldsymbol{X}_i)/h_N]=1$，否则 $\varphi(u)=0$，因此落入该超立方体内的样本数为

$$k_N = \sum_{i=1}^{N} \varphi\left(\frac{\boldsymbol{X}-\boldsymbol{X}_i}{h_N}\right) \tag{4-95}$$

将式(4-95)代入式(4-92)得

$$\hat{p}_N(\boldsymbol{X}) = \frac{1}{N}\sum_{i=1}^{N} \frac{1}{V_N}\varphi\left(\frac{\boldsymbol{X}-\boldsymbol{X}_i}{h_N}\right) \tag{4-96}$$

该式是 Parzen 窗法的基本公式。窗函数不限于超立方体，还有更一般的形式。实质上，窗函数的作用是内插，每一样本对估计所起的作用取决于它到 $\boldsymbol{X}$ 的距离。

用窗函数估计的$\hat{p}_N(\boldsymbol{X})$是否为一个合理的密度函数，也就是说它是否非负且积分为 1，要看窗函数是否满足以下两个条件：

(1) $\varphi(u) \geqslant 0$

(2) $\int \varphi(u)\mathrm{d}u = 1$

若 $\varphi(u)$满足以上两条，则$\hat{p}_N(\boldsymbol{X})$一定为密度函数，因为由式(4-96)可知，若$\varphi(u)\geqslant 0$，则$\hat{p}_N(\boldsymbol{X})$非负。下面证明，若满足第(2)条，则$\int \hat{p}_N(\boldsymbol{X})\mathrm{d}\boldsymbol{X}=1$。因为

$$\begin{aligned}\int \hat{p}_N(\boldsymbol{X})\mathrm{d}\boldsymbol{X} &= \int \frac{1}{N}\sum_{i=1}^{N}\frac{1}{V_N}\varphi\left(\frac{\boldsymbol{X}-\boldsymbol{X}_i}{h_N}\right)\mathrm{d}(\boldsymbol{X}) \\ &= \frac{1}{N}\sum_{i=1}^{N}\int \frac{1}{V_N}\varphi\left(\frac{\boldsymbol{X}-\boldsymbol{X}_i}{h_N}\right)\mathrm{d}(\boldsymbol{X}) \\ &= \frac{1}{N}N=1\end{aligned}$$

所以$\hat{p}_N(\boldsymbol{X})$确实是概率密度函数。

2. 窗函数的选择

上面选择的超立方体窗函数一般称为方窗，窗函数还有其他形式，下面列举几个一维形式，如图 4.15 所示。

1）方窗函数

$$\varphi(u)=\begin{cases}1, & |u|\leqslant\dfrac{1}{2}\\ 0, & \text{其他}\end{cases}$$

2）正态窗函数

$$\varphi(u)=\frac{1}{\sqrt{2\pi}}\exp\left\{-\frac{1}{2}u^2\right\}$$

3）指数窗函数

$$\varphi(u)=\exp\{-|u|\}$$

满足条件$\varphi(u)\geqslant 0$和$\int\varphi(u)\mathrm{d}u=1$的函数都可以作为窗函数使用，但最终估计效果的好坏与样本情况、窗函数以及窗函数参数的选择有关。

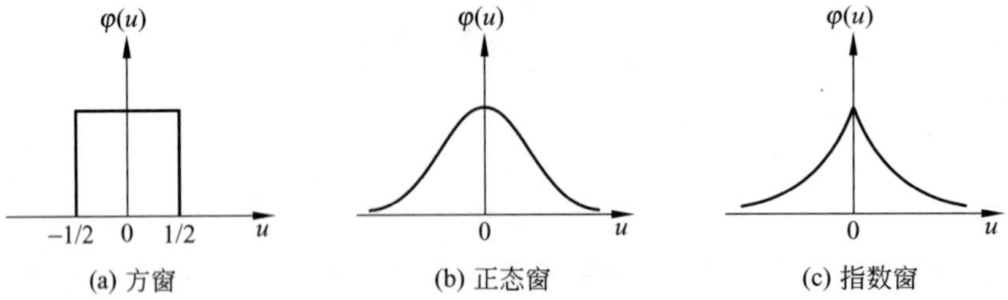

图 4.15 几种窗函数

3. 窗宽 h_N 对估计量$\hat{p}_N(\boldsymbol{X})$的影响

在样本数 N 有限时，窗宽 h_N 对估计量会有很大的影响，下面分析其原因。如果定义函数 $\delta_N(\boldsymbol{X})$为

$$\delta_N(\boldsymbol{X}) = \frac{1}{V_N}\varphi\left(\frac{\boldsymbol{X}}{h_N}\right)$$

则$\hat{p}_N(\boldsymbol{X})$为

$$\hat{p}_N(\boldsymbol{X}) = \frac{1}{N}\sum_{i=1}^{N}\delta_N(\boldsymbol{X}-\boldsymbol{X}_i) \tag{4-97}$$

因为$V_N=h_N^d$，所以h_N影响$\delta_N(\boldsymbol{X})$的幅度。若h_N很大，则$\delta_N(\boldsymbol{X})$的幅度很小，只有$\boldsymbol{X}_i$离$\boldsymbol{X}$较远时才能使$\delta_N(\boldsymbol{X}-\boldsymbol{X}_i)$同$\delta_N(0)$相差较大。这时$\hat{p}_N(\boldsymbol{X})$变成$N$个宽度较大且函数值变化缓慢的函数的叠加，从而使估计的分辨率降低。反之若h_N很小，则$\delta_N(\boldsymbol{X}-\boldsymbol{X}_i)$的幅值很大，这时$\hat{p}_N(\boldsymbol{X})$变成$N$个以样本为中心的尖峰函数的叠加，使估计的统计变动很大，即$\hat{p}_N(\boldsymbol{X})$随$\boldsymbol{X}$的不同而变动很大。在$h_N\to 0$的极端情况下，$\delta_N(\boldsymbol{X}-\boldsymbol{X}_i)$趋于一个以$\boldsymbol{X}_i$为中心的$\delta$函数，从而使$\hat{p}_N(\boldsymbol{X})$趋于以样本为中心的$\delta$函数的叠加，因此，$h_N$的选择对$\hat{p}_N(\boldsymbol{X})$的影响很大。理论上，可让$V_N$随$N$的不断增加而缓慢趋于零，从而使$\hat{p}_N(\boldsymbol{X})$收敛于$p(\boldsymbol{X})$，但实际上样本是有限的，如何选取$h_N$要根据经验折中考虑。

4. 估计量$\hat{p}_N(\boldsymbol{X})$的统计性质

对每个固定的$\boldsymbol{X}$，$\hat{p}_N(\boldsymbol{X})$的值依赖于随机样本$\boldsymbol{X}_1,\boldsymbol{X}_2,\cdots,\boldsymbol{X}_N$，所以$\hat{p}_N(\boldsymbol{X})$是一个随机量，有均值$\bar{p}_N(\boldsymbol{X})$（相对于$\boldsymbol{X}_i$的随机性而言的均值）和方差$\sigma_N^2$。若

$$\lim_{N\to\infty}\hat{p}_N(\boldsymbol{X}) = p(\boldsymbol{X}) \tag{4-98}$$

$$\lim_{N\to\infty}\sigma_N^2 = 0 \tag{4-99}$$

则称$\hat{p}_N(\boldsymbol{X})$是$p(\boldsymbol{X})$的渐近无偏估计，与$\hat{p}_N(\boldsymbol{X})$在平方误差意义上一致收敛于$p(\boldsymbol{X})$。

可以证明，若满足以下限制条件，则$\hat{p}_N(\boldsymbol{X})$是渐近无偏和平方误差一致的。

(1) 总体密度函数$p(\boldsymbol{X})$在$\boldsymbol{X}$点连续。

(2) 窗函数满足以下条件

$$\varphi(u) \geqslant 0 \tag{4-100}$$

$$\int\varphi(u)\mathrm{d}u = 1 \tag{4-101}$$

$$\sup_u\varphi(u) < \infty \tag{4-102}$$

$$\lim_{\|u\|\to\infty}\varphi(u)\prod_{i=1}^{d}u_i = 0 \tag{4-103}$$

(3) 窗函数受下列条件的约束

$$\lim_{N\to\infty}V_N = 0 \tag{4-104}$$

$$\lim_{N\to\infty}NV_N = \infty \tag{4-105}$$

以上限制条件中，式(4-100)和式(4-101)保证$\hat{p}_N(\boldsymbol{X})$有密度函数的性质；式(4-102)保证$\varphi(u)$有界，不能为无穷大；式(4-103)使$\varphi(u)$随$u$的增加较快趋于零。它们都保证

窗函数 $\varphi(u)$ 有较好的性质。式(4-104)和式(4-105)使体积随 N 的增大趋于零时，缩减的速度不会太快，其速度低于 N 增加的速度。

下面通过两个简单的例子说明 Parzen 窗法的应用。

例 4.5 设待估计的 $p(\boldsymbol{X})$ 是均值为零，方差为 1 的正态密度函数。随机地抽取含有 1 个、16 个、256 个学习样本 $\boldsymbol{X}_i$ 的样本集。试分别根据这三个样本集用 Parzen 窗法估计 $p(\boldsymbol{X})$，即求估计式 $\hat{p}_N(\boldsymbol{X})$。

解： 考虑 $\boldsymbol{X}$ 是一维模式向量的情况。选择正态窗函数

$$\varphi(u)=\frac{1}{\sqrt{2\pi}}\exp\left\{-\frac{1}{2}u^2\right\}$$

并设 $h_N=h_1/\sqrt{N}$，h_1 为可调节的参数。则窗函数和 $\hat{p}_N(x)$ 分别为

$$\begin{aligned}\varphi\left(\frac{x-x_i}{h_N}\right)&=\frac{1}{\sqrt{2\pi}}\exp\left[-\frac{1}{2}\left(\frac{x-x_i}{h_N}\right)^2\right]\\&=\frac{1}{\sqrt{2\pi}}\exp\left[-\frac{1}{2}\left(\frac{x-x_i}{h_1/\sqrt{N}}\right)^2\right]\end{aligned}$$

$$\begin{aligned}\hat{p}_N(x)&=\frac{1}{N}\sum_{i=1}^{N}\frac{1}{h_N}\varphi\left(\frac{x-x_i}{h_N}\right)\\&=\frac{1}{N}\sum_{i=1}^{N}\frac{\sqrt{N}}{h_1}\varphi\left(\frac{x-x_i}{h_N}\right)\\&=\frac{1}{h_1\sqrt{N}}\sum_{i=1}^{N}\frac{1}{\sqrt{2\pi}}\exp\left[-\frac{1}{2}\left(\frac{x-x_i}{h_1/\sqrt{N}}\right)^2\right]\end{aligned}$$

首先令 $N=1$，即采用第一个样本集，将抽取的 x_i 值代入上式，并分别设 $h_1=0.25$，1，4 三种值，以比较估计的结果。得到的估计结果如图 4.16 所示。

由图 4.16 可知，估计结果依赖于 N 和 h_1。当 $N=1$ 时，$\hat{p}_N(x)$ 是一个以样本为中心的小丘。当 $N=16$ 和 $h_1=0.25$ 时，仍可以看到单个样本所起的作用；但当 $h_1=1$ 及 $h_1=4$ 时就受到平滑，单个样本的作用模糊了。随着 N 的增加，估计量 $\hat{p}_N(x)$ 越来越好，当 N 趋于无穷大时，$\hat{p}_N(x)$ 收敛于平滑的正态曲线。这说明，要想得到较精确的估计，就需要大量的样本。

例 4.6 仍以一维情况为例，假定待估计的概率密度函数 $p(x)$ 为两个均匀分布密度的混合

$$p(x)=\begin{cases}1, & -2.5<x<-2\\0.25, & 0<x<2\\0, & \text{其他}\end{cases}$$

随机抽取含 1 个、16 个、256 个学习样本的样本集，求 $p(x)$ 的估计 $\hat{p}_N(x)$。

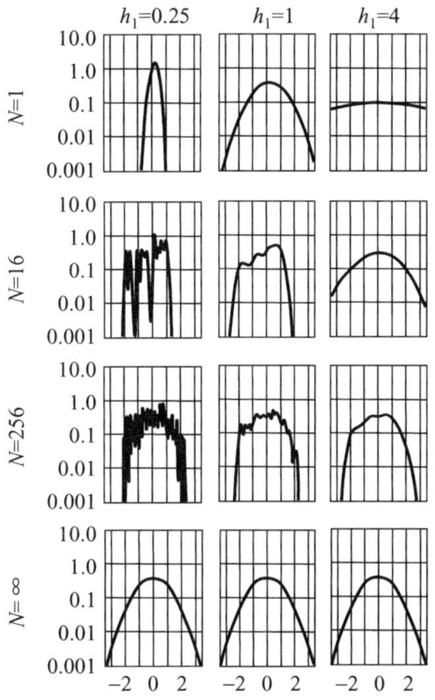

图 4.16　一个正态密度的 Parzen 窗估计

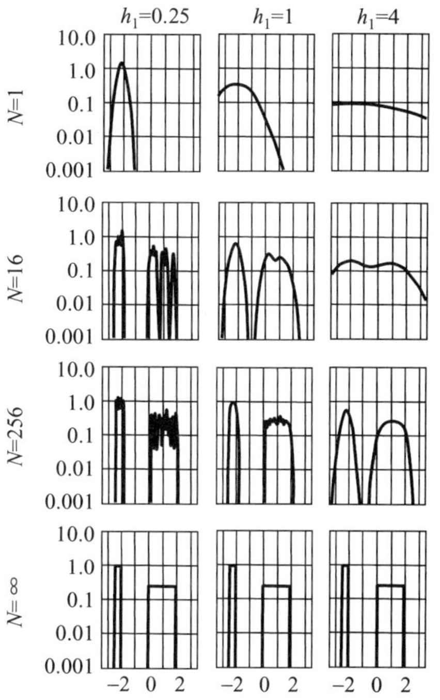

图 4.17　双峰密度的 Parzen 窗估计

解：仍选择正态窗函数，h_N 和 h_1 的取值与上例相同，得到的 $\hat{p}_N(x)$ 如图 4.17 所示。由图 4.17 可以看出，$N=1$ 时，估计结果基本上是窗函数本身，与 $p(x)$ 相差甚远。当 $N=16$ 时，难以确定 h_1 选取何值更好，但当 $N=256$ 及 $h_1=1$ 时，估计结果与真实分布就比较接近了。

以上两个例子说明，Parzen 窗法具有一般性，无论待估计的 $p(\boldsymbol{X})$ 是单峰或多峰形式都能适用，只要样本足够多，总可以保证收敛于任何复杂的未知概率密度函数，但这种方法也存在一定的缺点，这就是要得到较精确的估计必须抽取大量的样本，所需的样本比参数估计法所要求的样本数多得多，特别是当模式维数增加时，所需样本数目一般按指数规律增长，这就需要大量的计算时间和存储量，因而使实际应用受到限制。这些也同样是非参数估计普遍具有的特点和存在的问题。

4.6.3　k_N-近邻估计法

Parzen 窗法遇到的一个实际问题是体积序列 $V_1, V_2, \cdots, V_N$ 的选择问题。例如，当选 $V_N = V_1/\sqrt{N}$ 时，对任何有限的 N，得到的结果对初值 V_1 的选择很敏感。若 V_1 选择得太小，则大部分体积将是空的，从而使估计 $\hat{p}_N(\boldsymbol{X})$ 很不稳定；若 V_1 选择得太大，则估计结果较平坦，$p(\boldsymbol{X})$ 的一些细致的变化由于平均而损失掉，从而使估计结果反映不出真实总体分布的变化。为了解决这一问题，提出了 k_N-近邻估计法。

k_N-近邻估计法的基本思想是使体积为样本密度的函数，而不是样本数 N 的函数。

例如，为了从 N 个样本中估计 $p(\boldsymbol{X})$，我们可以事先确定 k_N 为 N 的某个函数，然后在 $\boldsymbol{X}$ 点附近选择一个体积，并让它不断增大直到捕获 k_N 个样本，这些样本为 $\boldsymbol{X}$ 的 k_N 个近邻。若 $\boldsymbol{X}$ 点附近的密度比较高，则包含 k_N 个样本的体积自然相对较小，从而保证了分辨力不致比样本密度低时的小；若 $\boldsymbol{X}$ 点附近的密度比较低，则体积就较大。

k_N-近邻估计法的基本公式仍为

$$\hat{p}_N(\boldsymbol{X}) = \frac{k_N/N}{V_N}$$

限制条件仍然是

(1) $\lim\limits_{N\to\infty} V_N = 0$

(2) $\lim\limits_{N\to\infty} k_N = \infty$

(3) $\lim\limits_{N\to\infty} k_N/N = 0$

条件(1)保证估计有较强的分辨力，条件(2)使体积内的平均效应较好，条件(3)使 $N\to\infty$ 时 k_N 的增长不会太快，使随 N 的增大能捕获到 k_N 个样本的体积 V_N 不致缩小到零。

k_N 可以取为 N 的某个函数，如取 $k_N = k_1\sqrt{N}$，k_1 的选择必须使 $k_N \geqslant 1$。例如选 $k_N = \sqrt{N}$，此时

$$V_N = \frac{k_N/N}{\hat{p}_N(\boldsymbol{X})} = \frac{\sqrt{N}/N}{\hat{p}_N(\boldsymbol{X})} = \frac{1}{\sqrt{N}\,\hat{p}_N(\boldsymbol{X})} \approx \frac{1}{\sqrt{N}p(\boldsymbol{X})}$$

由于 $p(\boldsymbol{X})$ 是有限的，所以 V_N 大致呈 $V_1/\sqrt{N}$ 的形式，$V_1 = 1/p(\boldsymbol{X})$。

对于例 4.5 和例 4.6 中估计的 $p(\boldsymbol{X})$，用 k_N-近邻估计法同样分别就 $N=1,16,256,\infty$ 的情况求 $\hat{p}_N(\boldsymbol{X})$。当 $N=1$ 时，选 $k_N=\sqrt{1}$，即对各 $\boldsymbol{X}$ 找到与它最近邻的一个样本，得到此时的 V_N（即刚能包含此样本的以 $\boldsymbol{X}$ 为中心的线段）。然后由基本估计式得到 $\boldsymbol{X}$ 处的 $\hat{p}_N(\boldsymbol{X})$ 估计值。对 N 的其他情况也做类似的估计，各估计结果如图 4.18 所示。

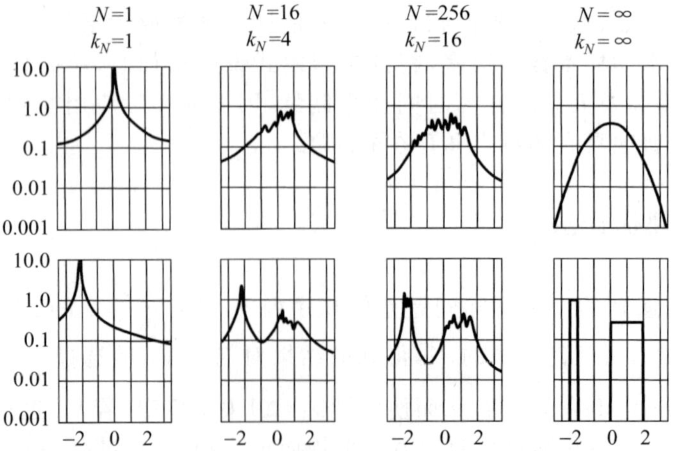

图 4.18 k_N-近邻估计法估计结果

根据以上讨论可以看出，k_N-近邻估计法也存在一般非参数估计法的共同问题，即所需样本很多，因而计算量和存储量很大。为了解决这一问题，研究人员研究了不少解决办法，例如用正交级数展开逼近上面的非参数估计等。这方面的文章很多，有兴趣的读者可以参考有关资料。

4.7 后验概率密度函数的势函数估计法

前面介绍了类概率密度函数的非参数估计，如果这些估计是满意的话，就在分类器设计中代替真正的类概率密度函数。此外，还可以利用训练样本集直接估计后验概率密度函数 $p_i(\omega_i|\boldsymbol{X})$，将其作为判别函数使用。这是一类直接求取判别函数的方法，有势函数法以及以随机逼近和罗宾斯-蒙罗(Robbins-Monro)算法为基础的梯度法、感知器算法和最小平方误差算法等，它们与第3章介绍的相应算法类似，但这里是基于概率统计的原理导出。

本节以势函数法为例介绍由训练样本集迭代估计 $p(\omega_i|\boldsymbol{X})$的方法。$p(\omega_i|\boldsymbol{X})$用 $\hat{f}_k(\boldsymbol{X})$近似代表，$k$ 为迭代次数，函数的定义域在0～1之间，与3.8.3节一样，$\hat{f}_k(\boldsymbol{X})$同样由合适的势函数 $K(\boldsymbol{X},\boldsymbol{X}_k)$组成。对 M 类模式，决策规则为

$$\text{如果 } p(\omega_i \mid \boldsymbol{X}) > p(\omega_j \mid \boldsymbol{X}),\quad i,j=1,2,\cdots,M;\ \forall j\neq i,\quad \text{则 } \boldsymbol{X}\in\omega_i$$

下面介绍第 i 类模式判别函数的具体迭代步骤。从取$\hat{f}_0(\boldsymbol{X})=0$开始。

第一步，将模式样本 $\boldsymbol{X}_1$ 送入分类器，发生势函数 $K(\boldsymbol{X},\boldsymbol{X}_k)$，有

$$\hat{f}_1(\boldsymbol{X})=\begin{cases}\hat{f}_0(\boldsymbol{X})+r_1K(\boldsymbol{X},\boldsymbol{X}_1)=r_1K(\boldsymbol{X},\boldsymbol{X}_1), & \text{若 } \boldsymbol{X}_1\in\omega_i\\ \hat{f}_0(\boldsymbol{X})-r_1K(\boldsymbol{X},\boldsymbol{X}_1)=-r_1K(\boldsymbol{X},\boldsymbol{X}_1) & \text{若 } \boldsymbol{X}_1\notin\omega_i\end{cases}$$

第二步，将 $\boldsymbol{X}_2$ 送入分类器，它对近似 $p(\omega_i|\boldsymbol{X})$的函数$\hat{f}_k(\boldsymbol{X})$的影响有三种可能情况：

(1) 若 $\boldsymbol{X}_2\in\omega_i$ 且$\hat{f}_1(\boldsymbol{X}_2)>0$，或 $\boldsymbol{X}_2\notin\omega_i$ 且$\hat{f}_1(\boldsymbol{X}_2)<0$，分类正确，$\hat{f}_2(\boldsymbol{X})=\hat{f}_1(\boldsymbol{X})$。

(2) 若 $\boldsymbol{X}_2\in\omega_i$，但$\hat{f}_1(\boldsymbol{X}_2)\leqslant 0$，错误分类，$\hat{f}_2(\boldsymbol{X})=\hat{f}_1(\boldsymbol{X})+r_2K(\boldsymbol{X},\boldsymbol{X}_2)$。

(3) 若 $\boldsymbol{X}_2\notin\omega_i$，但$\hat{f}_1(\boldsymbol{X}_2)\geqslant 0$，错误分类，$\hat{f}_2(\boldsymbol{X})=\hat{f}_1(\boldsymbol{X})-r_2K(\boldsymbol{X},\boldsymbol{X}_2)$。

……

第 $k+1$ 步，送入训练样本 $\boldsymbol{X}_{k+1}$，相应的势函数为 $K(\boldsymbol{X},\boldsymbol{X}_{k+1})$，亦有

(1) 若 $\boldsymbol{X}_{k+1}\in\omega_i$ 且$\hat{f}_k(\boldsymbol{X}_{k+1})>0$ 或 $\boldsymbol{X}_{k+1}\notin\omega_i$ 且$\hat{f}_k(\boldsymbol{X}_{k+1})<0$，正确分类，$\hat{f}_{k+1}(\boldsymbol{X})=\hat{f}_k(\boldsymbol{X})$。

(2) 若 $\boldsymbol{X}_{k+1}\in\omega_i$，且$\hat{f}_k(\boldsymbol{X}_{k+1})\leqslant 0$，错误分类，$\hat{f}_{k+1}(\boldsymbol{X})=\hat{f}_k(\boldsymbol{X})+r_{k+1}K(\boldsymbol{X},\boldsymbol{X}_{k+1})$。

(3) 若 $\boldsymbol{X}_{k+1}\notin\omega_i$，且$\hat{f}_k(\boldsymbol{X}_{k+1})\geqslant 0$，错误分类，$\hat{f}_{k+1}(\boldsymbol{X})=\hat{f}_k(\boldsymbol{X})-r_{k+1}K(\boldsymbol{X},\boldsymbol{X}_{k+1})$。

迭代式中系数 r_k，$k=1,2,\cdots$，为正实数序列，应满足

$$\lim_{k\to\infty} r_k=0,\quad \sum_{k=1}^{\infty} r_k=\infty,\quad \sum_{k=1}^{\infty} r_k^2<\infty$$

例如可采用调和序列$\left\{\dfrac{1}{k}\right\}$。

近似函数$\hat{f}_k(\boldsymbol{X})$的发生与训练样本集密切有关，由于模式样本是随机出现的，它可能随机地来自ω_i类或非ω_i类，所以$\hat{f}_k(\boldsymbol{X})$亦是随机函数，它随着迭代次数$k$的增大收敛于判别函数$p(\omega_i|\boldsymbol{X})$，即

$$\lim_{k\to\infty}\int_k[\hat{f}_k(\boldsymbol{X})-p(\omega_i\mid\boldsymbol{X})]^2p(\boldsymbol{X})\mathrm{d}\boldsymbol{X}=0$$

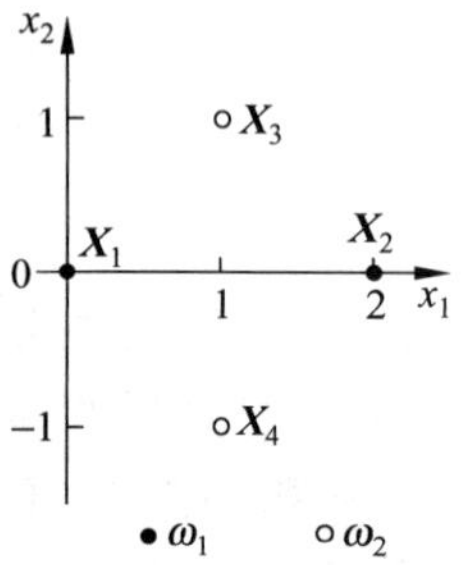

图 4.19　势函数法求后验概率密度函数举例

例 4.7　给定训练样本

$$\omega_1:\boldsymbol{X}_1=(0,0)^{\mathrm{T}},\quad \boldsymbol{X}_2=(2,0)^{\mathrm{T}}$$

$$\omega_2:\boldsymbol{X}_3=(1,1)^{\mathrm{T}},\quad \boldsymbol{X}_4=(1,-1)^{\mathrm{T}}$$

选择合适的势函数对模式进行分类。注意这里不是线性可分的，如图 4.19 所示。

解：选择指数型二维势函数，并且取$\alpha=1$，有

$$\begin{aligned}K(\boldsymbol{X},\boldsymbol{X}_k)&=\exp\{-\|\boldsymbol{X}-\boldsymbol{X}_k\|^2\}\\&=\exp\{-[(x_1-x_{k1})^2+(x_2-x_{k2})^2]\}\end{aligned}$$

式中，$\boldsymbol{X}=(x_1,x_2)^{\mathrm{T}}$，$\boldsymbol{X}_k=(x_{k1},x_{k2})^{\mathrm{T}}$。设初值$\hat{f}_0(\boldsymbol{X})=0$，$r_k=\dfrac{1}{k}$，开始迭代。

第一步，送入$\boldsymbol{X}_1\in\omega_1$，

$$\begin{aligned}\hat{f}_1(\boldsymbol{X})&=\hat{f}_0(\boldsymbol{X})+r_1K(\boldsymbol{X},\boldsymbol{X}_1)\\&=\exp\{-[(x_1-0)^2+(x_2-0)^2]\}\\&=\exp\{-[x_1^2+x_2^2]\}\end{aligned}$$

第二步，送入$\boldsymbol{X}_2\in\omega_1$，$\hat{f}_1(\boldsymbol{X}_2)=\mathrm{e}^{-4}>0$，正确分类，故$\hat{f}_2(\boldsymbol{X})=\hat{f}_1(\boldsymbol{X})$。

第三步，送入$\boldsymbol{X}_3\in\omega_2$，$\hat{f}_2(\boldsymbol{X}_3)=\mathrm{e}^{-2}>0$，分类错误，

$$\begin{aligned}\hat{f}_3(\boldsymbol{X})&=\hat{f}_2(\boldsymbol{X})-r_3K(\boldsymbol{X},\boldsymbol{X}_3)=\exp\{-[x_1^2+x_2^2]\}\\&\quad-\frac{1}{3}\exp\{-[(x_1-1)^2+(x_2-1)^2]\}\\&=\exp\{-[x_1^2+x_2^2]\}-\frac{1}{3}\exp\{-[x_1^2+x_2^2-2x_1-2x_2+2]\}\end{aligned}$$

第四步，送入$\boldsymbol{X}_4\in\omega_2$，$\hat{f}_3(\boldsymbol{X}_4)=\mathrm{e}^{-2}-\dfrac{1}{3}\mathrm{e}^{-4}>0$，分类错误，

$$\begin{aligned}\hat{f}_4(\boldsymbol{X})&=\hat{f}_3(\boldsymbol{X})-r_4K(\boldsymbol{X},\boldsymbol{X}_4)\\&=\hat{f}_3(\boldsymbol{X})-\frac{1}{4}\exp\{-[(x_1-1)^2+(x_2+1)^2]\}\\&=\hat{f}_3(\boldsymbol{X})-\frac{1}{4}\exp\{-[x_1^2+x_2^2-2x_1+2x_2+2]\}\end{aligned}$$

取$\boldsymbol{X}_5=\boldsymbol{X}_1$，$\boldsymbol{X}_6=\boldsymbol{X}_2$，…到全部训练样本完成一次无错分类的迭代为止，算法收敛于解

$$\hat{f}(\boldsymbol{X})=\exp\{-[x_1^2+x_2^2]\}$$
$$-\frac{1}{3}\exp\{-[x_1^2+x_2^2-2x_1-2x_2+2]\}$$
$$-\frac{1}{4}\exp\{-[x_1^2+x_2^2-2x_1+2x_2+2]\}$$
$$+\frac{1}{6}\exp\{-[x_1^2+x_2^2-4x_1+4]\}$$

判别函数 $d(\boldsymbol{X})=p(\omega_1|\boldsymbol{X})=\hat{f}(\boldsymbol{X})$。

势函数的选择对收敛速度有相当大的影响，例如本题如果选用埃尔米特多项式，收敛会慢得多。

习题

4.1 分别写出以下两种情况下，最小错误率贝叶斯决策规则：

(1) 两类情况，且 $p(\boldsymbol{X}|\omega_1)=p(\boldsymbol{X}|\omega_2)$。

(2) 两类情况，且 $P(\omega_1)=P(\omega_2)$。

4.2 假设在某个地区的疾病普查中，正常细胞(ω_1)和异常细胞(ω_2)的先验概率分别为 $P(\omega_1)=0.9$，$P(\omega_2)=0.1$。现有一待识别细胞，其观察值为 $\boldsymbol{X}$，从类概率密度分布曲线上查得 $p(\boldsymbol{X}|\omega_1)=0.2$，$p(\boldsymbol{X}|\omega_2)=0.4$，试对该细胞利用最小错误率贝叶斯决策规则进行分类。

4.3 设以下模式类具有正态概率密度函数

$$\omega_1:\boldsymbol{X}_1=(0,0)^{\mathrm{T}},\quad \boldsymbol{X}_2=(2,0)^{\mathrm{T}},\quad \boldsymbol{X}_3=(2,2)^{\mathrm{T}},\quad \boldsymbol{X}_4=(0,2)^{\mathrm{T}}$$
$$\omega_2:\boldsymbol{X}_5=(4,4)^{\mathrm{T}},\quad \boldsymbol{X}_6=(6,4)^{\mathrm{T}},\quad \boldsymbol{X}_7=(6,6)^{\mathrm{T}},\quad \boldsymbol{X}_8=(4,6)^{\mathrm{T}}$$

(1) 设 $P(\omega_1)=P(\omega_2)=0.5$，求两类模式之间贝叶斯判别界面的方程式。

(2) 绘出判别界面。

4.4 对 4.2 题中两类细胞的分类问题，除已知的数据外，若损失函数的值分别为

$$L_{11}=0,\quad L_{12}=6,\quad L_{21}=1,\quad L_{22}=0$$

试用最小风险贝叶斯决策规则对细胞进行分类。

4.5 设有两类一维模式，每一类都是正态分布，两类的均值和均方差分别为

$$\mu_1=0,\quad \sigma_1=2;\quad \mu_2=2,\quad \sigma_2=2$$

采用(0-1)损失函数，且 $P(\omega_1)=P(\omega_2)=0.5$。

(1) 试绘出两类模式的密度函数曲线，其判别界面位于何处？

(2) 若已获得样本：$-3,-2,1,3,5$，试判断它们各属于哪一类。

4.6 有两个一维模式类，其概率密度函数如图 4.20 所示。

(1) 若用(0-1)损失函数且先验概率相等，试导出其贝叶斯决策的判别函数。

(2) 求出判别界面的位置。

(3) 已知样本：0,2.5,0.5,2,1.5，判断它们各属于哪一类。

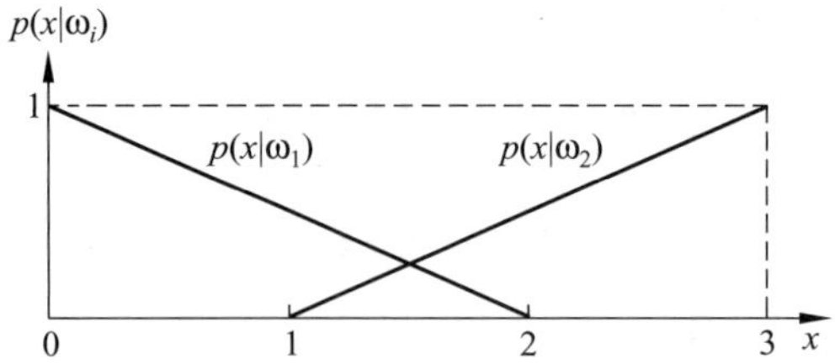

图 4.20　两个一维模式类的概率密度函数

4.7　设两类模式 ω_1 和 ω_2 具有正态分布密度函数，$\boldsymbol{M}_1=(-1,0)^{\mathrm{T}}$，$\boldsymbol{M}_2=(1,0)^{\mathrm{T}}$，$\boldsymbol{C}_1=\boldsymbol{C}_2=\boldsymbol{I}$，$P(\omega_1)=P(\omega_2)$。若用(0-1)损失函数，试写出对数似然比决策规则。

4.8　已知服从正态分布的两类训练样本集分别为

$$\omega_1:(1,0)^{\mathrm{T}},\quad(1,1)^{\mathrm{T}},\quad(0,1)^{\mathrm{T}},\quad(-1,1)^{\mathrm{T}},\quad(-1,0)^{\mathrm{T}}$$

$$\omega_2:(0,-1)^{\mathrm{T}},\quad(1,-2)^{\mathrm{T}},\quad(0,-2)^{\mathrm{T}},\quad(-1,-2)^{\mathrm{T}}$$

$P(\omega_1)=P(\omega_2)$，试问 $\boldsymbol{X}=(0,0)^{\mathrm{T}}$ 属于哪一类？

4.9　一个两类识别问题，模式向量为一维。随机抽取 ω_1 类的 6 个样本

$$x_1=3.2,\quad x_2=3.6,\quad x_3=3,\quad x_4=6,\quad x_5=2.5,\quad x_6=1.1$$

试选用正态窗函数估计 $p(x|\omega_1)$，即求估计式 $\hat{p}_N(x)$。

4.10　选择合适的势函数计算下列模式的判别函数

$$\omega_1:(0,0)^{\mathrm{T}},\quad(1,0)^{\mathrm{T}};\quad\omega_2:(0,1)^{\mathrm{T}},\quad(1,1)^{\mathrm{T}}$$

4.11　编写两类正态分布模式的贝叶斯分类程序。

4.12　给出 Parzen 窗估计的程序框图，并编写程序。

提示：可利用书中例题或演算过的习题校核程序，然后选用附录 C 中所给的数据进行分类运算。

第5章 特征选择与特征提取

5.1 基本概念

在一个模式识别过程中，无论是计算机还是人，首先都要先找出一些最具代表性的特征，然后才能依据这些特征去识别，可见特征选择和特征提取是识别分类和分类器设计之前的工作。在机器识别中，特征选择和特征提取将实际的物理实体抽象成数学模型，以特征向量的形式为后续工作提供数据。

特征向量的一个分量代表被识别对象的一个特征，同一类模式之间的相似性以及不同类模式之间的差异性主要体现在这些分量所表示的特征上。因此，恰当地确定识别对象的特征是模式识别中的一个重要环节，它直接影响着分类器的设计和分类结果。由于在许多实际问题中，那些最重要的特征常常不容易得到，使得特征选择和特征提取成为构造模式识别系统最困难的任务之一。

1. 两种数据测量情况

在绪论的细胞识别简例中，我们曾经简单地介绍过特征抽取、特征选择和特征提取的概念。在设计模式识别系统时，首先要用各种可能的手段对识别对象的性质做各种测量，这个最初的数据采集就是特征抽取，所获得的原始数据是特征选择和特征提取的依据。在数据测量时会遇到两种情况：

(1) 由于测量上可实现性的限制或经济上的考虑，获得的测量值为数不多。这时需要分析，将已有的测量值作为分类特征所提供的分类信息是否足够，能否获得较好的分类效果。

(2) 能获得的性质测量值很多。可能是由于心理作用，只要条件允许，人们经常习惯于将测量数据弄得多一些，或者也由于客观上的需要，有时有意加上一些比值、指数或对数等组合的计算特征。但是，如果将这些数目很多的测量值全部直接作为分类的特征用，识别结果并不一定好。原因是这些最初获得的数据中，有一部分数据仅含有很少的分类信息，甚至不包含分类信息；还有一部分数据之间存在很强的相关性，即它们包含的分类信息是重复的，因此这些数据中有一部分对分类并不起什么作用，将它们作为特征只会耗费机时，增加识别的复杂性，而不会使识别效果更好。

特征向量的维数过多会导致所谓的“特征维数灾难”，维数灾难是指在一定的识别精度要求下，随着样本维数的增加，即自变量数的增加，所需的数据量会迅速呈指数增长，即使速度最快的计算机也难以对付。因此，为了设计出好的分类器，一般需要对特征抽取所得的测量值集合进行分析。特征选择和特征提取的任务就是根据测量数据确定出对分类有意义的数据作为特征数据，这些特征数据既能体现同一类模式的相似性，又能体现不同类模式的差异性。目的是经过特征选择和提取组成识别分类用的特征，在保证一定分类精度的前提下，尽可能保留分类信息，减少特征维数，使分类器的工作即快速又准确。

2. 对特征的要求

要达到上述目的，作为识别分类用的特征应具备以下几个条件：

(1) 具有很大的识别信息量，即所提供的特征应具有很好的可分性，使分类器容易判别。

(2) 具有可靠性。对那些模棱两可，似是而非或时是时非不易判别的特征应丢掉。

(3) 具有尽可能强的独立性。重复的、相关性强的特征只选一个，因为强的相关性并没有增加更多的分类信息，它们实质上也是重复的，不能要。

(4) 数量尽量少，同时损失的信息尽量小。

3. 特征选择和特征提取的异同

在模式识别的概念中，特征选择和特征提取具有不同的含义。

特征选择是指，从 L 个度量值的集合 $\{x_1, x_2, \cdots, x_L\}$ 中按一定准则选择出供分类用的子集，作为降维(m 维，$m<L$)的分类特征。

特征提取是指，使一组度量值($x_1, x_2, \cdots, x_L$)通过某种变换 $h_i(\cdot)$ 产生新的 m 个特征($y_1, y_2, \cdots, y_m$)作为降维的分类特征，这里 $i=1,2,\cdots,m$；$m<L$。

注意，特征选择是"挑选"出较少的特征用于分类，特征提取是通过"数学变换"产生较少的特征。它们都是为了在尽可能保留识别信息的前提下，降低特征空间的维数，以实现有效的分类。特征选择和特征提取有时并不是截然分开的，例如，可以先进行特征选择，从原始测量数据中去掉那些明显没有分类信息的特征，然后再进行特征提取，进一步降低维数。

下面以一个简单的例子来说明特征选择与特征提取概念的区别。

例 5.1 两个图形 A 和 B 如图 5.1 所示，试确定合适的特征向量，并进行识别。

解：[方法 1] 首先进行特征抽取：测量结构特征。

测量的三个结构特征分别为：①周长；②面积；③两个互相垂直的内径比。

通过分析可以看出，③是具有分类能力的特征，故抛弃①和②，选择③作为一维特征向量。这种"挑选"的方法就是特征选择，一般是根据物理特征或结构特征进行降维。

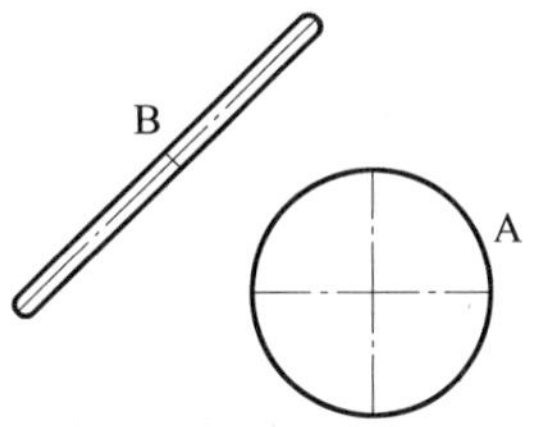

图 5.1 特征选择举例

识别时，当内径比为 1 时判决为圆 A，否则判决为图形 B。

[方法 2] 首先抽取特征：分别测量两个物体向两个坐标轴的投影值。

如图 5.2(a)所示，物体 A 有 4 个值 $x_{1A1}, x_{1A2}, x_{2A1}, x_{2A2}$。这里简单地忽略 B 的厚度，那么物体 B 也有 4 个测量值。从图 5.2(a)中可以看出，两个物体投影在 x_1 轴和 x_2 轴的值域区间均有重叠的部分，因此直接使用投影值无法将 A 和 B 区分开。

考虑将坐标系按逆时针方向做一旋转变换(或物体按顺时针方向旋转)，将两物体分别向 x_2' 轴投影，每个物体有两个投影值，这里只需将一个投影值用做一维特征向量即可。识别时，投影值大于零的判决为物体 B，投影值小于零的判决为物体 A。这样，原来用四

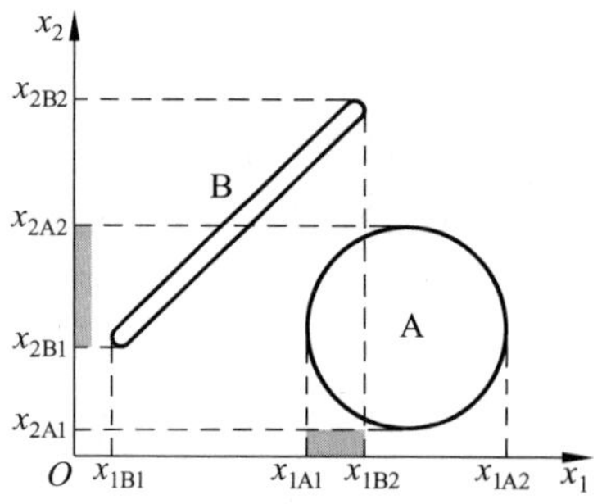

(a) 变换前

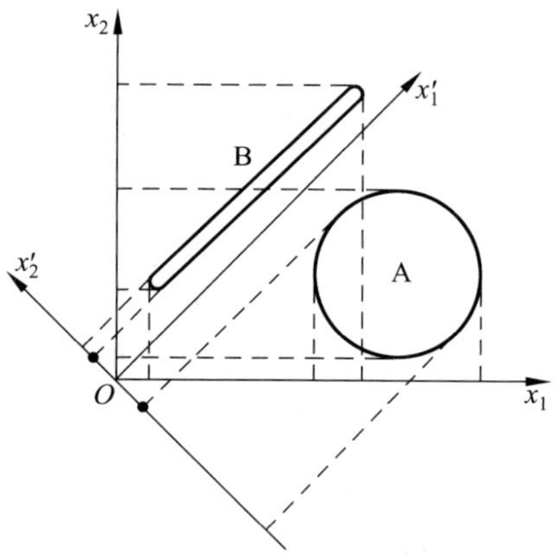

(b) 变换后

图 5.2　特征提取

个特征无法解决的问题，现在只需一个特征就解决了，特征向量从四维减少到一维。这种“变换”的方法就是特征提取，一般是用数学方法进行降维。

识别对象的特征可以分为三类：物理特征、结构特征和数学特征。人们通常利用物理特征和结构特征识别对象，因为这两类特征容易被人的感觉器官获取。但在使用计算机进行识别时，应用这些特征有时比较复杂，因为用硬件模拟人的感觉器官是很困难、很复杂的事情，而机器在抽取数学特征方面的能力则比人强得多，如统计平均值、相关系数、协方差矩阵的特征值及特征向量、距离等都是数学特征，利用计算机识别时主要是利用数学特征。

本章主要研究数学特征的选择和提取。物理和结构特征的测量及其有效性分析和具体对象联系十分密切，涉及研究对象本身的各种物理规律，因此这里不做专门讨论。应当指出，在很多实际问题中，物理和结构特征对分类是非常重要的，在实际构造一个识别系统时常常把它们作为基本特征用到分类器设计中。

下面先介绍几种类别可分性测度，然后讨论几种常用的特征选择和特征提取的方法。

5.2　类别可分性测度

特征选择和特征提取的目的在于突出同一类模式的相似性和不同类模式之间的差异性。那么，从 L 个原始特征中选择出 n 个特征的可能组合是很多的，哪一种组合对分类更有意义，分类效果会更好呢？或者，从 L 个特征通过数学变换产生 n 个特征的方法也有很多，哪一种变换对分类最有利呢？这就需要有一个衡量的尺度，这个尺度称为类别可分性测度。

类别可分性测度有多种。就空间分布而言，希望同一类模式在空间的分布愈密集愈好，不同类的模式分布愈分散愈好，因此类内距离和类间距离可以作为可分性测度。其次，对于随机模式向量来说，类概率密度函数可以作为判别函数对模式进行分类，也包含了可分性的信息，因此可以利用类概率密度函数确定可分性测度。另一个直观的想法是把分类的错误率作为可分性测度，使分类器错误率最小的那组特征应该是最好的特征，但错误率的计算太复杂，可以利用与错误率有关的距离作为可分性测度。这一节主要介绍几种基于距离和基于概率分布的可分性测度，在没有特别说明的情况下，一般均采用欧氏距离。

5.2.1 基于距离的可分性测度

1. 类内距离和类内散布矩阵

在同一类模式点集$\{\boldsymbol{X}\}$内，各样本间的均方距离简称类内距离，其平方形式记为$\overline{D^2}$，定义为

$$\overline{D^2}=E\{\|\boldsymbol{X}_i-\boldsymbol{X}_j\|^2\}=E\{(\boldsymbol{X}_i-\boldsymbol{X}_j)^{\mathrm{T}}(\boldsymbol{X}_i-\boldsymbol{X}_j)\} \tag{5-1}$$

式中$\boldsymbol{X}_i$和$\boldsymbol{X}_j$是$\{\boldsymbol{X}\}$中的任意两个n维样本。若$\{\boldsymbol{X}\}$中的样本相互独立，则式(5-1)可以表示为

$$\begin{aligned}\overline{D^2}&=2E\{\boldsymbol{X}^{\mathrm{T}}\boldsymbol{X}\}-2E\{\boldsymbol{X}^{\mathrm{T}}\}E\{\boldsymbol{X}\}=2[E\{\boldsymbol{X}^{\mathrm{T}}\boldsymbol{X}\}-\boldsymbol{M}^{\mathrm{T}}\boldsymbol{M}]\\&=2\mathrm{tr}[\boldsymbol{R}-\boldsymbol{M}\boldsymbol{M}^{\mathrm{T}}]=2\mathrm{tr}[\boldsymbol{C}] \qquad (5\text{-}2)\\&=2\sum_{k=1}^{n}\sigma_k^2 \qquad (5\text{-}3)\end{aligned}$$

式中，$\boldsymbol{R}$为该类模式分布的自相关矩阵；$\boldsymbol{M}$为该类模式的均值向量；$\boldsymbol{C}$为协方差矩阵；σ_k^2是$\boldsymbol{C}$主对角线上的元素，表示模式向量第k个分量的方差；tr为矩阵的迹，即方阵主对角线上各元素之和。

类内散布矩阵表示各样本点围绕它们均值的散布情况。对某类模式而言，类内散布矩阵即为该类分布的协方差矩阵，也就是说这里矩阵$\boldsymbol{C}$就是类内散布矩阵。多类情况下，有多类类内散布矩阵，后面会介绍到。特征选择和提取的结果应使类内散布矩阵的迹愈小愈好。

2. 类间距离和类间散布矩阵

类间距离，顾名思义是指模式类之间的距离，直观地看可以简单地用各类均值向量之间的距离来表示，如果进一步用先验概率对均值向量间的距离进行加权，这样得到的结果将更为合理。类间距离的定义反映了这一概念，用$\overline{D_b}$表示。

多类模式的类间距离平方形式定义为每一类模式均值向量与模式总体均值向量之间平方距离的先验概率加权和，是平均平方距离的概念。设有c个模式类，其类间距离的平方形式表示为

$$\overline{D_b^2}=\sum_{i=1}^{c}P(\omega_i)\|\boldsymbol{M}_i-\boldsymbol{M}_0\|^2=\sum_{i=1}^{c}P(\omega_i)(\boldsymbol{M}_i-\boldsymbol{M}_0)^{\mathrm{T}}(\boldsymbol{M}_i-\boldsymbol{M}_0) \tag{5-4}$$

式中，$P(\omega_i)$是ω_i类的先验概率；$\boldsymbol{M}_i$是ω_i类的均值向量；$\boldsymbol{M}_0$为所有c类模式的总体均值

向量，即

$$\boldsymbol{M}_0 = E\{\boldsymbol{X}\} = \sum_{i=1}^{c} P(\omega_i)\boldsymbol{M}_i \quad \boldsymbol{X} \in \omega_i, i = 1,2,\cdots,c \tag{5-5}$$

类间距离也可用矩阵表示，令矩阵 $\boldsymbol{S}_b$ 为

$$\boldsymbol{S}_b = \sum_{i=1}^{c} P(\omega_i)(\boldsymbol{M}_i - \boldsymbol{M}_0)(\boldsymbol{M}_i - \boldsymbol{M}_0)^{\mathrm{T}} \tag{5-6}$$

则类间距离可以表示为

$$\overline{D_b^2} = \mathrm{tr}\{\boldsymbol{S}_b\} \tag{5-7}$$

矩阵 $\boldsymbol{S}_b$ 称为类间散布矩阵，它表示 c 类模式在空间的散布情况，散布矩阵的迹愈大愈有利于分类。

3. 多类模式向量间的距离和总体散布矩阵

每一类模式在空间分布的区域都有一定的范围，所有各类模式向量之间的距离包括了不同类别模式间的距离和同类模式间的内部距离，相应地，多类模式集的总体散布矩阵是各类的类间散布矩阵与类内散布矩阵之和。下面进行具体分析。

首先考虑简单的两类情况。设 ω_1类中有 q 个样本，ω_2类中有 p 个样本。在 ω_1类中选一个样本点，计算这个点与 ω_2类的所有样本点之间的距离，共 p 个；选遍 ω_1类中的所有点，重复前面的计算，共 q 次，这样一共有 $p\times q$ 个距离。将所有这些距离相加求平均，这个平均距离就可以代表两个类区之间的距离。

类似地，多类模式向量之间的平均平方距离定义为

$$J_d = \frac{1}{2}\sum_{i=1}^{c} P(\omega_i)\sum_{j=1}^{c} P(\omega_j)\frac{1}{n_i n_j}\sum_{k=1}^{n_i}\sum_{l=1}^{n_j} D^2(\boldsymbol{X}_k^i, \boldsymbol{X}_l^j) \tag{5-8}$$

式中，c 为类别数；$P(\omega_i)$和 $P(\omega_j)$分别是 ω_i类和 ω_j类的先验概率；n_i 和 n_j 分别是 ω_i类和 ω_j类的样本数；$\boldsymbol{X}_k^i$ 为 ω_i类的第 k 个样本；$\boldsymbol{X}_l^j$ 为 ω_j类的第 l 个样本；$D^2(\boldsymbol{X}_k^i, \boldsymbol{X}_l^j)$是 $\boldsymbol{X}_k^i$ 和 $\boldsymbol{X}_l^j$ 间欧氏距离的平方，即

$$D^2(\boldsymbol{X}_k^i, \boldsymbol{X}_l^j) = (\boldsymbol{X}_k^i - \boldsymbol{X}_l^j)^{\mathrm{T}}(\boldsymbol{X}_k^i - \boldsymbol{X}_l^j) \tag{5-9}$$

用 $\boldsymbol{M}_i$ 表示 ω_i类样本集的均值向量，$\boldsymbol{M}_0$ 表示所有 c 类模式的总体均值向量，即

$$\boldsymbol{M}_i = \frac{1}{n_i}\sum_{k=1}^{n_i}\boldsymbol{X}_k^i \tag{5-10}$$

$$\boldsymbol{M}_0 = \sum_{i=1}^{c} P(\omega_i)\boldsymbol{M}_i \tag{5-11}$$

将式(5-9)～式(5-11)代入式(5-8)，得

$$J_d = \sum_{i=1}^{c} P(\omega_i)\left[\frac{1}{n_i}\sum_{k=1}^{n_i}(\boldsymbol{X}_k^i - \boldsymbol{M}_i)^{\mathrm{T}}(\boldsymbol{X}_k^i - \boldsymbol{M}_i) + (\boldsymbol{M}_i - \boldsymbol{M}_0)^{\mathrm{T}}(\boldsymbol{M}_i - \boldsymbol{M}_0)\right] \tag{5-12}$$

式中，方括号中的第一项为 ω_i类的类内平方距离的平均值；第二项是 ω_i类均值向量与总体均值向量的类间平方距离，两项之和是与 ω_i类有关的平方距离。式(5-12)表明，多类

模式向量之间的平方距离由所有类的平方距离(包括类内的和类间的平方距离)用相应的先验概率加权平均构成。

c 类模式的平均平方距离 J_d 也可用矩阵形式表示为

$$J_d = \mathrm{tr}(\boldsymbol{S}_b + \boldsymbol{S}_w) = \mathrm{tr}(\boldsymbol{S}_t) \tag{5-13}$$

其中,

$$\boldsymbol{S}_b = \sum_{i=1}^{c} P(\omega_i)(\boldsymbol{M}_i - \boldsymbol{M}_0)(\boldsymbol{M}_i - \boldsymbol{M}_0)^{\mathrm{T}}$$

就是前面介绍的类间散布矩阵式(5-6)

$$\boldsymbol{S}_w = \sum_{i=1}^{c} P(\omega_i) E\{(\boldsymbol{X} - \boldsymbol{M}_i)(\boldsymbol{X} - \boldsymbol{M}_i)^{\mathrm{T}}\}, \quad \boldsymbol{X} \in \omega_i \tag{5-14}$$

$$= \sum_{i=1}^{c} P(\omega_i) \frac{1}{n_i} \sum_{k=1}^{n_i} (\boldsymbol{X}_k^i - \boldsymbol{M}_i)(\boldsymbol{X}_k^i - \boldsymbol{M}_i)^{\mathrm{T}}$$

称为多类类内散布矩阵,是各类模式协方差矩阵的先验概率加权平均值。而

$$\boldsymbol{S}_t = E\{(\boldsymbol{X} - \boldsymbol{M}_0)(\boldsymbol{X} - \boldsymbol{M}_0)^{\mathrm{T}}\} = \boldsymbol{S}_b + \boldsymbol{S}_w \tag{5-15}$$

称为总体散布矩阵,即总体散布矩阵 $\boldsymbol{S}_t$ 是各类类内散布矩阵与类间散布矩阵之和,式中 $\boldsymbol{X}$ 为模式向量的全体。特征选择和特征提取应该使类内分散度尽量小,即使 $\mathrm{tr}(\boldsymbol{S}_w)$ 尽量小;使类间分散度尽可能大,即使 $\mathrm{tr}(\boldsymbol{S}_b)$ 尽量大。

5.2.2 基于概率分布的可分性测度

以上各种距离和散布矩阵可以反映各类模式的空间分布情况,计算方便,概念直观,但它们与分类的错误率没有直接的联系。为了使可分性准则函数能够更紧密地与分类错误率联系起来,可以采用散度作为类别可分性的度量。

1. 散度

1) 散度的定义

对于两类随机模式向量,可以利用对数似然比作为判别函数对模式进行分类,因此对数似然比含有类别的可分性信息。设 ω_i 类和 ω_j 类的概率密度函数分别为 $p(\boldsymbol{X}|\omega_i)$ 和 $p(\boldsymbol{X}|\omega_j)$,$\omega_i$ 类对 ω_j 类的对数似然比用 l_{ij} 表示,ω_j 类对 ω_i 类的对数似然比用 l_{ji} 表示,则 l_{ij} 和 l_{ji} 分别为

$$l_{ij} = \ln \frac{p(\boldsymbol{X} \mid \omega_i)}{p(\boldsymbol{X} \mid \omega_j)}$$

$$l_{ji} = \ln \frac{p(\boldsymbol{X} \mid \omega_j)}{p(\boldsymbol{X} \mid \omega_i)}$$

对于不同的 $\boldsymbol{X}$,对数似然比体现的可分性是不同的,因此通常关心的是平均可分性信息。平均可分性信息用对数似然比的期望值来表示。

对于 ω_i 类,对数似然比的期望值为

$$I_{ij}=E\{l_{ij}\}=\int_{\boldsymbol{X}}p(\boldsymbol{X}\mid\omega_i)\ln\frac{p(\boldsymbol{X}\mid\omega_i)}{p(\boldsymbol{X}\mid\omega_j)}\mathrm{d}\boldsymbol{X}$$

对于 ω_j 类，对数似然比的期望值为

$$I_{ji}=E\{l_{ji}\}=\int_{\boldsymbol{X}}p(\boldsymbol{X}\mid\omega_j)\ln\frac{p(\boldsymbol{X}\mid\omega_j)}{p(\boldsymbol{X}\mid\omega_i)}\mathrm{d}\boldsymbol{X}$$

ω_i类和ω_j类总的平均可分性信息定义为ω_i类对ω_j类的散度，即散度等于两类的对数似然比期望值之和，用 J_{ij} 表示为

$$J_{ij}=I_{ij}+I_{ji}=\int_{\boldsymbol{X}}[p(\boldsymbol{X}\mid\omega_i)-p(\boldsymbol{X}\mid\omega_j)]\ln\frac{p(\boldsymbol{X}\mid\omega_i)}{p(\boldsymbol{X}\mid\omega_j)}\mathrm{d}\boldsymbol{X} \tag{5-16}$$

散度表示了区分ω_i类和ω_j类的总的平均信息，因此特征选择和特征提取应使散度尽可能大。

2）散度的性质

(1) $J_{ij}=J_{ji}$。

(2) J_{ij} 为非负，即 $J_{ij}\geqslant 0$。

当 $p(\boldsymbol{X}|\omega_i)\neq p(\boldsymbol{X}|\omega_j)$时，$J_{ij}>0$。$p(\boldsymbol{X}|\omega_i)$与 $p(\boldsymbol{X}|\omega_j)$相差愈大，$J_{ij}$ 越大。

当 $p(\boldsymbol{X}|\omega_i)=p(\boldsymbol{X}|\omega_j)$，即两类分布密度相同时，$J_{ij}=0$。

(3) 由 4.3 节中对错误率的分析可知，两类概率密度曲线交叠越少，错误率越小。由散度的定义式(5-16)可知，散度愈大，说明两类概率密度函数曲线相差愈大，交叠就愈少，因而分类错误率愈小。

(4) 对于模式向量 $\boldsymbol{X}=(x_1,x_2,\cdots,x_n)^{\mathrm{T}}$，若各分量相互独立，则有

$$J_{ij}(\boldsymbol{X})=J_{ij}(x_1,x_2,\cdots,x_n)=\sum_{k=1}^{n}J_{ij}(x_k) \tag{5-17}$$

即散度具有可加性。利用这一性质可以估计每一个特征在分类中的重要性。散度较大的特征含有较大的可分信息，对分类作用大，应予以保留。而散度小的特征对总散度贡献小，可以不必考虑。

(5) 散度的可加性还表明，加入新的特征，不会使散度减小。即

$$J_{ij}(x_1,x_2,\cdots,x_n)\leqslant J_{ij}(x_1,x_2,\cdots,x_n,x_{n+1})$$

3）两个正态分布模式类的散度

散度 J_{ij} 的表示式比较复杂，当概率分布密度属于某种参数形式时可以简化，特别是当正态分布时可以给出更明显的表达式。

假定ω_i类和ω_j类的概率密度函数分别为

$$p(\boldsymbol{X}\mid\omega_i)\sim N(\boldsymbol{M}_i,\boldsymbol{C}_i)$$
$$p(\boldsymbol{X}\mid\omega_j)\sim N(\boldsymbol{M}_j,\boldsymbol{C}_j)$$

对数似然比 l_{ij} 为

$$l_{ij}=\ln\frac{p(\boldsymbol{X}\mid\omega_i)}{p(\boldsymbol{X}\mid\omega_j)}=\frac{1}{2}\ln\frac{|\boldsymbol{C}_j|}{|\boldsymbol{C}_i|}-\frac{1}{2}[(\boldsymbol{X}-\boldsymbol{M}_i)^{\mathrm{T}}\boldsymbol{C}_i^{-1}(\boldsymbol{X}-\boldsymbol{M}_i)]$$
$$+\frac{1}{2}[(\boldsymbol{X}-\boldsymbol{M}_j)^{\mathrm{T}}\boldsymbol{C}_j^{-1}(\boldsymbol{X}-\boldsymbol{M}_j)]$$

$$= \frac{1}{2}\ln\frac{|\boldsymbol{C}_j|}{|\boldsymbol{C}_i|} - \frac{1}{2}\mathrm{tr}[\boldsymbol{C}_i^{-1}(\boldsymbol{X}-\boldsymbol{M}_i)(\boldsymbol{X}-\boldsymbol{M}_i)^{\mathrm{T}}]$$
$$+ \frac{1}{2}\mathrm{tr}[\boldsymbol{C}_j^{-1}(\boldsymbol{X}-\boldsymbol{M}_j)(\boldsymbol{X}-\boldsymbol{M}_j)^{\mathrm{T}}] \tag{5-18}$$

对于 ω_i 类，l_{ij} 的期望值为

$$I_{ij} = \int_{\boldsymbol{X}} l_{ij}\, p(\boldsymbol{X} \mid \omega_i)\,\mathrm{d}\boldsymbol{X}$$
$$= \frac{1}{2}\ln\frac{|\boldsymbol{C}_j|}{|\boldsymbol{C}_i|} - \frac{1}{2}\mathrm{tr}\left[\boldsymbol{C}_i^{-1}\int_{\boldsymbol{X}}(\boldsymbol{X}-\boldsymbol{M}_i)(\boldsymbol{X}-\boldsymbol{M}_i)^{\mathrm{T}} p(\boldsymbol{X} \mid \omega_i)\,\mathrm{d}\boldsymbol{X}\right]$$
$$+ \frac{1}{2}\mathrm{tr}\left[\boldsymbol{C}_j^{-1}\int_{\boldsymbol{X}}(\boldsymbol{X}-\boldsymbol{M}_j)(\boldsymbol{X}-\boldsymbol{M}_j)^{\mathrm{T}} p(\boldsymbol{X} \mid \omega_i)\,\mathrm{d}\boldsymbol{X}\right]$$
$$= \frac{1}{2}\ln\frac{|\boldsymbol{C}_j|}{|\boldsymbol{C}_i|} - \frac{1}{2}\mathrm{tr}(\boldsymbol{C}_i^{-1}\boldsymbol{C}_i)$$
$$+ \frac{1}{2}\mathrm{tr}\left[\boldsymbol{C}_j^{-1}\int_{\boldsymbol{X}}(\boldsymbol{X}-\boldsymbol{M}_i+\boldsymbol{M}_i-\boldsymbol{M}_j)(\boldsymbol{X}-\boldsymbol{M}_i+\boldsymbol{M}_i-\boldsymbol{M}_j)^{\mathrm{T}} p(\boldsymbol{X} \mid \omega_i)\,\mathrm{d}\boldsymbol{X}\right]$$
$$= \frac{1}{2}\ln\frac{|\boldsymbol{C}_j|}{|\boldsymbol{C}_i|} - \frac{1}{2}\mathrm{tr}(\boldsymbol{C}_i^{-1}\boldsymbol{C}_i) + \frac{1}{2}\mathrm{tr}(\boldsymbol{C}_j^{-1}\boldsymbol{C}_i)$$
$$+ \frac{1}{2}\mathrm{tr}[\boldsymbol{C}_j^{-1}(\boldsymbol{M}_i-\boldsymbol{M}_j)(\boldsymbol{M}_i-\boldsymbol{M}_j)^{\mathrm{T}}] \tag{5-19}$$

同样可求得 I_{ji} 为

$$I_{ji} = \frac{1}{2}\ln\frac{|\boldsymbol{C}_i|}{|\boldsymbol{C}_j|} - \frac{1}{2}\mathrm{tr}(\boldsymbol{C}_j^{-1}\boldsymbol{C}_j) + \frac{1}{2}\mathrm{tr}(\boldsymbol{C}_i^{-1}\boldsymbol{C}_j)$$
$$+ \frac{1}{2}\mathrm{tr}[\boldsymbol{C}_i^{-1}(\boldsymbol{M}_j-\boldsymbol{M}_i)(\boldsymbol{M}_j-\boldsymbol{M}_i)^{\mathrm{T}}] \tag{5-20}$$

因此得到 ω_i 类对 ω_j 类的散度为

$$J_{ij} = I_{ij} + I_{ji}$$
$$= \frac{1}{2}\mathrm{tr}[(\boldsymbol{C}_j^{-1}-\boldsymbol{C}_i^{-1})(\boldsymbol{C}_i-\boldsymbol{C}_j)]$$
$$+ \frac{1}{2}\mathrm{tr}[(\boldsymbol{C}_i^{-1}-\boldsymbol{C}_j^{-1})(\boldsymbol{M}_i-\boldsymbol{M}_j)(\boldsymbol{M}_i-\boldsymbol{M}_j)^{\mathrm{T}}] \tag{5-21}$$

在 ω_i 类和 ω_j 类的协方差矩阵相等的情况下，即 $\boldsymbol{C}_i=\boldsymbol{C}_j=\boldsymbol{C}$ 时，散度为

$$J_{ij} = \mathrm{tr}[(\boldsymbol{C}^{-1}(\boldsymbol{M}_i-\boldsymbol{M}_j)(\boldsymbol{M}_i-\boldsymbol{M}_j)^{\mathrm{T}}] = (\boldsymbol{M}_i-\boldsymbol{M}_j)^{\mathrm{T}}\boldsymbol{C}^{-1}(\boldsymbol{M}_i-\boldsymbol{M}_j) \tag{5-22}$$

这种情况下，散度正好等于两类模式之间马氏距离的平方。以一维正态分布为例，有

$$J_{ij} = \frac{(m_i-m_j)^2}{\sigma^2}$$

式中，m_i 和 m_j 对应于两类模式的均值，$\sigma_i^2=\sigma_j^2=\sigma^2$ 是方差。显然，两类模式均值向量之间的距离越远或者每类模式自身分布愈集中，则散度愈大。

2. Chernoff 界限和 Bhattacharyya 距离

Chernoff 界限定义为

$$\mu(s) = -\ln\int_{\boldsymbol{X}}[p(\boldsymbol{X}\mid\omega_1)]^{1-s}[p(\boldsymbol{X}\mid\omega_2)]^s\mathrm{d}\boldsymbol{X} \tag{5-23}$$

式中，s 是在[0,1]区间取值的一个参数。Chernoff 界限与分类器的错误率上界有关，$\mu(s)$越大，错误率上界越小。

当 $s=1/2$ 时，$\mu(s)$称为 Bhattacharyya 距离，用 J_B 表示，即

$$J_B = \mu\left(\frac{1}{2}\right) = -\ln\int_{\boldsymbol{X}}\sqrt{p(\boldsymbol{X}\mid\omega_1)p(\boldsymbol{X}\mid\omega_2)}\,\mathrm{d}\boldsymbol{X} \tag{5-24}$$

在正态分布情况下，且 $\boldsymbol{C}_1=\boldsymbol{C}_2=\boldsymbol{C}$ 时，J_B 为

$$J_B = \frac{1}{8}(\boldsymbol{M}_1-\boldsymbol{M}_2)^{\mathrm{T}}\boldsymbol{C}^{-1}(\boldsymbol{M}_1-\boldsymbol{M}_2)$$

这时，J_B 相当于两类之间马氏距离的平方，只是系数不同而已。

同 Chernoff 界限一样，Bhattacharyya 距离也与错误率上界有关，J_B 的值越大，错误率上界越小。因此可以把 Chernoff 界限和 Bhattacharyya 距离作为类别可分性测度，特征选择和提取的目的应是使这两种测度尽可能大，这样才更有利于分类。

5.3 基于类内散布矩阵的单类模式特征提取

对于某类模式而言，特征提取的目的就是通过一种变换压缩模式向量的维数。设$\{\boldsymbol{X}\}$是 ω_i类的一个样本集，其中 $\boldsymbol{X}$ 是 n 维向量。要将 $\boldsymbol{X}$ 压缩成 m 维($m<n$)向量，就是要寻找一个 $m\times n$ 矩阵 $\boldsymbol{A}$，并做如下变换

$$\boldsymbol{X}^* = \boldsymbol{A}\boldsymbol{X}$$

变换后的样本集记为$\{\boldsymbol{X}^*\}$，其中的样本是 m 维的。

应当注意的是，将每一类的维数降低后，在新的 m 维空间里各模式类之间的分布规律应至少保持不变或更优化，即同一类模式分布的密集程度要么不变，要么更密集；不同类模式之间的距离要么保持不变，要么相距更远，否则变换对分类将是不利的。

下面我们讨论根据类内散布矩阵确定矩阵 $\boldsymbol{A}$ 的方法，以及通过矩阵 $\boldsymbol{A}$ 进行特征提取的步骤。

1. 根据类内散布矩阵确定变换矩阵

设 ω_i类模式的均值向量为$\boldsymbol{M}$，协方差矩阵为 $\boldsymbol{C}$，$\boldsymbol{C}$ 即为该类的类内散布矩阵。$\boldsymbol{M}$ 和 $\boldsymbol{C}$ 的定义分别为

$$\boldsymbol{M} = E\{\boldsymbol{X}\} \tag{5-25}$$

$$\boldsymbol{C} = E\{(\boldsymbol{X}-\boldsymbol{M})(\boldsymbol{X}-\boldsymbol{M})^{\mathrm{T}}\} \tag{5-26}$$

式中，$\boldsymbol{X}$ 和 $\boldsymbol{M}$ 为 n 维向量；$\boldsymbol{C}$ 为 $n\times n$ 的实对称矩阵。

设矩阵 $\boldsymbol{C}$ 的 n 个特征值分别为 $\lambda_1,\lambda_2,\cdots,\lambda_n$，任一特征值是满足

$$|\lambda\boldsymbol{I}-\boldsymbol{C}| = 0 \tag{5-27}$$

的一个解。假定 n 个特征值对应的 n 个特征向量为 $\boldsymbol{u}'_k$，$k=1,2,\cdots,n$，$\boldsymbol{u}'_k$是满足

$$(\lambda_k\boldsymbol{I}-\boldsymbol{C})\boldsymbol{u}'_k = 0 \tag{5-28}$$

的一个非零解。$\boldsymbol{u}_k'$是 n 维向量，可表示为 $\boldsymbol{u}_k'=(u_{k1}',u_{k2}',\cdots,u_{kn}')^{\mathrm{T}}$。求 $\boldsymbol{u}_k'$的归一化特征向量 $\boldsymbol{u}_k=(u_{k1},u_{k2},\cdots,u_{kn})^{\mathrm{T}}$，根据实对称矩阵的性质，有

$$\boldsymbol{u}_i^{\mathrm{T}}\boldsymbol{u}_j=\begin{cases}1, & j=i\\ 0, & j\neq i\end{cases} \tag{5-29}$$

该式表示 n 个特征向量相互正交。

若选 n 个归一化特征向量作为 $\boldsymbol{A}$ 的行，则 $\boldsymbol{A}$ 为归一化正交矩阵，即

$$\boldsymbol{A}=\begin{pmatrix}\boldsymbol{u}_1^{\mathrm{T}}\\ \boldsymbol{u}_2^{\mathrm{T}}\\ \vdots\\ \boldsymbol{u}_n^{\mathrm{T}}\end{pmatrix}$$

有

$$\boldsymbol{A}^{\mathrm{T}}=(\boldsymbol{u}_1,\boldsymbol{u}_2,\cdots,\boldsymbol{u}_n)$$

则

$$\boldsymbol{A}\boldsymbol{A}^{\mathrm{T}}=\boldsymbol{I} \tag{5-30}$$

利用 $\boldsymbol{A}$ 对 ω_i类的样本 $\boldsymbol{X}$ 进行变换，得

$$\boldsymbol{X}^*=\boldsymbol{A}\boldsymbol{X} \tag{5-31}$$

式中，$\boldsymbol{X}$ 和 $\boldsymbol{X}^*$ 都是 n 维向量。现在考察在变换后的新空间里，ω_i类模式的均值向量 $\boldsymbol{M}^*$、协方差矩阵 $\boldsymbol{C}^*$ 以及类内距离的变化情况。$\boldsymbol{M}^*$ 和 $\boldsymbol{C}^*$ 分别为

$$\boldsymbol{M}^*=E\{\boldsymbol{X}^*\}=E\{\boldsymbol{A}\boldsymbol{X}\}=\boldsymbol{A}E\{\boldsymbol{X}\}=\boldsymbol{A}\boldsymbol{M} \tag{5-32}$$

$$\begin{aligned}\boldsymbol{C}^*&=E\{(\boldsymbol{X}^*-\boldsymbol{M}^*)(\boldsymbol{X}^*-\boldsymbol{M}^*)^{\mathrm{T}}\}=E\{(\boldsymbol{A}\boldsymbol{X}-\boldsymbol{A}\boldsymbol{M})(\boldsymbol{A}\boldsymbol{X}-\boldsymbol{A}\boldsymbol{M})^{\mathrm{T}}\}\\&=\boldsymbol{A}E\{(\boldsymbol{X}-\boldsymbol{M})(\boldsymbol{X}-\boldsymbol{M})^{\mathrm{T}}\}\boldsymbol{A}^{\mathrm{T}}=\boldsymbol{A}\boldsymbol{C}\boldsymbol{A}^{\mathrm{T}}\end{aligned} \tag{5-33}$$

根据矩阵 $\boldsymbol{A}$ 的构成和式(5-29)得

$$\begin{aligned}\boldsymbol{C}^*=\boldsymbol{A}\boldsymbol{C}\boldsymbol{A}^{\mathrm{T}}&=\begin{pmatrix}\boldsymbol{u}_1^{\mathrm{T}}\\ \boldsymbol{u}_2^{\mathrm{T}}\\ \vdots\\ \boldsymbol{u}_n^{\mathrm{T}}\end{pmatrix}\boldsymbol{C}(\boldsymbol{u}_1\quad\boldsymbol{u}_2\quad\cdots\quad\boldsymbol{u}_n)=\begin{pmatrix}\boldsymbol{u}_1^{\mathrm{T}}\\ \boldsymbol{u}_2^{\mathrm{T}}\\ \vdots\\ \boldsymbol{u}_n^{\mathrm{T}}\end{pmatrix}(\lambda_1\boldsymbol{u}_1\quad\lambda_2\boldsymbol{u}_2\quad\cdots\quad\lambda_n\boldsymbol{u}_n)\\&=\begin{pmatrix}\lambda_1 & & & 0\\ & \lambda_2 & & \\ & & \ddots & \\ 0 & & & \lambda_n\end{pmatrix}\end{aligned} \tag{5-34}$$

在变换后的新空间里，ω_i类样本的类内距离为

$$\begin{aligned}\overline{D^2}&=E\{\|\boldsymbol{X}_i^*-\boldsymbol{X}_j^*\|^2\}=E\{(\boldsymbol{X}_i^*-\boldsymbol{X}_j^*)^{\mathrm{T}}(\boldsymbol{X}_i^*-\boldsymbol{X}_j^*)\}\\&=E\{(\boldsymbol{A}\boldsymbol{X}_i-\boldsymbol{A}\boldsymbol{X}_j)^{\mathrm{T}}(\boldsymbol{A}\boldsymbol{X}_i-\boldsymbol{A}\boldsymbol{X}_j)\}=E\{(\boldsymbol{X}_i-\boldsymbol{X}_j)^{\mathrm{T}}\boldsymbol{A}^{\mathrm{T}}\boldsymbol{A}(\boldsymbol{X}_i-\boldsymbol{X}_j)\}\\&=E\{(\boldsymbol{X}_i-\boldsymbol{X}_j)^{\mathrm{T}}(\boldsymbol{X}_i-\boldsymbol{X}_j)\}=E\{\|\boldsymbol{X}_i-\boldsymbol{X}_j\|^2\}\end{aligned} \tag{5-35}$$

以上计算结果中，式(5-34)表明，变换后 ω_i类模式的协方差矩阵为一对角阵，即 $\boldsymbol{X}^*$ 的各分量不相关，这便于特征的取舍。并且 $\boldsymbol{X}^*$ 的第 k 个分量的方差等于未变换时 ω_i类

协方差矩阵$\boldsymbol{C}$的特征值λ_k。而式(5-35)表明，在新空间里ω_i类的类内距离同原空间一样，保持不变。

根据以上两个结论，如果要把n维向量$\boldsymbol{X}$变换成m维$(m<n)$向量，可以将未变换时ω_i类的协方差矩阵$\boldsymbol{C}$的n个特征值从小到大进行排队，然后选择前m个小的特征值对应的特征向量作为矩阵$\boldsymbol{A}$的行，构成$m\times n$的矩阵，然后对$\boldsymbol{X}$进行变换。这样不仅压缩了维数，而且在新空间里，ω_i类的类内距离比原空间的要小，样本相聚更密集，这相当于将式(5-31)变换后的$\boldsymbol{X}^*$中方差大的特征分量舍去。

2. 特征提取步骤

根据上述讨论，可以得到利用类内散布矩阵进行特征提取的步骤。

设$\{\boldsymbol{X}\}$为ω_i类的样本集，$\boldsymbol{X}$为n维向量。

第一步，根据样本集求ω_i类模式的协方差矩阵，即类内散布矩阵。设样本集中共有N个样本，则$\boldsymbol{C}$为

$$\boldsymbol{C}=\frac{1}{N}\sum_{i=1}^{N}(\boldsymbol{X}_i-\boldsymbol{M})(\boldsymbol{X}_i-\boldsymbol{M})^{\mathrm{T}}=\frac{1}{N}\sum_{i=1}^{N}\boldsymbol{X}_i\boldsymbol{X}_i^{\mathrm{T}}-\boldsymbol{M}\boldsymbol{M}^{\mathrm{T}}$$

其中，

$$\boldsymbol{M}=\frac{1}{N}\sum_{i=1}^{N}\boldsymbol{X}_i$$

第二步，计算$\boldsymbol{C}$的特征值，对特征值从小到大进行排队，选择前m个。

第三步，计算前m个特征值对应的特征向量$\boldsymbol{u}'_1,\boldsymbol{u}'_2,\cdots,\boldsymbol{u}'_m$，并归一化处理得$u_1,u_2,\cdots,u_m$。将归一化的特征向量作为矩阵$\boldsymbol{A}$的行，即

$$\boldsymbol{A}=\begin{pmatrix}\boldsymbol{u}_1^{\mathrm{T}}\\ \boldsymbol{u}_2^{\mathrm{T}}\\ \vdots\\ \boldsymbol{u}_m^{\mathrm{T}}\end{pmatrix}$$

第四步，利用$\boldsymbol{A}$对样本集$\{\boldsymbol{X}\}$进行变换。

$$\boldsymbol{X}^*=\boldsymbol{A}\boldsymbol{X}$$

则m维$(m<n)$模式向量$\boldsymbol{X}^*$就是作为分类用的模式向量。

例 5.2 假定ω_i类的样本集为$\{\boldsymbol{X}\}=\{\boldsymbol{X}_1,\boldsymbol{X}_2,\boldsymbol{X}_3\}$，三个样本分别为

$$\boldsymbol{X}_1=(1,1)^{\mathrm{T}},\quad \boldsymbol{X}_2=(2,2)^{\mathrm{T}},\quad \boldsymbol{X}_3=(3,1)^{\mathrm{T}}$$

利用类内散布矩阵进行特征提取，把二维样本变换成一维样本。

解：第一步，求样本均值向量和协方差矩阵。

$$\boldsymbol{M}=\frac{1}{3}\sum_{i=1}^{3}\boldsymbol{X}_i=(2,1.3)^{\mathrm{T}}$$

$$\boldsymbol{C}=\frac{1}{3}\sum_{i=1}^{3}\boldsymbol{X}_i\boldsymbol{X}_i^{\mathrm{T}}-\boldsymbol{M}\boldsymbol{M}^{\mathrm{T}}=\begin{pmatrix}0.7&0.1\\0.1&0.3\end{pmatrix}$$

第二步，根据$|\lambda\boldsymbol{I}-\boldsymbol{C}|=0$求$\boldsymbol{C}$的特征值，并进行选择。由

$$\begin{vmatrix} \lambda-0.7 & -0.1 \\ -0.1 & \lambda-0.3 \end{vmatrix}=0$$

解得两个特征值分别为

$$\lambda_1=0.2765,\quad \lambda_2=0.7236$$

因 $\lambda_1<\lambda_2$,故选择 λ_1。

第三步,计算 λ_1 对应的特征向量 $\boldsymbol{u}'_1$。由方程 $(\lambda_1\boldsymbol{I}-\boldsymbol{C})u'_1=0$ 得

$$\boldsymbol{u}'_1=(0.5,-2.1)^{\mathrm{T}}$$

对 $\boldsymbol{u}'_1$ 归一化处理,有

$$\boldsymbol{u}_1=\frac{1}{\sqrt{0.5^2+2.1^2}}(0.5,-2.1)^{\mathrm{T}}=\frac{1}{\sqrt{4.66}}(0.5,-2.1)^{\mathrm{T}}$$

由归一化特征向量 $\boldsymbol{u}_1$ 构成变换矩阵 $\boldsymbol{A}$,即

$$\boldsymbol{A}=\frac{1}{\sqrt{4.66}}(0.5,-2.1)$$

第四步,利用 $\boldsymbol{A}$ 对 $\boldsymbol{X}_1,\boldsymbol{X}_2,\boldsymbol{X}_3$ 进行变换。

$$\boldsymbol{X}_1^*=\boldsymbol{A}\boldsymbol{X}_1=-0.74$$

$$\boldsymbol{X}_2^*=\boldsymbol{A}\boldsymbol{X}_2=-1.48$$

$$\boldsymbol{X}_3^*=\boldsymbol{A}\boldsymbol{X}_3=-0.28$$

变换前和变换后样本集分布如图 5.3 所示。

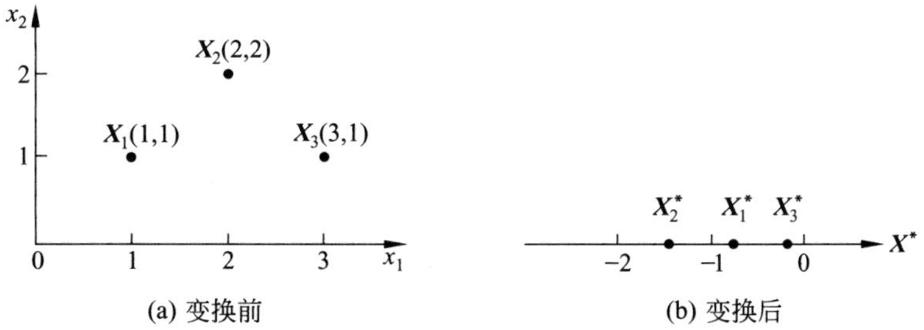

图 5.3 二维样本变为一维样本

5.4 基于 K-L 变换的多类模式特征提取

在 5.3 节中,我们讨论了对某一类模式利用类内散布矩阵进行维数压缩的方法。在多类模式分类中,特征提取的目的不仅是压缩维数,而且要保留类别间的鉴别信息,突出类别间的可分性。卡洛南-洛伊(Karhunen-Loeve)变换,简称 K-L 变换,它以最小均方误差为准则进行数据压缩,是最小均方误差意义下的最优正交变换。K-L 变换是一种常用的特征提取方法,适用于任意的概率密度函数,在消除模式特征之间的相关性、突出差异性方面有最优的效果。

K-L 变换分为连续和离散两种情况,这里只讨论离散 K-L 变换法。

1. K-L 展开式

设 $\boldsymbol{X}$ 是 n 维随机模式向量，$\{\boldsymbol{X}\}$ 是向量 $\boldsymbol{X}$ 的集合。对 $\{\boldsymbol{X}\}$ 中的每一个 $\boldsymbol{X}$ 可以用确定的完备归一化正交向量系 $\{\boldsymbol{u}_j\}$ 中的正交向量展开，得到

$$\boldsymbol{X} = \sum_{j=1}^{\infty} a_j \boldsymbol{u}_j \tag{5-36}$$

a_j 为随机系数。如果用有限项来估计 $\boldsymbol{X}$，即

$$\hat{\boldsymbol{X}} = \sum_{j=1}^{d} a_j \boldsymbol{u}_j \tag{5-37}$$

由此引起的均方误差为

$$\xi = E[(\boldsymbol{X} - \hat{\boldsymbol{X}})^{\mathrm{T}}(\boldsymbol{X} - \hat{\boldsymbol{X}})] \tag{5-38}$$

由于 $\{\boldsymbol{u}_j\}$ 是归一化正交向量系，所以有

$$\boldsymbol{u}_i^{\mathrm{T}} \boldsymbol{u}_j = \begin{cases} 1, & j = i \\ 0, & j \neq i \end{cases} \tag{5-39}$$

将式(5-36)、式(5-37)和式(5-39)代入式(5-38)得

$$\xi = E\left[\sum_{j=d+1}^{\infty} a_j^2\right] \tag{5-40}$$

对式(5-36)两边左乘 $\boldsymbol{u}_j^{\mathrm{T}}$，得

$$a_j = \boldsymbol{u}_j^{\mathrm{T}} \boldsymbol{X} \tag{5-41}$$

将式(5-41)代入式(5-40)，有

$$\xi = E\left[\sum_{j=d+1}^{\infty} \boldsymbol{u}_j^{\mathrm{T}} \boldsymbol{X}\boldsymbol{X}^{\mathrm{T}} \boldsymbol{u}_j\right] \tag{5-42}$$

由于 $\boldsymbol{u}_j$ 是确定性向量，式(5-42)可写为

$$\xi = \sum_{j=d+1}^{\infty} \boldsymbol{u}_j^{\mathrm{T}} E[\boldsymbol{X}\boldsymbol{X}^{\mathrm{T}}] \boldsymbol{u}_j \tag{5-43}$$

令 $\boldsymbol{R}=E(\boldsymbol{X}\boldsymbol{X}^{\mathrm{T}})$，它是 $\boldsymbol{X}$ 的自相关矩阵，则

$$\xi = \sum_{j=d+1}^{\infty} \boldsymbol{u}_j^{\mathrm{T}} \boldsymbol{R} \boldsymbol{u}_j \tag{5-44}$$

选择不同的 $\{\boldsymbol{u}_j\}$ 对应的均方误差不同，$\boldsymbol{u}_j$ 的选择应使 ξ 最小。为此，利用拉格朗日乘数法求满足正交条件式(5-39)下使 ξ 最小的正交系 $\{\boldsymbol{u}_j\}$，即令

$$g(\boldsymbol{u}_j) = \sum_{j=d+1}^{\infty} \boldsymbol{u}_j^{\mathrm{T}} \boldsymbol{R} \boldsymbol{u}_j - \sum_{j=d+1}^{\infty} \lambda_j (\boldsymbol{u}_j^{\mathrm{T}} \boldsymbol{u}_j - 1)$$

式中，λ_j 为拉格朗日乘数。用函数 $g(\boldsymbol{u}_j)$ 对 $\boldsymbol{u}_j$ 求导，并令导数为零，利用二次型梯度运算公式得到

$$(\boldsymbol{R} - \lambda_j \boldsymbol{I})\boldsymbol{u}_j = 0, \quad j = d+1, \cdots, \infty \tag{5-45}$$

这个式子的形式正是矩阵 $\boldsymbol{R}$ 与其特征值和对应特征向量的关系式，也就是说，它表示 λ_j 是 $\boldsymbol{R}$ 的特征值，$\boldsymbol{u}_j$ 是对应的特征向量。这说明，当用 $\boldsymbol{X}$ 的自相关矩阵 $\boldsymbol{R}$ 的特征值对应的特征向量展开 $\boldsymbol{X}$ 时，其截断误差最小。此时，选前 d 项估计 $\boldsymbol{X}$ 时引起的均方误差为

$$\xi = \sum_{j=d+1}^{\infty} \boldsymbol{u}_j^{\mathrm{T}} \boldsymbol{R} \boldsymbol{u}_j = \sum_{j=d+1}^{\infty} \mathrm{tr}[\boldsymbol{u}_j \boldsymbol{R} \boldsymbol{u}_j^{\mathrm{T}}] = \sum_{j=d+1}^{\infty} \lambda_j \tag{5-46}$$

该式说明，λ_j 决定截断的均方误差，λ_j 的值小，则 ξ 也小。因此，当用 $\boldsymbol{X}$ 的正交展开式中前 d 项估计 $\boldsymbol{X}$ 时，展开式中的 $\boldsymbol{u}_j$ 应当是前 d 个较大的特征值对应的特征向量。

对 $\boldsymbol{R}$ 的特征值由大到小进行排队，即

$$\lambda_1 \geqslant \lambda_2 \geqslant \cdots \geqslant \lambda_d \geqslant \lambda_{d+1} \geqslant \cdots$$

则 $\boldsymbol{X}$ 用下式近似的均方误差最小

$$\boldsymbol{X} = \sum_{j=1}^{d} a_j \boldsymbol{u}_j \tag{5-47}$$

也可以表示成矩阵形式，为此令

$$\boldsymbol{a} = (a_1, a_2, \cdots, a_d)^{\mathrm{T}}$$
$$\boldsymbol{u}_j = (u_{j1}, u_{j2}, \cdots, u_{jn})^{\mathrm{T}}$$
$$\boldsymbol{U} = (\boldsymbol{u}_1, \boldsymbol{u}_2, \cdots, \boldsymbol{u}_d)$$

其中，$\boldsymbol{U}$ 为 $n \times d$ 的矩阵，每一列由一个 n 维向量 $\boldsymbol{u}_j$ 构成，且根据式(5-39)有

$$\boldsymbol{U}^{\mathrm{T}}\boldsymbol{U} = \begin{pmatrix} \boldsymbol{u}_1^{\mathrm{T}} \\ \boldsymbol{u}_2^{\mathrm{T}} \\ \vdots \\ \boldsymbol{u}_d^{\mathrm{T}} \end{pmatrix} (\boldsymbol{u}_1, \boldsymbol{u}_2, \cdots, \boldsymbol{u}_d) = \boldsymbol{I} \tag{5-48}$$

这样式(5-47)可以表示为

$$\boldsymbol{X} = \sum_{j=1}^{d} a_j \boldsymbol{u}_j = \boldsymbol{U}\boldsymbol{a} \tag{5-49}$$

$\boldsymbol{X}$ 为 n 维模式向量。对上式两边左乘 $\boldsymbol{U}^{\mathrm{T}}$，有

$$\boldsymbol{a} = \boldsymbol{U}^{\mathrm{T}}\boldsymbol{X} \tag{5-50}$$

上面两式中，式(5-49)称为 K-L 展开式，式(5-50)称 K-L 变换，其中系数向量 $\boldsymbol{a}$ 就是变换后的模式向量。

2. 利用自相关矩阵 R 做 K-L 变换进行特征提取

设 $\boldsymbol{X}$ 是 n 维模式向量，$\{\boldsymbol{X}\}$ 是来自 M 个模式类的样本集，总样本数目为 N。利用自相关矩阵 R 进行 K-L 变换，将 $\boldsymbol{X}$ 变换为 d 维($d<n$)向量的具体方法如下：

第一步，求样本集$\{\boldsymbol{X}\}$的总体自相关矩阵 $\boldsymbol{R}$。

$$\boldsymbol{R} = E[\boldsymbol{X}\boldsymbol{X}^{\mathrm{T}}] \approx \frac{1}{N}\sum_{j=1}^{N} \boldsymbol{X}_j \boldsymbol{X}_j^{\mathrm{T}}$$

第二步，求 $\boldsymbol{R}$ 的特征值 λ_j，$j=1,2,\cdots,n$。对特征值由大到小进行排队，选择前 d 个较大的特征值。

第三步，计算 d 个特征值对应的特征向量 $\boldsymbol{u}_j'$，$j=1,2,\cdots,d$，归一化后记为 $\boldsymbol{u}_j$，由 $\boldsymbol{u}_j$ 构成变换矩阵 $\boldsymbol{U}$。

$$\boldsymbol{U} = (\boldsymbol{u}_1, \boldsymbol{u}_2, \cdots, \boldsymbol{u}_d)$$

第四步，对样本集$\{\boldsymbol{X}\}$中的每个$\boldsymbol{X}$进行K-L变换。设变换后的向量为$\boldsymbol{X}^*$，则

$$\boldsymbol{X}^* = \boldsymbol{U}^{\mathrm{T}}\boldsymbol{X}$$

d维向量$\boldsymbol{X}^*$就是代替n维向量$\boldsymbol{X}$进行分类的模式向量。

3. 利用不同散布矩阵做K-L变换

上面介绍了利用自相关矩阵$\boldsymbol{R}$做K-L变换的特征提取方法。在5.2.1节中我们介绍了多种形式的散布矩阵，它们从不同角度表示了模式分布的统计特性，因而根据不同的散布矩阵进行K-L变换，对保留分类鉴别信息的效果是各不相同的。

1）采用多类类内散布矩阵$\boldsymbol{S}_w$做K-L变换

多类类内散布矩阵式(5-14)为

$$\boldsymbol{S}_w = \sum_{i=1}^{c} P(\omega_i)E\{(\boldsymbol{X}-\boldsymbol{M}_i)(\boldsymbol{X}-\boldsymbol{M}_i)^{\mathrm{T}}\}, \quad \boldsymbol{X}\in\omega_i$$

它等于各类模式协方差矩阵的先验概率加权和。为了突出各类模式的主要特征分量，可选用对应于大特征值的特征向量组成变换矩阵；反之，为了使同一类模式能聚集于最小的特征空间范围，也可选用对应于小特征值的特征向量组成变换矩阵。

2）采用类间散布矩阵$\boldsymbol{S}_b$做K-L变换

类间散布矩阵式(5-6)为

$$\boldsymbol{S}_b = \sum_{i=1}^{c} P(\omega_i)(\boldsymbol{M}_i-\boldsymbol{M}_0)(\boldsymbol{M}_i-\boldsymbol{M}_0)^{\mathrm{T}}$$

对于类间距离比类内距离大得多的多类问题，采用类间散布矩阵比较合适，选择与大特征值对应的特征向量组成变换矩阵。

3）采用总体散布矩阵$\boldsymbol{S}_t$做K-L变换

总体散布矩阵式(5-15)为

$$\boldsymbol{S}_t = E\{(\boldsymbol{X}-\boldsymbol{M}_0)(\boldsymbol{X}-\boldsymbol{M}_0)^{\mathrm{T}}\} = \boldsymbol{S}_b + \boldsymbol{S}_w$$

这是把多类模式合并起来看成一个总体分布，采用大特征值对应的特征向量组成变换矩阵。利用总体散布矩阵能够保留模式原有分布的主要结构，如果原来的多类模式在总体分布上存在可分性好的特征，用总体的K-L变换便能尽量多地保留可分性信息。

除了对以上三种散布矩阵做K-L变换的形式外，还有其他一些变化，这里不再介绍。下面讨论一下K-L变换的优缺点。

利用K-L变换进行特征提取有以下优点：

(1) 变换在均方误差最小的意义下使新样本集$\{\boldsymbol{X}^*\}$逼近原样本集$\{\boldsymbol{X}\}$的分布，既压缩了维数又保留了类别鉴别信息。

(2) 变换后的新模式向量各分量相对总体均值的方差等于原样本集总体自相关矩阵的大特征值，这表明变换突出了模式类之间的差异性。这一点可以证明如下：

设变换后新样本集的协方差矩阵为$\boldsymbol{C}^*$，则

$$\begin{aligned}\boldsymbol{C}^* &= E\{(\boldsymbol{X}^*-\boldsymbol{M}^*)(\boldsymbol{X}^*-\boldsymbol{M}^*)^{\mathrm{T}}\} = E\{(\boldsymbol{U}^{\mathrm{T}}\boldsymbol{X}-\boldsymbol{U}^{\mathrm{T}}\boldsymbol{M})(\boldsymbol{U}^{\mathrm{T}}\boldsymbol{X}-\boldsymbol{U}^{\mathrm{T}}\boldsymbol{M})^{\mathrm{T}}\} \\ &= E\{\boldsymbol{U}^{\mathrm{T}}(\boldsymbol{X}-\boldsymbol{M})(\boldsymbol{X}-\boldsymbol{M})^{\mathrm{T}}\boldsymbol{U}\} = \boldsymbol{U}^{\mathrm{T}}E\{(\boldsymbol{X}-\boldsymbol{M})(\boldsymbol{X}-\boldsymbol{M})^{\mathrm{T}}\}\boldsymbol{U}\end{aligned}$$

设原样本集的均值 $\boldsymbol{M}$ 等于零，则

$$\boldsymbol{C}^{*}=\boldsymbol{U}^{\mathrm{T}}E\{\boldsymbol{X}\boldsymbol{X}^{\mathrm{T}}\}\boldsymbol{U}=\boldsymbol{U}^{\mathrm{T}}\boldsymbol{R}\boldsymbol{U}=\begin{pmatrix}\boldsymbol{u}_1^{\mathrm{T}}\\ \boldsymbol{u}_2^{\mathrm{T}}\\ \vdots\\ \boldsymbol{u}_d^{\mathrm{T}}\end{pmatrix}\boldsymbol{R}(\boldsymbol{u}_1\quad \boldsymbol{u}_2\quad \cdots\quad \boldsymbol{u}_d)$$

$$=\begin{pmatrix}\boldsymbol{u}_1^{\mathrm{T}}\\ \boldsymbol{u}_2^{\mathrm{T}}\\ \vdots\\ \boldsymbol{u}_d^{\mathrm{T}}\end{pmatrix}(\boldsymbol{R}\boldsymbol{u}_1\quad \boldsymbol{R}\boldsymbol{u}_2\quad \cdots\quad \boldsymbol{R}\boldsymbol{u}_d)$$

根据式(5-45)和式(5-39)，上式可写为

$$\boldsymbol{C}^{*}=\begin{pmatrix}\boldsymbol{u}_1^{\mathrm{T}}\\ \boldsymbol{u}_2^{\mathrm{T}}\\ \vdots\\ \boldsymbol{u}_d^{\mathrm{T}}\end{pmatrix}(\lambda_1\boldsymbol{u}_1\quad \lambda_2\boldsymbol{u}_2\quad \cdots\quad \lambda_d\boldsymbol{u}_d)=\begin{pmatrix}\lambda_1 & & & 0\\ & \lambda_2 & & \\ & & \ddots & \\ 0 & & & \lambda_d\end{pmatrix}$$

$\boldsymbol{C}^{*}$ 为对角矩阵，其主对角线上元素为原样本集总体自相关矩阵 $\boldsymbol{R}$ 的前 d 个较大的特征值。这意味着，新样本 $\boldsymbol{X}^{*}$ 的第 j 个分量相对新样本集总体均值的方差就是原样本集自相关矩阵的特征值 λ_j。

(3) $\boldsymbol{C}^{*}$ 为对角矩阵说明变换后样本各分量互不相关，亦即消除了原来特征之间的相关性，便于进一步进行特征的选择。

K-L 变换的不足之处如下：

(1) 对于两类问题容易得到较满意的结果，但类别愈多，效果愈差。

(2) 采用 K-L 变换需通过足够多的样本估计样本集的协方差矩阵或其他类型的散布矩阵。当样本数不足时，矩阵的估计会变得十分粗略，变换的优越性也就不能充分地显示出来。

(3) 计算矩阵的特征值和特征向量缺乏统一的快速算法，给计算带来困难。

因此，除 K-L 变换之外，采用其他正交变换，如余弦变换、Walsh 变换等，在特征提取上亦有可取之处。

例 5.3 两个模式类的样本分别为

ω_1：$\boldsymbol{X}_1=(2,2)^{\mathrm{T}}$，$\boldsymbol{X}_2=(2,3)^{\mathrm{T}}$，$\boldsymbol{X}_3=(3,3)^{\mathrm{T}}$

ω_2：$\boldsymbol{X}_4=(-2,-2)^{\mathrm{T}}$，$\boldsymbol{X}_5=(-2,-3)^{\mathrm{T}}$，$\boldsymbol{X}_6=(-3,-3)^{\mathrm{T}}$

利用自相关矩阵 $\boldsymbol{R}$ 做 K-L 变换，将原样本集压缩为一维样本集。

解：第一步，计算两类样本的总体自相关矩阵 $\boldsymbol{R}$。

$$\boldsymbol{R}=E\{\boldsymbol{X}\boldsymbol{X}^{\mathrm{T}}\}=\frac{1}{6}\sum_{j=1}^{6}\boldsymbol{X}_j\boldsymbol{X}_j^{\mathrm{T}}=\begin{pmatrix}5.7 & 6.3\\ 6.3 & 7.3\end{pmatrix}$$

第二步，计算 $\boldsymbol{R}$ 的特征值，并选择较大者。根据 $|\boldsymbol{R}-\lambda\boldsymbol{I}|=0$ 得 $\lambda_1=12.85$，$\lambda_2=0.15$，选择 λ_1。

第三步，根据 $(\boldsymbol{R}-\lambda_1\boldsymbol{I})\boldsymbol{u}_1'=0$ 计算 λ_1 对应的特征向量 $\boldsymbol{u}_1'$，归一化后为

$$\boldsymbol{u}_1 = \frac{1}{\sqrt{2.3}}(1,1.14)^{\mathrm{T}} = (0.66,0.75)^{\mathrm{T}}$$

则变换矩阵为

$$\boldsymbol{U} = (\boldsymbol{u}_1) = \begin{pmatrix} 0.66 \\ 0.75 \end{pmatrix}$$

第四步，利用 $\boldsymbol{U}$ 对样本集中每个样本进行 K-L 变换。

$$\boldsymbol{X}_1^* = \boldsymbol{U}^{\mathrm{T}}\boldsymbol{X}_1 = (0.66,0.75)\begin{pmatrix} 2 \\ 2 \end{pmatrix} = 2.82$$

……

变换结果为

$$\omega_1: \boldsymbol{X}_1^* = 2.82, \quad \boldsymbol{X}_2^* = 3.57, \quad \boldsymbol{X}_3^* = 4.23$$

$$\omega_2: \boldsymbol{X}_4^* = -2.82, \quad \boldsymbol{X}_5^* = -3.57, \quad \boldsymbol{X}_6^* = -4.23$$

变换前后模式的分布如图 5.4 所示。

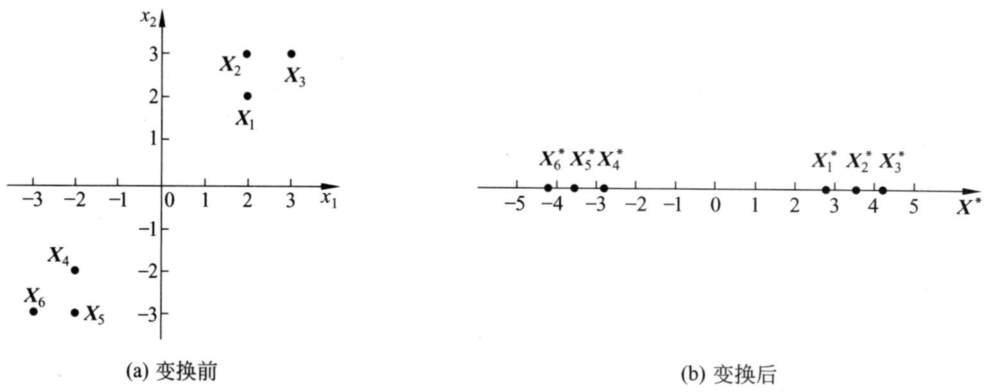

图 5.4 利用 K-L 变换进行特征提取

5.5 特征选择

特征选择就是从 n 个特征中选择 $d(d<n)$ 个最优特征构成用于模式分类的特征向量，以便压缩维数，降低模式识别系统的代价。这涉及两个问题：一是选择的方法有多种，判断选出的哪一组特征是最优的，需要有一个衡量的准则，以便进行比较；二是必须要有选择特征和对特征集进行比较的方法或算法，以便在允许的时间内找出最优的那一组。本节讨论几种常用的特征选择准则和特征选择方法。

5.5.1 特征选择的准则

1. 散布矩阵准则

在 5.2 节中，我们定义了类间散布矩阵 $\boldsymbol{S}_b$、多类类内散布矩阵 $\boldsymbol{S}_w$ 和多类总体散布矩阵 $\boldsymbol{S}_t$ 作为类别可分性测度，可以利用上述三个散布矩阵确定特征选择的准则。例如，选

择使 $\boldsymbol{S}_b$ 的迹 $\mathrm{tr}(\boldsymbol{S}_b)$ 最大的特征子集，或选择使 $\boldsymbol{S}_w$ 的迹 $\mathrm{tr}(\boldsymbol{S}_w)$ 最小的特征子集可以作为特征选择的准则。此外，根据 $\boldsymbol{S}_b$ 和 $\boldsymbol{S}_w$ 还可以构成以下可分性测度

$$J_1 = \mathrm{tr}(\boldsymbol{S}_w^{-1}\boldsymbol{S}_b) \tag{5-51}$$

$$J_2 = \frac{\mathrm{tr}(\boldsymbol{S}_b)}{\mathrm{tr}(\boldsymbol{S}_w)} \tag{5-52}$$

$$J_3 = \ln\frac{|\boldsymbol{S}_b|}{|\boldsymbol{S}_w|} \tag{5-53}$$

$$J_4 = \frac{|\boldsymbol{S}_w + \boldsymbol{S}_b|}{|\boldsymbol{S}_w|} \tag{5-54}$$

选择使上述4个测度最大的特征子集可以作为特征选择的准则。计算散布矩阵不受模式分布形式的限制，但需要有足够数量的模式样本才能获得有效的结果。

2. 散度准则

对于正态分布的两个模式类，可以用散度作为准则。在5.2节中，我们已得到了两个正态分布模式类的散度表达式式(5-21)

$$J_{ij} = \frac{1}{2}\mathrm{tr}[(\boldsymbol{C}_j^{-1}-\boldsymbol{C}_i^{-1})(\boldsymbol{C}_i-\boldsymbol{C}_j)] + \frac{1}{2}\mathrm{tr}[(\boldsymbol{C}_i^{-1}-\boldsymbol{C}_j^{-1})(\boldsymbol{M}_i-\boldsymbol{M}_j)(\boldsymbol{M}_i-\boldsymbol{M}_j)^{\mathrm{T}}]$$

对于 c 类模式，可以用平均散度作为准则，平均散度定义为

$$J = \sum_{i=1}^{c}\sum_{j=i+1}^{c} p(\omega_i)p(\omega_j)J_{ij} \tag{5-55}$$

选择使 J 最大的特征子集可以作为特征选择的准则。

以平均散度为准则虽然合理，但不是最优准则。例如式(5-55)中，J 是由多个两类的 J_{ij} 相加，只要其中有一对模式类的散度很大，就会使平均散度显著偏离，从而掩盖了散度小的类对之间的可分性，这时往往仍要考查每一对类别间的散度。为了改善这一情况，提出了变换散度，变换散度定义为

$$J_{ij}^{\mathrm{T}} = 100\% \times [1-\exp(-J_{ij}/8)] \tag{5-56}$$

当 ω_i 类和 ω_j 类的散度很大时，其变换散度最大也只能趋于100%处，但对散度小的情况变换散度就比较敏感。平均变换散度用于多类模式的判别，定义为

$$J^{\mathrm{T}} = \sum_{i=1}^{c}\sum_{j=i+1}^{c} p(\omega_i)p(\omega_j)J_{ij}^{\mathrm{T}} \tag{5-57}$$

它比平均散度有更可靠的可分性判别能力。

5.5.2 特征选择的方法

从 n 个特征中挑选 d 个特征，得到的所有可能的特征子集数为

$$\boldsymbol{C}_n^d = \frac{n!}{(n-d)!d!}$$

当 n 较大时，这种组合数很大。如果把各种可能的特征组合的某个测度值都计算出来再加以比较，以选择最优特征组，这种方法称为穷举法。穷举法的计算量太大，尽

管它可以得到最优特征组,但实际上很难实现,因此寻找一种可行的算法就变得十分有必要。

应当说明的是,任何非穷举的算法都不能保证所得结果是最优的。除非只要求给出次优解,否则所有算法原则上仍是穷举算法,只不过采取某些搜索技术使计算量降低了。下面介绍最优搜索算法“分支定界算法”和几种次优搜索算法。

1. 最优搜索算法

到目前为止,唯一能获得最优结果的搜索方法是分支定界算法。它是一种自上而下、具有回溯功能的算法,可以使所有可能的组合都被考虑到。由于合理地组织搜索过程,该算法可以避免计算某些特征组合而不影响结果为最优。

如果可分性测度 J 对于维数是单调的,即从 n 个特征中选择 m 个特征,再从这 m 个特征中选择 k 个特征时,有 $J_n \geqslant J_m \geqslant J_k$,那么这时可以采用分支定界算法以减少选择方案的试探次数。

分支定界算法将可能的特征组构成一种树结构,待选择的 n 个原特征为根,子结点的特征组元素个数逐级下降,直到达到规定的特征数为止,叶结点就是按照所要求的特征个数构成的特征组合。然后从最右边的叶结点开始,根据选择的测度回溯搜索,直到找到最优特征组。

下面从 5 个特征中选出两个特征作为模式向量,以此为例说明分支定界算法。从 5 个特征中任选两个特征的组合数共有 $C_5^2=10$ 种,寻找最优特征组的降维树结构如图 5.5 所示,根结点特征组为 $\{x_1,x_2,x_3,x_4,x_5\}$,叶结点为含有两个特征的 10 种可能的特征组。

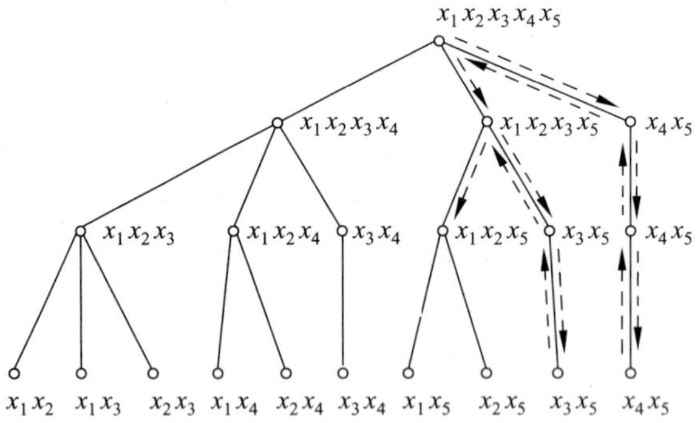

图 5.5 分支定界算法

搜索最优二元特征组的方法是:先确定一个测度 J 作为标准,然后选图 5.5 中最右边一个叶结点为初选特征组,计算测度初值 $B=J(X^*)$,$X^*=\{x_4,x_5\}$。然后按图 5.5 中虚线所示路线开始回溯搜索。根据准则函数对维数的单调性,只要某级结点对应的特征组 $X^{(k)}$ 满足 $J(X^{(k)})\leqslant B$(k 为编号),那么以 $X^{(k)}$ 为根的子树中所有结点对应的特征子集都应满足 $J\leqslant B$。于是可以断言,这个分支树中没有我们需要搜索的目标,对这个子树其他部分的搜索就可以省略掉。

另一方面，如果在搜索过程中发现一个叶结点(终止结点)具有 $J>B$，则它是当前搜索到的最优二元特征组，于是修改初选的 X^* 为这个二元特征组，并修改初值 B 为这个二元特征组的 J 值，然后继续搜索，直到全树被搜索完为止。J 值最大的二元特征组即为最优二元特征组。

2. 次优搜索算法

分支定界算法比盲目穷举法效率高，但在某些情况下计算量仍然太大而难以实现。下面介绍一些次优搜索算法，这些方法虽然不能得到最优解，但可减少计算量。

1) 单独最优特征组合

一种简单的方法是计算各特征单独使用时的可分性测度值，然后对测度值排队，并选择前 d 个特征构成模式向量。例如，若选择的准则是使某一测度值最大，则各测度值从大到小排队，然后选择前面 d 个大测度值对应的特征构成模式向量。这种方法要求所用测度对维数是单调的，即如果原始特征数为 n，$\boldsymbol{X}=(x_1,x_2,\cdots,x_n)^{\mathrm{T}}$，测度 $J(\boldsymbol{X})$ 可以写成如下形式

$$J(\boldsymbol{X}) = \sum_{i=1}^{n} J(x_i)$$

或

$$J(\boldsymbol{X}) = \prod_{i=1}^{n} J(x_i)$$

否则，用这种方法就不能选出一组最优特征。

2) 顺序前进法

顺序前进法(sequential forward selection，SFS)是一种自下而上的搜索算法。这种方法每次从未入选的特征中选择一个特征，使得它与已入选的特征组合在一起时所得的 J 值最大，直到特征数增加到要求的数目 d 为止。

设已选入了 k 个特征构成了一个大小为 k 的特征组 X_k，把未入选的 $(n-k)$ 个特征按照与已入选特征组合后 J 值的大小排队，即

$$J(X_k+x_1) \geqslant J(X_k+x_2) \geqslant \cdots \geqslant J(X_k+x_{n-k})$$

则下一步的入选特征组为 $X_{k+1}=X_k+x_1$。

开始时，任选 n 个特征中的 1 个特征作为入选特征组，直到这个数字由 1 增加到 d 为止。

SFS 法也可推广到每次增加 r 个特征，称为广义顺序前进法(generalized SFS，GSFS)。顺序前进法的缺点是一旦某特征入选，即使由于后入选的特征使它变为多余，也无法再删除它。

3) 顺序后退法

顺序后退法(sequential backward selection，SBS)是一种自上而下的方法。这种方法从全部 n 个特征开始每次删除一个特征，删除的特征应使仍然保留的特征组的 J 值最大。例如，若已删除了 k 个特征，剩下的特征组为 $\overline{X_k}$，将 $\overline{X_k}$ 中的 $(n-k)$ 个特征按下述 J 值

的大小排队

$$J(\overline{X_k}-x_1)\geqslant J(\overline{X_k}-x_2)\geqslant\cdots\geqslant J(\overline{X_k}-x_{n-k})$$

则下一步的特征组为$\overline{X_{k+1}}=\overline{X_k}-x_1$。

顺序后退法的优点是在计算的过程中可以估计每去掉一个特征所造成的可分性的降低情况。其缺点是算法在高维空间进行，因而计算量大。此法也可推广为广义顺序后退法(generalized SBS，GSBS)。

4) 增 l 减 r 法(l-r 法)

这种方法是 SFS 和 SBS 的组合，克服了特征一旦入选就无法删除的缺点，可在选择过程中加入局部回溯过程。具体方法如下：

假设已经选择了 k 个特征，组成了特征组 X_k。

第一步，用 SFS 法在未入选的$(n-k)$个特征中逐个选入 l 个特征，形成新的入选特征组 X_{k+l}，置 $k=k+l, X_k=X_{k+l}$。

第二步，用 SBS 法从 X_k 中逐个删除 r 个最差的特征，形成新特征组 X_{k-r}，置 $k=k-r$。若k 等于要求的维数，则算法终止；否则置 $X_k=X_{k-r}$，转向第一步。

需要说明的是，当 $l>r$ 时，先执行第一步，再执行第二步，起始时置 $k=0, X_0=\varnothing$，$\varnothing$为空集。当 $l<r$ 时，先执行第二步，再执行第一步，起始时置 $k=n, X_0=\{x_1,x_2,\cdots,x_n\}$。

类似地，l-r 法也可用 GSFS 和 GSBS 分别代替 SFS 和 SBS，形成一个广义的 l-r 法，这里不再讨论。

我们已经注意到，特征选择是一个组合优化问题，因而可以使用解决优化问题的方法解决特征选择问题。对于优化问题，现在已经出现了一些有特色的解决方法，比如模拟退火(simulated annealing)算法、Tabu 搜索(Tabu search)算法以及遗传算法(genetic algorithm)等，有兴趣的读者可以参阅有关资料。

习题

5.1 假定 ω_i类的样本集为$\{\boldsymbol{X}_1,\boldsymbol{X}_2,\boldsymbol{X}_3,\boldsymbol{X}_4\}$，它们分别为

$$\boldsymbol{X}_1=(2,2)^{\mathrm{T}},\quad \boldsymbol{X}_2=(3,2)^{\mathrm{T}},\quad \boldsymbol{X}_3=(3,3)^{\mathrm{T}},\quad \boldsymbol{X}_4=(4,2)^{\mathrm{T}}$$

(1) 求类内散布矩阵。

(2) 求类内散布矩阵的特征值和对应的特征向量。

(3) 求变换矩阵 $\boldsymbol{A}$，将二维模式变换为一维模式。

5.2 给定两类样本，分别为

$$\begin{aligned}
\omega_1:\ &\boldsymbol{X}_1=(-5,-5)^{\mathrm{T}},\quad \boldsymbol{X}_2=(-5,-4)^{\mathrm{T}}\\
&\boldsymbol{X}_3=(-4,-5)^{\mathrm{T}},\quad \boldsymbol{X}_4=(-5,-6)^{\mathrm{T}}\\
&\boldsymbol{X}_5=(-6,-5)^{\mathrm{T}}\\
\omega_2:\ &\boldsymbol{X}_6=(5,5)^{\mathrm{T}},\quad \boldsymbol{X}_7=(5,6)^{\mathrm{T}}\\
&\boldsymbol{X}_8=(5,4)^{\mathrm{T}},\quad \boldsymbol{X}_9=(4,5)^{\mathrm{T}}
\end{aligned}$$

利用自相关矩阵 $\boldsymbol{R}$ 做 K-L 变换，进行一维特征提取。

5.3 设有 8 个三维模式，分别属于两类，$P(\omega_1)=P(\omega_2)=0.5$。各类的样本为

$$\omega_1: \boldsymbol{X}_1=(0,0,1)^{\mathrm{T}}, \quad \boldsymbol{X}_2=(0,1,1)^{\mathrm{T}}$$
$$\boldsymbol{X}_3=(0,1,0)^{\mathrm{T}}, \quad \boldsymbol{X}_4=(1,1,1)^{\mathrm{T}}$$
$$\omega_2: \boldsymbol{X}_5=(0,0,0)^{\mathrm{T}}, \quad \boldsymbol{X}_6=(1,0,1)^{\mathrm{T}}$$
$$\boldsymbol{X}_7=(1,0,0)^{\mathrm{T}}, \quad \boldsymbol{X}_8=(1,1,0)^{\mathrm{T}}$$

(1) 求类内散布矩阵，以小特征值对应的特征向量构成变换矩阵，对模式向量进行一维特征提取。

(2) 利用类间散布矩阵做 K-L 变换，进行一维特征提取。

(3) 利用总体散布矩阵做 K-L 变换，进行一维特征提取。

第6章 句法模式识别

6.1 句法模式识别概述

前面几章讨论了统计模式识别方法，这种方法抽取模式特征并构成向量形式，然后通过特征空间的划分进行分类。在语言、景物等一类模式较复杂的识别问题中，如果仍采用这种方法，往往会导致特征数量增加，得到的模式向量维数很高，使分类难以实现。这种情况下，当模式的结构特征起主要作用时，可以采用句法模式识别方法，句法模式识别也称结构模式识别。

在句法模式识别中，模式用句子的形式描述，结构信息十分重要。句法方法把一个复杂模式分解为若干较简单的子模式组合，而子模式又分解为若干基元，基元是最基本的单元。模式、子模式和基元分别对应于自然语言中的句子、词组和单词。基元及各层次之间的组合关系相当于自然语言中的文法。图6.1是一个景物的层次结构描述与一个英文句子的句法描述对比。

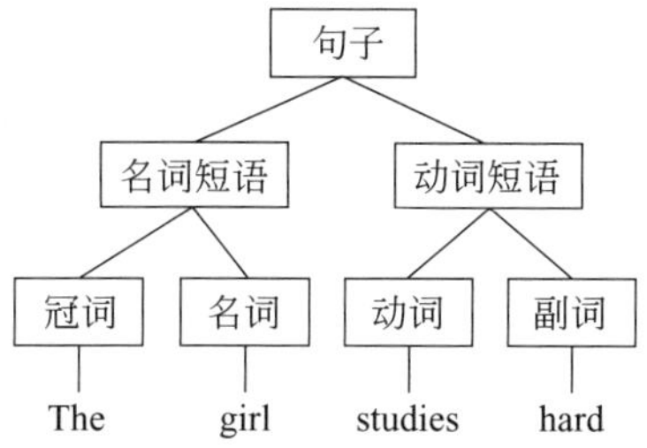

(a) 英文句子的句法描述

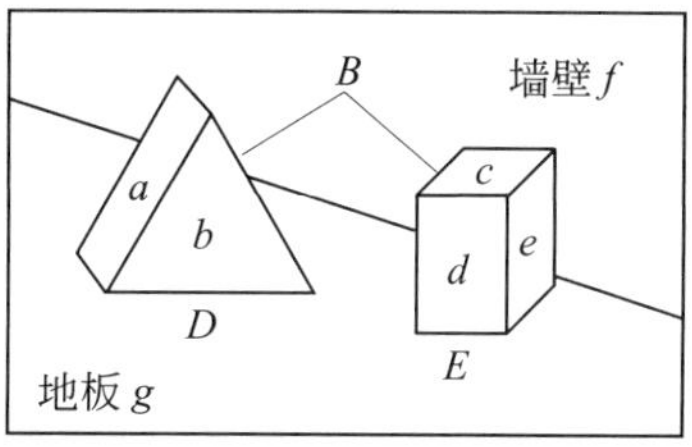

(b) 一个景物

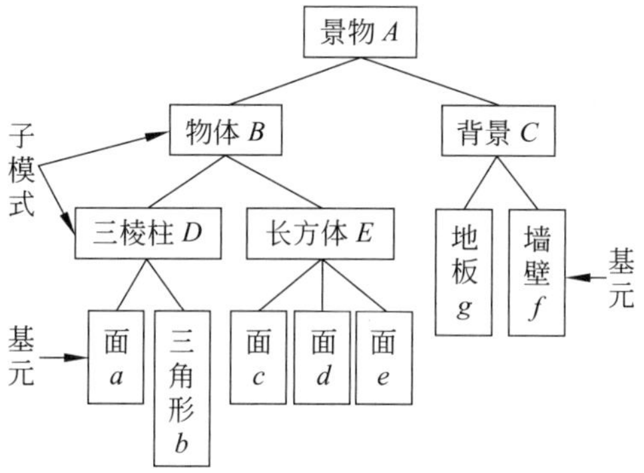

(c) 景物的层次结构描述

图6.1　景物结构描述与英文句子句法描述的对比

句法模式识别试图用小而简单的基元与语法规则来描述和识别大而复杂的模式，通过对基元的识别，进而识别子模式，最终达到识别复杂模式的目的。这时，一个模式是一个句子，符合某个文法的所有句子的集合代表一类模式。识别分类时，事先确定一个描述所研究模式结构信息的文法，如果某个未知类别的模式是这个文法的一个合法句子，那么该模式就属于这个文法所代表的模式类。

句法模式识别系统的组成如图 6.2 所示，待识别的图像输入系统，经过增强、数据压缩等处理后，进行图像分割，然后确定基元及基元的连接关系，得到对图像的结构描述，最后通过句法分析得到识别结果。选取什么样的子模式作为基元以及文法的构成是通过学习确定的，但是句法模式识别的基元选择尚无通用的方法，文法推断理论也远不及统计学习发展得成熟。

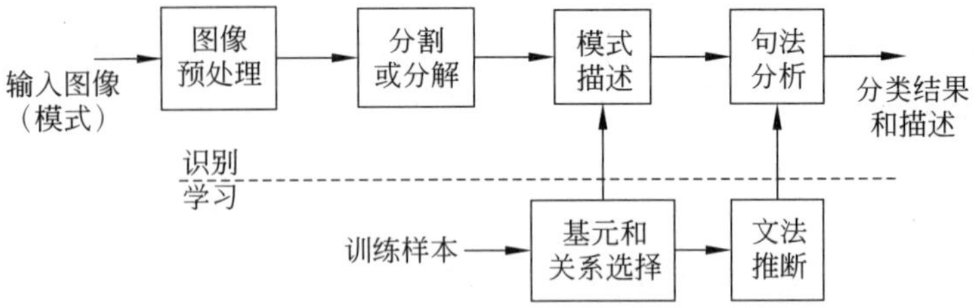

图 6.2　句法模式识别系统的组成

句法模式识别的理论基础是形式语言，形式语言理论起源于 20 世纪 50 年代中期乔姆斯基(Chomsky)等科学家关于自然语言文法数学模型的研究。这个领域的基本目标是发展一种可以描述自然语言的文法计算模型。如果这一目标能够达到，就可以“教会”计算机理解自然语言，以达到用计算机翻译自然语言的目的。虽然这一目标至今尚未实现，但是这个领域的许多研究成果对计算机编译系统的设计、计算机语言、自动机理论、模式识别等领域产生了很大的影响。

本章主要讨论句法模式识别的基本概念和方法，为进一步研究句法识别理论和实用技术奠定基础。

6.2　形式语言的基本概念

6.2.1　基本定义

1. 字母表

字母表是与问题有关的符号的有限集合，用 V 或 Σ 表示。例如

$$V_1=\{A,B,C,\cdots,Z\},\quad V_2=\{a,b,c,\cdots,f,g\}$$
$$V_3=\{0,1,2\},\quad V_4=\{I,go,to,\cdots\}$$

2. 句子

句子是由字母表中符号组成的有限长度的符号串，又称链，通常由英文小写字母和数字组成。无符号的句子称为空句或空串，用 λ 表示。例如，对于字母表 $V=\{a,b,c\}$，由 V 中的元素可以组成下面的句子

$$abc,\quad aacc,\quad aabb,\quad a^3b^3c^3,\quad \cdots$$

其中，a^3 代表将 a 重写 3 次，即 $a^3b^3c^3=aaabbbccc$。

句子包含符号的数目称做句子的长度，用$|\cdot|$表示，空句的长度为零。例如

$$|abc| = 3, \quad |a^3b^3c^3| = 9$$

3. 语言

语言是由字母表中的符号根据某种文法组成的句子的集合。用字母表V中的符号组成的句子集合用V^*和V^+表示，其中V^*表示V中符号组成的所有句子的集合，包括空句λ；V^+是不包含空句的句子集合，$V^+=V^*-\{\lambda\}$。例如

$$V^* = \{\lambda, ab, aabbcc, \cdots\}, \quad V^+ = \{ab, aabbcc, \cdots\}$$

4. 文法

文法是构成一种语言的句子所必须遵守的规则。由某种语言字母表中的符号组成的符号串只有符合该语言的文法时，才是属于该语言的句子。文法用G表示，定义为四元组，记为

$$G = (V_N, V_T, P, S) \tag{6-1}$$

其中，V_N为非终止符的有限集，是子模式的集合。非终止符也称非终结符，是文法中的变量，通常用大写字母S,A,B,C等表示。

V_T为终止符有限集，是基元的集合。终止符也称终结符，是文法中的常量，通常用英文字母表起始部分的小写字母a,b,c,d等表示。终止符组成的字符串通常用英文字母表尾部的小写字母x,y,v,w等表示。终止符和非终止符组成的混合字符串通常用希腊字母α,β,γ等表示。

规定V_N和V_T之间具有如下性质

$$V_N \cup V_T = V(\text{字母表})$$

$$V_N \cap V_T = \varnothing(\text{空集})$$

P是生成式的有限集，生成式又称产生式、替换式、重写规则、文法律等。顾名思义，它是用文法产生句子时的重写规则，其形式为

$$P: \alpha \to \beta \tag{6-2}$$

式中，α和β均为字符串，符号$\to$表示字符串α可以用字符串β取代或替换。

S为起始符，是代表模式本身的符号，属于一种特殊的非终止符，即$S \in V_N$。用生成式构成句子时，必须由左边是S的生成式开始。

一种语言有一种文法，由文法G构成的语言用$L(G)$表示，定义为

$$L(G) = \{x \mid x \in V_T^*, \quad \text{且 } S \overset{*}{\underset{G}{\Rightarrow}} x\} \tag{6-3}$$

其中，x是文法G构成的句子，由终止符组成；V_T^*表示由V_T中有限符号串组成的集合，也就是V_T中字符组成的所有句子的集合；符号$\underset{G}{\Rightarrow}$表示文法$G$的推导关系，$\overset{*}{\underset{G}{\Rightarrow}}$表示零次或多次地应用推导关系$\underset{G}{\Rightarrow}$（对应地有$\overset{+}{\underset{G}{\Rightarrow}}$，表示一次或多次地应用推导关系$\underset{G}{\Rightarrow}$），由此可知，$S \overset{*}{\underset{G}{\Rightarrow}} x$的含义是：句子$x$是从起始符$S$开始利用文法$G$的生成式，经逐步推导得到的。

下面举例说明文法和与它对应的语言中的句子的关系。

例 6.1 给定文法 $G=(V_N,V_T,P,S)$，其中 $V_N=\{A,B,S\}$，$V_T=\{a,b,c\}$，P 的各生成式为

$$①S \rightarrow aAc,\quad ②A \rightarrow aAc,\quad ③A \rightarrow B$$
$$④B \rightarrow bB,\quad ⑤B \rightarrow b$$

判断 $x=aabcc$ 是否属于语言 $L(G)$。

解：从左边为起始符 S 的生成式开始，逐次用第②、③、⑤生成式，得到

$$S \underset{G}{\Rightarrow} aAc \underset{G}{\Rightarrow} aaAcc \underset{G}{\Rightarrow} aaBcc \underset{G}{\Rightarrow} aabcc$$

因此，$x=aabcc$ 是 $L(G)$ 的一个合法的句子。一般将 $\underset{G}{\Rightarrow}$ 下的 G 略去，写做

$$S \Rightarrow aAc \Rightarrow aaAcc \Rightarrow aaBcc \Rightarrow aabcc$$

或直观地写为

$$S \overset{①}{\Rightarrow} aAc \overset{②}{\Rightarrow} aaAcc \overset{③}{\Rightarrow} aaBcc \overset{⑤}{\Rightarrow} aabcc$$

需要说明的是，在利用文法 G 构成句子时，除第一个生成式必须利用左边为起始符 S 的生成式外，其余生成式使用的先后次序及重复使用的次数都不受限制。

6.2.2 文法分类

乔姆斯基按照生成式形式的不同，把文法分成四种类型：0 型文法、1 型文法、2 型文法和 3 型文法。

1. 0 型文法

0 型文法又称无约束文法，生成式的形式为

$$P: \alpha \rightarrow \beta \tag{6-4}$$

其中 $\alpha \in V^+$，$\beta \in V^*$，即允许有 $\beta=\lambda$，不允许有 $\alpha=\lambda$。这种类型的文法因太广泛而没有用处，通常并不能确定一条特定的链是否是由 0 型文法产生的。

2. 1 型文法

1 型文法又称上下文有关文法，生成式的形式为

$$P: \alpha_1 A \alpha_2 \rightarrow \alpha_1 \beta \alpha_2 \tag{6-5}$$

式中 α_1 和 α_2 称为 A 的上、下文，$\alpha_1,\alpha_2 \in V^*$，$\beta \in V^+$，$A \in V_N^*$（指 V_N 的元及其组成的串）。生成式的含义是，只有处于 α_1 和 α_2 之间的非终止符或非终止符串才有可能被 β 替换，并且有 $|A| \leqslant |\beta|$ 的含义，即代换后的符号数目要大于等于代换前的数目。从定义可以看出，允许 $\alpha_1=\lambda$ 和 $\alpha_2=\lambda$，但 $\beta \neq \lambda$。

例 6.2 设有文法 $G=(V_N,V_T,P,S)$，其中 $V_N=\{S,B,D\}$，$V_T=\{a,b,c\}$，P 的各生成式为

$$①S \rightarrow aSBD,\quad ②S \rightarrow abD,\quad ③DB \rightarrow BD$$
$$④bB \rightarrow bb,\quad ⑤bD \rightarrow bc,\quad ⑥cD \rightarrow cc$$

问 G 是否为上下文有关文法？$x=aabbcc$ 是否属于 $L(G)$？

解：在题中给出的生成式中加入 λ，可以将 P 改写为如下形式：

①$\lambda S\lambda \rightarrow \lambda aSBD\lambda$，②$\lambda S\lambda \rightarrow \lambda abD\lambda$，③$\lambda DB\lambda \rightarrow \lambda BD\lambda$

④$\lambda bB\lambda \rightarrow \lambda bb\lambda$，⑤$\lambda bD\lambda \rightarrow \lambda bc\lambda$，⑥$\lambda cD\lambda \rightarrow \lambda cc\lambda$

由于1型文法生成式中的上、下文可以是空串，以上各式符合式(6-5)的限制，因此文法 G 是上下文有关文法。依次使用第①～⑥生成式，得到

$$S\overset{①}{\Rightarrow}aSBD\overset{②}{\Rightarrow}aabDBD\overset{③}{\Rightarrow}aabBDD\overset{④}{\Rightarrow}aabbDD\overset{⑤}{\Rightarrow}aabbcD\overset{⑥}{\Rightarrow}aabbcc$$

所以，$x=aabbcc$ 属于 $L(G)$。

3. 2型文法

2型文法又称上下文无关文法，生成式的形式为

$$P: A \rightarrow \beta \tag{6-6}$$

其中 $A\in V_N$，$\beta\in V^+$。即 A 是单个非终止符，β 是非空的字符串，A 用 β 替换时与 A 的上下文无关。

例 6.3 设有文法 $G=(V_N,V_T,P,S)$，$V_N=\{S,A,B\}$，$V_T=\{a,b\}$，P 的各生成式为

①$S \rightarrow aB$，②$S \rightarrow bA$

③$A \rightarrow a$，④$A \rightarrow aS$，⑤$A \rightarrow bAA$

⑥$B \rightarrow b$，⑦$B \rightarrow bS$，⑧$B \rightarrow aBB$

判断 G 是否属于上下文无关文法，并用文法 G 产生一个属于 $L(G)$ 的句子。

解：由于 G 的每个生成式的左边都是单变量，右边是非空字符串，故 G 是上下文无关文法。依次利用文法 G 的下列生成式，即

$$S\overset{①}{\Rightarrow}aB\overset{⑦}{\Rightarrow}abS\overset{②}{\Rightarrow}abbA\overset{⑤}{\Rightarrow}abbbAA\overset{③}{\Rightarrow}abbbaA\overset{③}{\Rightarrow}abbbaa$$

得到一个属于 $L(G)$ 的句子 $x=abbbaa$。

由于构成句子时，除第一个生成式外，其他生成式使用的次序和次数不受限制，所以结果显然不是唯一的。

4. 3型文法

3型文法又称正则文法或有限态文法，生成的形式为

$$P: A \rightarrow aB \quad 或 \quad A \rightarrow b \tag{6-7}$$

其中，$A,B\in V_N$，$a,b\in V_T$，即 A 和 B 都是单个非终止符，a 和 b 都是单个终止符。

例 6.4 设有正则文法 $G=(V_N,V_T,P,S)$，其中 $V_N=\{S,B\}$，$V_T=\{0,1\}$，P 由下列生成式组成

①$S \rightarrow 0B$，②$B \rightarrow 0B$，③$B \rightarrow 1B$，④$B \rightarrow 0$

判断句子 $x=00010$ 是否是属于语言 $L(G)$ 的一个句子。

解：逐次利用第①～④生成式，得到

$$S \overset{①}{\Rightarrow} 0B \overset{②}{\Rightarrow} 00B \overset{②}{\Rightarrow} 000B \overset{③}{\Rightarrow} 0001B \overset{④}{\Rightarrow} 00010$$

所以 $x=00010$ 是 $L(G)$的一个句子。

比较上述四种文法类型可以看出，从 0 型文法到 3 型文法，前一种文法包含后一种文法，后一种文法的限制比前一种文法的限制严格。从文法推断的角度看，限制愈多的文法愈容易推断，因此，在句法模式识别中多采用上下文无关文法和正则文法。

6.3 模式的描述方法

句法模式识别根据结构特征对模式进行描述，模式的结构描述法又称为句法表示法。在这种描述方法中，模式用句子表示，句子的形式可以是链即符号串，也可以是“树”或者“图”等，它们分别称为模式的链表示法、树表示法和图表示法。与链表示法相对应的是链文法，也称串文法，在 6.2 节中作为形式语言的基本概念已经做了介绍，这是一种一维连接表示法。树和图表示法属于高维表示法，与之对应的分别是树文法和图文法，此外还有网文法、阵列文法等。本节主要介绍有关链和树的表示方法，下面首先介绍组成模式的基元。

6.3.1 基元的确定

与统计模式识别用一个多维向量描述模式的方法不同，句法模式识别用一个句子的形式描述模式，组成句子的基础是模式的基元。显然，选好基元对有效地进行句法识别十分重要，但是目前关于基元的确定还没有一个通用的解决办法，它根据模式的数据性质、待识别对象的具体应用及实现识别系统可用的技术等因素而决定。从原则上讲，模式基元的选择应遵循下面两点：

(1) 基元应当是模式的基本单元，能够通过一定的结构关系对数据进行紧凑、方便的描述。

(2) 基元应该容易用现有的非句法方法(例如统计方法、几何尺寸度量等)进行提取或识别。因为基元被认为是简单和紧凑的模式，所以它的结构信息并不重要。

例如，语音识别中音素是好的基元；识别手写文字用笔划作为基元较有效；等等。上面的两点要求有时会发生矛盾，因此在设计模式识别系统时折中是非常重要的。基元确定以后，就可以用基元表示模式了。

6.3.2 模式的链表示法

1. 链码法

链码法是以不同斜率的直线段或曲线段为基元表示图形模式的方法，若每个直线段或曲线段用一个字符来表示，则被描述的图形最终表示成一个字符串，称为链码。其方法是多种多样的，适合于描述图形的边界和骨架。

一种基本常用的链码由弗利曼(Freeman)提出，称弗利曼链码。弗利曼链码以八个基本方向的有向线段为基元，如图6.3(a)所示，分别用0,1,2,3,4,5,6,7八个数字符号表示。编码时，将矩形网格盖在二维模式上，用直线段连接与模式最为接近的那些网格点并确定方向，这是一个折线化和量化的过程，折线化和量化的结果使各有向线段属于基元中的一个。然后用事先规定的数字符号根据一定的顺序代替基元，形成链码，链码是一个有序结构。图6.3(b)表示对一个虚线表示的手写数字2的折线化和量化结果。用数字符号代替基元时，按书写习惯从2的左上方开始，沿顺时针方向到中部，再沿逆时针方向到末尾，得到2的链码表示为 $x=1075456000$。

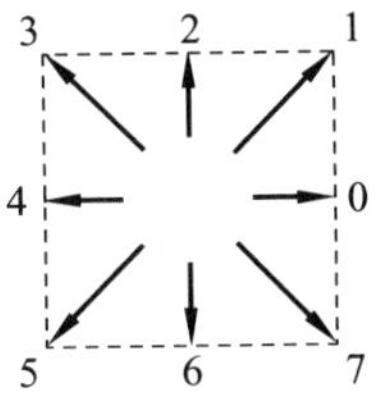

(a) 八个基元

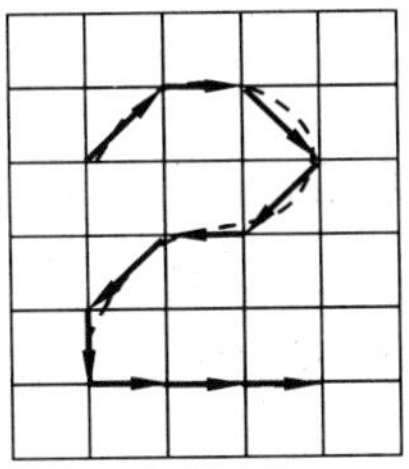

(b) 数字2的折线化和量化结果

图6.3 弗利曼链码

2. 图形描述语言法

用链码描述图形的优点是简单易行，但只能表示简单的图形模式。另一种链表示法是由肖(Shaw)发展起来的图形描述语言(picture description language，PDL)。为了增强链码的描述能力，PDL除了定义基本的有向线段(包括直线段和弧线段)基元外，还定义了一些表示基元之间连接关系的算子，称“关系基元”。基本基元由“头”和“尾”构成，用箭头端代表头，另一端代表尾，图6.4(a)为一些基本基元，同方向不同长度的有向线段被定义为两个不同的基元。此外还有用来产生不连接结构的“空白基元”和表示头尾重合的“零点基元”。关系基元中，“+”表示两个基元头尾相接；“−”表示头头相接；“×”表示尾尾相接；“*”表示同时有“头头相接”和“尾尾相接”关系；“~”表示头尾颠倒；“(”与“)”常配合使用表示组合关系，组合的次序是先里后外；“/”是重叠算子，与一个标号 l 一起连用，表示一个基元在链中被 l 次地反复引用。一些关系基元示例如图6.4(b)所示。下面

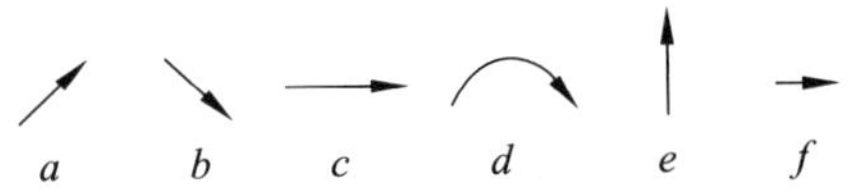

(a) 一些基本基元

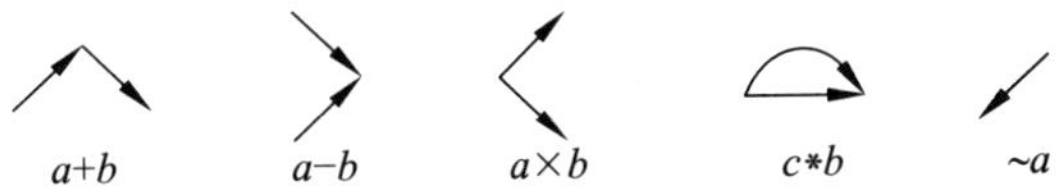

(b) 关系基元运算示例

图6.4 PDL的基元示例

以大写英文字母 A 为例说明这种方法。

首先定义 3 个基本基元 a,b,c，如图 6.4(a)所示，定义四个关系基元“+”、“*”、“(”、“)”。用基本基元和关系基元表示大写英文字母 A 的过程如图 6.5 所示，图 6.5 中分段表示了描述字母 A 的方法。用 PDL 法得到 A 的链描述为

$$x=(a+(((a+b)*c)+b))$$

可以看出，链表示法只能从左边或右边与其他符号相连，因此是一种一维连接方式的表示法。

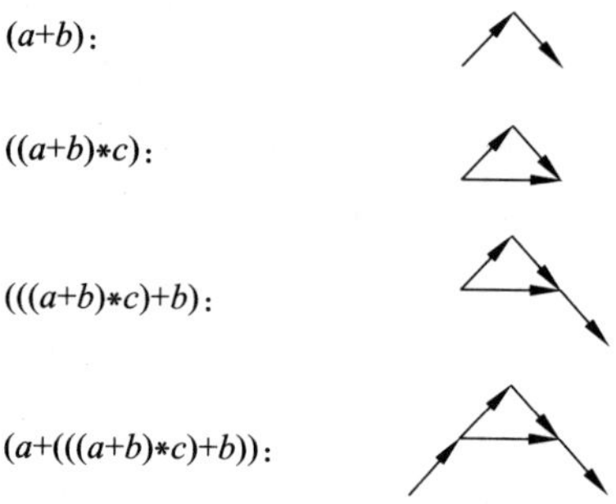

图 6.5　用 PDL 法表示英文字母 A

6.3.3　模式的树表示法

链是一种一维连接关系，这种简单的连接关系在表示二维和三维模式时不是很有效，并且模式识别中的许多问题是更多维的，因此需要研究更复杂的基元描述及文法。通常，二维或三维模式用树表示法和图表示法描述，树和图表示法属于高维表示法。

1. 树的定义

树 T 是一个或一个以上结点的有限集合，并且满足以下条件：

(1) 存在一个唯一的指定为根的结点。

(2) 其余结点分为 m 个不相交的集合 $T_1,T_2,\cdots,T_m$，其中每一个集合本身都是一个树，称为 T 的子树。

从树的定义可知，树的每个结点都是这个树所包含的某个子树的根。一个结点具有子树的个数称为该结点的秩，结点 a 的秩用 $r(a)$ 表示。秩为零的结点称为叶结点。树 T 的各子树的排列有一定的次序，同一层上各子树交换位置就构成不同的树，在这个意义下称树是有序的。图 6.6(a)是一个边长分别为 a,b,c 的长方体，图 6.6(b)为定义的基元，图 6.6(c)为该长方体的树表示。其中 $r(a)=\{2,1,0\}$，即结点 a 的秩可能是 2、1 或 0，也就是说结点 a 可能有 2、1 或 0 个分枝。

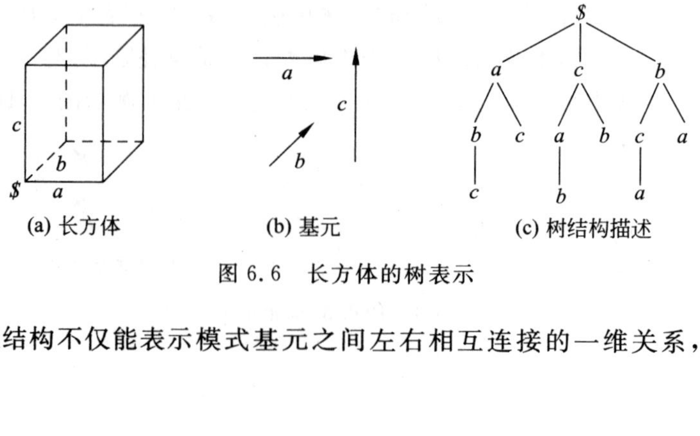

图 6.6　长方体的树表示

可见，树状结构不仅能表示模式基元之间左右相互连接的一维关系，而且还可以表

示任意规定方向上相互连接的多维关系。

如果对上述的树表示法加以扩充就得到"图"表示法。图表示法又称"关系树"表示法。这种表示法不仅有纵向关系而且有横向关系,即有结点与结点(子树与子树)之间的关系,这些关系有"在左边"、"在右边"、"在上面"、"在下面"、"在里面"等。景物、汉字等复杂图形常用图表示法表示,这里不再详述。

2. 树文法

与树表示法相对应的是树文法,它将一维连接的链文法推广到高维,是一种应用较广泛的高维文法。

树文法用 G_t 表示,定义为一个四元式

$$G_t = (V, r, P, S) \tag{6-8}$$

式中,$V = V_N \cup V_T$ 是文法的字母表,V_N 和 V_T 分别是非终止符和终止符;(V, r) 是带秩字母表,r 是以字母表中字母为根结点的树的秩;S 是起始树的有限集,且 $S \subseteq T_V$,T_V 表示以字母表中字母为结点的树和子树的集合;P 是生成式的有限集,生成式的形式为 $T_i \to T_j$,其中 T_i 和 T_j 都是树。

由树文法 G_t 产生的语言 $L(G_t)$ 是一些树的集合即模式集,$L(G_t)$ 为

$$L(G_t) = \{T \mid T \in T_T^*, T_i \underset{G_t}{\overset{*}{\Rightarrow}} T, T_i \in S\} \tag{6-9}$$

式中,T_T^* 是所有结点都是终止符的树的集合;$\underset{G_t}{\overset{*}{\Rightarrow}}$ 表示树 T 是由 S 中的起始树 T_i 开始,用文法 G_t 的生成式逐步导出的。

例 6.5 设有树文法 $G_t = (V, r, P, S)$,其中

$$V = V_N \cup V_T, \quad V_N = \{S, A\}, \quad V_T = \{\$, a, b, c, d\}$$

$$r(\$) = 2, \quad r(a) = 1, \quad r(b) = \{2, 1\}, \quad r(c) = \{1, 0\}, \quad r(d) = 0$$

生成式为

P: ① S → \$, ② A → b, ③ A → b

图 6.7 模式的树状表示

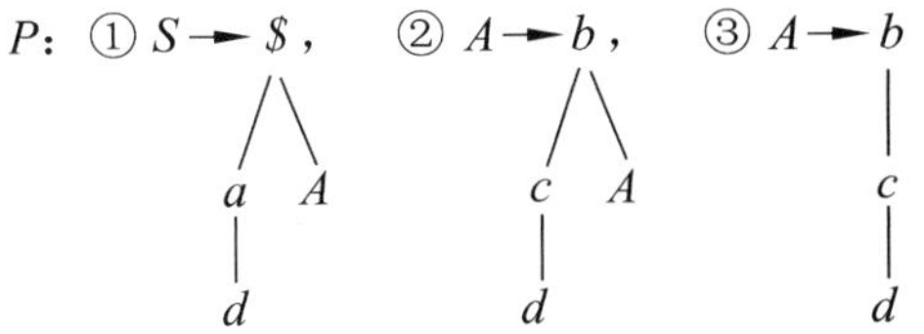

试判断图 6.7 所示的树是否属于 $L(G_t)$ 的一个句子。

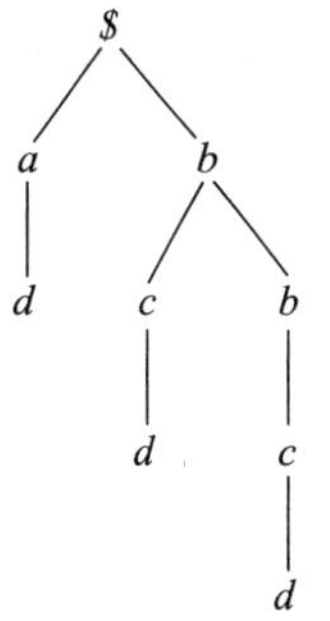

解:生成式①中 S 右边的树用 T_1 表示,生成式②中 A 右边的树用 T_2 表示,生成式③中 A 右边的树用 T_3 表示。按下面的过程可以导出图 6.7 所示的树

$$S \underset{G_t}{\overset{S}{\Rightarrow}} T_1 \underset{G_t}{\overset{A}{\Rightarrow}} T_2 \underset{G_t}{\overset{A}{\Rightarrow}} T_3 \Rightarrow T$$

式中,$T_i \underset{G_t}{\overset{A}{\Rightarrow}} T_j$ 表示 A 是 T_i 的一个结点,结点 A 用树 T_j 替换。T 表示图 6.7 所示的树,因此,树 $T \in L(G_t)$。

3. 扩展树文法

扩展树文法定义为一个四元式,表示为

$$G'_t = (V, r, P, S) \tag{6-10}$$

其中 V, r, S 的定义与前述树文法中相应符号的定义相同。生成式集 P 中的每一个生成式具有以下形式

$$X \to x \atop X_1 \; X_2 \; \cdots \; X_n$$

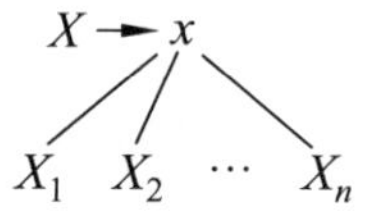

其中,x 为终止符,$X_1, X_2, \cdots, X_n$ 为非终止符;n 为结点 x 的秩。一个树文法有一个对应的扩展树文法。

例 6.6 构成例 6.5 中树文法对应的扩展树文法。

解:设构成的扩展树文法为 $G'_t = (V, r, P, S)$,其中

$$V = V_N \bigcup V_T, \quad V_N = \{S, A, B, D, E\}, \quad V_T = \{\$, a, b, c, d\}$$

$$r(\$) = 2, \quad r(a) = 1, \quad r(b) = \{2, 1\}, \quad r(c) = 1, \quad r(d) = 0$$

P 的各生成式为

① $S \to \$ \atop B \; A$, ② $A \to b \atop D \; A$, ③ $A \to b \atop D$

④ $B \to a \atop E$, ⑤ $D \to c \atop E$, ⑥ $E \to d$

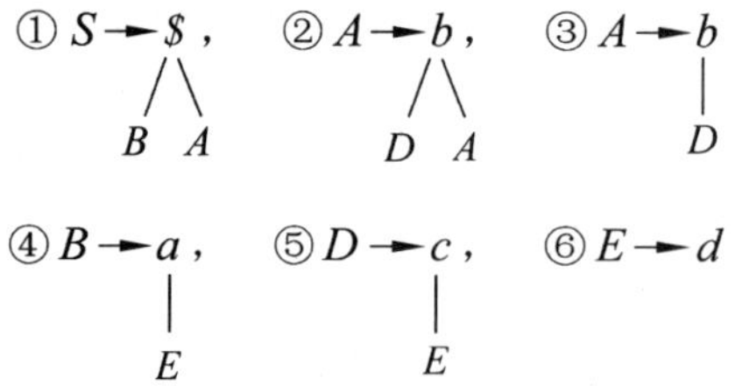

利用构成的扩展树文法,从生成式①开始,适当选择其余生成式,也可以逐步导出例 6.5 中的树 T。

6.4 文法推断

6.4.1 基本概念

在统计模式识别方法中,经常用已知类别的模式样本集训练判别函数,同样在句法模式识别中,也可以用已知类别的模式样本集来训练类别文法,这种训练过程或者说学习过程称为文法推断。文法推断就是要构造出能正确描述某类模式的文法,其中主要是求生成式集合 P。前面关于模式描述方法的讨论是在假定文法已知的前提下进行的。

每一类模式有一个文法,由于模式用句子表示,而句子可以由链、树、图表示,所以相应地就有链文法、树文法和图文法的推断问题。当选择了文法的形式之后,就可以根据一组数目足够且具有代表性的样本来推断文法。

1. 语言 $L(G)$ 的正样本集和负样本集

设 V_T^* 是终止符字母表 V_T 中字符组成的所有句子的集合,$L(G)$ 属于 V_T^*。若 R^+ 是

$L(G)$的一个子集，则称R^+是$L(G)$的正样本集。若$R^+=L(G)$，即R^+包括了$L(G)$中的所有句子，则称R^+是完备的。

设$\overline{L(G)}$属于V_T^*，$\overline{L(G)}$是V_T^*中不属于$L(G)$的句子的集合。若R^-是$\overline{L(G)}$的子集，则称R^-是$L(G)$的负样本集。若$R^-=\overline{L(G)}$，即R^-包括了不属于$L(G)$的所有句子，则称R^-是完备的。

2. 文法推断的基本思路

如果提供的训练用样本集是R，它可能包括R^+和R^-两部分，文法推断就是根据样本集$R\{R^+,R^-\}$推导出文法G。所得的文法必须能产生$L(G)$，至少应能产生R^+，同时它不应产生$\overline{L(G)}$，至少不产生R^-。此外还需要它的生成式尽量简单，因此常常先推断出几种不同的文法，然后再选择一种最满意的或能接受的文法。

有时限于条件或为了简化，R^-为空集，只有R^+，则文法推断问题成为用R^+推导出文法G。基本思路是：给定一个R^+型的训练样本集，共n个句子，陆续送入一个“文法推断机”。当输入一个句子后，就由它初步推断出一个能导出该句子的文法G_1。输入第二个句子，补充或修改刚才建立的文法G_1，从而推断出能导出这两个句子的文法G_2。如此重复下去，直到最后推断出文法G_n为止。为了条文简单，有时还可对G_n中各条文做合并处理，得到最后需要的文法。

迄今为止，还没有一种一般的系统算法能解决各种文法的推断问题。就链文法而言，正则文法限制较为严格，比其余三种形式的链文法易于推断。扩展树文法的生成式虽然较多，但每个生成式比树文法的生成式简单，因而比树文法易于推断。在这一节里，我们通过一种称为余码文法的正则文法和扩展树文法的推断，介绍文法推断的基本概念和方法。

6.4.2 余码文法的推断

1. 余码的定义

设V_T为终止符字母表，$a\in V_T$，A为V_T中字符构成的字符串的集合。A对于字符a的余码就是舍去A中串的前面字符a之后剩余串的集合，a也可以是V_T中字符构成的串。字符串集合A对a的余码记为

$$D_aA=\{X \mid aX\in A\} \tag{6-11}$$

例如，设$V_T=\{0,1\}$，$A=\{01,100,111,0010\}$，则$D_0A=\{1,010\}$，此时A中的“100”和“111”前面不是0，所以没有相应的余码。A对0,1的全部其他余码为

$D_1A=\{00,11\}$，　$D_{01}A=\{\lambda\}$，　$D_{10}A=\{0\}$，　$D_{11}A=\{1\}$，　$D_{00}A=\{10\}$

$D_{100}A=\{\lambda\}$，　$D_{111}A=\{\lambda\}$，　$D_{001}A=\{0\}$，　$D_{0010}A=\{\lambda\}$

其中，λ表示空串。

当$a=\lambda$时，$D_aA=D_\lambda A=A$。

2. 余码文法的推断

设语言 $L(G)$ 的正样本集 R^+ 为

$$R^+ = \{X_1, X_2, \cdots, X_m\}$$

对应于 R^+ 的余码文法为 $G_c=(V_N, V_T, P, S)$，余码文法又称形式微商文法。其中 V_N，V_T，P，S 的推导过程如下：

第一步，由 R^+ 中互异的终止符组成终止符集 V_T。

第二步，求出 R^+ 的全部余码，即求出对 λ 及 R^+ 中各句子前面部分符号或符号串的余码，相同的合并。令起始符 $S=D_\lambda R^+$，其余的非空余码分别用一个非终止符表示，记为 $U_1, U_2, \cdots, U_p$，这样就得到非终止符集 V_N 为

$$V_N = \{S, U_1, U_2, \cdots, U_p\}$$

第三步，建立生成式集合 P，方法是

若有 $D_a U_i = U_j$，则有生成式 $U_i \to aU_j$

若有 $D_a U_i = \lambda$，则有生成式 $U_i \to a$

其中，$i, j = 1, 2, \cdots, p$

例 6.7 设语言 $L(G)$ 的正样本集 $R^+=\{101, 111\}$，试推断出余码文法 G_c。

解：设余码文法为 $G_c(V_N, V_T, P, S)$。

第一步，由 R^+ 得 G_c 的终止符集 V_T，$V_T=\{0, 1\}$。

第二步，求出 R^+ 的全部余码，并组成非终止符集 V_N。R^+ 的全部余码为

$$D_\lambda R^+ = \{101, 111\}, \quad D_1 R^+ = \{01, 11\}$$

$$D_{10} R^+ = \{1\}, \quad D_{11} R^+ = \{1\}$$

$$D_{101} R^+ = \{\lambda\}, \quad D_{111} R^+ = \{\lambda\}$$

将等号右边相同的合并，并将非空的余码标以符号组成非终止符集 V_N。

$$S = D_\lambda R^+ = \{101, 111\}, \quad U_1 = D_1 R^+ = \{01, 11\}, \quad U_2 = D_{10} R^+ = \{1\}$$

所以 $V_N=\{S, U_1, U_2\}$

第三步，建立生成式集 P。

由 $D_1 S = U_1$，有生成式 $S \to 1U_1$

由 $D_1 U_1 = U_2$，有生成式 $U_1 \to 1U_2$

由 $D_1 U_2 = \lambda$，有生成式 $U_2 \to 1$

由 $D_0 U_1 = U_2$，有生成式 $U_1 \to 0U_2$

综合以上结果，由 R^+ 推断得到的余码文法为 $G_c=(V_N, V_T, P, S)$，其中

$$G_c = (V_N, V_T, P, S), \quad V_N = \{S, U_1, U_2\}, \quad V_T = \{0, 1\}$$

$$P: S \to 1U_1, \quad U_1 \to 1U_2, \quad U_1 \to 0U_2, \quad U_2 \to 1$$

6.4.3 扩展树文法的推断

下面介绍一种归纳推断方法，具体步骤如下：

第一步，给出样本树集 $\{T_i, i=1, 2, \cdots, m\}$，对树集中的每个树 T_i 求扩展树文法的生

成式集 P。P 中的每个生成式的形式为

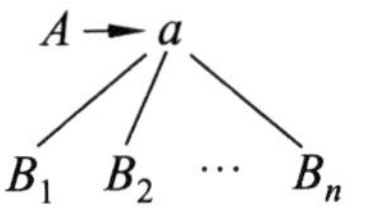

其中，a 为终止符，A 和 $B_1,B_2,\cdots,B_n$ 为非终止符，n 为结点 a 的秩。

第二步，根据生成式的右边检查所有非终止符的等价性。

设 $\{T_i\}$ 和 $\{T_j\}$ 分别是由非终止符 A_i 和 A_j 出发导出的树集，若 $\{T_i\}=\{T_j\}$，则称 A_i 和 A_j 是等价的，记为 $A_i\equiv A_j$。例如，设某扩展树文法的生成式为

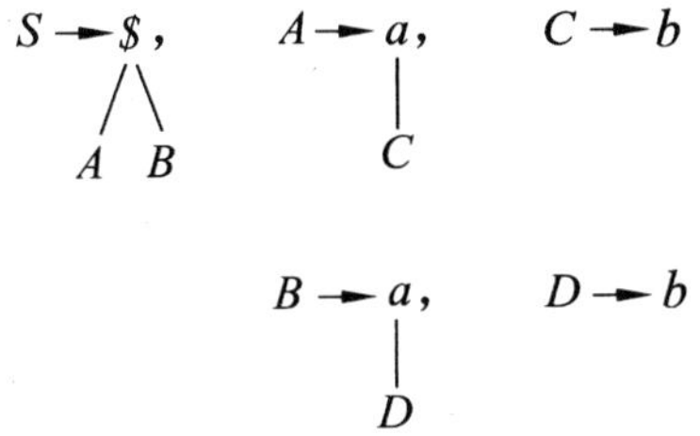

显然，从 A 出发导出的树集和从 B 出发导出的树集是相同的，因此 $A\equiv B$。

第三步，合并等价非终止符，删除被合并的非终止符的所有后代生成式。

第四步，建立起始生成式集，形式为

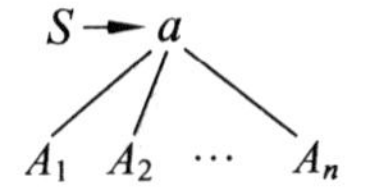

其中，$S,A_1,\cdots,A_n$ 为非终止符，a 为终止符，n 为结点 a 的秩。

例 6.8 设某类句法模式树描述的样本集中含有树 T_1 和 T_2，分别为

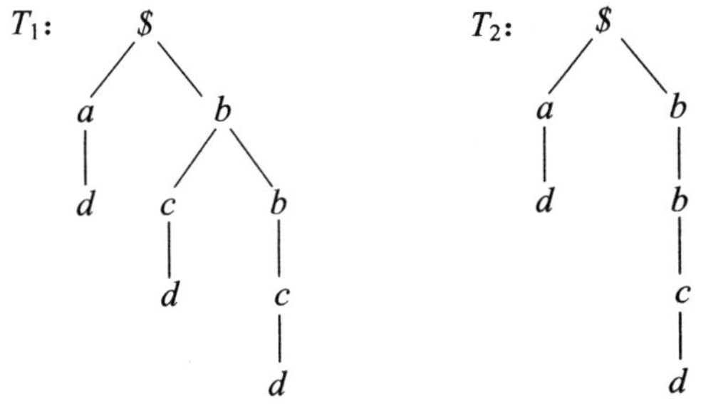

用归纳推断法推断该类模式的扩展树文法 G'_t。

解：设推断的扩展文法为 $G'_t=(V,r,P,S)$。

第一步，分别写出产生树 T_1 和 T_2 的生成式。产生树 T_1 的生成式为

① $A_1 \to \$$ ② $A_2 \to a$ ③ $A_3 \to d$
  $A_2\ A_4$ A_3

④ $A_4 \to b$ ⑤ $A_5 \to c$ ⑥ $A_6 \to d$
  $A_5\ A_7$ A_6

⑦ $A_7 \to b$ ⑧ $A_8 \to c$ ⑨ $A_9 \to d$
  A_8 A_9

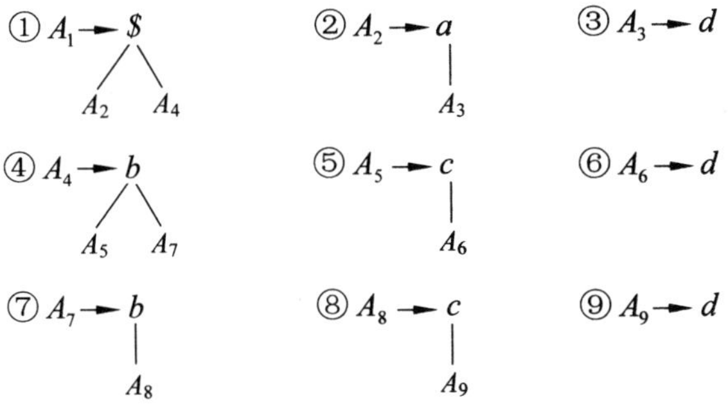

在产生树 T_1 的生成式中只需增加下面一个生成式，就可以得到产生树 T_2 的生成式

$$⑩\ A_4 \to \begin{array}{c} b \\ | \\ A_7 \end{array}$$

第二步，由于从 A_5 出发产生的树集和从 A_8 出发产生的树集完全相同，故 $A_5 \equiv A_8$。合并 A_5 和 A_8，删除⑧和⑨，即舍去 A_8 并删除 A_8 的后代生成式，其余生成式中的 A_8 用 A_5 代替；其次，$A_3 \equiv A_6$，因此舍去 A_6，其余生成式中的 A_6 用 A_3 代替。合并后得到

$$①\ A_1 \to \begin{array}{c} \$ \\ / \quad \backslash \\ A_2 \quad A_4 \end{array} \qquad ②\ A_2 \to \begin{array}{c} a \\ | \\ A_3 \end{array} \qquad ③\ A_3 \to d$$

$$④\ A_4 \to \begin{array}{c} b \\ / \quad \backslash \\ A_5 \quad A_7 \end{array} \qquad ⑤\ A_5 \to \begin{array}{c} c \\ | \\ A_3 \end{array} \qquad ⑦\ A_7 \to \begin{array}{c} b \\ | \\ A_5 \end{array}$$

$$⑩\ A_4 \to \begin{array}{c} b \\ | \\ A_7 \end{array}$$

第三步，建立起始产生式集，该文法中只需一个起始产生式，把产生式①中的 A_1 用 S 代替就得到起始产生式为

$$S \to \begin{array}{c} \$ \\ / \quad \backslash \\ A_2 \quad A_4 \end{array}$$

由以上推断结果得扩展树文法为 $G_t' = (V, r, P, S)$ 为

$$V = V_N \cup V_T,\quad V_N = \{S, A_2, A_3, A_4, A_5, A_7\},\quad V_T = \{\$, a, b, c, d\}$$

$$r:\ r(\$) = 2,\quad r(a) = 1,\quad r(b) = \{2, 1\},\quad r(c) = 1,\quad r(d) = 0$$

$$P:\ S \to \begin{array}{c} \$ \\ / \quad \backslash \\ A_2 \quad A_4 \end{array} \qquad A_2 \to \begin{array}{c} a \\ | \\ A_3 \end{array} \qquad A_4 \to \begin{array}{c} b \\ / \quad \backslash \\ A_5 \quad A_7 \end{array} \qquad A_3 \to d$$

$$A_5 \to \begin{array}{c} c \\ | \\ A_3 \end{array} \qquad A_7 \to \begin{array}{c} b \\ | \\ A_5 \end{array} \qquad A_4 \to \begin{array}{c} b \\ | \\ A_7 \end{array}$$

6.5 句法分析

完成文法推断以后，就可以利用得到的文法对未知类别的句法模式进行识别或分类了，这个过程称为句法分析。设有 M 类模式，每一类模式称为一种语言，ω_i 类模式即第 i 种语言 $L(G_i)$，G_i 表示该语言的文法。每种语言都事先根据自己的一组训练样本推断出一种文法，对于一个未知类别的句法模式即句子 x，若 x 是文法 G_i 的一个合法句子，则 $x \in L(G_i)$，也就是 $x \in \omega_i$ 类模式。若 x 不是 M 种文法中任何一种文法的合法句子，则拒识。用句法分析做模式识别的方法很多，这一节介绍几种用于链文法分析的重要方法。

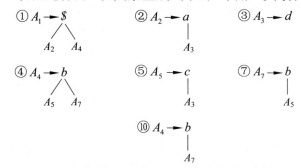

6.5.1 参考链匹配法

设有 M 类模式，对每一类模式先给出一组样本链（句子），称为参考链。参考链一般就是给出的训练正样本集 R^+ 中的各链。将输入链 x 与每一类的参考链进行比较，并规定一个比较容限（如规定对应符号相差的数目小于或等于1时判为属于该类等），经比较后，x 被识别为与其匹配“最好”的参考链所属的模式类。

参考链匹配法的优点是程序简单，缺点是没有充分利用链的结构信息，使分析的工作量大，所需时间长，并且得不到充分的描述信息。

6.5.2 填充树图法

这种方法可用于上下文无关文法的分析。具体方法如下：

若已知某语言的文法 G_i，给定某待识别的链 x，建立一个以 x 为底，以起始符 S 为顶的三角形，如图6.8所示。用文法 G_i 的生成式填充这个三角形，使之成为一个分析树。若填充成功，表示 x 可以由文法 G_i 导出，因此 $x\in L(G_i)$，即 x 属于文法 G_i 相应的模式类 ω_i，否则 x 不属于该类。

填充的方法可以从顶向下、从左向右填充，称为“顶下法”；也可以从底向上、从左向右填充，称为“底上法”。下面举例说明顶下法。

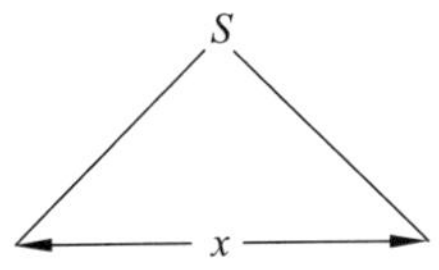

图6.8 待填充的三角形

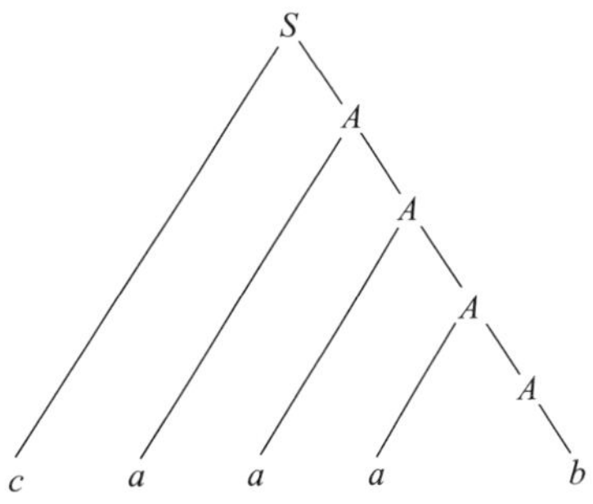

图6.9 用文法 G 的生成式填充的三角形

例6.9 已知文法 $G=(V_N,V_T,P,S)$，其中 $V_N=\{S,A,B\}$，$V_T=\{a,b,c\}$，

$$P: S\to cA,\quad A\to aA,\quad A\to b$$
$$S\to bB,\quad B\to bA$$

待识别的链为 $x=caaab$。用填充树图法的顶下法分析 x 是否属于 $L(G)$。

解： 顶下法选用的第一个生成式必须是左边为 S 的生成式，其余生成式经过搜索选用次序不受限制。若选用某一生成式填充失败，则必须返回重新选择和重新填充。在填充过程中做一些简单有效的考察会使填充简单快速得多。

填充的结果如图6.9所示，树叶 c,a,a,a,b 说明用文法 G 的生成式填充树图成功，所以 x 能用文法 G 导出，$x\in L(G)$。

类似地，底上法从三角形底边最左边的一个终止符开始，选择文法 G 的生成式，并且从左到右、从底向上填充，直到三角形顶点 S。若填充成功，则 $x \in L(G)$。

6.5.3 CYK 分析法

CYK 分析法是库克-杨格-卡塞米分析法的简称，由库克(Cocke)、杨格(Younger)和卡塞米(Kasami)提出，是一种列表方法，可以用于上下文无关文法的分析。利用这种方法进行分析时，文法中的生成式必须表示成乔姆斯基范式，或称乔姆斯基标准型。下面首先介绍乔姆斯基范式。

1. 乔姆斯基范式

乔姆斯基范式要求文法中的生成式仅为以下两种形式

$$A \to BC \quad 或 \quad A \to a \tag{6-12}$$

其中 A,B,C 为非终止符，a 为终止符。例如，若某上下文无关文法的生成式为

$$S \to aAB, \quad A \to bB, \quad B \to c$$

则该文法生成式的乔姆斯基范式为

$$S \to DE, \quad D \to a, \quad E \to AB, \quad A \to FB, \quad F \to b, \quad B \to c$$

2. CYK 分析法

CYK 分析法输入的是一个乔姆斯基范式的上下文无关文法 G 和一个输入链 x，输出是关于链 x 的分析表，算法的关键是构造 x 的分析表。

t_{1n}			
…	…		
t_{12}	…	…	
t_{11}	t_{21}	…	t_{n1}

图 6.10 CYK 分析表

设待识别的链为 $x=a_1a_2\cdots a_n$，用于句法分析的文法为 G，G 中的生成式为乔姆斯基范式。构造一个三角形表格即分析表，表格有 n 行 n 列。三角形的底为第一行，第一行有 n 格，第 j 行有$(n-j+1)$格，第 n 行只有一格。表格的元素为 t_{ij}，i 为列数，j 为行数，$1\leqslant i\leqslant n$，$1\leqslant j\leqslant(n-i+1)$。表格的原点$(i=1,j=1)$定在左下角，即三角形底边的左端，如图 6.10 所示。

建立三角形表格后，开始求元素 t_{ij} 的值。求 t_{ij} 的原则是，若链 x 的某个子链从 a_i 开始延伸至 j 个符号(长度等于 j 的子链)，如果能用文法 G 中的非终止符 A 导出它，即如果 $A \overset{*}{\underset{G}{\Rightarrow}} a_ia_{i+1}\cdots a_{i+j-1}$，则 $t_{ij}=A$。

按照从左到右，从最低行到最高行 t_{1n} 的顺序依次填写三角形表。最后当且仅当表完成时 S 在 t_{1n} 中，则 $x \in L(G)$。若 S 在 t_{1n} 中，一定能用文法 G 的生成式导出链 x。具体步骤如下：

第一步，令 $j=1$。按从 $i=1$ 到 $i=n$ 的次序求 t_{i1}，即从左端到右端填表的第一行。方法是将链 x 分解成长度为 1 的子链，对于子链 a_i，若生成式集中有 $A \to a_i$，则把 A 填入 t_{i1} 中。

第二步，令 $j=2$。按从 $i=1$ 到 $i=n-1$ 的次序求 t_{i2}，即求第二行各元素。方法是将链 x 分解成长度为 2 的子链，对于子链 a_ia_{i+1}，若生成式中有 $A \to BC$，且有 $B \to a_i$ 和

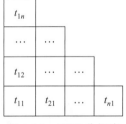

$C \to a_{i+1}$，则把 A 填入 t_{i2} 中。或者由于子链 $a_i a_{i+1}$ 可以分解成长度为 1 的子链 a_i 和 a_{i+1}，因此也可直接由第一行的填写结果求 t_{i2}，方法是若有生成式 $A \to BC$，且 B 在 t_{i1} 中和 C 在 $t_{i+1,1}$ 中，则把 A 填入 t_{i2} 中。

第三步，对于 $j>2$，按从 $i=1$ 到 $i=n-j+1$ 的次序求 t_{ij}。假定已经求出了 $t_{i,j-1}$，对于 $1 \leqslant k < j$ 中的任一个 k，当 P 中存在生成式 $A \to BC$，并且 B 在 t_{ik} 中，C 在 $t_{i+k,j-k}$ 中时，把 A 填入 t_{ij}。

这一步以链 x 的所有长度为 j 的子链的分解为基础，即将子链 $a_i \cdots a_{i+j-1}$ 分解成前缀部分 $a_i \cdots a_{i+k-1}$ 和后缀部分 $a_{i+k} \cdots a_{i+j-1}$，使得

$$B = a_i \cdots a_{i+k-1}, \quad C = a_{i+k} \cdots a_{i+j-1}$$

第四步，重复第三步直至完成此表或者某一行全部为空项。当且仅当 S 在 t_{1n} 中时，$x \in L(G)$，即可由 G 的生成式导出链 x。

例 6.10 设乔姆斯基范式文法 $G=(V_N, V_T, P, S)$，$V_N=\{S, A, B, C\}$，$V_T=\{a, b\}$，P 的各生成式为

$$S \to AB, \quad S \to AC, \quad C \to SB, \quad A \to a, \quad B \to b$$

待识别的链为 $x=aabb$，用 CYK 法分析 x 是否属于 $L(G)$。

解：构造三角形表格如图 6.11(a)所示，按下列步骤求表中元素 t_{ij} 的值。

t_{14}			
t_{13}	t_{23}		
t_{12}	t_{22}	t_{32}	
t_{11}	t_{21}	t_{31}	t_{41}

(a) CYK 分析表形式

S			
$\varnothing$	C		
$\varnothing$	S	$\varnothing$	
A	A	B	B

(b) 填表结果

图 6.11 例 6.10 的 CYK 分析表

第一步，令 $j=1$，求 t_{i1}，$1 \leqslant i \leqslant 4$。

$$对于\ a_1=a, t_{11}=A$$
$$对于\ a_2=a, t_{21}=A$$
$$对于\ a_3=b, t_{31}=B$$
$$对于\ a_4=b, t_{41}=B$$

第二步，令 $j=2$，求 t_{i2}，$1 \leqslant i \leqslant 3$。

将链 x 分解为长度等于 2 的子链，分别为 aa, ab, bb。对于 $a_1 a_2 = aa$，因为没有非终止符 X 使得 $X \to YZ$，$Y \to a$，$Z \to a$，所以 $t_{12}=\varnothing$，$\varnothing$ 表示空项。对于 $a_2 a_3 = ab$，有生成式 $S \to AB$，$A \to a$，$B \to b$，所以 $t_{22}=S$。对于 $a_3 a_4 = bb$，$t_{32}=\varnothing$，因为这一行不是全部为空项，所以算法继续。

第三步，令 $j=3$，对于 $1 \leqslant i \leqslant 2$，求 t_{i3}。

将链 x 分解为长度等于 3 的子链，分别为 aab, abb。对于 $a_1 a_2 a_3 = aab$，得到 $t_{13}=\varnothing$，

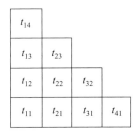

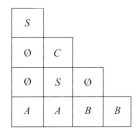

这是因为子链 aab 的分解$(a)(ab)$或$(aa)(b)$两种情况都找不到非终止符 X，使得 $X\to YZ$ 和 Y 能导出前缀及 Z 能导出后缀。对于 $a_2a_3a_4=abb$，得到 $t_{14}=C$，因为 $C\to SB$，$S\overset{*}{\Rightarrow}ab$，$B\to b$。

第四步，令 $j=4$，对于 $i=1$，求 t_{14}。

对于 $a_1a_2a_3a_4=aabb$，得到 $t_{14}=S$，这是因为 $S\to AC$，$A\to a$，$C\overset{*}{\Rightarrow}abb$。

第五步，停机，填表结束。图 6.11(b)所示为所填分析表的结果，因为 S 在 t_{14} 中，所以$x\in L(G)$。

6.5.4 厄利分析法

厄利(Earley)发展了一种有效的上下文无关文法的分析算法，这种算法对文法的形式并不提出特殊要求，是一种自上而下的分析程序，它同时沿所有可能的分析式进行分析。在此过程中，相似的子分析式可以互相结合起来，避免了重复。

厄利法的输入是上下文无关文法 $G=(V_N,V_T,P,S)$ 和输入链 $x=a_1a_2\cdots a_n$，输出是按 a_1,a_2 等顺序做的对 x 的分析表 $I_0,I_1,\cdots,I_n$，其中每个 $I_j(0\leqslant j\leqslant n)$ 称为一个项目表，由一组表达式组成，每个表达式称为 I_j 的一个项目。

第 j 个项目表 I_j 的一个项目$[A\to\alpha\cdot\beta,i]$表示两个含义：

(1) 对链 x 可以分析到第 j 个符号。

(2) 由圆点符号“·”以前的 α 可以产生出链 x 的从第$(i+1)$个开始直至第 j 个符号。其中的圆点符号是一个分割标志，前面的 α 部分已知与输入是一致的，后面是未知的部分，也就是说圆点分割开了经分析后符合的部分和尚未考虑的部分。

厄利法的思路是，首先建立 I_0，由 I_0 建立 I_1，再由 I_0 和 I_1 建立 I_2，这样往下直到建立 I_n。若 I_n 中有形如$[S\to\alpha\cdot,0]$的表达式，则 x 在 $L(G)$中；反之，则不在。建立分析表的步骤如下：

第一步，建立 I_0。

(1) 如果生成式 $S\to\alpha$ 在 P 中，把项目$[S\to\cdot\alpha,0]$加到 I_0 中。

(2) 如果$[B\to\gamma\cdot,0]$在 I_0 中，对所有$[A\to\alpha\cdot B\beta,0]$，把$[A\to\alpha B\cdot\beta,0]$加到 I_0 中。

(3) 假定$[A\to\alpha\cdot B\beta,0]$在 I_0 中，对 P 中所有形如 $B\to\gamma$ 的生成式，把项目$[B\to\cdot\gamma,0]$加到 I_0 中。

反复执行上述步骤(2)和步骤(3)，直到没有新项目加入 I_0 中为止。

第二步，根据已经建立的 $I_0,I_1,\cdots,I_{j-1}$ 构成项目表 $I_j(j=2,\cdots,n)$。

(4) 对于每个在 I_{j-1} 中的$[B\to\alpha\cdot a_j\beta,i]$，把项目$[B\to\alpha a_j\cdot\beta,i]$加到 I_j 中。

(5) 设$[A\to\alpha\cdot,i]$在 I_j 中。在 I_i 中寻找形如$[B\to\alpha\cdot A\beta,k]$的项目，对找到的每一项，把项目$[B\to\alpha A\cdot\beta,k]$加到 I_j 中。

(6) 设$[A\to\alpha\cdot B\beta,i]$在 I_j 中，对于 P 中所有 $B\to\gamma$，把$[B\to\cdot\gamma,j]$加到 I_j 中。

反复执行上述步骤(5)和步骤(6)直到没有项目加入 I_j 中为止。

第三步，当且仅当 I_n 中有某个形式为$[S\to\alpha\cdot,0]$的项目时，$x\in L(G)$。它表示从起

始符 S 开始,可以对 x 从第一个符号一直分析到第 n 个符号 a_n。

例 6.11 设有上下文无关文法 $G=(V_N,V_T,P,S)$,其中

$$V_N=\{S,T,F\},\quad V_T=\{a,+,*,(,)\}$$

P 的各生成式为

$$S\to S+T,\quad S\to T,\quad T\to T*F,\quad T\to F,\quad F\to(S),\quad F\to a$$

链 $x=a*a$,用厄利法分析 x 是否属于 $L(G)$。

解:用厄利法建立的分析表 I_0,I_1,I_2,I_3 如下:

I_0	I_1	I_2	I_3
$[S\to\bullet S+T,0]$	$[F\to a\bullet,0]$	$[T\to T*\bullet F,0]$	$[F\to a\bullet,2]$
$[S\to\bullet T,0]$	$[T\to F\bullet,0]$	$[F\to\bullet(S),2]$	$[T\to T*F\bullet,0]$
$[T\to\bullet T*F,0]$	$[S\to T\bullet,0]$	$[F\to\bullet a,2]$	$[S\to T\bullet,0]$
$[T\to\bullet F,0]$	$[T\to T\bullet *F,0]$		$[T\to T\bullet *F,0]$
$[F\to\bullet(S),0]$	$[S\to S\bullet +T,0]$		$[S\to S\bullet +T,0]$
$[F\to\bullet a,0]$			

因为 $[S\to T\bullet,0]$ 在 I_3 中,表示从 S 开始可以对 $x=a*a$ 从第一个符号 a 一直分析到最后一个符号 a,所以 $x\in L(G)$。

6.6 句法结构的自动机识别

前面已经介绍了不同的文法及其推断和分析。当给出某类文法以后,可以根据它设计一种相应地称为自动机的硬件模型。自动机是一种句法模式识别器,当输入模式链时,利用自动机来识别输入链是否符合与该机相对应的文法。对于乔姆斯基定义的四类链文法,每类文法对应一类自动机。其中,0 型文法对应的自动机称为图灵机,1 型文法对应的自动机称为线性有界自动机,2 型文法对应的自动机称为下推自动机,3 型文法对应的自动机称有限态自动机。此外,树文法对应树自动机。由于自动机的硬件模型如控制装置、输入带、存储器等与计算机相符,所以有了自动机模型,会给用于设计文法分析的专用计算机带来方便。

这一节主要讨论有限态自动机和下推自动机的数学模型以及它们分别与 3 型文法和 2 型文法的对应关系。

6.6.1 有限态自动机与正则文法

1. 有限态自动机

有限态自动机是一个五元组,即由五部分组成,用 A 表示为

$$A=(\Sigma,Q,\delta,q_0,F)\tag{6-13}$$

其中 Σ 为输入字母表,是由终止符组成的有限集;Q 是自动机内部状态的有限集,例如,若自动机有 3 个状态,则 $Q=\{q_0,q_1,q_2\}$;q_0 是自动机的初始状态,$q_0\in Q$;F 是自动机的

终止状态集，它是 Q 的一个子集，即 $F\subseteq Q$；δ 表示自动机内部状态的转换（映射）关系，称为状态转换规则、状态转移函数、转换律等。当输入字符 a 时，自动机的状态由 q 变为 q'，可记做

$$\delta(q,a) = q'$$

其中，$q,q'\in Q,a\in\Sigma$。

若自动机每次从一个状态只能转换到另一个指定的状态，这种自动机称为确定的有限态自动机。若自动机每次从一个状态可以转换到一个指定的状态集中的任意一个状态，这种自动机称为非确定的有限态自动机。例如，若映射关系中含有形式为 $\delta(q_1,a)=\{q_2,q_3\}$ 的关系式，则表示输入字符 a 时，自动机的状态可以从 q_1 变为 q_2，也可以从 q_1 变为 q_3，这种自动机是非确定的有限态自动机。

2. 有限态自动机接受语言的方式

有限态自动机接受的链 x 的集合称为有限态自动机接受的语言，用 $L(A)$表示，$L(A)$为

$$L(A) = \{x \mid \delta(q_0,x) \text{ 在 } F \text{ 中}\} \tag{6-14}$$

有限态自动机的结构如图 6.12 所示，主要由输入带、只读头和状态控制器三部分组成。输入链 x 中的字符从左到右被依次记录在输入带上，只读头从输入带的最左边一个单元开始依次读取输入字符。状态控制器记录着自动机的全部状态，每读取一个字符，控制器即搜寻原存入的状态转换规则，如果状态转换规则中存在相应的转换关系，则从当前状态变到另一个状态，这时我们说自动机接受了这个输入字符。如果不存在相应的转换关系，则状态不发生变化，说明自动机不接受这个字符。如果自动机从初始状态开始能够连续地接受输入链的每个字符，并且最后停在一个终止状态上，我们就说输入链属于该自动机能接受的那种语言，即 $x\in L(A)$。$L(A)$就是所有这样的链 x 的集合。

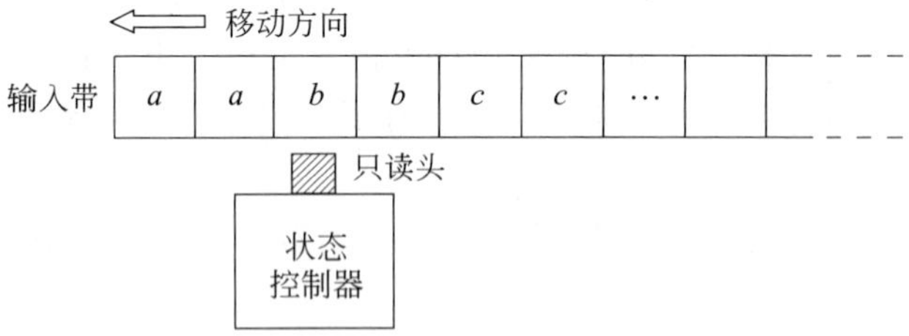

图 6.12　有限态自动机示意

例 6.12　设有限态自动机 $A=(\Sigma,Q,\delta,q_0,F)$ 。其中

$$\Sigma = \{a,b\},\quad Q = \{q_0,q_1,q_2\},\quad F = \{q_2\}$$

状态转换规则 δ 为

$$\delta(q_0,a) = q_2,\quad \delta(q_1,a) = q_2,\quad \delta(q_2,a) = q_2$$

$$\delta(q_0,b) = q_1,\quad \delta(q_1,b) = q_0,\quad \delta(q_2,b) = q_1$$

试判别链 $x=bbaa$ 是否属于 $L(A)$。

解：将链 x 输入自动机 A，自动机的状态转换过程为

$$q_0 \xrightarrow{b} q_1 \xrightarrow{b} q_0 \xrightarrow{a} q_2 \xrightarrow{a} q_2$$

自动机依次接受了 x 的每个字符，并且状态最后转换到终止状态，即 $\delta(q_0, bbaa)=q_2\in F$，所以 $x\in L(A)$。

有限态自动机内部状态的转换关系常用状态转换图表示，状态转换图也称状态转移图，是一种有向图。状态转换图中的结点即圆表示状态，双线圆表示终止态，进入箭头指向起始状态，用标有输入字符的有向弧线连接结点，表示状态变化，弧线的方向即是状态变化的方向。状态转换图直观地表示出了自动机的全部状态转换关系。上例中的有限态自动机 A 的状态转换如图 6.13 所示。

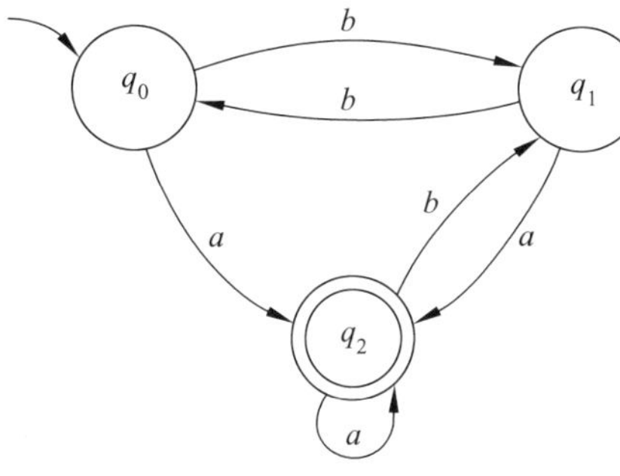

图 6.13　有限态自动机的状态转换

3．有限态自动机与正则文法的对应状态

1）按正则文法构造有限态自动机

设有正则文法 $G=(V_N, V_T, P, S)$，则必存在一有限态自动机 A 与之对应。设 $A=(\Sigma, Q, \delta, q_0, F)$，$A$ 接受的语言与 G 产生的语言间的关系为 $L(A)=L(G)$。A 和 G 的对应关系为

（1）$\Sigma=V_T$。

（2）Q 中的每个状态对应 V_N 中一个非终止符，另外再加一个附加的终止状态集 F，即 $Q=V_N\cup F$。

（3）q_0 对应 S，即 $q_0=S$。

（4）δ 与生成式 P 对应。正则文法只有两种类型的生成式，即 $A_i\rightarrow aA_j$ 或 $A_i\rightarrow b$，其中 A_i 和 A_j 为单个非终止符，a 和 b 为单个终止符。δ 与 P 的对应关系为

P 中有 $A_i\rightarrow aA_j$，则 δ 中有 $\delta(A_i, a)=A_j$；

若 P 中有 $A_i\rightarrow b$，则 δ 中有 $\delta(A_i, b)=F$；

若 P 中有 $A_i\rightarrow aA_j$ 和 $A_i\rightarrow a$，则 δ 中有 $\delta(A_i, a)=\{A_j, F\}$。

若将非终止符 A_i, A_j 分别命名为 q_i, q_j，则上述对应关系可写为

若 P 中有 $A_i\rightarrow aA_j$，则 δ 中有 $\delta(q_i, a)=q_j$；

若 P 中有 $A_i\rightarrow b$，则 δ 中有 $\delta(q_i, b)=F$；

若 P 中有 $A_i\rightarrow aA_j$ 和 $A_i\rightarrow a$，则 δ 中有 $\delta(q_i, a)=\{q_j, F\}$。

根据以上对应关系，可以先由正则文法 G 构成与它对应的有限态自动机 A，然后用自动机 A 识别未知类别的链，若链 $x\in L(A)$，则必有 $x\in L(G)$。

例 6.13　设有正则文法 $G=(V_N, V_T, P, S)$，其中

$$V_N=\{S, A, B\},\quad V_T=\{a, b, c\}$$

P 的各生成式为

$$P: S \to cA, \quad S \to bB$$
$$A \to aA, \quad B \to bA, \quad A \to b$$

求 G 对应的有限态自动机 A，判别链 $x=caab$ 是否属于 $L(G)$。

解：设有限态自动机 $A=(\Sigma,Q,\delta,q_0,F)$，根据 A 与 G 的对应关系得

$\Sigma=V_T=\{a,b,c\}$

$Q=V_N\cup F=\{S,A,B,F\}$

$q_0=S$

δ：因为 $S\to cA$，有 $\delta(S,c)=A$；

因为 $S\to bB$，有 $\delta(S,b)=B$；

因为 $A\to aA$，有 $\delta(A,a)=A$；

因为 $B\to bA$，有 $\delta(B,b)=A$；

因为 $A\to b$，有 $\delta(A,b)=F$。

所以 G 对应的有限态自动机 $A=(\Sigma,Q,\delta,q_0,F)$ 为

$$\Sigma=\{a,b,c\}, \quad Q=\{S,A,B,F\}, \quad q_0=S$$

δ：$\delta(S,c)=A$，$\delta(S,b)=B$，$\delta(A,a)=A$，$\delta(B,b)=A$，$\delta(A,b)=F$

自动机 A 接受链 x 的过程为

$$S \xrightarrow{c} A \xrightarrow{a} A \xrightarrow{a} A \xrightarrow{b} F$$

因为自动机 A 接受了链 x 的全部字符，且状态最终转换到终止态 F，所以 $x\in L(A)$，即 $x\in L(G)$。

若令 $A=q_1$，$B=q_2$，则上述结果可写为 $A=(\Sigma,Q,\delta,q_0,F)$，其中

$\Sigma=\{a,b,c\}$，$Q=\{q_0,q_1,q_2,F\}$，$q_0=S$

δ：$\delta(q_0,c)=q_1$，$\delta(q_0,b)=q_2$，$\delta(q_1,a)=q_1$，$\delta(q_2,b)=q_1$，$\delta(q_1,b)=F$

接受链 x 的过程为

$$q_0 \xrightarrow{c} q_1 \xrightarrow{a} q_1 \xrightarrow{a} q_1 \xrightarrow{b} F$$

即 $\delta(q_0,caab)=F$，所以 $x\in L(A)$，也即 $x\in L(G)$。

2）按有限态自动机确定正则文法

如果给出一有限态自动机 $A=(\Sigma,Q,\delta,q_0,F)$，那么必有一正则文法 G 与其对应。设 $G=(V_N,V_T,P,S)$，则 $L(G)=L(A)$。G 和 A 的对应关系为

(1) $V_N=Q$。

(2) $V_T=\Sigma$。

(3) $S=q_0$。

(4) P 与 δ 的对应关系为

若 δ 中有 $\delta(q_i,a)=q_j$，则 P 中有 $q_i\to aq_j$；

若 δ 中有 $\delta(q_i,b)=F$，则 P 中有 $q_i\to b$；

若 δ 中有 $\delta(q_i,a)=\{q_j,F\}$，则 P 中有 $q_i\to aq_j$ 和 $q_i\to a$。

若将 q_i，q_j 分别命名为 A_i，A_j，则上述对应关系可写为

若 δ 中有 $\delta(q_i,a)=q_j$，则 P 中有 $A_i\to aA_j$；

若 δ 中有 $\delta(q_i,b)=F$，则 P 中有 $A_i \to b$；

若 δ 中有 $\delta(q_i,a)=\{q_j,F\}$，则 P 中有 $A_i \to aA_j$ 和 $A_i \to a$。

例 6.14 设有限态自动机 $A=(\Sigma,Q,\delta,q_0,F)$。其中

$$\Sigma=\{a,b\},\quad Q=\{q_0,q_1,q_2\},\quad F=\{q_2\}$$

状态转换规则 δ 为

$$\delta(q_0,a)=q_2,\quad \delta(q_1,a)=q_2,\quad \delta(q_2,a)=q_2$$

$$\delta(q_0,b)=q_1,\quad \delta(q_1,b)=q_0,\quad \delta(q_2,b)=q_1$$

求由 A 确定的正则文法 G。

解：设正则文法为 $G=(V_N,V_T,P,S)$，根据 G 与 A 的对应关系得

$V_N=Q=\{q_0,q_1,q_2\}$；

$V_T=\Sigma=\{a,b\}$；

$S=q_0$；

P：因为 $\delta(q_0,a)=\{q_2\}$，有 $q_0\to aq_2$；因 $q_2\in F$，有 $q_0\to a$；

因为 $\delta(q_1,a)=\{q_2\}$，有 $q_1\to aq_2$；因 $q_2\in F$，有 $q_1\to a$；

因为 $\delta(q_2,a)=\{q_2\}$，有 $q_2\to aq_2$；因 $q_2\in F$，有 $q_2\to a$；

因为 $\delta(q_0,b)=\{q_1\}$，有 $q_0\to bq_1$；

因为 $\delta(q_1,b)=\{q_0\}$，有 $q_1\to bq_0$；

因为 $\delta(q_2,b)=\{q_1\}$，有 $q_2\to bq_1$。

所以由 A 确定的正则文法 $G=(V_N,V_T,P,S)$ 为

$$V_N=\{q_0,q_1,q_2\},\quad V_T=\{a,b\},\quad S=q_0$$

$$P:\ q_0\to a,\quad q_1\to a,\quad q_2\to a$$

$$q_0\to bq_1,\quad q_1\to bq_0,\quad q_2\to bq_1$$

若令 $q_1=A,q_2=B$，则上述结果可写为 $G=(V_N,V_T,P,S)$，其中

$$V_N=\{S,A,B\},\quad V_T=\{a,b\},\quad S=q_0$$

$$P:\ S\to a,\quad A\to a,\quad B\to a$$

$$S\to bA,\quad A\to bS,\quad B\to bA$$

6.6.2 下推自动机与上下文无关文法

1. 下推自动机

当正则文法的生成式为 $A\to aB$ 形式时，左边和右边都只有一个非终止符，这时用有限态自动机的状态转换来表达已经足够了。然而在上下文无关文法中，生成式为 $A\to\beta$ 形式，左边虽然也只有一个非终止符，但右边不止一个，例如可以是 $A\to aBC$，或更一般地写为 $A\to aA_1A_2\cdots A_n$，这时如果仍用有限态自动机来识别，当自动机接受了 a 之后，状态 A 只能转换到 A_1，下一步若仅考虑从 A_1 开始，则 $A_2\cdots A_n$ 就都被忽略了，显然再用它来识别是不行的。可见，有限态自动机只能接受正则文法产生的语言，不能接受上下文无关的非正则文法产生的语言。

下推自动机(或称 PDA)考虑了这一情况,在有限态自动机的基础上另配置了一个后进先出的堆栈结构,称为下推存储器,用来压入任意数目的非终止符,其结构如图 6.14 所示。

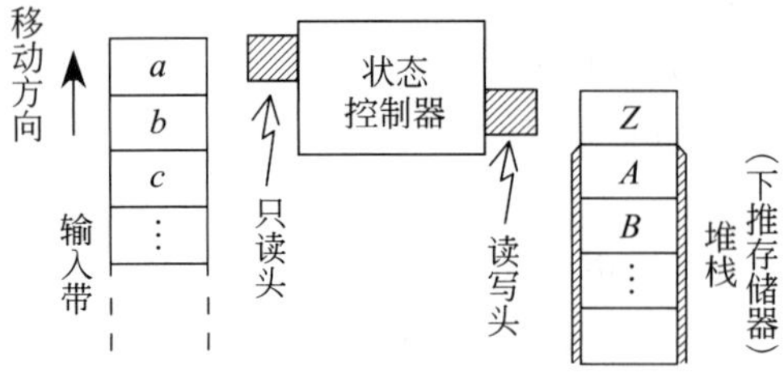

图 6.14　下推自动机结构示意

下推自动机开始运行时的状态为 q_0,称初始状态,这时堆栈顶部为最初的非终止符。当只读头读取输入带上的字符时,输入链中的终止符和栈顶的非终止符共同决定自动机状态的转换,而自动机状态转换的同时,栈顶内容也发生变化。最终,当自动机内部状态处于终止态或堆栈变空时,称输入链被自动机接受了,或被自动机识别了。下推自动机的这种功能可以用来识别上下文无关文法产生的句子。

下推自动机定义为一个七元组,即在有限态自动机的基础上再加上 Z_0 和 Γ。用 A_p 表示为

$$A_p = (\Sigma, Q, \Gamma, \delta, q_0, Z_0, F) \tag{6-15}$$

其中,Σ, Q, q_0, F 与有限态自动机对应部分相同;

Γ 是下推符号的有限集;

Z_0 是最初处于堆栈(下推存储器)顶部的非终止符,$Z_0 \in \Gamma$;

δ 为内部状态转换和栈顶内容改变的规则,表示为

$$\delta(q, a, Z) = \{(q_1, \gamma_1), (q_2, \gamma_2), \cdots, (q_m, \gamma_m)\} \tag{6-16}$$

式中,$a \in \Sigma$;$Z \in \Gamma$;$q, q_1, q_2, \cdots, q_m \in Q$;$\gamma_1, \gamma_2, \cdots, \gamma_m$ 是由 Γ 中元素组成的符号串,即 $\{\gamma_1, \gamma_2, \cdots, \gamma_m\} = \Gamma^*$ 。

转换规则的含义是,在当前状态 q、当前栈顶非终止符 Z 的情况下,若当前输入为字符 a,则自动机进入等式右边集合中的某个状态 $q_i(1 \leqslant i \leqslant m)$,栈顶内容 Z 被 γ_i 代替。它类似于有限机中的不确定情况。这里,γ_i 可以是单个非终止符;也可以是非终止符串,此时堆栈有下推动作,γ_i 最左边的符号处于栈顶,越靠右边的符号在堆栈中的位置越低;γ_i 还可以是空串,此时栈顶内容 Z 被弹出,原来处于 Z 下面的非终止符现在处于栈顶。

2. 下推自动机接受语言的方式

下推自动机接受语言的方式有终止态方式和空堆栈方式两种。

1) 终止态方式

设下推自动机接受的语言为 $L(A_p)$,则

$$L(A_p) = \{x \mid x: (q_0, Z_0) \overset{*}{\underset{A_p}{\vdash}} (q, \gamma), q \in F, \gamma \in \Gamma^*\} \tag{6-17}$$

该式的含义是,当输入链 x 时,自动机 A_p 根据 δ 进行一系列转换,使状态从 q_0 最终转换到 q,栈顶内容从 Z_0 变为 γ。若 q 为终止状态,则句子 x 被接受,$x \in L(A_p)$,否则不被接受。所有这些识别句子 x 的集合就是下推自动机所能接受的语言 $L(A_p)$,这是利用状态

参数 q 是否到达终止状态集 F 进行识别。

2）空堆栈方式

在空堆栈方式下，自动机接受的语言为

$$L_\lambda(A_p)=\{x \mid x:(q_0,Z_0)\overset{*}{\underset{A_p}{\vdash}}(q,\lambda),q\in Q\} \tag{6-18}$$

该式的含义是，输入链 x 后，根据 δ 最终使堆栈变空，不论 $q\in Q$ 是哪个状态，输入句子 x 都被 A_p 接受，$x\in L_\lambda(A_p)$，否则 x 不被接受。这是利用输入 x 过程中堆栈符号 γ 的变换进行识别。

可以证明，两种方式所接受的语言是等价的。下面主要讨论空堆栈方式下，下推自动机与上下文无关文法的对应关系。

3. 下推自动机与上下文无关文法的对应关系

一个上下文无关文法对应一个下推自动机。下推自动机可以直接根据上下文无关文法的乔姆斯基范式构成，也可以根据上下文无关文法的格雷巴赫(Greibach)范式构成，后一种方法比前一种方法方便，下面讨论后一种方法。

1）格雷巴赫范式生成式

格雷巴赫范式要求生成式具有如下形式

$$A\rightarrow a\alpha \tag{6-19}$$

式中，A 为单个非终止符；a 为终止符；α 为非终止符串或空串。它可以等价地写为

$$A\rightarrow a\beta \quad 或 \quad A\rightarrow a \tag{6-20}$$

式中，A 为单个非终止符；a 为终止符；β 为非终止符串。例如，上下文无关文法 G 的生成式为

$$P: S\rightarrow aAbb,\quad A\rightarrow aAbb,\quad A\rightarrow a$$

则该文法的格雷巴赫范式生成式为

$$P: S\rightarrow aABB,\quad A\rightarrow aABB,\quad B\rightarrow b,\quad A\rightarrow a$$

2）由上下文无关文法构成下推自动机

设上下文无关文法的格雷巴赫范式为 $G=(V_N,V_T,P,S)$，则有下推自动机 $A_p=(\Sigma,Q,\Gamma,\delta,q_0,Z_0,F)$，其中

$$\Sigma=V_T,\quad Q=\{q_0\},\quad \Gamma=V_N,\quad Z_0=S,\quad F=\varnothing$$

根据格雷巴赫范式生成式的形式，对应的 δ 为

若 P 中有 $A\rightarrow a\beta$，则 δ 中有 $\delta(q_0,a,A)=(q_0,\beta)$；

若 P 中有 $A\rightarrow a$，则 δ 中有 $\delta(q_0,a,A)=(q_0,\lambda)$；

若 P 中有 $A\rightarrow a\beta$ 和 $A\rightarrow a$，则 δ 中有 $\delta(q_0,a,A)=\{(q_0,\beta),(q_0,\lambda)\}$。

式中，λ 表示空串，(q_0,λ)表示输入字母 a 时栈顶非终止符 A 被弹出。$\{(q_0,\beta),(q_0,\lambda)\}$表示输入字母 a 时，既可以转换成(q_0,β)格局，也可以转换成(q_0,λ)格局。若有这种转换关系，则下推自动机称为非确定下推自动机。

设上下文无关文法 G 产生的语言为 $L(G)$，G 对应的下推自动机 A_p 接受的语言为 $L_\lambda(A_p)$，根据 A_p 和 G 的对应关系，有 $L_\lambda(A_p)=L(G)$。若链 $x\in L_\lambda(A_p)$，则必有

$x \in L(G)$。

例 6.15 设有上下文无关文法 $G=(V_N,V_T,P,S)$，其中

$$V_N=\{S,A,B\},\quad V_T=\{a,b\}$$

$$P:\ S \to bA,\quad S \to aB,\quad A \to bAA,\quad A \to aS,\quad A \to a$$
$$B \to aBB,\quad B \to bS,\quad B \to b$$

求 G 对应的下推自动机 A_p，判别链 $x=aabb$ 是否属于 $L(G)$。

解：设 $A_p=(\Sigma,Q,\Gamma,\delta,q_0,Z_0,F)$，其中

$$\Sigma=\{a,b\},\quad Q=\{q_0\},\quad \Gamma=\{S,A,B\},\quad Z_0=S,\quad F=\varnothing$$

并且 δ：

因 P 中有 $S \to bA$，故 $\delta(q_0,b,S)=(q_0,A)$；

因 P 中有 $S \to aB$，故 $\delta(q_0,a,S)=(q_0,B)$；

因 P 中有 $A \to bAA$，故 $\delta(q_0,b,A)=(q_0,AA)$；

因 P 中有 $A \to aS$ 和 $A \to a$，故 $\delta(q_0,a,A)=\{(q_0,S),(q_0,\lambda)\}$；

因 P 中有 $B \to aBB$，故 $\delta(q_0,a,B)=(q_0,BB)$；

因 P 中有 $B \to bS$ 和 $B \to b$，故 $\delta(q_0,b,B)=\{(q_0,S),(q_0,\lambda)\}$。

A_p 按以下次序利用 δ 中的规则接受 x：

(1) $\delta(q_0,a,S)=(q_0,B)$，栈顶 S 被 B 代替。

(2) $\delta(q_0,a,B)=(q_0,BB)$，栈顶 S 被 BB 代替，右边的 B 被下推到堆栈第二个单元，左边的 B 在栈顶。

(3) $\delta(q_0,b,B)=(q_0,\lambda)$，栈顶 B 被弹出，第二个单元的 B 上升到栈顶。

(4) $\delta(q_0,b,B)=(q_0,\lambda)$，栈顶 B 被弹出，堆栈变空。

因为 A_p 接受了链 x 的全部字符，并且堆栈变空，所以 $x \in L_\lambda(A_p)$，即 $x \in L(G)$。

一个下推自动机也对应一个上下文无关文法，由已知的下推自动机可以构成相应的上下文无关文法。构成方法与由上下文无关文法构成下推自动机的方法对应，这里不再详述。

习题

6.1 用链码法描述 5～9 五个数字。

6.2 定义所需基本基元，用 PDL 法描述印刷体英文大写斜体字母 H，K 和 Z。

6.3 设有文法 $G=(V_N,V_T,P,S)$，V_N，V_T 和 P 分别为

$$V_N=\{S,A,B\},\quad V_T=\{a,b\}$$

P：① $S \to aB$， ② $S \to bA$， ③ $A \to a$， ④ $A \to aS$

⑤ $A \to bAA$， ⑥ $B \to b$， ⑦ $B \to bS$， ⑧ $B \to aBB$

写出三个属于 $L(G)$ 的句子。

6.4 设有文法 $G=(V_N,V_T,P,S)$，其中 $V_N=\{S,A,B,C\}$，$V_T=\{0,1\}$，P 的各生成式为

① $S \to 0A$， ② $S \to 1B$， ③ $S \to 1C$

④ $A \to 0A$， ⑤ $A \to 1B$， ⑥ $A \to 1$

⑦ $B \to 0$， ⑧ $B \to 0B$， ⑨ $C \to 0C$， ⑩ $C \to 1$

问 $x=00100$ 是否属于语言 $L(G)$。

6.5 写出能产生以下图示树的扩展树文法，设基元 a,b 分别为"→"和"↓"，则它所描述的模式是什么。

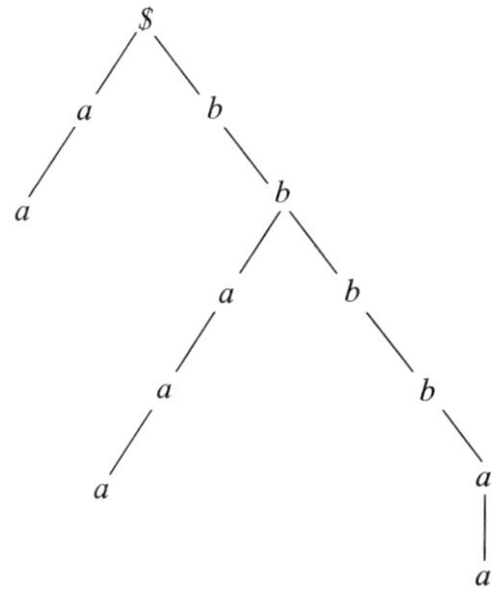

6.6 已知 $L(G)$ 的正样本集 $R^+=\{01,100,111,0010\}$，试推断出余码文法 G_c。

6.7 设文法 $G=(V_N,V_T,P,S)$，其中 $V_N=\{S,A,B\}$，$V_T=\{0,1\}$，P 的各生成式为

$$①S\rightarrow 1,\quad ②S\rightarrow B1,\quad ③S\rightarrow B$$
$$④B\rightarrow 1A,\quad ⑤B\rightarrow B1A,\quad ⑥A\rightarrow 0,\quad ⑦A\rightarrow A0$$

待识别链 $x=1000$，试用填充树图法的顶下法分析 x 是否属于 $L(G)$。

6.8 设上下文无关文法 $G=(V_N,V_T,P,S)$，$V_N=\{S,C\}$，$V_T=\{0,1\}$，P 中生成式的乔姆斯基范式为

$$S\rightarrow CC,\quad S\rightarrow CS,\quad S\rightarrow 1,\quad C\rightarrow SC,$$
$$C\rightarrow CS,\quad C\rightarrow 0$$

用 CYK 分析法分析链 $x=01001$ 是否为该文法的合法句子。

6.9 已知正则文法 $G=(V_N,V_T,P,S)$，其中 $V_N=\{S,B\}$，$V_T=\{a,b\}$，P 的各生成式为

$$S\rightarrow aB,\quad B\rightarrow aB,\quad B\rightarrow bS,\quad B\rightarrow a$$

试构成对应的有限态自动机，画出自动机的状态转换图。

6.10 已知有限态自动机 $A=(\Sigma,Q,\delta,q_0,F)$，其中

$$\Sigma=\{0,1\},\quad Q=\{q_0,q_1,q_2,q_3\},\quad F=\{q_3\}$$

A 的状态转换如图 6.15 所示，求 A 对应的正则文法 G。

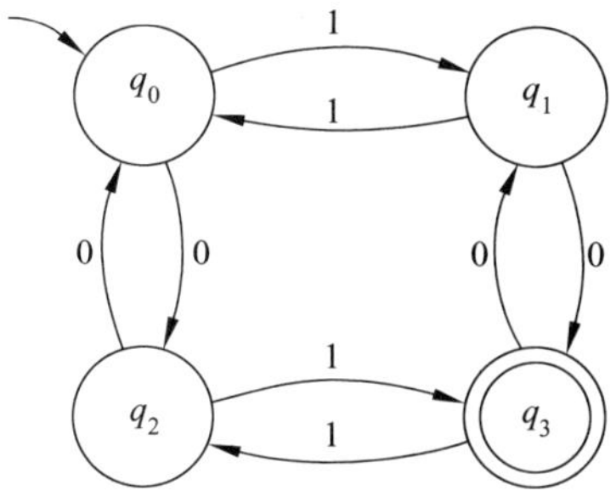

图 6.15 状态转换图

6.11 已知上下文无关文法 $G=(V_N, V_T, P, S)$，其中

$$V_N = \{S, A\}, \quad V_T = \{a, b, c, d\}$$

P 的各生成式为

$$S \to cA, \quad A \to aAb, \quad A \to d$$

写出文法 G 的格雷巴赫范式，构成相应的下推自动机。

第7章 模糊模式识别法

7.1 模糊数学概述

7.1.1 模糊数学的产生背景

模糊模式识别的基础是模糊数学，1965 年美国加利福尼亚大学控制论专家查德(L. A. Zadeh)首先将 Fuzzy 一词引入数学界，在 *Information and Control* 杂志上发表了 *Fuzzy sets* 一文，这标志着模糊数学的诞生。模糊数学又称模糊集合论(Fuzzy sets)，目前已广泛应用在系统工程、生物科学、社会科学等领域中，发展迅速，成为当前十分活跃的学科之一。

1. 精确数学方法及其局限性

人类对世界的认识总是在不断地发展。远古时代，人类对现实世界中的数量关系、空间关系等只有非常模糊的认识，客观世界在他们的头脑中呈现的仅仅是一片混沌不清的图景。经过漫长的生产、生活实践，人类逐渐认识到考察对象时可以忽略对象的一般特性，而着重注意对象的数量、空间形式和几何形状，这就是所谓的精确数学方法。这种精确思维方法的建立，使得人类对现实世界的认识有了很大的飞跃。例如，笛卡儿将运动的观点引入数学，牛顿和莱布尼茨创立了微积分学、牛顿力学等。这些都说明了近代科学技术的发展与精确数学的出现、发展和应用有着极为密切的联系。近代科学研究问题的方式有如下的特点：

(1) 用精确定义的概念和严格证明的定理，描述现实事物的数量关系和空间形式。

(2) 用精确的实验方法和精确的测量计算，探索客观世界的规律，建立严密的理论体系。

到 19 世纪，天文、力学、物理、化学等自然科学理论都先后在不同程度上走向了定量化、数学化，形成了一个被称为精密科学的学科群。直到现在，这种精确数学方法仍然在各学科的发展中发挥着巨大的作用。

虽然精确数学方法对推动科学技术的发展起到了不可低估的作用，但人类的发展还远远没有达到尽善尽美的程度，现实世界中还存在着很多难以用精确数学方法解决的问题。其中，最著名的问题之一就是古希腊学者发现的“秃头悖论”。所谓悖论，是指逻辑学和数学中的矛盾命题，秃头悖论是这样一个问题：

在日常生活中，判断一个人是否是秃头很容易，只要头发脱落到剩下的数量很少就可以认为是秃头，但是这样的描述根本不符合精确数学方法的要求。采用精确数学方法时，首先应对所研究的对象给出一个精确的定义，然后才能在此基础上进行进一步的推理，最终取得正确的、合乎一般日常生活规律的结论。用精确数学方法判断秃头的过程如下：

首先假定一个头发根数 n 为判断秃与不秃的界限标准。定义对任何人，当头发根数小于等于 n 时，判决为秃头；否则判决不是秃头。这个假设从精确数学的角度看没有任何问题。

现在的问题是，根据定义当一个人的头发根数恰好为$(n+1)$时，应该认为他是秃还是不秃呢？这时有两种选择：一种是承认精确方法，因此判定他是不秃的。但按照我们的生活常识，“有n根头发的人是秃头，有$(n+1)$根头发的人不是秃头”，显然这样的判断是极不合情理的。

要么做第二种选择，即承认生活常识，认为仅一根头发之差不会改变秃与不秃的结果。所以，既然有n根头发的人属于秃头，那么有$n+1$根头发的人也应该属于秃头。但这样也有问题，因为推导下去同样会得出荒谬的结论。采用传统的逻辑推理，会得到这样一些命题：

头发为n根者为秃头；

头发为$n+1$根者为秃头；

头发为$n+2$根者为秃头；

……

头发为$n+k$根者为秃头。

其中，k是一个有限的整数。显然k完全可以取得很大，而根据生活常识，k很大时，说明头发很多，这样就出现了一个荒谬的结论：“头发很多者为秃头”。采用相似的方法，可以向相反的方向推导出“没有头发者不是秃头”的结论。

以上两种选择都表现出精确方法在这个问题上与常理对立的情况。可见日常生活中这个极其简单的秃与不秃的问题，用精确数学方法却难以解决。我们还可以很容易地找出类似的其他悖论，如朋友悖论、身材悖论、饥饱悖论等很多例子，这说明此类问题在现实世界中并非个别现象。

2. 模糊数学的诞生

模糊数学是一门描述和处理模糊性问题的理论和方法的学科。模糊性是模糊数学的基本概念。

文章 *Fuzzy sets* 发表后，在科学界引起了爆炸性的反应。查德准确地阐述了模糊性的含义，制定了刻画模糊性的数学方法，如隶属函数、隶属度、模糊集合等，为模糊数学作为一门独立的学科建立了必要的基础。

更为可贵的是，从模糊数学创立开始，查德就将它与解决现代科学技术中的实际问题紧密地联系在一起，从实践中吸取思想营养，寻找动力源泉。因此，虽然模糊数学尚存在需要进一步完善和解决的问题，但它已经吸引了众多领域的专家学者从事这方面的理论和应用研究，从而使模糊数学迅速发展成为十分活跃的学科之一。

7.1.2 模糊性

1. 模糊性的基本概念

人们在认识事物时，总是根据一定的标准对事物进行分类，对于有些事物可以依据某种精确的标准进行界线明确的认识,但有些事物是根本无法找出它们精确的分类标准的,因此我们也不可能做出"是"或者"不是","属于"或者"不属于"的判断。例如前面讲的秃头悖论中头发根数的界线 n,它实际上是不存在的。这样就出现两个概念:清晰性和模糊性。

清晰性是指事物具有的明确的类属特性,即要么属于某一类,要么不属于某一类。比如行星、整数、鸡蛋等都是清晰的事物。

模糊性是指事物具有的不明确类属特性,只能区别程度和等级等。模糊性的本质是事物类属的不确定性和对象资格程度的渐变性。例如,对"高山"类,我们只能凭感觉来断定一座山是否为高山,但是无法说出山到底高到什么程度才算是高山。这类事物的类属是逐步过渡的,即从属于某类事物到不属于某类事物,或者从不属于某类事物到属于某类事物都是逐渐变化的,不同类别之间不存在截然分开的界限,因此在不同的情况下或者对不同的人都可能做出不同的分类结论,有人认为是高山,但可能也有人觉得它并不高。类似地,还有优秀、胖子等很多实例。

许多学科中都存在模糊性问题。例如,感性认识和理性认识等一系列人文社会科学考察的对象几乎都是模糊的,还有医学中的高烧现象等。另外,在精确科学中也不乏模糊事物,物理学承认物体可以处于一种既非液态又非固态的状态,数学中有邻域、充分小的实数等概念。通常人的性别被视为清晰事物的典型,男女之别泾渭分明,但这仅是一般现象,它有一定的局限性,生理学中阴阳人问题的研究正是性别中的模糊现象。总之,模糊性是现实世界中广泛存在的一种特征。

2. 与模糊性容易混淆的几个概念

前面我们介绍了模糊性的基本概念,近似性、随机性和含混性是三种与模糊性不同的概念,但初学者很容易将它们与模糊性混淆。下面分别讨论模糊性与这些概念的相同与不同之处。

1) 模糊性与近似性

两者的共同点是都具有描述上的不精确性。区别在于不精确性的根源和表现形式不同。

对于近似性而言,问题本身有精确解,描述问题时的不精确性源于认识条件的局限性和认识过程发展的不充分性。例如,透过薄雾观远山时,由于受限于客观条件,观察到的山体轮廓是模模糊糊的,因此我们只能近似表述山的形状,但实质上山本身是有清晰轮廓的。

对于模糊性而言,问题本身无精确解,描述的不精确性来源于对象自身固有的性态上的不确定性。例如,观察一片秋叶,无论采用如何先进的技术,都难以认定它是何种颜色,而只能近似地描述出叶子的颜色。之所以这样,是因为深黄、黄、黄绿等颜色的定义本身就是模糊的。

2) 模糊性与随机性

两者的共同点是都具有不确定性。区别在于不确定性的性质不同。

模糊性表现为质的不确定性，是由于概念外延的模糊性而呈现出的不确定性。随机性表现为外在的不确定性，是由于条件不充分，导致条件与事件之间不能出现确定的因果关系，而事物本身的性质、状态、特征等性态和类属是确定的。例如，投掷硬币具有典型的随机性，投掷时，国徽面是否朝上是随机的，但是每次的结果国徽面非上即下，这个事物本身的状态是确定的。又如，未来某日的降雨量是随机的，但对这次降雨量做实际测试后的结果，即大雨、中雨或小雨却具有典型的模糊性。

另外，随机现象服从排中律，即在试验中某事件的发生与不发生必居且仅居其一，不存在第三种现象。而模糊事件一般不服从排中律，它存在着多种，甚至无数种中间现象。

从信息观点看，随机性只涉及信息的量，而模糊性则关系到信息的意义。在主观认识领域，模糊性的作用比随机性的作用重要得多。

3）模糊性与含混性

两者的共同点也是具有不确定性。区别在于引起不确定性的原因不同。

模糊性是质的不确定性。而含混性是由信息的不充分引起的，一个含混的命题即是模糊的又是歧义的。此外，一个命题是否带有含混性与其应用对象或上下文也有关系。

例如，命题“张三很高”是一个模糊性命题，其根源在于“很高”是一种模糊类。依照命题“张三很高”并不能确定应该给张三购买什么型号的衣服，因为信息不充分，如张三到底有多高、胖瘦如何等。这时“张三很高”这个命题对给张三购买什么型号的衣服这个应用对象来说是含混的，但对于购买一条领带却提供了足够的信息，因为这时它虽然模糊，但不含混。

综上所述，模糊性是由本质决定的，而近似性、随机性和含混性均是由外界原因引起的。

7.1.3 模糊数学在模式识别领域的应用

模糊数学自 1965 年诞生至今仅有四十多年的发展历程，模式识别从模糊数学诞生开始就是模糊技术应用研究的一个活跃领域，研究内容涉及许多方面，如计算机图像识别、手书文字自动识别、癌细胞识别、白血球的识别与分类、疾病预报、各类信息的分类等。一方面，人们针对一些模糊识别问题设计了相应的模糊模式识别系统；另一方面，对传统模式识别中的一些方法，用模糊数学对它们进行了很多改进。这些研究逐渐形成了模糊模式识别这一新的学科分支。

本章首先讨论与模式识别相关的模糊数学的基本知识，然后介绍一些典型的模糊模式识别方法。

7.2 模糊集合

7.2.1 模糊集合定义

与模糊集合相对应，这里将传统经典集合论中的集合称为经典集合或普通集合，此外也有确定集合和脆集合的称法。在学习模糊集合之前，我们首先回顾一下经典集合论中的几个相关概念，在没有明确说明是模糊集合时，一般指经典集合。

1. 经典集合论中几个概念

1) 论域

论域是讨论集合前给出的所要研究的对象范围。论域本身是一种特殊的集合，它的选取一般不唯一，根据具体研究的需要而定。例如，讨论部分正整数集合时，论域通常可取自然数集合或整数集合，也可取实数集合，甚至也可以取正整数集合本身。

2) 子集

对于任意两个集合 A、B，若 A 的每一个元素都是 B 的元素，则称 A 是 B 的子集，记为 $A\subseteq B$ 或 $B\supseteq A$；若 B 中存在不属于 A 的元素，则称 A 是 B 的真子集，记为 $A\subset B$ 或 $B\supset A$。

3) 幂集

对于一个集合 A，由其所有子集作为元素构成的集合称为 A 的幂集。例如，论域 $X=\{1,2\}$ 的幂集为 $X'=\{\{\phi\},\{1\},\{2\},\{1,2\}\}$。

2. 模糊集合的定义

给定论域 X 上的一个模糊子集 $\underset{\sim}{A}$，是指对于任意 $x\in X$，都确定了一个数 $\mu_{\underset{\sim}{A}}(x)$，称 $\mu_{\underset{\sim}{A}}(x)$ 为 x 对 $\underset{\sim}{A}$ 的隶属度，且 $\mu_{\underset{\sim}{A}}(x)\in[0,1]$。

$$\text{映射 } \mu_{\underset{\sim}{A}}(x):\quad \begin{aligned} &X\rightarrow[0,1] \\ &x\rightarrow\mu_{\underset{\sim}{A}}(x) \end{aligned}$$

叫做 $\underset{\sim}{A}$ 的隶属函数，或称从属函数。模糊子集常称为模糊集合或模糊集。

这里需要解释几点：

(1) 首先应该明确，模糊集合是建立在经典集合基础之上，并且由此发展起来的，可以说"经典集合＋隶属函数⇒模糊集合"，故隶属函数、隶属度的概念非常重要。一般用大写字母表示经典集合，如 A；用大写字母下加"～"表示模糊集合，如 $\underset{\sim}{A}$。

(2) 隶属函数 $\mu_{\underset{\sim}{A}}(x)$ 用于刻画集合 $\underset{\sim}{A}$ 中的元素对 $\underset{\sim}{A}$ 的隶属程度，隶属函数的值称为隶属度。隶属度越大，x 隶属于 $\underset{\sim}{A}$ 的程度就越高，例如

$\mu_{\underset{\sim}{A}}(x)=1$：表示 x 完全属于 $\underset{\sim}{A}$；

$\mu_{\underset{\sim}{A}}(x)=0$：表示 x 不属于 $\underset{\sim}{A}$；

$0<\mu_{\underset{\sim}{A}}(x)<1$：表示 x 属于 $\underset{\sim}{A}$ 的程度介于"属于"和"不属于"之间，即是模糊的。

(3) 当 $\mu_{\underset{\sim}{A}}(x)$ 的值域 $[0,1]$ 变为集合 $\{0,1\}$ 时，模糊集合便退化为经典集合。也就是说，模糊集合是经典集合的推广，经典集合是模糊集合的特例。

(4) 如果模糊集合中的元素可以用一个标量 x 来表征，则隶属函数 $\mu_{\underset{\sim}{A}}(x)$ 就是 x 的一个单变量函数。当模糊集合中的元素为多变量，即 $x=\{x_1,x_2,\cdots,x_n\}$ 时，隶属函数通

常定义为

$$\mu_{\underset{\sim}{A}}(x)=\mu_{\underset{\sim}{A(1)}}(x_1)\cdot\mu_{\underset{\sim}{A(2)}}(x_2)\cdot\cdots\cdot\mu_{\underset{\sim}{A(n)}}(x_n)$$

其中，$\underset{\sim}{A(1)}$，$\underset{\sim}{A(2)}$，…，$\underset{\sim}{A(n)}$分别是对应于各变量的模糊子集；$\mu_{\underset{\sim}{A(i)}}(x_i)$是各自相应的单变量隶属函数。可见单变量隶属函数是基础，我们主要讨论单变量的情况。

3. 相关的几个概念

1）核

模糊集合 $\underset{\sim}{A}$ 的核为

$$\mathrm{Ker}\underset{\sim}{A}=\{x\mid\mu_{\underset{\sim}{A}}(x)=1\}\tag{7-1}$$

该式表明，核就是模糊集合中隶属度为 1 的元素组成的经典集合。如果一个模糊集合 $\underset{\sim}{A}$ 的核是非空的，则称 $\underset{\sim}{A}$ 为正规模糊集，否则称为非正规模糊集。

2）支集

模糊集合 $\underset{\sim}{A}$ 的支集为

$$\mathrm{Supp}\underset{\sim}{A}=\{x\mid\mu_{\underset{\sim}{A}}(x)>0\}\tag{7-2}$$

也就是说，支集是模糊集合中隶属度大于零的元素组成的经典集合。($\mathrm{Supp}\underset{\sim}{A}$-$\mathrm{Ker}\underset{\sim}{A}$)称为模糊集合 $\underset{\sim}{A}$ 的边界。

3）模糊幂集

模糊集合 $\underset{\sim}{A}$ 的模糊子集组成的集合 $F(\underset{\sim}{A})$称为模糊幂集。例如：

模糊集合 $\underset{\sim}{A}=\{(0.9,1),(0.8,2)\}$的幂集为

$$F(\underset{\sim}{A})=\{\{\phi\},\{(0.1,1)\},\{(0.01,1)\},\cdots,\{(0.7,2)\},\cdots\}$$

经典集合 $A=\{1,2\}$的幂集为 $A'=\{\{\phi\},\{1\},\{2\},\{1,2\}\}$。

通过比较可见，由于经典集合的论域为有限集，其幂集必为有限集；而模糊集合的幂集 $F(\underset{\sim}{A})$可以为无穷集合。

4. 模糊集合的表示

在实际应用中，模糊集合有多种表示方法，原则上都要求表现出论域中所有元素与其对应的隶属度之间的关系。查德对模糊集合的表示包括求和表示法和积分表示法。

求和表示法适用于论域是离散域时模糊集合的表示。设 $X=\{x_1,x_2,\cdots,x_n\}$为论域，$\underset{\sim}{A}$ 为 X 上的一个模糊集合，则 $\underset{\sim}{A}$ 可记为

$$\underset{\sim}{A}=\sum_{i=1}^{n}\mu_{\underset{\sim}{A}}(x_i)/x_i\tag{7-3}$$

注意，这里仅是借用了算术符号“$\sum$”和“/”，并不表示分式求和运算。它描述的是 $\underset{\sim}{A}$ 中有哪些元素，以及各元素的隶属度值。

积分表示法适合于任何种类的论域，特别是论域为连续域时模糊集合的表示。记为

$$\underset{\sim}{A}=\int_X(\mu_{\underset{\sim}{A}}(x)/x)\tag{7-4}$$

与 $\sum$ 符号相同，这里的"$\int$"并不意味着积分运算，而是一种标记法，表示连续域时元素与隶属度对应关系的一个总括。

下面再通过举例介绍一些常用的模糊集合表示方法。

例 7.1 设论域 $X=\{a,b,c,d\}$，$\underset{\sim}{A}$ 为模糊集合"圆形"，对 X 中的每一个元素指定一个它对 $\underset{\sim}{A}$ 的隶属度，表征它们对于圆形的隶属程度，分别为

$$\mu_{\underset{\sim}{A}}(a)=1,\quad \mu_{\underset{\sim}{A}}(b)=0.9,\quad \mu_{\underset{\sim}{A}}(c)=0.5,\quad \mu_{\underset{\sim}{A}}(d)=0.2$$

结果如图 7.1 所示。

那么，模糊集合 $\underset{\sim}{A}$ 的表示方法有以下几种。

(1) 求和表示法：$\underset{\sim}{A}=1/a+0.9/b+0.5/c+0.2/d$。

(2) 序偶表示法：$\underset{\sim}{A}=\{(1,a),(0.9,b),(0.5,c),(0.2,d)\}$ 。

(3) 向量表示法：$\underset{\sim}{A}=(1,0.9,0.5,0.2)$。

(4) 其他方法，例如：$\underset{\sim}{A}=\{1/a,0.9/b,0.5/c,0.2/d\}$。

在上面的表示法中，当某一元素的隶属函数为 0 时，这一项可以不计入。

例 7.2 以年龄作为论域，取 $X=[0,\ 200]$，查德给出了"年轻"与"年老"这两个模糊集合 $\underset{\sim}{Y}$ 和 $\underset{\sim}{O}$ 的隶属函数，表示为

$$\mu_{\underset{\sim}{Y}}(x)=\begin{cases}1, & 0\leqslant x\leqslant 25\\ \left[1+\left(\dfrac{x-25}{5}\right)^{+2}\right]^{-1}, & 25<x\leqslant 200\end{cases}$$

$$\mu_{\underset{\sim}{O}}(x)=\begin{cases}0, & 0\leqslant x\leqslant 50\\ \left[1+\left(\dfrac{x-50}{5}\right)^{-2}\right]^{-1}, & 50<x\leqslant 200\end{cases}$$

这里，X 是一个连续的实数区间，模糊集合表示为

$$\underset{\sim}{Y}=\int_X(\mu_{\underset{\sim}{Y}}(x)/x),\quad \underset{\sim}{O}=\int_X(\mu_{\underset{\sim}{O}}(x)/x)$$

"年轻"与"年老"的隶属函数曲线如图 7.2 所示。

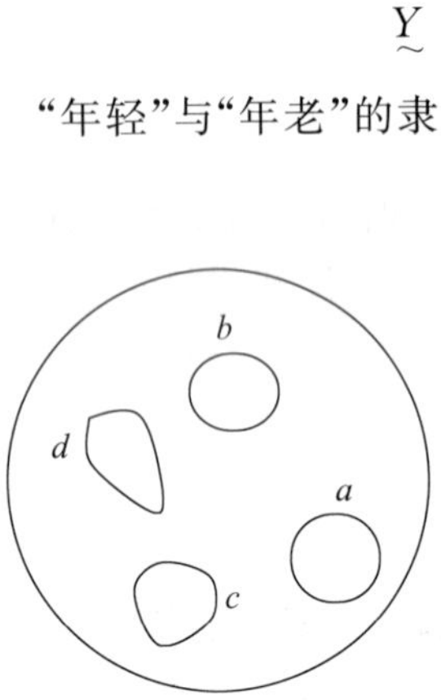

图 7.1 模糊集合

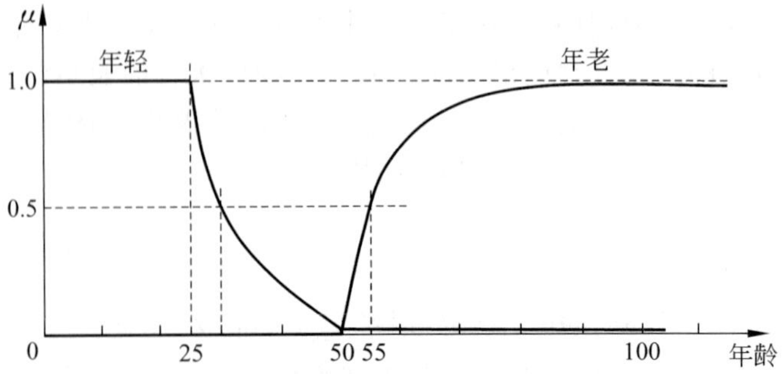

图 7.2 "年轻"与"年老"的隶属函数曲线

7.2.2 隶属函数的确定

隶属函数是模糊集合赖以存在的基石。正确地确定隶属函数是利用模糊集合恰当地定量表示模糊概念的基础。隶属函数中有一些常用的形式，如 S 型函数和 π 型函数等，S 型函数是一种从 0 到 1 单调增长的函数，π 型函数是指中间高两边低的函数。由于模糊概念何止万千，因此确定隶属函数很难找到统一的途径，迄今为止对如何建立隶属函数的问题，仍无一个放之四海皆准的法则可以遵循。

要正确地确定隶属函数，既要深刻地认识它所反映的模糊概念，又要找到定量反映模糊概念的适当形式，因而是很困难的。隶属函数的确定需要掌握一定的数学技巧，而且由于确定过程中往往或多或少地包含了人们的某种心理因素，因此隶属函数的建立也包括心理测量的进行及其结果的运用等。

事实上，构造一个概念的隶属函数时，结果并不唯一。对所构造的隶属函数最基本的要求是它必须能尽量准确地描述客观事实。下面介绍几种隶属函数的构造与确定方法。

1. 简单正规模糊集合隶属函数的构成

对于简单的正规模糊集合，隶属函数的构成有一定的方法。设论域限制在实数域内，一个简单正规模糊集合 $\underset{\sim}{A}$ 含有且只含有一点 x_0 使 $\mu_{\underset{\sim}{A}}(x_0)=1$，$x_0$ 可看做 $\underset{\sim}{A}$ 的核。可以根据经验判断在 x_0 的两边分别有一个点 x_1 和 x_2，使得 $\mu_{\underset{\sim}{A}}(x_1)=0$ 和 $\mu_{\underset{\sim}{A}}(x_2)=0$，且当 $x_1<x<x_2$ 时 $\mu_{\underset{\sim}{A}}(x)>0$。一个自然的方法是用线性插值得到其余各点的隶属程度，可以假定 $\mu_{\underset{\sim}{A}}(x)$ 有以下形式

$$\mu_{\underset{\sim}{A}}(x)=\begin{cases}[f_1(x)]^{\alpha}, & x_1\leqslant x\leqslant x_0\\ [f_2(x)]^{\beta}, & x_0\leqslant x\leqslant x_2\\ 0, & \text{其他}\end{cases} \tag{7-5}$$

式中，$f_1(x)$ 和 $f_2(x)$ 为线性函数，且

$$f_1(x_1)=f_2(x_2)=0,\quad f_1(x_0)=f_2(x_0)=1$$

为了确定 α 和 β，可以先定出模糊边界 x_1^* 和 x_2^*，它们满足

$$\mu_{\underset{\sim}{A}}(x_1^*)=\mu_{\underset{\sim}{A}}(x_2^*)=0.5 \tag{7-6}$$

模糊边界点是最具模糊性的点，按一般集合的观点，它们完全是既可以属于又可以不属于这个集合的点。若根据经验已经确定了 $x_1^*\in(x_1,x_0)$，$x_2^*\in(x_0,x_2)$，则由式(7-6)可以得出

$$\alpha=-\lg 2/\lg[f_1(x_1^*)] \tag{7-7}$$

$$\beta=-\lg 2/\lg[f_2(x_2^*)] \tag{7-8}$$

上述方法中，将论域限制在实数域内，相当于元素(模式)是一维向量。这种方法也可以推广到多维情况。

2. 模糊统计法

在某些场合下，可以利用模糊统计的方法确定隶属函数。模糊统计试验有四要素：

(1) 论域 X，例如人的集合。

(2) X 中的一个元素 x_0，例如王平。

(3) X 中的一个边界可变的普通集合 A，例如“高个子”。A 联系于一个模糊集 $\underset{\sim}{A}$ 和相应的模糊概念 a。

(4) 条件 s，它联系着按概念 a 所进行的划分过程的全部主客观因素，制约着 A 边界的改变。例如，不同试验者对高个子的理解。

模糊性产生的原因是 s 对按概念 a 所做的划分引起 A 的变异，它可能覆盖了 x_0，也可能不覆盖 x_0。从而导致 x_0 对 A 的隶属关系不确定。例如有的试验者认为王平是高个子，有的试验者认为他不是。

模糊统计试验的基本要求是在每次试验下，对 x_0 是否属于 A 做出一个确定的判断，做 n 次试验就可以算出 x_0 对 $\underset{\sim}{A}$ 的隶属频率。

$$x_0 \text{ 对 } \underset{\sim}{A} \text{ 的隶属频率} \triangleq \frac{“x_0 \in A” \text{的次数}}{n} \tag{7-9}$$

式中，符号$\triangleq$表示“记做”、“定义为”。许多试验证明，随着 n 的增大，隶属频率呈现稳定性。频率稳定所在的数值叫做 x_0 对 $\underset{\sim}{A}$ 的隶属度，即

$$\mu_{\underset{\sim}{A}}(x_0) = \lim_{n\to\infty} \frac{“x_0 \in A” \text{的次数}}{n} \tag{7-10}$$

例如，100 位测试者中，有 90 位认为王平是高个子，则可以认为

$$\mu_{\underset{\sim}{\text{高个子}}} \text{王平} = 0.9$$

即王平对“高个子”的隶属度为 0.9。

例 7.3 急性缺氧代偿能力的评价。

登山、坑道作业中往往发生缺氧现象，人体循环系统增强其功能进行代偿，代偿能力的好坏是一个模糊概念。通过模糊试验后，可得到“代偿能力好”和“代偿能力差”两种隶属函数。

定义 $X=\{x_1,\cdots,x_{10}\}=\{$收缩压，舒张压，…，心率，…，心肌收缩力$\}$，在 X 上定义一个模糊集“能起代偿能力”$\underset{\sim}{A}$。选 20 名青年在 5000 米模拟高度下停留 30 分钟，记录每人的 x_i 值。为确定 $\mu_{\underset{\sim}{A}}(x_i)$，首先计算该项指标增减百分数

$$Q_i = \frac{x_i - \bar{x}_i}{x_i} \times 100\%, \quad i = 1,\cdots,10 \tag{7-11}$$

式中，$\bar{x}_i$ 为正常情况时的对照值。若某人主观感觉好且 $Q_i>0$，或某人征兆不佳且 $Q_i<0$，则均认为该项指标 x_i 起代偿作用；否则认为 x_i 不起作用。则有

$$\mu_{\underset{\sim}{A}}(x_i) = \frac{x_i \text{ 项指标起代偿作用的人数}}{\text{参加实验的人数}} \tag{7-12}$$

实验得模糊子集为

$$\underset{\sim}{A} = 0.94/x_1 + 0.81/x_2 + 0.69/x_3 + 0.81/x_4 + 1.00/x_5 + 0.31/x_6 + 0.44/x_7 + 0.75/x_8 + 0.56/x_9 + 0.50/x_{10}$$

将论域 X 变为 Z，变换为

$$Z = \left\{ z \mid z = \frac{\sum_{i=1}^{10} \boldsymbol{Q}_i \cdot \mu_{\underset{\sim}{A}}(x_i)}{\sum_{i=1}^{10} \mu_{\underset{\sim}{A}}(x_i)} \right\} \tag{7-13}$$

式中，z 为机体缺氧的代偿率。从而得到“代偿能力好”与“代偿能力差”这样两个隶属函数

$$\mu_{\underset{\sim}{好}}(z) = \begin{cases} \left[1 + \left(\dfrac{25 - z}{16}\right)^2\right]^{-1}, & z < 25 \\ 1, & z \geqslant 25 \end{cases}$$

$$\mu_{\underset{\sim}{差}}(z) = \begin{cases} 1, & z \leqslant -20 \\ \left[1 + \left(\dfrac{20 + z}{20}\right)^2\right]^{-1}, & z > -20 \end{cases}$$

3. 二元对比排序法

人们习惯于从两种事物的对比中，做出它们对某一概念符合程度的判断，但这种判断往往不满足数学上对“序”的要求，不具有传递性，出现循环现象。如甲花比乙花好看，乙花比丙花好看，而丙花又比甲花好看。尽管如此，但二元对比法毕竟是区别事物的一种重要方法，因此也有人研究用这种方法建立隶属函数。二元对比排序法有四种，这里介绍其中的两种。

1）择优比较法

此方法可以用下面的例子说明。

例 7.4 求茶花、月季、牡丹、梅花、荷花对“好看的花”的隶属度。

选 10 名试验者，逐次对两种花做对比，优胜花得 1 分，失败花得 0 分。则每一试验者需做 $C_5^2 = 10$ 次对比。累计 10 人的结果，求出某种花的总得分，从而得到隶属度。表 7.1 列出了一位测试者的二元对比结果，表 7.2 是最终求出的五种花对模糊集合“好看的花”的隶属度。

表 7.1 一位测试者的二元对比结果

优胜 \ 失败	茶花	月季	牡丹	梅花	荷花	得分
茶花		1	0	1	0	2
月季	0		0	1	0	1
牡丹	1	1		1	0	3
梅花	0	0	0		0	0
荷花	1	1	1	1		4

表 7.2 五种花对“好看的花”的隶属度

名　称	总得分	隶属度	名　称	总得分	隶属度
茶　花	23	0.23	梅　花	15	0.15
月　季	18	0.18	荷　花	24	0.24
牡　丹	20	0.20			

2) 优先关系定序法

设有 n 个对象 $x_1,\cdots,x_n$，按照某种特性排出它们之间的优劣次序。定义 c_{ij} 表示 x_i 比 x_j 优越的成分，称做 x_i 对 x_j 的优先选择比，要求

(1) $c_{ii}=0, 0\leqslant c_{ij}\leqslant 1$。

(2) $c_{ij}+c_{ji}=1$。

以此得到优先关系矩阵 $\boldsymbol{C}=(c_{ij})$。取阈值 $\lambda\in[0,1]$，得到截矩阵 $\boldsymbol{C}_\lambda=(c_{ij}^\lambda)$，其中

$$c_{ij}^\lambda=\begin{cases}1, & c_{ij}\geqslant\lambda \text{ 时}\\ 0, & c_{ij}\geqslant\lambda \text{ 时}\end{cases}$$

令 λ 从 1 下降至 0，若首次出现截矩阵 $\boldsymbol{C}_\lambda$ 中的第 i 行元素，除对角线元素外均为 1，则称 x_i 对其他元素的优越成分一致地超过 λ，称其为第一优越元素（不一定唯一）。注意，这里必须是“一致优越”。

除去第一优越元素，得新的优先关系矩阵，同理得第二优越元素，直到将全体元素排序完毕。

例 7.5 设 $X=\{x_1,x_2,x_3\}$，其优先关系矩阵 $\boldsymbol{C}=\begin{pmatrix}0 & 0.9 & 0.2\\ 0.1 & 0 & 0.7\\ 0.8 & 0.3 & 0\end{pmatrix}$，$\lambda$ 从 1 至 0 依次截取得

$$\boldsymbol{C}_1=\begin{pmatrix}0&0&0\\0&0&0\\0&0&0\end{pmatrix},\quad \boldsymbol{C}_{0.9}=\begin{pmatrix}0&1&0\\0&0&0\\0&0&0\end{pmatrix},\quad \boldsymbol{C}_{0.3}=\begin{pmatrix}0&1&0\\0&0&1\\1&1&0\end{pmatrix}$$

现在首次遇到元素 x_3 对其他元素的优越成分一致地 $\geqslant 0.3$，所以 x_3 为第一优越元素。除去 x_3 得新的优先关系矩阵

$$\boldsymbol{C}=\begin{pmatrix}0 & 0.9\\ 0.1 & 0\end{pmatrix}$$

且 $\boldsymbol{C}_{0.9}=\begin{pmatrix}0&1\\0&0\end{pmatrix}$，所以 x_1 为第二优越元素。排序完毕，按 x_3,x_1,x_2 的顺序赋予相应的隶属度。

注意，这个方法强调“一致优越”，x_2 不能一致地优越于 x_1 和 x_3，所以不能成为第一优越元素。

此外，还有相对比较法和对比平均法，这里不做介绍。

4. 推理法

推理法是设计者在不同的应用场合，根据不同的数学物理知识，设计出隶属度函数，

然后在实践中检验调整之，但在很多应用课题上，很难用推理法获得隶属函数，一般以一些成功的实例进行借鉴。

例 7.6 笔划类型的隶属函数的确定。

根据笔划与水平线的交角可以确定隶属函数。设 x 为一线段，$\underset{\sim}{H}$，$\underset{\sim}{V}$，$\underset{\sim}{S}$，$\underset{\sim}{BS}$为横、竖、撇、捺四个模糊集，则

$$\mu_{\underset{\sim}{H}}(x) = 1 - \min\left(\frac{|\theta|}{45}, 1\right)$$

$$\mu_{\underset{\sim}{V}}(x) = 1 - \min\left(\frac{|90-\theta|}{45}, 1\right)$$

$$\mu_{\underset{\sim}{S}}(x) = 1 - \min\left(\frac{|45-\theta|}{45}, 1\right)$$

$$\mu_{\underset{\sim}{BS}}(x) = 1 - \min\left(\frac{|135-\theta|}{45}, 1\right)$$

例 7.7 手写体字符 U 和 V 的区别。

手写体大写字符 U 和 V 经常被划分到同一类中，可以用隶属函数进一步区别它们。考虑到 V 的两边总比 U 的两边平直，所以用它们包含的面积与三角形面积做比较，接近三角形者为 V，否则为 U。

设字符包含的内面积 S'为上边线与字符内侧所包含的面积，如图 7.3 所示，则隶属函数 $\mu_{\underset{\sim}{U}}$ 为

$$\mu_{\underset{\sim}{U}} = \left|1 - \frac{S'}{\frac{1}{2}bh}\right|$$

统计表明 $\mu_{\underset{\sim}{U}} > 0.8$ 时，应判为 U，否则判为 V。

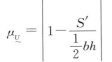

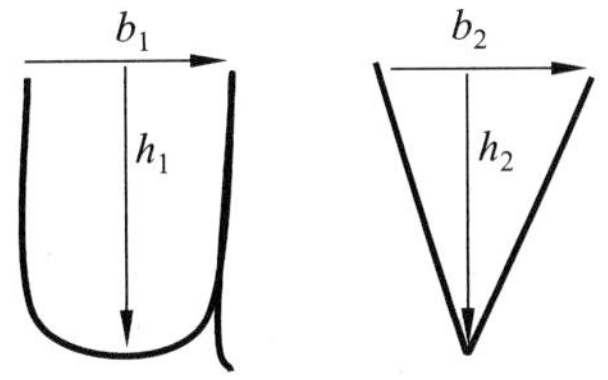

图 7.3 手写体大写字符 U 和 V

例 7.8 封闭曲线的圆度。

设封闭曲线的内切圆周长为 $L(L=\pi D)$，封闭曲线周长为 L'，则可定义表征圆度的隶属函数为

$$\mu_{\underset{\sim}{C}} = 1 - \frac{L'-L}{L}$$

5. 专家评分法

这种方法难免引入专家个人的主观成分，但对某些难以用上述几种方法实现的应用来说，仍不失为一种解决的办法。例如根据照片按相似程度进行划分，即按照相貌两两相似程度打分，最相像者评为 1 分，最不像者评为 0 分，结果把不同家庭准确地区分开来。

7.2.3 模糊集合的运算

1. 基本运算

两个模糊集合的运算，实际上就是逐点对隶属函数做相应的运算，并由此得到新的

隶属函数，从而确定出新的模糊集合。在这个过程中，论域保持不变。

设 $\underset{\sim}{A}$，$\underset{\sim}{B}$，$\underset{\sim}{C}$，$\underset{\sim}{\overline{A}}$ 为论域 X 中的模糊集合，基本运算有：

(1) 两个模糊集合相等。若 $\forall x\in X$，均有 $\mu_{\underset{\sim}{A}}(x)=\mu_{\underset{\sim}{B}}(x)$，则称 $\underset{\sim}{A}$ 和 $\underset{\sim}{B}$ 相等。即

$$\underset{\sim}{A}=\underset{\sim}{B}\Leftrightarrow\mu_{\underset{\sim}{A}}(x)=\mu_{\underset{\sim}{B}}(x)$$

其中，符号⇔表示等价。

(2) 包含。若 $\forall x\in X$，均有 $\mu_{\underset{\sim}{A}}(x)\leqslant\mu_{\underset{\sim}{B}}(x)$，则称 $\underset{\sim}{B}$ 包含 $\underset{\sim}{A}$。即

$$\underset{\sim}{A}\subseteq\underset{\sim}{B}\Leftrightarrow\mu_{\underset{\sim}{A}}(x)\leqslant\mu_{\underset{\sim}{B}}(x)$$

(3) 补集。若 $\forall x\in X$，均有 $\mu_{\underset{\sim}{\overline{A}}}(x)=1-\mu_{\underset{\sim}{A}}(x)$，则称 $\underset{\sim}{\overline{A}}$ 为 $\underset{\sim}{A}$ 的补集。即

$$\underset{\sim}{\overline{A}}\Leftrightarrow\mu_{\underset{\sim}{\overline{A}}}(x)=1-\mu_{\underset{\sim}{A}}(x)$$

(4) 空集。若 $\forall x\in X$，均有 $\mu_{\underset{\sim}{A}}(x)=0$，则称 $\underset{\sim}{A}$ 为空集。即

$$\underset{\sim}{A}=\varnothing\Leftrightarrow\mu_{\underset{\sim}{A}}(x)=0$$

(5) 全集。若 $\forall x\in X$，均有 $\mu_{\underset{\sim}{A}}(x)=1$，则称 $\underset{\sim}{A}$ 为全集，记做 Ω。即

$$\underset{\sim}{A}=\Omega\Leftrightarrow\mu_{\underset{\sim}{A}}(x)=1$$

(6) 并集。若 $\forall x\in X$，均有 $\mu_{\underset{\sim}{C}}(x)=\max(\mu_{\underset{\sim}{A}}(x),\mu_{\underset{\sim}{B}}(x))$，则称 $\underset{\sim}{C}$ 为 $\underset{\sim}{A}$ 与 $\underset{\sim}{B}$ 的并集。即

$$\underset{\sim}{C}=\underset{\sim}{A}\cup\underset{\sim}{B}\Leftrightarrow\mu_{\underset{\sim}{C}}(x)=\max(\mu_{\underset{\sim}{A}}(x),\mu_{\underset{\sim}{B}}(x))$$

模糊集合论中，在同“与”、“或”运算符号不混淆的情况下，习惯使用符号 ∨ 表示取最大值，用符号 ∧ 表示取最小值，故上式也表示为

$$\underset{\sim}{C}=\underset{\sim}{A}\cup\underset{\sim}{B}\Leftrightarrow\mu_{\underset{\sim}{C}}(x)=\vee(\mu_{\underset{\sim}{A}}(x),\mu_{\underset{\sim}{B}}(x))=\mu_{\underset{\sim}{A}}(x)\vee\mu_{\underset{\sim}{B}}(x)$$

(7) 交集。若 $\forall x\in X$，均有 $\mu_{\underset{\sim}{C}}(x)=\min(\mu_{\underset{\sim}{A}}(x),\mu_{\underset{\sim}{B}}(x))$，则称 $\underset{\sim}{C}$ 为 $\underset{\sim}{A}$ 与 $\underset{\sim}{B}$ 的交集。即

$$\underset{\sim}{C}=\underset{\sim}{A}\cap\underset{\sim}{B}\Leftrightarrow\mu_{\underset{\sim}{C}}(x)=\min(\mu_{\underset{\sim}{A}}(x),\mu_{\underset{\sim}{B}}(x))$$

或

$$\underset{\sim}{C}=\underset{\sim}{A}\cap\underset{\sim}{B}\Leftrightarrow\mu_{\underset{\sim}{C}}(x)=\wedge(\mu_{\underset{\sim}{A}}(x),\mu_{\underset{\sim}{B}}(x))=\mu_{\underset{\sim}{A}}(x)\wedge\mu_{\underset{\sim}{B}}(x)$$

例如，对模糊集合 $\underset{\sim}{A}=\{(0.2,1)\}$ 和 $\underset{\sim}{B}=\{(0.2,1)\}$ 有 $\underset{\sim}{A}=\underset{\sim}{B}$；

对 $\underset{\sim}{C}=\{(0.7,1)\}$ 和 $\underset{\sim}{D}=\{(0.0,1)\}$ 有 $\underset{\sim}{C}\supseteq\underset{\sim}{D}$，$\underset{\sim}{D}=\phi$，$\underset{\sim}{\overline{C}}=\{(0.3\quad 1)\}$；

对 $\underset{\sim}{E}=\{(1.0,12)\}$ 有 $\underset{\sim}{E}=\Omega$。

又如，对 $\underset{\sim}{A}=\{(0.1,1)\}$ 和 $\underset{\sim}{B}=\{(0.5,1)\}$ 有

$$\underset{\sim}{A}\cup\underset{\sim}{B}=(\{0.1\vee 0.5,1)\}=(\{0.5,1)\}；$$

$$\underset{\sim}{A}\cap\underset{\sim}{B}=\{(0.1\wedge 0.5,1)\}=(\{0.1,1)\}。$$

2. 运算的基本性质

在普通集合中成立的各种性质，除个别之外，其他对模糊集合都依然有效。运算的

基本性质如下：

(1) 自反律。$\underset{\sim}{A} \subseteq \underset{\sim}{A}$。

(2) 反对称律。若 $\underset{\sim}{A} \subseteq \underset{\sim}{B}$，$\underset{\sim}{B} \subseteq \underset{\sim}{A}$，则 $\underset{\sim}{A} = \underset{\sim}{B}$。

(3) 交换律。$\underset{\sim}{A} \cup \underset{\sim}{B} = \underset{\sim}{B} \cup \underset{\sim}{A}$，$\underset{\sim}{A} \cap \underset{\sim}{B} = \underset{\sim}{B} \cap \underset{\sim}{A}$。

(4) 结合律。$(\underset{\sim}{A} \cup \underset{\sim}{B}) \cup \underset{\sim}{C} = \underset{\sim}{A} \cup (\underset{\sim}{B} \cup \underset{\sim}{C})$，$(\underset{\sim}{A} \cap \underset{\sim}{B}) \cap \underset{\sim}{C} = \underset{\sim}{A} \cap (\underset{\sim}{B} \cap \underset{\sim}{C})$。

(5) 分配律。$\underset{\sim}{A} \cup (\underset{\sim}{B} \cap \underset{\sim}{C}) = (\underset{\sim}{A} \cup \underset{\sim}{B}) \cap (\underset{\sim}{A} \cup \underset{\sim}{C})$，$\underset{\sim}{A} \cap (\underset{\sim}{B} \cup \underset{\sim}{C}) = (\underset{\sim}{A} \cap \underset{\sim}{B}) \cup (\underset{\sim}{A} \cap \underset{\sim}{C})$。

(6) 传递律。若 $\underset{\sim}{A} \subseteq \underset{\sim}{B}$，$\underset{\sim}{B} \subseteq \underset{\sim}{C}$，则 $\underset{\sim}{A} \subseteq \underset{\sim}{C}$。

(7) 幂等律。$\underset{\sim}{A} \cup \underset{\sim}{A} = \underset{\sim}{A}$，$\underset{\sim}{A} \cap \underset{\sim}{A} = \underset{\sim}{A}$。

(8) 吸收律。$(\underset{\sim}{A} \cap \underset{\sim}{B}) \cup \underset{\sim}{A} = \underset{\sim}{A}$，$(\underset{\sim}{A} \cup \underset{\sim}{B}) \cap \underset{\sim}{A} = \underset{\sim}{A}$。

(9) 对偶律。$\overline{\underset{\sim}{A} \cup \underset{\sim}{B}} = \overline{\underset{\sim}{A}} \cap \overline{\underset{\sim}{B}}$，$\overline{\underset{\sim}{A} \cap \underset{\sim}{B}} = \overline{\underset{\sim}{A}} \cup \overline{\underset{\sim}{B}}$，也称德·摩根定律。

(10) 对合律。$\overline{\overline{\underset{\sim}{A}}} = \underset{\sim}{A}$，即双重否定律。

(11) 定常律。$\underset{\sim}{A} \cup \Omega = \Omega$，$\underset{\sim}{A} \cap \Omega = \underset{\sim}{A}$，$\underset{\sim}{A} \cup \phi = \underset{\sim}{A}$，$\underset{\sim}{A} \cap \phi = \phi$。

(12) 一般互补律不成立。$\underset{\sim}{A} \cup \overline{\underset{\sim}{A}} \neq \Omega$，$\underset{\sim}{A} \cap \overline{\underset{\sim}{A}} \neq \phi$。

例如，当 $\underset{\sim}{A} = \{(0.8, a)\}$ 时，有 $\overline{\underset{\sim}{A}} = \{(0.2, a)\}$，则

$$\underset{\sim}{A} \cup \overline{\underset{\sim}{A}} = \{(0.8 \vee 0.2, a)\} = \{(0.8, a)\}$$

$$\underset{\sim}{A} \cap \overline{\underset{\sim}{A}} = \{(0.8 \wedge 0.2, a)\} = \{(0.2, a)\}$$

互补律成立的特殊情况是 $\underset{\sim}{A} = \{(0.0, a)\}$ 和 $\underset{\sim}{A} = \{(1.0, a)\}$，此时模糊集合退化为普通集合。

上述模糊集合的运算性质可以直接通过它们的隶属函数得到证明。

7.2.4 模糊集合与普通集合的相互转化

截集概念与分解定理是联系普通集合与模糊集合的桥梁，它们使模糊集合论中的问题转化为普通集合论的问题来求解。扩张原理则是把普通集合论的方法扩展到模糊集合论中去。这里仅介绍截集的概念，首先看一个例子。

假设有五个病人 x_1、x_2、x_3、x_4、x_5，体温(℃)分别为 38.9、37.0、37.2、39.2、38.1，则护士统计时有下列记录：

37.0℃以上者 5 人：x_1, x_2, x_3, x_4, x_5。

37.5℃以上者 3 人：x_1, x_4, x_5。

39.0℃以上者 1 人：x_4。

在考虑有多少病人发烧时，医生就可能根据不同的经验而得出不同的结论。例如，若认为发烧的温度界限是 $T=37$℃，则有 5 人发烧；而将界线置于 37.5℃时，则只有 3 人发烧。事实上，发烧属于模糊概念，所以用模糊数学来描述更为合适。根据医生的经验，可将各温度段认为是发烧的隶属度表示如下：

$T > 39.0℃$——隶属度$=1.0$

$38.5℃ \leqslant T < 39.0℃$——隶属度$=0.9$

$38.0℃ \leqslant T < 38.5℃$——隶属度$=0.7$

$37.0℃ \leqslant T < 38.0℃$——隶属度$=0.4$

$T < 37.0℃$——隶属度$=0.0$

用模糊集合 $\underset{\sim}{A}$ 表示“发烧病人”，有

$$\underset{\sim}{A}=\{(0.9,x_1),(0.4,x_2),(0.4,x_3),(1.0,x_4),(0.7,x_5)\}$$

这样可以方便地对病人分类。例如，将隶属度在 0.9 以上的病人作为发高烧进行特护处理，这些病人可以表示为 $A_{0.9}=\{x_1,x_4\}$，类似的还可以有

$$A_{0.8}=\{x_1,x_4\}$$

$$A_{0.4}=\{x_1,x_2,x_3,x_4,x_5\}$$

一般用 A_λ 表示由 $\mu_{\underset{\sim}{A}}(x)\geqslant\lambda$ 的元素 x 组成的集合，由此引出截集的概念。

1. 截集定义

设论域为 X，给定模糊集合 $\underset{\sim}{A}$，对任意 $\lambda\in[0,1]$称普通集合

$$A_\lambda=\{x \mid x\in X,\quad \mu_{\underset{\sim}{A}}(x)\geqslant\lambda\} \tag{7-14}$$

为 $\underset{\sim}{A}$ 的 λ 截集。

如在例 7.1 中，论域 $X=\{a,b,c,d\}$，模糊集合 $\underset{\sim}{A}=1/a+0.9/b+0.5/c+0.2/d$，则 $\underset{\sim}{A}$ 的截集有

$$A_1=\{a\},\quad A_{0.9}=\{a,b\},\quad A_{0.8}=\{a,b\}$$

$$A_{0.5}=\{a,b,c\},\quad A_{0.1}=\{a,b,c,d\},\quad A_0=X$$

其中截集 A_1 是模糊集合 $\underset{\sim}{A}$ 的核。

2. 截集的三个性质

(1) $(\underset{\sim}{A}\cup\underset{\sim}{B})$的 λ 截集等于 A_λ 与 B_λ 之并，即

$$(\underset{\sim}{A}\cup\underset{\sim}{B})_\lambda=A_\lambda\cup B_\lambda$$

(2) $(\underset{\sim}{A}\cap\underset{\sim}{B})$的 λ 截集等于 A_λ 与 B_λ 之交，即

$$(\underset{\sim}{A}\cap\underset{\sim}{B})_\lambda=A_\lambda\cap B_\lambda$$

(3) 若 $\lambda,\mu\in[0,1]$，且 $\lambda\leqslant\mu$，则 $A_\lambda\supseteq A_\mu$。

例如：对 $\underset{\sim}{A}=\{(0.2,x_1),(0.5,x_2),(0.8,x_3),(1.0,x_4),(0.7,x_5)\}$，有

$$A_{0.4}=\{x_2,x_3,x_4,x_5\},\quad A_{0.5}=\{x_2,x_3,x_4,x_5\},\quad A_{0.8}=\{x_3,x_4\}$$

显然，$A_{0.5}\supset A_{0.8}$满足 $A_{0.5}\supseteq A_{0.8}$，$A_{0.4}=A_{0.5}$满足 $A_{0.4}\supseteq A_{0.5}$。

7.3 模糊关系与模糊矩阵

在 7.2 节中，介绍了模糊集合的基本概念及运算，本节将进一步讨论集合之间或集合中元素之间的模糊关系。

"关系"一词我们都十分熟悉，如父子关系、同学关系等，又如数学中的大于关系、等于关系、圆的面积与半径的关系等。这些普通关系都是二值的，换句话说，对于任意两个元素，在它们之间或者存在关系，或者不存在关系，两者必居且仅居其一，这种关系适合于描述清晰确定的关系。但在实际中，有不少关系很难简单地用"有"或"无"来衡量，而必须引入一定的量来表示两个元素间具有这种关系的程度。例如在人与人的关系中，有"相互理解"、"友好"等关系，一般都不能简单地说"是"或"否"，不同人之间相互理解和友好的程度是不同的，这类关系需要有描述关系程度的量来补充描述，称模糊关系，而其中的关系程度通过隶属度来表示。实际上，模糊关系是普通关系概念的扩展。

7.3.1 模糊关系定义

1. 基本概念

设 X、Y 是两个论域，则 $X\times Y=\{(x,y)\mid x\in X, y\in Y\}$ 称为笛卡儿积，又称直积。笛卡儿积是由两个集合间元素无约束地搭配成的序偶 (x,y) 的全体构成的集合 $X\times Y$。如果给这种搭配施加某种约束，便体现了一种特殊关系，接受这种约束的元素对就构成了笛卡儿积中的一个子集，该子集便表现了一种关系。

序偶中两个元素的排列是有序的，对于 $X\times Y$ 中的元素必须是 (x,y)，$x\in X$，$y\in Y$，也就是说 (x,y) 与 (y,x) 是不同的序偶。一般地，$X\times Y\neq Y\times X$。

例如，设 $X=\{1,2\}$，$Y=\{a,b\}$，则笛卡儿积 $X\times Y$ 与 $Y\times X$ 分别为

$$X\times Y=\{(1,a),(1,b),(2,a),(2,b)\}$$

$$Y\times X=\{(a,1),(b,1),(a,2),(b,2)\}$$

在经典集合论中，所谓 X 到 Y 的一个关系，被定义为 $X\times Y$ 的一个子集 R，记做 $X\xrightarrow{R}Y$，模糊关系定义与此类似。

2. 模糊关系定义

设 X,Y 是两个论域，称 $X\times Y$ 的一个模糊子集 $\underset{\sim}{R}$ 为从 X 到 Y 的一个模糊关系，记做 $X\xrightarrow{\underset{\sim}{R}}Y$。模糊关系 $\underset{\sim}{R}$ 的隶属函数 $\mu_{\underset{\sim}{R}}$ 为

$$\mu_{\underset{\sim}{R}}: X\times Y\rightarrow[0,1] \tag{7-15}$$

$\mu_{\underset{\sim}{R}}(x_0,y_0)$ 叫做 (x_0,y_0) 具有关系 $\underset{\sim}{R}$ 的程度。特别地，当 $X=Y$ 时，称 $\underset{\sim}{R}$ 为论域 X 中的模糊关系。

例 7.9 设论域为 $X=\{张,王,赵\}$，模糊关系 $\underset{\sim}{R}$ 为“朋友关系”。则

$\underset{\sim}{R}$(张,王)=1　表示关系极好；

$\underset{\sim}{R}$(张,赵)=0.8　表示关系相对不错；

$\underset{\sim}{R}$(王,赵)=0.2　表示是很一般的朋友关系。

例 7.10 设 X、Y 均为实数集合，对任意的 $x\in X, y\in Y$，“x 远大于 y”是一个 X 到 Y 的模糊关系 $\underset{\sim}{R}$，它的隶属函数可以描述为

$$\mu_{\underset{\sim}{R}}(x,y)=\begin{cases}0, & x\leqslant y\\ \left[1+\dfrac{100}{(x-y)^2}\right]^{-1}, & x>y\end{cases}$$

简单计算几个值如下

$$x=y+1\ 时：\mu_{\underset{\sim}{R}}(x,y)=\frac{1}{101}$$

$$x=y+10\ 时：\mu_{\underset{\sim}{R}}(x,y)=\frac{1}{2}$$

$$x=y+100\ 时：\mu_{\underset{\sim}{R}}(x,y)=\frac{100}{101}$$

可见，隶属度反映了 x 远大于 y 的程度。

例 7.11 在医学上通常用公式“体重(kg)=身高(cm)−100”来描述正常人的体重与身高的关系，这个关系式实际上是一个普通的二元关系，它仅给出了正常人的标准身高与体重间的关系。事实上对一般健康人，采用这个公式衡量时常会有些误差，但这并不能说明他们不正常，所以以此关系式为基础产生的模糊关系将能更客观地反映出身高与体重的关系，如表 7.3 所示。

表 7.3　身高与标准体重间的模糊关系

$\mu_{\underset{\sim}{R}}(x,y)$	40kg	50kg	60kg	70kg	80kg
140cm	1	0.8	0.2	0.1	0
150cm	0.8	1	0.8	0.2	0.1
160cm	0.2	0.8	1	0.8	0.2
170cm	0.1	0.2	0.8	1	0.8
180cm	0	0.1	0.2	0.8	1

7.3.2 模糊关系的表示

1. 模糊矩阵表示法

对于矩阵 $\boldsymbol{R}=(r_{ij})_{n\times m}$，若其所有元素满足 $r_{ij}\in[0,1]$，则称 $\boldsymbol{R}$ 为模糊矩阵，其中 $r_{ij}=\mu_{\underset{\sim}{R}}(x_i,y_j)$。当论域 X,Y 都是有限论域时，模糊关系 $\underset{\sim}{R}$ 可以用模糊矩阵 $\boldsymbol{R}$ 表示。

例 7.11中的模糊关系可用模糊矩阵表示为

$$\boldsymbol{R}=\overset{\text{体重 } y}{\begin{pmatrix} 1 & 0.8 & 0.2 & 0.1 & 0 \\ 0.8 & 1 & 0.8 & 0.2 & 0.1 \\ 0.2 & 0.8 & 1 & 0.8 & 0.2 \\ 0.1 & 0.2 & 0.8 & 1 & 0.8 \\ 0 & 0.1 & 0.2 & 0.8 & 1 \end{pmatrix}}\text{身高 } x$$

特别地，当 $r_{ij}\in\{0,1\}$时，模糊矩阵 $\boldsymbol{R}$ 退化为布尔矩阵，布尔矩阵可以表示一种普通关系。

2. 有向图表示法

模糊关系也可以用有向图表示，下面举例说明。

例 7.12 设 $\underset{\sim}{R}$ 为模糊关系“相像”，且有

$$\underset{\sim}{R}(\text{张},\text{王})=0.5,\quad \underset{\sim}{R}(\text{张},\text{赵})=0.8,\quad \underset{\sim}{R}(\text{王},\text{赵})=0.2$$

则模糊关系可表示为如图 7.4 所示的形式。

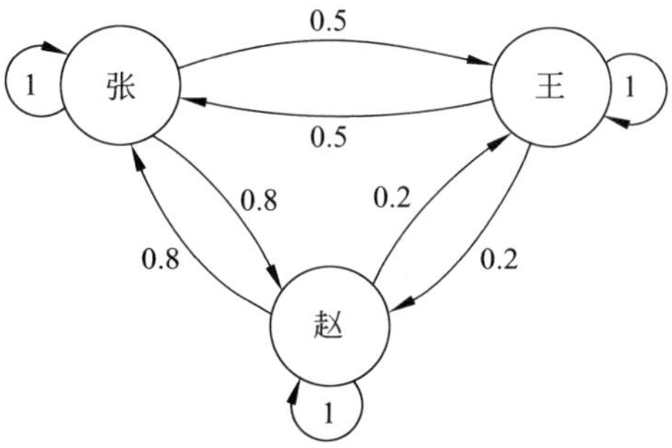

图 7.4 模糊关系的有向图表示

7.3.3 模糊关系的建立

后面的内容将会介绍模糊关系在模糊聚类分析中起着很重要的作用。建立模糊关系的工作在统计指标选定之后进行，统计指标的选择很关键，应该有明确的实际意义，有较强的分辨力和代表性。模糊关系建立之后，就可以根据不同方法分类了。下面介绍建立模糊关系的步骤。

第一步，正规化。将各代表点的统计指标数据标准化，以便进行分析和比较。为将标准化数据压缩到[0,1]闭区间，可用极值标准化公式

$$x=\frac{x'-x'_{\min}}{x'_{\max}-x'_{\min}} \tag{7-16}$$

当 $x'=x'_{\max}$时，$x=1$；当 $x'=x'_{\min}$时，$x=0$；否则取[0,1]之间的值。

第二步，算出被分类对象间具有此种关系的程度 r_{ij}，其中 $i,j=1,2,\cdots,n$，n 为对象

个数，从而确定论域上模糊关系 $\underset{\sim}{R}$ 的矩阵表示为

$$\boldsymbol{R}=\begin{pmatrix} r_{11} & r_{12} & \cdots & r_{1n} \\ r_{21} & r_{22} & \cdots & r_{2n} \\ \vdots & \vdots & \ddots & \vdots \\ r_{n1} & r_{n2} & \cdots & r_{nn} \end{pmatrix}$$

最通常的一种模糊关系是 i 与 j 的相似程度。计算 r_{ij} 的常用的方法有 10 余种，下面介绍其中几种主要方法。

1. 欧氏距离法

$$r_{ij}=\sqrt{\frac{1}{m}\sum_{k=1}^{m}(x_{ik}-x_{jk})^2} \tag{7-17}$$

其中，x_{ik} 和 x_{jk} 分别为第 i 个对象和第 j 个对象的第 k 个因子的值，m 为因子的个数。

2. 数量积法

$$r_{ij}=\begin{cases} 1, & \text{当 } i=j \\ \sum_{k=1}^{m}\frac{x_{ik}\cdot x_{jk}}{M}, & \text{当 } i\neq j \end{cases} \tag{7-18}$$

其中，M 为一适当选择的正数，满足

$$M\geqslant \max_{i,j}\sum_{k=1}^{m}(x_{ik}\cdot x_{jk})$$

3. 相关系数法

$$r_{ij}=\frac{\sum_{k=1}^{m}|x_{ik}-\bar{x}_i\|x_{jk}-\bar{x}_j|}{\sqrt{\sum_{k=1}^{m}(x_{ik}-\bar{x}_i)^2}\cdot\sqrt{\sum_{k=1}^{m}(x_{jk}-\bar{x}_j)^2}} \tag{7-19}$$

其中，$\bar{x}_i=\frac{1}{m}\sum_{k=1}^{m}x_{ik}$，$\bar{x}_j=\frac{1}{m}\sum_{k=1}^{m}x_{jk}$。

4. 最大最小法

$$r_{ij}=\frac{\sum_{k=1}^{m}\min(x_{ik},x_{jk})}{\sum_{k-1}^{m}\max(x_{ik},x_{jk})} \tag{7-20}$$

5. 主观评定法

以百分制打分，然后除以 100，得[0,1]区间的一个数。亦可多人打分求平均。

其他方法还有指数相似系数法、非参数法、几何平均最小法、算术平均最小法、绝对

值指数法、绝对值倒数法、绝对值减数法等。各种方法孰优孰劣不能一概而论，但是应明确，模糊关系用于分类时，设计并建立模糊关系的方法是很重要的。

7.3.4 模糊关系和模糊矩阵的运算

1. 并、交、补运算

(1) 模糊关系的并、交、补运算

设有论域 X 和 Y，$\underset{\sim}{R}$ 和 $\underset{\sim}{S}$ 均为从 X 到 Y 的模糊关系，则对于任意的 $(x,y)\in X\times Y$ 定义

$\underset{\sim}{R}$ 与 $\underset{\sim}{S}$ 的并运算记为 $\underset{\sim}{R}\cup\underset{\sim}{S}$，隶属函数为 $\mu_{\underset{\sim}{R}\cup\underset{\sim}{S}}(x,y)=\mu_{\underset{\sim}{R}}(x,y)\vee\mu_{\underset{\sim}{S}}(x,y)$；

$\underset{\sim}{R}$ 与 $\underset{\sim}{S}$ 的交运算记为 $\underset{\sim}{R}\cap\underset{\sim}{S}$，隶属函数为 $\mu_{\underset{\sim}{R}\cap\underset{\sim}{S}}(x,y)=\mu_{\underset{\sim}{R}}(x,y)\wedge\mu_{\underset{\sim}{S}}(x,y)$；

$\underset{\sim}{R}$ 的补运算记为 $\bar{\underset{\sim}{R}}$，隶属函数定义为 $\mu_{\bar{\underset{\sim}{R}}}(x,y)=1-\mu_{\underset{\sim}{R}}(x,y)$。

(2) 模糊矩阵的并、交、补运算

设 $\boldsymbol{R}=(r_{ij})_{n\times m}$，$\boldsymbol{S}=(s_{ij})_{n\times m}$，定义：

$\boldsymbol{R}\cup\boldsymbol{S}=(r_{ij}\vee s_{ij})$ 为模糊矩阵 $\boldsymbol{R}$ 与 $\boldsymbol{S}$ 的并运算；

$\boldsymbol{R}\cap\boldsymbol{S}=(r_{ij}\wedge s_{ij})$ 为模糊矩阵 $\boldsymbol{R}$ 与 $\boldsymbol{S}$ 的交运算；

$\bar{\boldsymbol{R}}=(1-r_{ij})$ 为模糊矩阵 $\boldsymbol{R}$ 的补运算。

模糊关系的并、交、补运算可以用相应的模糊矩阵的并、交、补运算表示。可以看出，模糊关系和模糊矩阵的运算实际上就是隶属度的运算。

例 7.13 模糊关系运算。设论域 $X=\{x_1,x_2,x_3\}$，$Y=\{y_1,y_2,y_3,y_4\}$，$\underset{\sim}{R}$ 和 $\underset{\sim}{S}$ 是两个 X 到 Y 的模糊关系，$\underset{\sim}{R}$="x 比 y 高"，$\underset{\sim}{S}$="x 比 y 胖"，分别为

$\underset{\sim}{R}$：

	y_1	y_2	y_3	y_4
x_1	0	0	0.1	0.8
x_2	0	0.8	0	0
x_3	0.1	0.8	1	0.8

；$\underset{\sim}{S}$：

	y_1	y_2	y_3	y_4
x_1	0.4	0.4	0.2	0.1
x_2	0.5	0	1	1
x_3	0.5	0.1	0.2	0.6

求：(1) 模糊关系"x 比 y 高或比 y 胖"；

(2) 模糊关系"与 y 相比，x 又高又胖"；

(3) 模糊关系"x 没 y 高"。

解：(1) 模糊关系"x 比 y 高或比 y 胖"可用 $\underset{\sim}{R}$ 与 $\underset{\sim}{S}$ 的并运算表示，为

$\underset{\sim}{R}\cup\underset{\sim}{S}$：

	y_1	y_2	y_3	y_4
x_1	0.4	0.4	0.2	0.8
x_2	0.5	0.8	1	1
x_3	0.5	0.8	1	0.8

(2) 模糊关系"与 y 相比，x 又高又胖"可用 $\underset{\sim}{R}$ 与 $\underset{\sim}{S}$ 的交运算表示，为

$$\underset{\sim}{R}\cap\underset{\sim}{S}:\quad\begin{array}{c|cccc} & y_1 & y_2 & y_3 & y_4 \\ x_1 & 0 & 0 & 0.1 & 0.1 \\ x_2 & 0 & 0 & 0 & 0 \\ x_3 & 0.1 & 0.1 & 0.2 & 0.6 \end{array}$$

(3) 模糊关系"x 没 y 高"可用 $\underset{\sim}{R}$ 的补运算表示，为

$$\overline{\underset{\sim}{R}}:\quad\begin{array}{c|cccc} & y_1 & y_2 & y_3 & y_4 \\ x_1 & 1 & 1 & 0.9 & 0.2 \\ x_2 & 1 & 0.2 & 1 & 1 \\ x_3 & 0.9 & 0.2 & 0 & 0.2 \end{array}$$

例 7.14 模糊矩阵运算。已知 $\boldsymbol{R}=\begin{pmatrix}0.5 & 0.3\\0.4 & 0.8\end{pmatrix}$，$\boldsymbol{S}=\begin{pmatrix}0.8 & 0.5\\0.3 & 0.7\end{pmatrix}$，求 $\boldsymbol{R}\cup\boldsymbol{S}$，$\boldsymbol{R}\cap\boldsymbol{S}$ 和 $\bar{R}$。

解：

$$\boldsymbol{R}\cup\boldsymbol{S}=\begin{pmatrix}0.5\vee 0.8 & 0.3\vee 0.5\\0.4\vee 0.3 & 0.8\vee 0.7\end{pmatrix}=\begin{pmatrix}0.8 & 0.5\\0.4 & 0.8\end{pmatrix}$$

$$\boldsymbol{R}\cap\boldsymbol{S}=\begin{pmatrix}0.5\wedge 0.8 & 0.3\wedge 0.5\\0.4\wedge 0.3 & 0.8\wedge 0.7\end{pmatrix}=\begin{pmatrix}0.5 & 0.3\\0.3 & 0.7\end{pmatrix}$$

$$\bar{\boldsymbol{R}}=\begin{pmatrix}1-0.5 & 1-0.3\\1-0.4 & 1-0.8\end{pmatrix}=\begin{pmatrix}0.5 & 0.7\\0.6 & 0.2\end{pmatrix}$$

2. 模糊关系的倒置与模糊矩阵的转置

(1) 模糊关系的倒置

设 $\underset{\sim}{R}\in X\times Y$，则 $\underset{\sim}{R}$ 的倒置 $\underset{\sim}{R}^{\mathrm{T}}\in Y\times X$ 是指 $\mu_{\underset{\sim}{R}^{\mathrm{T}}}(y,x)=\mu_{\underset{\sim}{R}}(x,y)$。模糊关系的倒置又叫模糊关系 $\underset{\sim}{R}$ 的逆关系。

(2) 模糊矩阵的转置

设 $\boldsymbol{R}=(r_{ij})_{n\times m}$，则称 $\boldsymbol{R}^{\mathrm{T}}=(r_{ij}^{\mathrm{T}})_{m\times n}$ 是 $\boldsymbol{R}$ 的转置矩阵，其中

$$r_{ij}^{\mathrm{T}}=r_{ji},\quad 1\leqslant i\leqslant m,\quad 1\leqslant j\leqslant n$$

例 7.15 模糊关系 $\underset{\sim}{R}$="x 比 y 高"

$$\begin{array}{c|cccc} & y_1 & y_2 & y_3 & y_4 \\ x_1 & 0 & 0 & 0.1 & 0.8 \\ x_2 & 0 & 0.8 & 0 & 0 \\ x_3 & 0.1 & 0.8 & 1 & 0.8 \end{array}$$

$$\text{对应的模糊矩阵为 } \boldsymbol{R}=\begin{bmatrix}0 & 0 & 0.1 & 0.8\\0 & 0.8 & 0 & 0\\0.1 & 0.8 & 1 & 0.8\end{bmatrix}$$

则 $\underset{\sim}{R}$ 的逆关系"y 比 x 低"就可以用 $\underset{\sim}{R}^{\mathrm{T}}$ 表示为

	x_1	x_2	x_3
y_1	0	0	0.1
y_2	0	0.8	0.8
y_3	0.1	0	1
y_4	0.8	0	0.8

对应的模糊矩阵为

$$\boldsymbol{R}^{\mathrm{T}}=\begin{pmatrix}0 & 0 & 0.1\\0 & 0.8 & 0.8\\0.1 & 0 & 1\\0.8 & 0 & 0.8\end{pmatrix}$$

例如，原来 x_1 比 y_4 高的隶属度为 0.8，变为 y_4 比 x_1 低的隶属度为 0.8。

3. 截矩阵与截关系

对任意 $\lambda\in[0,1]$，记 $\boldsymbol{R}_\lambda=(r_{ij}^\lambda)$，其中 $r_{ij}^\lambda=\begin{cases}1, & r_{ij}\geqslant\lambda\\0, & r_{ij}<\lambda\end{cases}$，称 $\boldsymbol{R}_\lambda$ 为模糊矩阵 $\boldsymbol{R}$ 的 λ 截矩阵，它所对应的关系叫做 $\underset{\sim}{R}$ 的截关系。截矩阵必定是布尔矩阵。

例如，对模糊关系矩阵 $\boldsymbol{R}=\begin{pmatrix}0.3 & 0.7 & 0.5\\0.8 & 1 & 0\\0 & 0.6 & 0.4\end{pmatrix}$，截矩阵 $\boldsymbol{R}_{0.7}$ 和 $\boldsymbol{R}_{0.4}$ 分别为

$$\boldsymbol{R}_{0.7}=\begin{pmatrix}0 & 1 & 0\\1 & 1 & 0\\0 & 0 & 0\end{pmatrix},\quad \boldsymbol{R}_{0.4}=\begin{pmatrix}0 & 1 & 1\\1 & 1 & 0\\0 & 1 & 1\end{pmatrix}$$

4. 模糊关系合成与模糊矩阵合成

如果甲比乙年龄大，乙比丙年龄大，那么甲比丙年龄大。这个在人们思维中很自然的结论实际上就是一种关系的合成，“甲比乙年龄大”是模糊关系 $\underset{\sim}{Q}$，“乙比丙年龄大”是模糊关系 $\underset{\sim}{R}$，“甲比丙年龄大”则是 $\underset{\sim}{Q}$ 与 $\underset{\sim}{R}$ 的合成关系。

(1) 模糊关系合成

设 X,Y,Z 为论域，$\underset{\sim}{Q},\underset{\sim}{R}$ 为两个模糊关系，且 $\underset{\sim}{Q}\in X\times Y$，$\underset{\sim}{R}\in Y\times Z$，定义 $\underset{\sim}{Q}$ 对 $\underset{\sim}{R}$ 的“合成”为 X 到 Z 的一个模糊关系 $\underset{\sim}{Q}\circ\underset{\sim}{R}$，它具有隶属函数

$$\mu_{\underset{\sim}{Q}\circ\underset{\sim}{R}}(x,z)=\bigvee_{y\in Y}\left(\mu_{\underset{\sim}{Q}}(x,y)\wedge\mu_{\underset{\sim}{R}}(y,z)\right)\tag{7-21}$$

模糊关系与自身的运算又称为幂运算，即

$$\begin{cases}\underset{\sim}{R}^2=\underset{\sim}{R}\circ\underset{\sim}{R}\\\underset{\sim}{R}^n=\underset{\sim}{R}^{n-1}\circ\underset{\sim}{R}\end{cases}\tag{7-22}$$

(2) 模糊矩阵合成

设 $\boldsymbol{Q}=(q_{ij})_{n\times m}$，$\boldsymbol{R}=(r_{jk})_{m\times l}$，定义模糊矩阵 $\boldsymbol{Q}$ 与 $\boldsymbol{R}$ 的“合成”为 $\boldsymbol{S}=\boldsymbol{Q}\circ\boldsymbol{R}$，且

$\boldsymbol{S}=(s_{ik})_{n\times l}, s_{ik}=\bigvee_{j=1}^{m}(q_{ij}\wedge r_{jk})$。$\boldsymbol{S}$ 也称做 $\boldsymbol{Q}$ 对 $\boldsymbol{R}$ 的模糊乘积。

将有限论域模糊矩阵的乘积与普通矩阵乘法相比较如下

$$\text{普通矩阵}\quad (\boldsymbol{Q}_{n\times m}\boldsymbol{R}_{m\times l})_{ik}=\sum_{j=1}^{m}q_{ij}\cdot r_{jk}$$

$$\text{模糊矩阵}\quad (\boldsymbol{Q}_{n\times m}\boldsymbol{R}_{m\times l})_{ik}=\bigvee_{j=1}^{m}(q_{ij}\wedge r_{jk})$$

可以发现,它们的运算过程是类似的,只不过模糊矩阵乘积是将普通矩阵中的实数加法改为求大,将实数乘法改为求小而已。

例 7.16 已知模糊矩阵 $\boldsymbol{Q}=\begin{bmatrix}0.1 & 0.5\\0.2 & 0.3\end{bmatrix}$和 $\boldsymbol{R}=\begin{bmatrix}0.3 & 0.4\\0.6 & 0.3\end{bmatrix}$,求 $\boldsymbol{Q}$ 对 $\boldsymbol{R}$ 的合成矩阵。

解:

$$\boldsymbol{S}=\boldsymbol{Q}\circ\boldsymbol{R}=\begin{bmatrix}(0.1\wedge 0.3)\vee(0.5\wedge 0.6) & (0.1\wedge 0.4)\vee(0.5\wedge 0.3)\\(0.2\wedge 0.3)\vee(0.3\wedge 0.6) & (0.2\wedge 0.4)\vee(0.3\wedge 0.3)\end{bmatrix}=\begin{bmatrix}0.5 & 0.3\\0.3 & 0.3\end{bmatrix}$$

例 7.17 已知模糊矩阵 $\boldsymbol{Q}=\begin{bmatrix}0.3 & 0.7 & 0.2\\1 & 0 & 0.4\\0 & 0.5 & 1\\0.6 & 0.7 & 0.8\end{bmatrix}_{4\times 3}$,$\boldsymbol{R}=\begin{bmatrix}0.1 & 0.9\\0.9 & 0.1\\0.6 & 0.4\end{bmatrix}_{3\times 2}$,求合成矩阵。

解:显然 $\boldsymbol{R}\circ\boldsymbol{Q}$ 是无意义的,下面求 $\boldsymbol{S}=\boldsymbol{Q}\circ\boldsymbol{R}$

$s_{11}=(0.3\wedge 0.1)\vee(0.7\wedge 0.9)\vee(0.2\wedge 0.6)=0.1\vee 0.7\vee 0.2=0.7$

$s_{12}=\cdots$

类似地计算得

$$\boldsymbol{S}=\begin{bmatrix}0.7 & 0.3\\0.4 & 0.9\\0.6 & 0.4\\0.7 & 0.6\end{bmatrix}_{4\times 2}$$

与普通矩阵运算相同,模糊矩阵的合成运算不满足交换律,即 $\boldsymbol{Q}\circ\boldsymbol{R}\neq\boldsymbol{R}\circ\boldsymbol{Q}$。

7.3.5 模糊关系的三大性质

1. 自反性

设 $\underset{\sim}{R}$ 是 $X\times X$ 中的模糊关系,对 $\forall x\in X$ 若存在 $\mu_{\underset{\sim}{R}}(x,x)=1$,则称 $\underset{\sim}{R}$ 满足自反性。其相应矩阵 $\boldsymbol{R}$ 称自反模糊矩阵,满足 $\boldsymbol{R}\supseteq\boldsymbol{I}$。自反模糊矩阵是主对角线元素均为 1 的方阵。

2. 对称性

设 $\underset{\sim}{R}$ 是 $X\times X$ 中的模糊关系,对 $\forall(x,y)\in X\times X$,若存在 $\mu_{\underset{\sim}{R}}(x,y)=\mu_{\underset{\sim}{R}}(y,x)$,则

称 $\underset{\sim}{R}$ 满足对称性。其相应矩阵 $\boldsymbol{R}$ 称对称模糊矩阵，满足 $\boldsymbol{R}^{\mathrm{T}}=\boldsymbol{R}$。对称模糊矩阵必定是对称方阵。

例 7.18 已知模糊矩阵 $\boldsymbol{R}=\begin{pmatrix}1 & 0.2 & 0.4\\0.2 & 1 & 0.7\\0.4 & 0.7 & 1\end{pmatrix}$ 和 $\boldsymbol{S}=\begin{pmatrix}0.1 & 0.3 & 0.6\\0.3 & 0.7 & 0.2\\0.6 & 0.2 & 1.0\end{pmatrix}$，则 $\boldsymbol{R}$ 具有自反性和对称性。例如表示"相像"之类的关系时，对角线上的 1 反映出的自反性意味着如 x_1 与自身完全相像的含义，对称性表现在如 x_1 像 x_2 的程度为 0.2，反过来 x_2 像 x_1 的程度也是 0.2 等。

$\boldsymbol{S}$ 只有对称性，无自反性。

3. 传递性

设 $\underset{\sim}{R}$ 是 $X\times X$ 中的模糊关系，对 $\forall(x,y),(y,z),(x,z)\in X\times X$，若存在

$$\mu_{\underset{\sim}{R}}(x,y)\geqslant\lambda,\quad \mu_{\underset{\sim}{R}}(y,z)\geqslant\lambda\text{ 时，}\quad \mu_{\underset{\sim}{R}}(x,z)\geqslant\lambda\text{ 成立}\tag{7-23}$$

则称 $\underset{\sim}{R}$ 满足传递性。其相应矩阵 $\boldsymbol{R}$ 称为传递模糊矩阵。传递模糊矩阵必定是方阵，满足 $\boldsymbol{R}\supseteq\boldsymbol{R}\circ\boldsymbol{R}$。式 $\boldsymbol{R}\supseteq\boldsymbol{R}\circ\boldsymbol{R}$ 表示 $\underset{\sim}{R}(x,z)\supseteq\underset{\sim}{R}(x,y)\circ\underset{\sim}{R}(y,z)$，它表明只要 x 和 z 具有关系 $\underset{\sim}{R}$ 的隶属度不低于 x 与 y，y 与 z 关系合成后的隶属度，这种关系就可以传递下去。式(7-23)也可描述为

$$\mu_{\underset{\sim}{R}}(x,z)\geqslant\bigvee_{y}\left[\mu_{\underset{\sim}{R}}(x,y)\wedge\mu_{\underset{\sim}{R}}(y,z)\right]\tag{7-24}$$

常见的例如，模糊关系"个子高"具有传递性，而"认识"不具有传递性。

例 7.19 判断 $\boldsymbol{R}=\begin{pmatrix}0.1 & 0.2 & 0.3\\0 & 0.1 & 0.2\\0 & 0 & 0.1\end{pmatrix}$ 是否为传递模糊矩阵。

解：$\boldsymbol{R}\circ\boldsymbol{R}=\begin{pmatrix}0.1 & 0.2 & 0.3\\0 & 0.1 & 0.2\\0 & 0 & 0.1\end{pmatrix}\circ\begin{pmatrix}0.1 & 0.2 & 0.3\\0 & 0.1 & 0.2\\0 & 0 & 0.1\end{pmatrix}=\begin{pmatrix}0.1 & 0.1 & 0.2\\0 & 0.1 & 0.1\\0 & 0 & 0.1\end{pmatrix}\subseteq\boldsymbol{R}$

由计算结果可知满足 $\boldsymbol{R}\supseteq\boldsymbol{R}\circ\boldsymbol{R}$，所以 $\boldsymbol{R}$ 是一个传递模糊矩阵。

4. 模糊等价关系和模糊相似关系

设 $\underset{\sim}{R}$ 是 $X\times X$ 中的模糊关系，若 $\underset{\sim}{R}$ 具有自反性和对称性，则称 $\underset{\sim}{R}$ 为模糊相似关系，$\underset{\sim}{R}$ 对应的矩阵称为模糊相似矩阵；若 $\underset{\sim}{R}$ 具有自反性、对称性和传递性，则称 $\underset{\sim}{R}$ 为模糊等价关系，$\underset{\sim}{R}$ 对应的矩阵称为模糊等价矩阵。

在应用模糊关系分类时，必须保证模糊关系是等价的，这时可以利用截矩阵直接分类。对于模糊相似关系，不能直接用其截矩阵进行分类，这是需要注意的。后面将会对这一内容做专门讨论。

7.4 模糊模式分类的直接方法和间接方法

7.4.1 直接方法——隶属原则

在通常的模式识别中，所谓模式总是有一个明确、清晰、肯定的式样，例如识别英文、数字时，其模式就是印刷体的英文与数字。但是也有许多实际问题，模式本身就带有一定的模糊性，如在染色体自动识别或白血球分类等课题中，常把问题归结为几何图形的识别，而几何图形总可以分解为若干凸多边形，凸多边形又可以分解为若干三角形，最终需要判断一个三角形是等腰三角形、直角三角形，还是正三角形等。但这些三角形并非严格的等腰三角形、直角三角形等，因此对每一个特定的三角形(模式)可以通过一定的方法给出它对于各种三角形的隶属度，由此根据隶属度最大的原则来分类是很自然的。

这种直接由计算样本的隶属度判断其归属的方法，称做模式分类的隶属原则。描述为：

设论域 X 中有 M 个模糊集$\underset{\sim}{A}_1, \underset{\sim}{A}_2, \cdots, \underset{\sim}{A}_M$，且对每一个$\underset{\sim}{A}_i$均有隶属函数 $\mu_{\underset{\sim}{A}_i}(x)$，则对任一 $x_0 \in X$，若有

$$\mu_{\underset{\sim}{A}_i}(x_0) = \max\left[\mu_{\underset{\sim}{A}_1}(x_0), \mu_{\underset{\sim}{A}_2}(x_0), \cdots, \mu_{\underset{\sim}{A}_M}(x_0)\right]$$

则认为 x_0 隶属于$\underset{\sim}{A}_i$。

隶属原则也被称为模式分类的直接方法，用于单个模式的识别。隶属原则是显然的，易于公认的，但其分类效果十分依赖于建立已知模式类隶属函数的技巧。

例 7.20 将人分为老、中、青三类，分别对应于三个模糊集合$\underset{\sim}{A}_1$、$\underset{\sim}{A}_2$、$\underset{\sim}{A}_3$，其隶属函数为

$$\text{老年：}\mu_{\underset{\sim}{A}_1}(x) = \begin{cases} 0, & 0 \leqslant x \leqslant 50 \\ 2\left(\dfrac{x-50}{20}\right)^2, & 50 < x \leqslant 60 \\ 1-2\left(\dfrac{x-70}{20}\right)^2, & 60 < x \leqslant 70 \\ 1, & x > 70 \end{cases}$$

$$\text{中年：}\mu_{\underset{\sim}{A}_2}(x) = \begin{cases} 0, & 0 \leqslant x \leqslant 20 \\ 2\left(\dfrac{x-20}{20}\right)^2, & 20 < x \leqslant 30 \\ 1-2\left(\dfrac{x-45}{30}\right)^2, & 30 < x \leqslant 60 \\ 2\left(\dfrac{x-70}{20}\right)^2, & 60 < x \leqslant 70 \\ 0, & x > 70 \end{cases}$$

$$
\text{青年：}\mu_{\underset{\sim}{A_3}}(x)=\begin{cases}1, & 0\leqslant x\leqslant 20\\ 1-2\left(\dfrac{x-20}{20}\right)^2, & 20<x\leqslant 30\\ 2\left(\dfrac{x-40}{20}\right)^2, & 30<x\leqslant 40\\ 0, & x>40\end{cases}
$$

现有45岁、30岁、65岁、21岁各一人，问应分别属于哪一类？

解：将 $x=45$ 代入三个隶属函数：$\mu_{\underset{\sim}{A_1}}(45)=0$，$\mu_{\underset{\sim}{A_2}}(45)=1$，$\mu_{\underset{\sim}{A_3}}(45)=0$，有

$$\max[0,1,0]=1=\mu_{\underset{\sim}{A_2}}(45)$$

所以45岁的人应属于 $\underset{\sim}{A_2}$ 中年人。

$x=30$ 时　$\mu_{\underset{\sim}{A_1}}(30)=0$，$\mu_{\underset{\sim}{A_2}}(30)=0.5$，$\mu_{\underset{\sim}{A_3}}(30)=0.5$，有

$$\max[0,0.5,0.5]=0.5=\mu_{\underset{\sim}{A_2}}(30)=\mu_{\underset{\sim}{A_3}}(30)$$

所以30岁的人可以认为属于 $\underset{\sim}{A_3}$ 青年人，也可以认为属于 $\underset{\sim}{A_2}$ 中年人。类似地有

$x=65$ 时　$\mu_{\underset{\sim}{A_1}}(65)=7/8$，$\mu_{\underset{\sim}{A_2}}(65)=1/8$，$\mu_{\underset{\sim}{A_3}}(65)=0$，属于老年人。

$x=21$ 时　$\mu_{\underset{\sim}{A_1}}(21)=0$，$\mu_{\underset{\sim}{A_2}}(21)=1/200$，$\mu_{\underset{\sim}{A_3}}(21)=199/200$，属于青年人。

各类隶属函数曲线如图7.5所示。

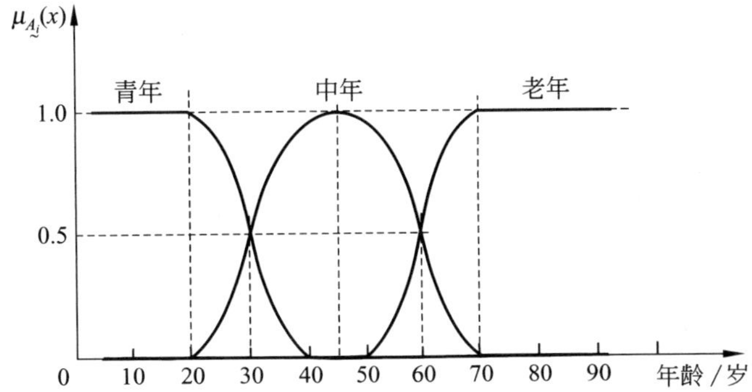

图7.5　模糊集合“老年”、“中年”和“青年”的隶属函数曲线

例7.21　染色体识别或白血球分类问题。这类问题最终归结为识别三角形，即判断一个三角形属于“等腰三角形(I)、直角三角形(R)、等腰直角三角形(IR)、正三角形(E)、其他三角形(T)”中的哪一种。可以规定隶属函数如下：

设三角形三个内角分别为 A、B、C，且 $A\geqslant B\geqslant C\geqslant 0$，则

等腰三角形　　$\mu_{\underset{\sim}{I}}(A,B,C)=1-\dfrac{1}{60}\min(A-B,B-C)$

直角三角形　　$\mu_{\underset{\sim}{R}}(A,B,C)=1-\dfrac{1}{90}|A-90|$

正三角形 $\mu_{\underset{\sim}{E}}(A,B,C)=1-\frac{1}{180}(A-C)$

等腰直角三角形 由 $\underset{\sim}{IR}=\underset{\sim}{I}\cap\underset{\sim}{R}$ 得

$$\mu_{\underset{\sim}{IR}}(A,B,C)=\min\left[\mu_{\underset{\sim}{I}}(A,B,C),\ \mu_{\underset{\sim}{R}}(A,B,C)\right]$$

其他三角形 由 $\underset{\sim}{T}=\bar{\underset{\sim}{I}}\cap\bar{\underset{\sim}{E}}\cap\bar{\underset{\sim}{R}}$ 得

$$\mu_{\underset{\sim}{T}}(A,B,C)=\min\left[1-\mu_{\underset{\sim}{I}}(A,B,C),1-\mu_{\underset{\sim}{R}}(A,B,C),1-\mu_{\underset{\sim}{E}}(A,B,C)\right]$$

假设给定一个三角形 $x_0=(85,50,45)$，问它属于哪种三角形？

解： $\mu_{\underset{\sim}{I}}(x_0)=1-\frac{1}{60}\min\left[85-50,50-45\right]=1-\frac{5}{60}=0.917$

$$\mu_{\underset{\sim}{R}}(x_0)=1-\frac{1}{90}|85-90|=1-\frac{5}{90}=0.944$$

$$\mu_{\underset{\sim}{E}}(x_0)=1-\frac{1}{180}(85-45)=1-\frac{40}{180}=0.778$$

$$\mu_{\underset{\sim}{IR}}(x_0)=\min\left[0.917,0.944\right]=0.917$$

$$\mu_{\underset{\sim}{T}}(x_0)=\min\left[1-0.917,1-0.944,1-0.778\right]$$

$$=\min\left[0.083,0.056,0.222\right]=0.056$$

由 $\max\left[0.917,0.944,0.778,0.917,0.056\right]=0.944=\mu_{\underset{\sim}{R}}(x_0)$ 得 x_0 近似为直角三角形。

7.4.2 间接方法——择近原则

当识别的对象并非某一特定元素，而是论域 X 中的一个模糊集时，问题就变成了求模糊集合之间接近程度的问题。这就涉及模糊集合间的距离和贴近度的概念，以及据此做出模式分类的择近原则。

1. 模糊集合间的距离

用距离概念度量模糊集合间的相近程度是广泛使用的方法。

设论域 $X=\{x_1,x_2,\cdots,x_n\}$，$\underset{\sim}{A}$，$\underset{\sim}{B}$ 为 X 中的模糊集合，p 为正实数，则定义

$$d_M(\underset{\sim}{A},\underset{\sim}{B})=\left(\sum_{i=1}^{n}|\mu_{\underset{\sim}{A}}(x_i)-\mu_{\underset{\sim}{B}}(x_i)|^p\right)^{1/p} \tag{7-25}$$

为模糊集合 $\underset{\sim}{A}$ 与 $\underset{\sim}{B}$ 的明可夫斯基距离，当 X 是实数域 R 上的有限区间时

$$d_M(\underset{\sim}{A},\underset{\sim}{B})=\left(\int_a^b|\mu_{\underset{\sim}{A}}(x)-\mu_{\underset{\sim}{B}}(x)|^p\mathrm{d}x\right)^{1/p} \tag{7-26}$$

当 X 扩展为整个实数域时，区间边界 a，b 分别用 $-\infty$ 和 ∞ 替代。特别地，当 $p=1$ 时，明可夫斯基距离又称海明距离，或线性距离，记为 $d_H(\underset{\sim}{A},\underset{\sim}{B})$，即

$$d_H(\underset{\sim}{A},\underset{\sim}{B})=\sum_{i=1}^{n}|\mu_{\underset{\sim}{A}}(x_i)-\mu_{\underset{\sim}{B}}(x_i)| \tag{7-27}$$

当 $p=2$ 时，称为欧几里得距离，记为 $d_E(\underset{\sim}{A},\underset{\sim}{B})$，即

$$d_E(\underset{\sim}{A},\underset{\sim}{B})=\sqrt{\sum_{i=1}^{n}|\mu_{\underset{\sim}{A}}(x_i)-\mu_{\underset{\sim}{B}}(x_i)|^2} \tag{7-28}$$

这是两种常用的距离公式，这种距离也称绝对距离。实际应用中还经常使用相对距离和加权距离，这里不做介绍。

2. 贴近度

两个模糊集合之间的相近程度还可以用贴近度的方法度量。

令 $\underset{\sim}{A},\underset{\sim}{B},\underset{\sim}{C}$ 为论域 X 中的模糊集合，若映射

$$\sigma: X\times X\to[0,1]$$

具有性质

(1) $\sigma(\underset{\sim}{A},\underset{\sim}{A})=1$；

(2) $\sigma(\underset{\sim}{A},\underset{\sim}{B})=\sigma(\underset{\sim}{B},\underset{\sim}{A})$；

(3) 对任意的 $x\in X$，由 $\mu_{\underset{\sim}{A}}(x)\leqslant\mu_{\underset{\sim}{B}}(x)\leqslant\mu_{\underset{\sim}{C}}(x)$ 或 $\mu_{\underset{\sim}{A}}(x)\geqslant\mu_{\underset{\sim}{B}}(x)\geqslant\mu_{\underset{\sim}{C}}(x)$ 可得 $\sigma(\underset{\sim}{B},\underset{\sim}{C})\geqslant\sigma(\underset{\sim}{A},\underset{\sim}{C})$。

则称 $\sigma(\underset{\sim}{A},\underset{\sim}{B})$ 为 $\underset{\sim}{A}$ 与 $\underset{\sim}{B}$ 的贴近度。

在贴近度的定义中，性质(1)说明两个相同的模糊集的贴近度最大，性质(2)要求贴近度映射具有对称性，性质(3)描述了两个较“接近”的模糊集合的贴近度也较大。

满足这个定义的映射有无穷多种，所以模糊集合贴近度的具体形式也不唯一。目前已提出若干种计算贴近度的公式，但都有一定的局限性，即仅针对某一类问题而言。下面介绍两种常用贴近度形式的具体定义。

1) 距离贴近度

$$\sigma(\underset{\sim}{A},\underset{\sim}{B})=1-C[d(\underset{\sim}{A},\underset{\sim}{B})]^{\alpha} \tag{7-29}$$

式中，C 和 α 是两个适当选择的参数；$d(\underset{\sim}{A},\underset{\sim}{B})$ 可以是不同的距离，当 $d(\underset{\sim}{A},\underset{\sim}{B})$ 为海明距离时即为海明贴近度，海明贴近度定义为

$$\sigma_H(\underset{\sim}{A},\underset{\sim}{B})=1-\frac{1}{n}\sum_{i=1}^{n}|\mu_{\underset{\sim}{A}}(x_i)-\mu_{\underset{\sim}{B}}(x_i)| \tag{7-30}$$

式中，n 为集合中元素的个数。

2) 格贴近度

格贴近度用内积、外积函数表示，定义为

$$\sigma(\underset{\sim}{A},\underset{\sim}{B})=\frac{1}{2}[\underset{\sim}{A}\cdot\underset{\sim}{B}+(1-\underset{\sim}{A}\odot\underset{\sim}{B})] \tag{7-31}$$

式中，$\underset{\sim}{A}\cdot\underset{\sim}{B}$ 称为 $\underset{\sim}{A}$ 与 $\underset{\sim}{B}$ 的内积；$\underset{\sim}{A}\odot\underset{\sim}{B}$ 称为 $\underset{\sim}{A}$ 与 $\underset{\sim}{B}$ 的外积，分别定义为

$$\underset{\sim}{A}\cdot\underset{\sim}{B}=\bigvee_{x\in X}[\mu_{\underset{\sim}{A}}(x_i)\wedge\mu_{\underset{\sim}{B}}(x_i)] \tag{7-32}$$

$$\underset{\sim}{A}\odot\underset{\sim}{B}=\bigwedge_{x\in X}[\mu_{\underset{\sim}{A}}(x_i)\vee\mu_{\underset{\sim}{B}}(x_i)] \tag{7-33}$$

3. 择近原则

设论域 X 中有 n 个已知类别模糊子集$\underset{\sim}{A}_1,\underset{\sim}{A}_2,\cdots,\underset{\sim}{A}_n$，若有 $i\in\{1,2,\cdots,n\}$使得

$$\sigma(\underset{\sim}{B},\underset{\sim}{A}_i)=\max_{1\leqslant j\leqslant n}\sigma(\underset{\sim}{B},\underset{\sim}{A}_j) \tag{7-34}$$

或

$$d(\underset{\sim}{B},\underset{\sim}{A}_i)=\min_{1\leqslant j\leqslant n}d(\underset{\sim}{B},\underset{\sim}{A}_j) \tag{7-35}$$

则称相对于$\underset{\sim}{A}_1,\underset{\sim}{A}_2,\cdots,\underset{\sim}{A}_{i-1},\underset{\sim}{A}_{i+1},\cdots,\underset{\sim}{A}_n$而言，$\underset{\sim}{B}$ 与$\underset{\sim}{A}_i$最接近，$\underset{\sim}{B}$ 归入$\underset{\sim}{A}_i$模式类。

与隶属原则不同，择近原则是用于群体识别的方法。应当注意的是，择近原则依据距离或贴近度进行分类，但无论是距离还是贴近度都只能在一定程度上反映两个模糊集合间的差异，到目前为止，尚无一种完美无缺的模糊集合度量公式，所以在这方面还有待于进一步的研究。

例 7.22 设 $X=\{x_1,x_2,x_3,x_4,x_5,x_6\}$，标准模型由以下模糊集合表示

$$\underset{\sim}{A}_1=\{(1.0,x_1),(0.8,x_2),(0.5,x_3),(0.4,x_4),(0.0,x_5),(0.1,x_6)\}$$

$$\underset{\sim}{A}_2=\{(0.0,x_1),(1.0,x_2),(0.2,x_3),(0.7,x_4),(0.5,x_5),(0.8,x_6)\}$$

$$\underset{\sim}{A}_3=\{(0.8,x_1),(0.2,x_2),(0,x_3),(0.5,x_4),(1.0,x_5),(0.7,x_6)\}$$

$$\underset{\sim}{A}_4=\{(0.5,x_1),(0.7,x_2),(0.8,x_3),(0,x_4),(0.5,x_5),(1.0,x_6)\}$$

现有一待识别的模型

$$\underset{\sim}{B}=\{(0.7,x_1),(0.2,x_2),(0.1,x_3),(0.4,x_4),(1.0,x_5),(0.8,x_6)\}$$

采用海明贴近度计算，$\underset{\sim}{B}$ 与哪个标准模型最相近？

解：根据海明贴近度公式 $\sigma_H(\underset{\sim}{A},\underset{\sim}{B})=1-\frac{1}{n}\sum_{i=1}^{n}|\mu_{\underset{\sim}{A}}(x_i)-\mu_{\underset{\sim}{B}}(x_i)|$ 有

$$\sigma_H(\underset{\sim}{A}_1,\underset{\sim}{B})=1-\frac{1}{6}(0.3+0.6+0.4+0+1+0.7)=1-\frac{3}{6}=0.5$$

$$\sigma_H(\underset{\sim}{A}_2,\underset{\sim}{B})=1-\frac{1}{6}(0.7+0.8+0.1+0.3+0.5+0)=1-\frac{2.4}{6}=0.6$$

$$\sigma_H(\underset{\sim}{A}_3,\underset{\sim}{B})=1-\frac{1}{6}(0.1+0+0.1+0.1+0+0.1)=1-\frac{0.4}{6}=0.93$$

$$\sigma_H(\underset{\sim}{A}_4,\underset{\sim}{B})=1-\frac{1}{6}(0.2+0.5+0.7+0.4+0.5+0.2)=1-\frac{2.5}{6}=0.58$$

$$\max(0.5,0.6,0.93,0.58)=0.93=\sigma_H(\underset{\sim}{A}_3,\underset{\sim}{B})$$

由择近原则可知 $\underset{\sim}{B}$ 与A_3最相近。

例 7.23 利用格贴近度进行天气分类。设 3 月 21 日～4 月 10 日为春播时节，共 21 天，用 $a_i,i=1,2,\cdots,21$ 表示，讨论某地区某一年的春播时节气温是否正常。规定隶属函数为

$$\mu(a_i)=\frac{T_i-T_{\min}^{(i)}}{T_{\max}^{(i)}-T_{\min}^{(i)}}$$

其中，$T_{\max}^{(i)}$ 与 $T_{\min}^{(i)}$ 为 a_i 日平均气温的历史最大值与最小值；T_i 为 a_i 日的平均气温。

解：首先分析一下，讨论某一年的春播时节气温是否正常，需要两类数据，一是典型正常春播时节 21 天的气温值；二是某年 21 天的气温数据，然后将两者进行比较。下面分别计算。

典型春播气温的模糊集合设为 $\underset{\sim}{A}$，此时 T_i 取日平均气温的多年平均，如

$$\underset{\sim}{A}=0.33/a_1+0.53/a_2+\cdots+0.27/a_{21}$$

某年气温的模糊集合设为$\underset{\sim}{B_j}$，此时 T_i 取第 j 年 a_i 日的当日平均气温，如

$$\text{第一年}\quad \underset{\sim}{B_1}=1/b_1+0.16/b_2+\cdots+0.03/b_{21}$$

类似地，可以算得$\underset{\sim}{B_2}$（第二年），$\underset{\sim}{B_3}$（第三年），等等。然后分别计算 $\underset{\sim}{A}$ 与$\underset{\sim}{B_j}$的格贴近度，对第一年有

$$\underset{\sim}{A}\cdot\underset{\sim}{B_1}=(0.33\wedge 1)\vee(0.53\wedge 0.16)\vee(0.5\wedge 0)\vee\cdots\vee(0.27\wedge 0.03)=0.9$$

$$\underset{\sim}{A}\odot\underset{\sim}{B_1}=(0.33\vee 1)\wedge(0.53\vee 0.16)\wedge(0.5\vee 0)\wedge\cdots\wedge(0.27\vee 0.03)=0.08$$

得

$$\sigma(\underset{\sim}{A},\underset{\sim}{B_1})=\frac{1}{2}[\underset{\sim}{A}\cdot\underset{\sim}{B_1}+(1-\underset{\sim}{A}\odot\underset{\sim}{B_1})]=\frac{1}{2}[0.9+(1-0.08)]=0.91$$

类似地可得

$$\sigma(\underset{\sim}{A},\underset{\sim}{B_2})=0.68,\quad \sigma(\underset{\sim}{A},\underset{\sim}{B_3})=0.84,\cdots$$

格贴近度越大，说明气温越接近正常。由择近原则可以确定，第一年最接近正常春播气温。

7.5 模糊聚类分析法

在第 2 章中我们已经讨论了聚类分析法，聚类分析法根据模式之间的相似性和规定的聚类准则，按照最近邻原则对未知类别的模式进行分类，模式之间的相似性用距离等相似性测度来衡量。在模糊聚类分析法中，模糊集合相当于模式类，模式之间的相似性通常用模糊关系、隶属度来表示。

模糊聚类分析的具体方法很多，而且新方法不断出现。这一节将讨论一些典型方法，通过学习使读者掌握模糊聚类分析的基本概念和原理。

7.5.1 基于模糊等价关系的聚类分析法

在 7.3.5 节中提到，当模糊关系为同时满足自反性、对称性和传递性的等价关系时，可以用模糊等价矩阵的截矩阵直接进行模式分类。对模糊相似关系不能直接用其截矩阵分类，但是可以由模糊相似矩阵生成模糊等价矩阵，然后对生成的等价矩阵利用截矩阵的办法进行分类。

因为这类方法依据截矩阵进行分类，所以这里称之为截矩阵分类法。下面分别讨论

模糊等价关系和模糊相似关系的截矩阵法聚类过程。

1. 模糊等价关系的截矩阵分类法

定理 1：设 $\boldsymbol{R}$ 是 $n\times n$ 阶模糊等价矩阵，当且仅当 $\forall\lambda\in[0,1]$ 时，$\boldsymbol{R}_\lambda$ 都是等价的布尔矩阵。

由定理 1 可知，若 $\underset{\sim}{R}$ 为模糊等价关系，则对于给定的 $\lambda\in[0,1]$ 便可得到相应的普通等价关系 R_λ，这就意味着得到了一个 λ 水平的分类。

定理 2：若 $0\leqslant\lambda\leqslant\mu\leqslant1$，则截矩阵 $\boldsymbol{R}_\mu$ 所分出的每一类必是截矩阵 $\boldsymbol{R}_\lambda$ 所分出的某一类的子类，或称 $\boldsymbol{R}_\mu$ 的分类法是 $\boldsymbol{R}_\lambda$ 分类法的“加细”。

通常根据规定的类别数，选择合适的 λ 值进行分类。或将 λ 自 1 逐渐降为 0，则其决定的分类逐渐变粗，逐步归并，形成一动态聚类图。

例 7.24 设论域 $X=\{x_1,x_2,x_3,x_4,x_5\}$，给定模糊关系矩阵为

$$\boldsymbol{R}=\begin{pmatrix}1 & 0.48 & 0.62 & 0.41 & 0.47\\0.48 & 1 & 0.48 & 0.41 & 0.47\\0.62 & 0.48 & 1 & 0.41 & 0.47\\0.41 & 0.41 & 0.41 & 1 & 0.41\\0.47 & 0.47 & 0.47 & 0.41 & 1\end{pmatrix}$$

要求按不同的 λ 水平分类。

解：矩阵显然具有自反性、对称性，经计算 $\boldsymbol{R}\circ\boldsymbol{R}=\boldsymbol{R}$，即矩阵 $\boldsymbol{R}$ 具有传递性，故 $\boldsymbol{R}$ 为一模糊等价矩阵。根据不同的 λ 水平分类如下：

$$(1)\ \lambda=1:\boldsymbol{R}_1=\begin{array}{c}\begin{array}{ccccc}x_1 & x_2 & x_3 & x_4 & x_5\end{array}\\\begin{pmatrix}1 & 0 & 0 & 0 & 0\\0 & 1 & 0 & 0 & 0\\0 & 0 & 1 & 0 & 0\\0 & 0 & 0 & 1 & 0\\0 & 0 & 0 & 0 & 1\end{pmatrix}\end{array}\begin{array}{c}x_1\\x_2\\x_3\\x_4\\x_5\end{array}$$

此时分为 5 类：$\{x_1\},\{x_2\},\{x_3\},\{x_4\},\{x_5\}$，这是“最细”的分类。

$$(2)\ \lambda=0.62:\boldsymbol{R}_{0.62}=\begin{pmatrix}1 & 0 & 1 & 0 & 0\\0 & 1 & 0 & 0 & 0\\1 & 0 & 1 & 0 & 0\\0 & 0 & 0 & 1 & 0\\0 & 0 & 0 & 0 & 1\end{pmatrix}$$，此时分为 4 类：$\{x_1,x_3\},\{x_2\},\{x_4\},\{x_5\}$。

$$(3)\ \lambda=0.48:\boldsymbol{R}_{0.48}=\begin{pmatrix}1 & 1 & 1 & 0 & 0\\1 & 1 & 1 & 0 & 0\\1 & 1 & 1 & 0 & 0\\0 & 0 & 0 & 1 & 0\\0 & 0 & 0 & 0 & 1\end{pmatrix}$$，此时分为 3 类：$\{x_1,x_2,x_3\},\{x_4\},\{x_5\}$。

(4) $\lambda=0.47$：$\boldsymbol{R}_{0.47}=\begin{pmatrix}1&1&1&0&1\\1&1&1&0&1\\1&1&1&0&1\\0&0&0&1&0\\1&1&1&0&1\end{pmatrix}$，此时分为 2 类：$\{x_1,x_2,x_3,x_5\}$，$\{x_4\}$。

(5) $\lambda=0.41$：$\boldsymbol{R}_{0.41}=\begin{pmatrix}1&1&1&1&1\\1&1&1&1&1\\1&1&1&1&1\\1&1&1&1&1\\1&1&1&1&1\end{pmatrix}$，此时 5 个元素合为 1 类，即"最粗"的分类。

动态聚类图如图 7.6 所示。

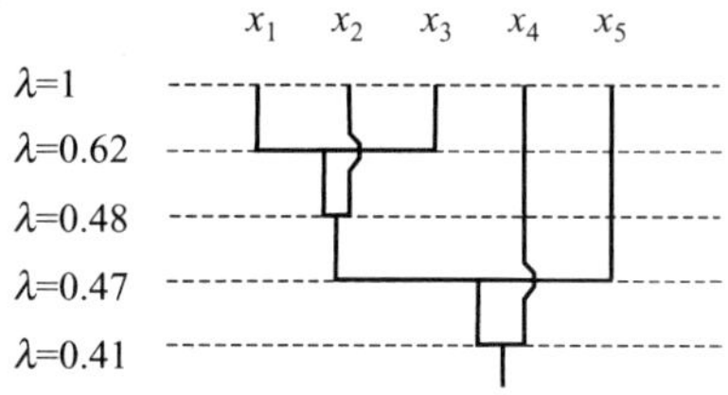

图 7.6 动态聚类图

2. 模糊相似关系的截矩阵分类法

前面提到，对于模糊相似关系不能像模糊等价关系那样直接用其截矩阵分类。下面以矿石分类的例子说明，如果直接用相似矩阵的截矩阵分类会出现什么问题。

现有五种矿石，分别用 $x_1,x_2,\cdots,x_5$ 表示，按照其颜色、比重等性质得出描述其"相似程度"的模糊关系矩阵如下

$$\begin{array}{c} \\ \boldsymbol{R}= \end{array}\begin{array}{c} \begin{matrix}x_1 & x_2 & x_3 & x_4 & x_5\end{matrix} \\ \begin{pmatrix}1&0.8&0&0.1&0.2\\0.8&1&0.4&0&0.9\\0&0.4&1&0&0\\0.1&0&0&1&0.5\\0.2&0.9&0&0.5&1\end{pmatrix}\end{array}\begin{matrix}x_1\\x_2\\x_3\\x_4\\x_5\end{matrix}$$

现要求按 $\mu_{\underset{\sim}{R}}(x_i,x_j)\geqslant 0.8,i,j=1,2,\cdots,5$ 进行分类。

分类前首先判断一下这个矩阵的性质。R 的自反性、对称性是明显的，下面计算传递性。

$$\boldsymbol{R}^2=\boldsymbol{R}\circ\boldsymbol{R}=\begin{pmatrix}1&0.8&0&0.1&0.2\\0.8&1&0.4&0&0.9\\0&0.4&1&0&0\\0.1&0&0&1&0.5\\0.2&0.9&0&0.5&1\end{pmatrix}\circ\begin{pmatrix}1&0.8&0&0.1&0.2\\0.8&1&0.4&0&0.9\\0&0.4&1&0&0\\0.1&0&0&1&0.5\\0.2&0.9&0&0.5&1\end{pmatrix}$$

$$=\begin{pmatrix}1&0.8&0.4&0.2&0.8\\0.8&1&0.4&0.5&0.9\\0.4&0.4&1&0&0.4\\0.2&0.5&0&1&0.5\\0.8&0.9&0.4&0.5&1\end{pmatrix}$$

传递性要求 $\boldsymbol{R} \supseteq \boldsymbol{R} \circ \boldsymbol{R}$，也就是 $\boldsymbol{R}$ 的每一个元素都要大于等于 $\boldsymbol{R}^2$ 中的对应元素，由上面的结果可以看出 $\boldsymbol{R}$ 不满足这一条件，所以不具有传递性，是模糊相似矩阵。

现在直接根据 $\boldsymbol{R}$ 进行分类，由于 $\boldsymbol{R}$ 是对称矩阵，只需看下三角部分就可以了。$\boldsymbol{R}$ 中满足条件的隶属度有 0.8 和 0.9，其行和列对应着 x_1、x_2 和 x_5，也就是说 x_1、x_2 和 x_5 应划分为一类，但是矩阵中的 0.2 也对应着 x_1 和 x_5，这意味着 x_1 与 x_5 相似度仅为 0.2，不满足分类条件，这与前面的结论是矛盾的。可见，对模糊相似关系不能直接由其截矩阵分类。下面介绍模糊相似关系的截矩阵分类法。

设论域为 X，$\underset{\sim}{R}$ 为论域 X 中的模糊相似关系，对应的模糊相似矩阵为 $\boldsymbol{R}$。

首先对 $\boldsymbol{R}$ 逐步平方，即

$$\boldsymbol{R} \circ \boldsymbol{R} = \boldsymbol{R}^2, \quad \boldsymbol{R}^2 \circ \boldsymbol{R}^2 = \boldsymbol{R}^4, \quad \cdots$$

直至 $\boldsymbol{R}^{2k} = \boldsymbol{R}^k$ 为止，则 $\boldsymbol{R}^k$ 为模糊等价矩阵。也就是说，给定一个模糊相似矩阵就可以生成一个模糊等价矩阵。

然后，根据得到的模糊等价矩阵的截矩阵进行分类。这样便可以得到一个等价的分类划分。

模糊相似关系的截矩阵分类法可以根据模糊数学理论得到证明。同样也可以证明，对于 n 阶自反模糊矩阵，最多只需$(\log_2 n)+1$ 步幂运算便可以得到模糊等价矩阵。例如在矿石分类的例子中 $n=5$，$(\log_2 5)+1 \approx 3.3$，所以最多经过 3 步运算即可得到等价矩阵，即

第一步，$\boldsymbol{R}^2 \neq \boldsymbol{R}$

第二步，$\boldsymbol{R}^4 = \boldsymbol{R}^2 \circ \boldsymbol{R}^2$，$\boldsymbol{R}^4 \neq \boldsymbol{R}^2$

第三步，$\boldsymbol{R}^8 = \boldsymbol{R}^4 \circ \boldsymbol{R}^4$，$\boldsymbol{R}^8 = \boldsymbol{R}^4$

所以，$\boldsymbol{R}^4$ 是一个模糊等价矩阵。

有时为了计算上的方便，幂运算步骤次数的上界也可以取矩阵的阶数 n。

7.5.2 模糊相似关系直接用于分类

矿石分类的例子以一反例表明，对于仅具有自反性和对称性的模糊相似关系，需要用逐步平方法生成模糊等价矩阵，然后才能用截矩阵正确分类，但多次矩阵相乘，计算麻烦，耗费机时很多，特别是当元素个数很多时，这一问题变得更为严重。为此许多学者纷纷寻找由模糊相似矩阵直接进行聚类的方法，如最大树法、编网法等，下面介绍最大树法。

第一步，画出被分类的元素集。从矩阵 $\boldsymbol{R}$ 中按 r_{ij} 从大到小的顺序依次连边，标上权重，如果在某步出现回路（已有一通路），便不画那一步，直到所有元素连通为止。画出的元素集可以不唯一。

第二步，分类。取定 λ，砍去权重低于 λ 的边，即为分类，也就是将互相连通的元素归为同类。

例 7.25 设有两个家庭，每个家庭有 3～5 人，选每个人的一张照片，共 8 张，混放在一起，将照片两两对照，得出描述其“相似程度”的模糊关系矩阵如下：

r_{ij}	1	2	3	4	5	6	7	8
1	1							
2	0	1						
3	0	0	1					
4	0	0.8	0	1				
5	0.5	0	0.2	0	1			
6	0	0.8	0	0.4	0	1		
7	0.4	0.2	0.2	0	0.8	0	1	
8	0	0.5	0.2	0	0	0.8	0	1

要求按相似程度聚类，希望把这两个家庭分开。

解：这是一个模糊相似矩阵，下面根据这个矩阵用最大树法进行分类。

(1) 按模糊相似矩阵，画出被分类的元素集，构造最大树。

① 逐列画出最大的 $\mu_{ij}=0.8$ 的元素集，标出权重；

② 逐列画出次大的 $\mu_{ij}=0.5$ 的元素集，标出权重；

③ 依次逐列画出 $\mu_{ij}=0.4$，$\mu_{ij}=0.2$ 的元素集，标出权重。

当全部连通时，检查一下全部元素是否都已出现，即保证所有元素都是连通的。这时最大树即构造好，如图 7.7(a)所示，虚线表示出现回路，不需要画出的部分。

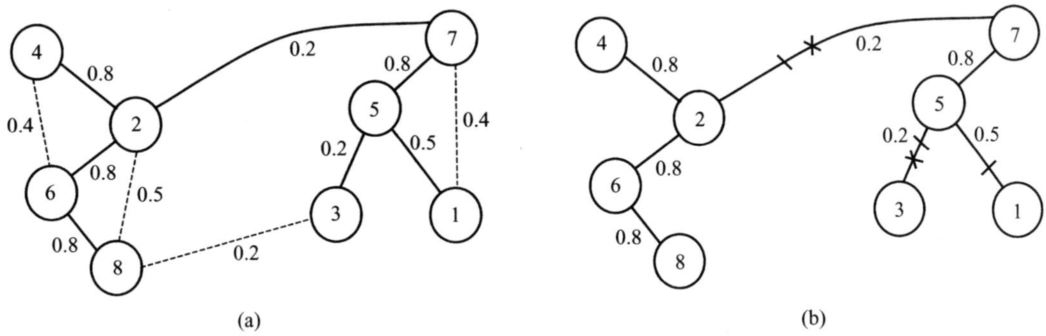

图 7.7　由 8 个元素画出的最大树

(2) 按 λ 进行分类。λ 按从大到小的方式选择，如图 7.7(b)所示。

① 截断 $\lambda<0.8$ 的边：图中用“/”或“\”标出，得 4 类，分别为

$$V_1=\{2,4,6,8\},\quad V_2=\{5,7\},\quad V_3=\{3\},\quad V_4=\{1\}$$

② 截断 $\lambda<0.5$ 的边：图中用“×”标出，得 3 类，分别为

$$V_1=\{2,4,6,8\},\quad V_2=\{1,5,7\},\quad V_3=\{3\}$$

③ 截断 $\lambda<0.4$ 的边：同上。

④ 截断 $\lambda<0.2$ 的边：得 1 类。

分析上面的结果，只有第②和第③种符合“每个家庭有 3～5 人”的要求，所以分类结

果为

$$V_1=\{2,4,6,8\},\quad V_2=\{1,5,7\}$$

其中，{3}不是这两个家庭中的成员，实际上它是试验者故意加进去的。

需要注意的是，最大树虽然不是唯一的，但是取截集后所得的子树是相同的。

7.5.3 模糊 K-均值算法

模糊 K-均值算法由第 2 章学习的 K-均值算法派生而来。K-均值算法在聚类过程中，每次得到的结果虽然不一定是期望的结果，但类别之间的边界是明确的，聚类中心根据各类当前具有的样本进行修改。模糊 K-均值算法在聚类过程中，每次得到的类别边界仍然是模糊的，每类聚类中心的修改都需要用到所有的样本，此外聚类准则也体现了模糊性。

模糊 K-均值算法聚类的结果仍是模糊集合，但是如果实际问题希望有一个明确的界限，也可以对结果进行去模糊化，通过一定的规则将模糊聚类转化为确定性分类。

模糊 K-均值算法的基本思路是先设定一些类及每个样本对各类的隶属度，然后通过迭代不断调整隶属度至收敛。收敛条件是隶属度的变化量小于规定的阈值。具体步骤如下：

(1) 确定模式类别数 K，$1<K\leqslant N$，N 为样本个数。

(2) 根据先验知识确定样本对各模式类的隶属度 $\mu_{ij}(0)$，建立初始隶属度矩阵 $\boldsymbol{U}(0)=[\mu_{ij}(0)]$，其中矩阵的行号 i 为类别编号；列号 j 为样本编号。μ_{ij} 表示第 j 个元素对第 i 类的隶属度。对隶属度矩阵的第 j 列而言，它表示第 j 个元素分别对各模式类的隶属度，因此矩阵的每列元素之和等于 1。

(3) 求各类的聚类中心 $\boldsymbol{Z}_i(L)$，L 为迭代次数。

$$\boldsymbol{Z}_i(L)=\frac{\sum_{j=1}^{N}[\mu_{ij}(L)]^m\boldsymbol{X}_j}{\sum_{j=1}^{N}[\mu_{ij}(L)]^m},\quad i=1,2,\cdots,K \tag{7-36}$$

式中，参数 $m\geqslant 2$，是一个控制聚类结果模糊程度的常数。可以看出各聚类中心的计算必须用到全部的 N 个样本，这是与非模糊的 K-均值算法的区别之一。在 K-均值算法中，某一类的聚类中心仅由该类样本决定，不涉及其他类。

(4) 计算新的隶属度矩阵 $\boldsymbol{U}(L+1)$，矩阵元素的计算方法为

$$\mu_{ij}(L+1)=\frac{1}{\sum_{p=1}^{K}\left(\frac{d_{ij}}{d_{pj}}\right)^{2/(m-1)}},\quad i=1,2,\cdots,K;\ j=1,2,\cdots,N;\ m\geqslant 2 \tag{7-37}$$

式中，d_{ij} 是第 L 次迭代完成时，第 j 个样本到第 i 类聚类中心 $Z_i(L)$ 的距离。为避免分母为零，特规定

$$\text{若 } d_{ij}=0,\quad \text{则 } \mu_{ij}(L+1)=1,\quad \mu_{pj}(L+1)=0(p\neq i)$$

可见，d_{ij} 越大，$\mu_{ij}(L+1)$ 越小。

(5) 回到第(3)步,重复至收敛。收敛条件为

$$\max_{i,j}\{|\mu_{ij}(L+1)-\mu_{ij}(L)|\}\leqslant\varepsilon \tag{7-38}$$

其中,ε 为规定的参数。

当算法收敛时,就得到了各类的聚类中心以及表示各样本对各类隶属程度的隶属度矩阵,模糊聚类到此结束。这时,准则函数

$$J=\sum_{i=1}^{K}\sum_{j=1}^{N}[\mu_{ij}(L+1)]^m\|\boldsymbol{X}_j-\boldsymbol{Z}_i\|^2 \tag{7-39}$$

达到最小。

当需要给出确定的分类结果时,可以根据隶属度矩阵 $\boldsymbol{U}(L+1)$,按照隶属原则进行划分,即

若

$$\mu_{ij}(L+1)=\max_{1\leqslant p\leqslant K}\mu_{pj}(L+1),\quad j=1,2,\cdots,N$$

则

$$\boldsymbol{X}_j\in\omega_i \text{ 类}$$

例 7.26 设有 4 个二维样本,分别是

$$\boldsymbol{X}_1=(0,0)^{\mathrm{T}},\quad \boldsymbol{X}_2=(0,1)^{\mathrm{T}},\quad \boldsymbol{X}_3=(3,1)^{\mathrm{T}},\quad \boldsymbol{X}_4=(3,2)^{\mathrm{T}}$$

取参数 $m=2$,利用模糊 K-均值算法把它们聚为两类。

解:(1) 根据题意有 $N=4,K=2$。

(2) 根据先验知识确定初始隶属度矩阵为

$$\begin{array}{c} \quad\quad\quad\ \boldsymbol{X}_1\quad\ \boldsymbol{X}_2\quad\ \boldsymbol{X}_3\quad\ \boldsymbol{X}_4 \\ \boldsymbol{U}(0)=\begin{pmatrix}0.9 & 0.8 & 0.7 & 0.1\\ 0.1 & 0.2 & 0.3 & 0.9\end{pmatrix}\begin{matrix}\omega_1\\ \omega_2\end{matrix}\end{array}$$

由 $\boldsymbol{U}(0)$可知,倾向于 x_1,x_2,x_3 为一类,x_4 为一类。

(3) 计算聚类中心 $\boldsymbol{Z}_1(0)$、$\boldsymbol{Z}_2(0)$,有

$$\boldsymbol{Z}_1(0)=\frac{0.9^2\times\begin{pmatrix}0\\0\end{pmatrix}+0.8^2\times\begin{pmatrix}0\\1\end{pmatrix}+0.7^2\times\begin{pmatrix}3\\1\end{pmatrix}+0.1^2\times\begin{pmatrix}3\\2\end{pmatrix}}{0.9^2+0.8^2+0.7^2+0.1^2}=\begin{pmatrix}0.77\\0.59\end{pmatrix}$$

$$\boldsymbol{Z}_2(0)=\frac{0.1^2\times\begin{pmatrix}0\\0\end{pmatrix}+0.2^2\times\begin{pmatrix}0\\1\end{pmatrix}+0.3^2\times\begin{pmatrix}3\\1\end{pmatrix}+0.9^2\times\begin{pmatrix}3\\2\end{pmatrix}}{0.1^2+0.2^2+0.3^2+0.9^2}=\begin{pmatrix}2.84\\1.84\end{pmatrix}$$

(4) 计算新的隶属度矩阵 $\boldsymbol{U}(1)$。分别计算 $\mu_{ij}(1)$,以 $\boldsymbol{X}_3$ 为例有

$$d_{13}^2=(3-0.77)^2+(1-0.59)^2=5.14$$

$$d_{23}^2=(3-2.84)^2+(1-1.84)^2=0.73$$

得

$$\mu_{13}(1)=\frac{1}{\left(\frac{5.14}{5.14}+\frac{5.14}{0.73}\right)}=0.12$$

$$\mu_{23}(1)=\frac{1}{\left(\frac{0.73}{5.14}+\frac{0.73}{0.73}\right)}=0.88$$

类似地，可得到$\boldsymbol{U}(1)$中其他元素，有

$$\boldsymbol{U}(1)=(\mu_{ij}(1))=\begin{pmatrix}0.92 & 0.92 & 0.12 & 0.01\\ 0.08 & 0.08 & 0.88 & 0.99\end{pmatrix}$$

若满足收敛条件$\max\limits_{i,j}\{|\mu_{ij}(L+1)-\mu_{ij}(L)|\}\leqslant\varepsilon$，则迭代结束，否则返回第(3)步。

假设此时满足收敛条件，迭代结束，则根据$\boldsymbol{U}(1)$进行聚类。

因为　$\mu_{11}(1)>\mu_{21}(1)$，　$\mu_{12}(1)>\mu_{22}(1)$，　所以　$\boldsymbol{X}_1\in\omega_1$，　$\boldsymbol{X}_2\in\omega_1$

因为　$\mu_{23}(1)>\mu_{13}(1)$，　$\mu_{24}(1)>\mu_{14}(1)$，　所以　$\boldsymbol{X}_3\in\omega_2$，　$\boldsymbol{X}_4\in\omega_2$

7.5.4　模糊 ISODATA 算法

ISODATA 算法是由 K-均值算法发展而来的一种重要的聚类分析算法，这种算法具有类别调整功能，可以对类别进行合并、分解和删除等操作，因而聚类过程中类别数是可变的。类别调整部分是该算法的核心，正因为增加了这一功能，使算法的聚类能力明显优于 K-均值算法。模糊 ISODATA 算法是把模糊方法引入 ISODATA 算法而得到的一种模糊聚类分析法。该算法的步骤如下：

(1) 选择初始聚类中心。例如，可以将全体样本的均值作为第一个聚类中心，然后在每个特征方向上加和减一个均方差，共得$(2n+1)$个聚类中心，n是样本的维数(特征数)。也可以用第 2 章中介绍的其他方法选择初始聚类中心。

(2) 若已选择了K个初始聚类中心，接着利用模糊 K-均值算法对样本进行聚类。由于现在得到的不是初始隶属度矩阵$\boldsymbol{U}(0)$，而是各类聚类中心，所以算法应从 K-均值算法的第四步开始，即直接计算下一步的隶属度矩阵$\boldsymbol{U}(1)$。继续 K-均值算法直到收敛为止，最终得到隶属度矩阵$\boldsymbol{U}$和K个聚类中心$\boldsymbol{Z}_1,\boldsymbol{Z}_2,\cdots,\boldsymbol{Z}_K$。然后进行类别调整。

(3) 类别调整。调整分三种情形：

① 合并。假定各聚类中心之间的平均距离为D，则取合并阈值为

$$M_{ind}=D[1-F(K)] \tag{7-40}$$

其中，$F(K)$是人为构造的函数，$0\leqslant F(K)\leqslant 1$，而且$F(K)$应是$K$的减函数，通常取$F(K)=1/K^{\alpha}$，$\alpha$是一个可选择的参数。可见，若$D$确定，则$K$越大时$M_{ind}$也越大，即合并越容易发生。

若聚类中心$\boldsymbol{Z}_i$和$\boldsymbol{Z}_j$间的距离小于M_{ind}，则合并这两个点而得到新的聚类中心$\boldsymbol{Z}_L$，$\boldsymbol{Z}_L$为

$$\boldsymbol{Z}_L=\frac{\left(\sum\limits_{p=1}^{N}\mu_{ip}\right)\boldsymbol{Z}_i+\left(\sum\limits_{p=1}^{N}\mu_{ip}\right)\boldsymbol{Z}_j}{\sum\limits_{p=1}^{N}\mu_{ip}+\sum\limits_{p=1}^{N}\mu_{jp}} \tag{7-41}$$

式中，N为样本个数。可见，$\boldsymbol{Z}_L$是$\boldsymbol{Z}_i$和$\boldsymbol{Z}_j$的加权平均，而所用的权系数便是全体样本对

ω_i和ω_j两类的隶属度。

② 分解。首先计算各类在每个特征方向上的"模糊化方差"。对于ω_i类的第j个特征,模糊化方差的计算公式为

$$S_{ij}^2 = \frac{1}{N-1}\sum_{p=1}^{N}\mu_{ip}^{\beta}(x_{pj}-z_{ij})^2,\quad j=1,2,\cdots,n;i=1,2,\cdots,K \tag{7-42}$$

式中,β是参数,通常选$\beta=1$。x_{pj},z_{ij}分别表示样本$\boldsymbol{X}_p$和聚类中心$\boldsymbol{Z}_i$的第j个特征值。$S_{ij}=\sqrt{S_{ij}^2}$,全体S_{ij}的平均值记做S,然后求阈值

$$F_{std} = S[1+G(K)] \tag{7-43}$$

$G(K)$是类数K的增函数,通常取$G(K)=K^{\gamma}$,γ是参数。式(7-43)表明,当S确定时,类数K越大,越不易分解。下面分两步进行分解:

第一步,检查各类的"聚集程度"。对于任一类ω_i,取

$$Sum_i = \sum_{p=1}^{N} t_{ip}\mu_{ip} \tag{7-44}$$

其中,

$$t_{ip}=\begin{cases}0, & 当\ \mu_{ip}\leqslant\theta\\ 1, & 当\ \mu_{ip}>\theta\end{cases}$$

然后取

$$T_i = \sum_{p=1}^{N} t_{ip} \tag{7-45}$$

$$C_i = Sum_i/T_i \tag{7-46}$$

其中,θ为一参数,$0<\theta<0.5$。C_i表示ω_i类的聚集程度。式(7-45)和式(7-46)的含义是对于每一类ω_i,首先舍去那些对它的隶属度太小的样本,然后计算其他各样本对该类的平均隶属度C_i。若$C_i>A_{vms}$(A_{vms}为参数),则表示ω_i类的聚集程度较高,不必进行分解;否则考虑下一步。

第二步,分解。对于任一不满足$C_i>A_{vms}$的ω_i类考虑其每个S_{ij},若$S_{ij}>F_{std}$,便在第j个特征方向上对聚类中心$\boldsymbol{Z}_i$加和减S_{ij},得到两个新的聚类中心,具体方法见第2章。

注意,这里每个量的计算都考虑到了全体样本对各类的隶属度。

③ 删除。删除某个类ω_i或聚类中心$\boldsymbol{Z}_i$的条件有两个。

条件1:$T_i\leqslant\delta\cdot N/K$,$\delta$是参数,$T_i$见式(7-45),它表示对$\omega_i$类隶属度超过$\theta$的点数。这一条件表示对$\omega_i$类隶属度高的点很少。

条件2:$C_i\leqslant A_{vms}$,但ω_i类不满足分解条件,即对所有的j,$S_{ij}\leqslant F_{std}$。这个条件表明,在$\boldsymbol{Z}_i$的周围存在着一批样本点,它们的聚集程度不高,但也不是非常分散。这时,我们认为$\boldsymbol{Z}_i$也不是一个理想的聚类中心。

符合以上两个条件之一者,将被删除。

如果在第(3)步类别调整中进行了合并、分解或删除,则在每次处理后都应进行下面所指出的讨论,并在全部处理结束后做出一个选择:停止在某个结果上,或者转到第(2)

步重新迭代。如果在第(3)步中没有进行任何类别调整，则表示已经不需要改进结果，计算停止。无论在哪种情形下停止了计算，都可按照K-均值算法中的原则得到聚类结果。

(4) 关于最佳类数或最佳结果的讨论。

由于模糊ISODATA算法每次迭代后所得类数不同，因此关于哪次结果更好的问题需要采取特殊的方式讨论。另一方面，判定结果好坏的直接依据当然是隶属度矩阵 $\boldsymbol{U}$，但是由于计算机存储量的限制，又不宜将每次迭代所得的 $\boldsymbol{U}$ 都存储起来以供比较，因此选取了三个量作为评价分类优劣的判据。

① 最大稳定度。设算法已进行了 m 次迭代，第 i 次迭代所得的分类数为 a_i。假定有一个序列

$$i=i_1, i_2=i_1+1, i_3=i_2+1, \cdots, i_n=i_{n-1}+1=j$$

其中任两个数(表示两个迭代次数) i_p, i_q 所对应的分类数 a_{ip}, a_{iq} 都满足

$$|a_{ip}-a_{iq}| \leqslant \text{steac} \tag{7-47}$$

steac是参数，通常取1，则记下 i 和 j。在所有这样的 i 和 j 中取 $(j-i)$ 的最大值 k，称 k 为最大稳定度。设 $k=j^*-i^*$，则 j^* 到 i^* 之间的任一次迭代结果都可以认为是较合理的。

② 最小相关度。隶属度矩阵 $\boldsymbol{U}$ 中任意两行 $i, j(i \neq j)$ 的对应元素乘积之和 R_{ij} 与样本数 N 之比反映了 i, j 两类的重复程度。因此，对于第 m 次迭代，可以取全体 $R_{ij}(m)$ 的最大值表示本次迭代的相关度，记做

$$R(m)=\max_{i,j} R_{ij}(m)=\max_{i,j} \sum_{k=1}^{N} \mu_{ik}(m) \mu_{jk}(m) \tag{7-48}$$

若某次迭代的相关度为最小值 R，即

$$R=\min_{m} R(m)=R(m^*) \tag{7-49}$$

则认为第 m^* 次迭代的结果最为合理。m^* 不一定唯一。

③ 最大聚类度。第 m 次迭代的聚集程度称为聚类度，计算公式为

$$C(m)=\min_{i}\left(\sum_{j=1}^{N} \mu_{ij}^2\right) \tag{7-50}$$

若某次迭代 m^* 使 $C(m^*)=\max\limits_{m} C(m)$，则认为第 m^* 次迭代最合理。

习题

7.1 试分别说明近似性、随机性和含混性与模糊性在概念上的相同处与不同处。

7.2 已知论域 $X=\{0,1,2,3\}$，$\underset{\sim}{A}$ 和 $\underset{\sim}{B}$ 为 X 中的模糊集合，分别为

$$\underset{\sim}{A}=\{(0.2,0),(0.3,1),(0.4,2),(0.5,3)\}$$

$$\underset{\sim}{B}=\{(0.5,0),(0.4,1),(0.3,2),(0,3)\}$$

(1) 求 $\underset{\sim}{A} \cup \underset{\sim}{B}$，$\underset{\sim}{A} \cap \underset{\sim}{B}$，$\overline{\underset{\sim}{A}}$ 和 $\overline{\underset{\sim}{B}}$；

(2) 求 $(\underset{\sim}{A} \cup \underset{\sim}{B}) \cap \overline{\underset{\sim}{A}}$。

7.3 已知两个模糊集合

$$\underset{\sim}{A}=\{(0.5,a),(0.8,b)\},\quad \underset{\sim}{B}=\{(0.9,a),(0.2,b)\}$$

试验证截集的两个性质：(1)$(\underset{\sim}{A}\cup\underset{\sim}{B})_\lambda=A_\lambda\cup B_\lambda$； (2)$(\underset{\sim}{A}\cap\underset{\sim}{B})_\lambda=A_\lambda\cap B_\lambda$。

7.4 判断模糊矩阵 $\boldsymbol{R}=\begin{pmatrix}1&0.3&0.1&0.2\\0.2&1&0.3&0.1\\0.3&0.2&1&0.2\\0.1&0.3&0.3&1\end{pmatrix}$是否为传递模糊矩阵。

7.5 证明 7.5.1 节定理 1：对 $n\times n$ 阶模糊等价矩阵 $\boldsymbol{R}$，当且仅当 $\forall\lambda\in[0,1]$时，$\boldsymbol{R}_\lambda$ 都是等价的布尔矩阵。

7.6 证明 7.5.1 节定理 2：若 $0\leqslant\lambda\leqslant\mu\leqslant1$，则 $\boldsymbol{R}_\mu$ 所分出的每一类必是 $\boldsymbol{R}_\lambda$ 所分出的某一类的子类。

7.7 设论域 $X=\{x_1,x_2,x_3\}$，在 X 中有模糊集合

$$\underset{\sim}{A}=\{(0.6,x_1),(0.8,x_2),(1.0,x_3)\}$$

$$\underset{\sim}{B}=\{(0.4,x_1),(0.6,x_2),(0.8,x_3)\}$$

求格贴近度。

7.8 设论域为 $X=\{x_1,x_2,x_3,x_4\}$，$\underset{\sim}{A}$ 和 $\underset{\sim}{B}$ 是论域 X 上的两个模糊集，分别为

$$\underset{\sim}{A}=\{0.5/x_1,0.7/x_2,0.4/x_3,0.3/x_4\}$$

$$\underset{\sim}{B}=\{0.7/x_1,0.8/x_2,0.7/x_3,0.5/x_4\}$$

下式为采用内积、外积函数表示的一种贴近度

$$\sigma(\underset{\sim}{A},\underset{\sim}{B})=1-(\overline{A}-\underline{A})+(\underset{\sim}{A}\cdot\underset{\sim}{B}-\underset{\sim}{A}\odot\underset{\sim}{B})$$

其中 $\overline{A}$，$\underline{A}$ 分别为模糊集 $\underset{\sim}{A}$ 中隶属度的最大值和最小值，求贴近度 $\sigma(\underset{\sim}{A},\underset{\sim}{B})$。

7.9 已知三个模糊集合分别为

$$\underset{\sim}{A}=\{(0.2,x_1),(0.4,x_2),(0.5,x_3),(0.1,x_4)\}$$

$$\underset{\sim}{B_1}=\{(0.6,x_2),(0.3,x_3),(0.1,x_4)\}$$

$$\underset{\sim}{B_2}=\{(0.2,x_1),(0.3,x_2),(0.5,x_3)\}$$

(1) 用海明距离和海明贴近度判别$\underset{\sim}{B_1}$、$\underset{\sim}{B_2}$哪个与 $\underset{\sim}{A}$ 最相近；

(2) 用格贴近度判别$\underset{\sim}{B_1}$、$\underset{\sim}{B_2}$哪个与 $\underset{\sim}{A}$ 最相近。

7.10 设论域为 $\boldsymbol{X}=\{x_1,x_2,x_3,x_4,x_5\}$，已知模糊关系矩阵

$$\boldsymbol{R}=\begin{pmatrix}1&0.1&0.8&0.5&0.3\\0.1&1&0.1&0.2&0.4\\0.8&0.1&1&0.3&0.1\\0.5&0.2&0.3&1&0.6\\0.3&0.4&0.1&0.6&1\end{pmatrix}$$

(1) 判断 $\boldsymbol{R}$ 是模糊相似矩阵还是模糊等价矩阵。

(2) 用截矩阵法按不同 λ 水平聚类，并给出动态聚类图。

7.11　设论域为 $X=\{x_1,x_2,x_3,x_4,x_5,x_6,x_7\}$，已知模糊相似矩阵为

$$\boldsymbol{R}=\begin{pmatrix}1 & & & & & & \\ 0.8 & 1 & & & & & \\ 1 & 0.4 & 1 & & & & \\ 0.2 & 0.3 & 0.7 & 1 & & & \\ 0.8 & 0.7 & 1 & 0.5 & 1 & & \\ 0.5 & 0.6 & 0.6 & 0.8 & 0.2 & 1 & \\ 0.3 & 0.3 & 0.5 & 0.6 & 0.7 & 0.8 & 1\end{pmatrix}$$

按最大树法进行聚类，求 $\lambda<1$，$\lambda<0.8$ 时的聚类结果。

7.12　编写模糊 K-均值算法程序。

第8章 神经网络模式识别法

8.1 人工神经网络发展概况

人类探索和模拟自身智能的活动可以追溯到久远的年代，然而人脑智能活动机制可能是自然界中最高的秘密，以致人类揭示这种活动的进展十分缓慢。计算机的出现将人类模拟自身智能的进展向前推进了一大步，但是现代数字计算机只具有逻辑思维能力，在处理大量复杂信息时显示的只是人脑的部分智能。例如就模拟视觉、听觉等人类低层次的智能而言，现代计算机的处理能力还远不如一个五岁的孩子，因此要模拟人脑智能必须另辟蹊径。在这种情况下，人工神经网络的研究应运而生。

人工神经网络(artificial neural networks，ANN)简称神经网络，是模拟人脑智能特点和信息处理机制的一个相当重要的研究领域。它以崭新的思路、奇异的特性引起了人们的极大关注。神经网络模型可以模拟人脑神经细胞的工作特点，即单元间的广泛连接、并行分布式的信息存储与处理、自适应的学习能力等，与目前按串行安排程序指令的计算机结构有着截然不同的特性。神经网络在模式识别、智能控制、信号处理、计算机视觉、优化计算、知识处理、生物医学工程等领域已有广泛的应用，模式识别是神经网络的主要应用领域之一。

神经网络模式识别法与传统方法相比具有下面几个明显的优点：

(1) 具有较强的容错性，能够识别带有噪声或畸变的输入模式。

(2) 具有很强的自适应学习能力。

(3) 能够把识别和若干预处理融为一体进行。

(4) 采用并行工作方式。

(5) 对信息采用分布式记忆，信息不易丢失，具有鲁棒性。

神经网络的研究与计算机研究几乎是同步的，其发展历程可分为四个阶段。

第一阶段是启蒙期，始于 1943 年。1943 年心理学家 M. McCulloch 和数学家 W. H. Pitts 合作提出了形式神经元的数学模型，成为神经网络研究的开端。

第二阶段是低潮期，始于 1969 年。1969 年人工智能创始人之一的 M. Minsky 和 S. Papert 出版《感知器》(*Perceptrons*)一书，指出了感知器的局限性，加之当时串行计算机正处于全盛发展时期，早期的人工智能研究也取得了很大成就，使有关神经网络的研究热潮低落下来。

第三阶段是复兴期，从 1982 年到 1986 年。1982 年和 1984 年，美国加州工学院物理学家 Hopfield 教授相继发表了两篇重要论文，提出了一种新的神经网络模型，引入能量函数的概念，并用简单的模拟电路实现，同时开拓了神经网络用于联想记忆和优化计算的新途径，点燃了神经网络复兴的火炬。1986 年 D. E. Rumelhart 和 J. L. McClelland 领导的研究小组出版《并行分布处理》(*Parallel Distributed Processing*)一书，提出多层感知器的反向传播算法，清除了当初阻碍感知器模型继续发展的重要障碍，使复兴的火炬迸发出更加耀眼的光芒。

另一方面,20 世纪 80 年代以后传统的基于符号处理的人工智能在解决工程问题时遇到许多困难,现代的串行机尽管有很好的性能,但在解决像模式识别、学习等对人来说轻而易举的问题上显得非常困难。这就使人们怀疑当前的冯·诺依曼机是否能解决智能问题,也促使人们探索更接近人脑的计算模型,于是又形成了对神经网络的研究热潮。

第四阶段是 1987 年至今,其标志是 J. D. Cowan 与 D. H. Sharp 发表的回顾性综述文章“神经网络与人工智能”。1987 年以后,神经网络应用领域的研究相当活跃,神经网络已不再仅仅停留在研究阶段,人们开始动手实践,设计并实现一定规模的神经元芯片、神经计算机装置;在现有计算机上建立神经网络软件开发工具;应用神经网络理论和方法解决各种应用问题等。这一阶段的理论进展较少,神经网络的研究逐渐趋于平稳。

神经网络研究领域的研究人员提出了许多十分有用的神经网络模型和算法,本章主要介绍与模式识别密切相关的基本内容。

8.2 神经网络基本概念

8.2.1 生物神经元

神经元即神经细胞是生物神经系统的最基本单元,据估计人类大脑约有 10^{12} 个神经元。神经元的形状、大小和功能虽然多种多样,但是有着许多共同的特征,作为本章学习的基础,下面对神经元做简单介绍。

1. 生物神经元的结构

生物神经元由细胞体、树突、轴突和突触组成,图 8.1 是生物神经元的基本结构示意图。

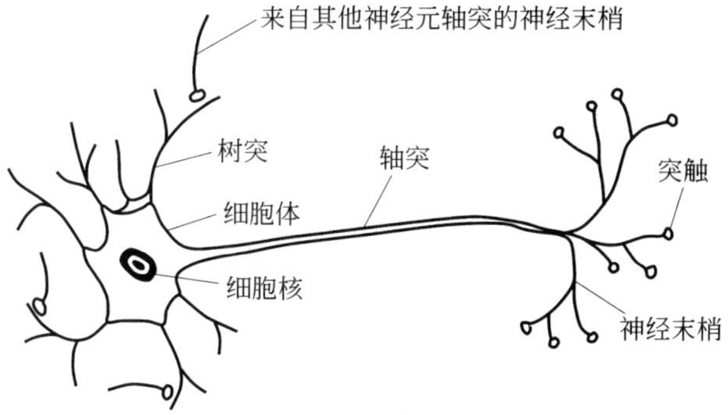

图 8.1 生物神经元的基本结构示意

细胞体是神经元的本体,由细胞核、细胞质和细胞膜构成,完成普通细胞的生存功能。

树突是从细胞体向外延伸出的很多突起,其中大部分呈树状,起感受作用,接收其他神经元的传递信号。树突有大量的分枝，其数量多达 10^3 数量级，长度较短，通常不超过 1 毫米。

轴突是由细胞体伸出的一条最长的突起，用来传出细胞体产生的输出信号，有些可达 1 米以上。较长的轴突被髓鞘包裹，以提高传导速度并减少相互干扰，相当于导线的绝缘层。神经信号传导机制不是靠电信号，而是一个电化学过程，所以传导速度比电信号慢得多，可以形象地比喻成导火索被点着的情况，传导速度为每秒数十米。轴突末端形成许多细的分枝，叫做神经末梢。

突触是神经末梢上的特殊部位。每一条神经末梢可以与其他神经元形成功能性接触，该接触部位就称为突触。所谓功能性接触并非永久性接触，它是神经元之间信息传递的奥妙之处。

2. 生物神经元的工作机制

神经元有兴奋和抑制两种状态。一个处于抑制状态的神经元，其树突和细胞体接收其他神经元经由突触传来的兴奋电位，多个输入在神经元中以代数和的方式叠加。如果输入兴奋总量超过某个阈值，神经元会被激发进入兴奋状态，产生输出脉冲，并由轴突的突触传递给其他神经元。值得注意的是，神经元被激发产生输出脉冲后有一个不应期，在此期间，即使受到很强的刺激也不会立刻产生兴奋。不应期结束后，若神经元受到很强的刺激，则再次产生脉冲。

虽然神经元只有兴奋和抑制两种状态，但也不能认为神经元只能表达或传递二值逻辑信号。因为神经元兴奋时往往不是只发出一个脉冲，而是发出一串脉冲，如果把这一串脉冲看成是一个调频信号，脉冲的密度是可以表达连续量的。

以上是关于生物神经元的简化描述。实际上人们对生物神经元的结构及其工作机制已经有了许多深入的研究，提出了相当精确和复杂的神经元模型，有人甚至认为一个神经元的复杂程度相当于一台微型计算机，但是从神经网络的研究目的和现实的情况出发，我们只需选择合适的模式即可。神经元的简化模型并不是唯一的，这为发挥创造性留有了充分的余地。

8.2.2 人工神经元及神经网络

早在 20 世纪 50 年代，研究人员就开始模拟动物神经系统的某些功能，建立了许多以大量处理单元为结点，处理单元之间实现加权互连的拓扑网络，并称之为人工神经网络。不言而喻，人工神经网络中的处理单元即人工神经元是生物神经元的简化模拟，人工神经元间的互连则是轴突-突触-树突这一信息传递路径的简化，连接的权值代表两个互连的神经元之间相互作用的强弱。这种模拟确实在某种程度上接近人类思维的部分机理，因此在切实的算法诞生以后，便出现了令人鼓舞的成功。

作为处理单元，一个人工神经元将接收的信息 $x_1, x_2, \cdots, x_n$ 通过用 $w_1, w_2, \cdots, w_n$ 表示的互连强度，以点积的形式合成为自己的输入，并将输入与以某种方式设定的阈值 θ 作比较，再经过输出函数 f 的转换，便得到该神经元的输出 y，如图 8.2 所示。图中，输入元素 x_i 通常为 n 维输入向量 $\boldsymbol{X}$ 的第 i 个分量，相当于其他神经元的输出值；w_i 是输入 x_i 与神经元间的互连权重，相当于突触的连接强度；θ 为神经元的阈值，体现在函数 f 的具体形式中。

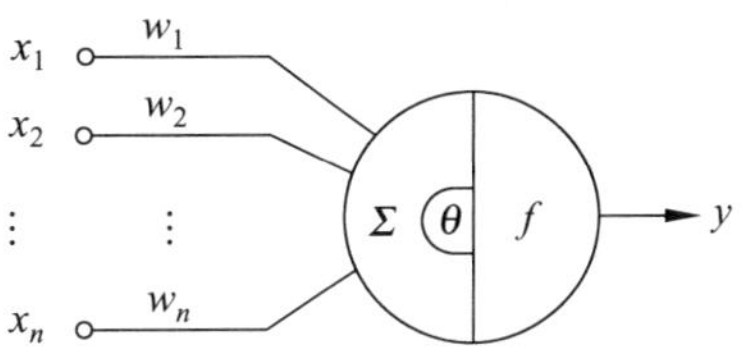

图 8.2　人工神经元模型

神经元的动作如下

$$net = \sum_{i=1}^{n} w_i x_i \tag{8-1}$$

$$y = f(net) \tag{8-2}$$

式中，$x_i, w_i \in R$。输出函数 f 也称为作用函数，是一个非线性函数，常用的三种非线性输出函数的形式如图 8.3 所示，图 8.3(a)是阈值型，由 McCulloch 和 Pitts 共同提出，常称为 M-P 型；图 8.3(b)被称为 Sigmoid 型，简称 S 型，是一种常用形式；图 8.3(c)称为伪线性型，神经元的输入输出满足一定的区间线性关系。

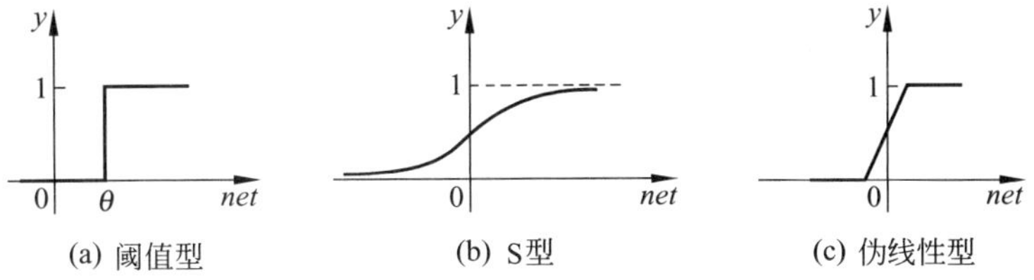

图 8.3　常用的输出函数形式

当 f 为阈值型函数时，神经元的输出为

$$y = \text{sgn}\left(\sum_{i=1}^{n} w_i x_i - \theta\right) \tag{8-3}$$

设 $\theta = -w_{n+1}$，则其点积形式可写为

$$y = \text{sgn}(\boldsymbol{W}^{\mathrm{T}} \boldsymbol{X}) \tag{8-4}$$

式中，$\boldsymbol{W} = (w_1, \cdots, w_n, w_{n+1})^{\mathrm{T}}$，$\boldsymbol{X} = (x_1, \cdots, x_n, 1)^{\mathrm{T}}$。

可以看出，在人工神经元中通常采用非线性输出函数，这样当大量神经元连成一个网络并动态运行时，就构成了一个非线性动力学系统。虽然单个神经元的工作过程较简单，但整个系统是非常复杂的，它具备一般非线性动力学系统的全部特点，如不可预测性、不可逆性、多吸引子等。这样一个复杂的非线性动力学系统作为对人脑的模拟，呈现出许多优良品质与可贵的自学习能力，这些优良品质包括高维性(一个系统有众多的神经元)、自组织性(如自组织特征映射算法)、模糊性(某种程度的表决)和冗余性(部分处理单元的错误不影响整个问题的解)等，而自学习能力是传统计算机一般所不具备的。这样的系统较冯·诺依曼体系更适合于对人脑思维机理的模拟，但是应当清醒地看到这种模拟还是极肤浅的，这一方面是由于人类对自身思维机理的认识还很肤浅，另一方面也是由于现实的可行性原因而对人工神经元做了极度的简化，从而也影响了思维模拟的效果。尽管如此，神经网络在许多方面已经表现出了一系列的优良特性和实用效果。

8.2.3 神经网络的学习

学习是神经网络的最重要特征之一。神经网络能够通过训练改变其内部表示，使输入输出变换朝好的方向发展。训练的实质是同一个训练集的样本输入输出模式反复作用于网络，网络按照一定的训练规则自动调节神经元之间的连接强度或拓扑结构，当网络的实际输出满足期望的要求或者趋于稳定时，则认为训练圆满结束。训练过程也就是网络的学习过程，训练规则又称学习规则或学习算法，下面介绍修正权值的学习算法。

权值修正学派认为，神经网络的学习过程就是不断调整网络的连接权，以期获得期望的输出，如何调整权值即学习规则的研究是一个重要的议题。典型的权值修正方法有两类，即相关学习和误差修正学习。其中，相关学习的思想最早由 Hebb 作为假设提出，所以又称 Hebb 学习规则。

1. Hebb 学习规则

Hebb 学习规则是指，如果神经网络中某一神经元与另一直接与其相连的神经元同时处于兴奋状态，那么这两个神经元之间的连接强度应该加强，如图 8.4 所示，假设神经元 j 的第 i 个输入信号是另一个神经元 i 的输出，则算法表达式为

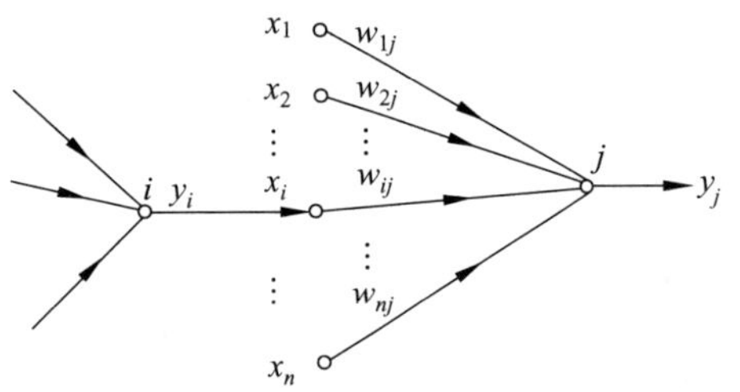

图 8.4 神经元间的连接

$$w_{ij}(t+1) = w_{ij}(t) + \eta[y_j(t)y_i(t)] \tag{8-5}$$

式中，$w_{ij}(t+1)$表示修正一次后的某一权值；η 是一个表示学习速率的比例常数，决定每次的权修正量，称为学习因子；$y_j(t)$，$y_i(t)$分别表示 t 时刻第 j 个和第 i 个神经元的输出，它们分别决定于 j 和 i 在 t 时刻的状态。由于 $y_i(t)=x_i(t)$，所以式(8-5)又可写为

$$w_{ij}(t+1) = w_{ij}(t) + \eta[y_j(t)x_i(t)] \tag{8-6}$$

Hebb 学习规则已经得到神经细胞学说的证实，由于具有一定的生物学依据，其思想很容易被接受，因此得到了较广泛的应用。

2. δ 学习规则

误差修正学习方法是神经网络学习中另一类更重要的方法。最基本的误差修正学习方法，即常说的 δ 学习规则描述如下：

(1) 选择一组初始权值 $w_{ij}(1)$。

(2) 计算某一输入模式对应的实际输出与期望输出的误差。

(3) 更新权值，阈值可视为输入恒为(−1)的一个权值

$$w_{ij}(t+1) = w_{ij}(t) + \eta[d_j - y_j(t)]x_i(t) \tag{8-7}$$

式中，η 为学习因子；d_j，$y_j(t)$分别表示第 j 个神经元的期望输出与实际输出；$x_i(t)$为第 j

个神经元的第 i 个输入。

(4) 返回第(2)步，直到对所有训练模式、网络输出均能满足要求。

生理学和解剖学的研究已表明，在动物学习过程中神经网络的结构修正即拓扑变化起着重要的作用。这意味着神经网络的学习不仅体现在权值的变化，而且在网络结构上也有变化。人工神经网络中关于结构变化的学习方法与权值修正方法并不完全脱离，从一定意义上讲两者具有补充作用。

8.2.4 神经网络的结构分类

神经网络按照结构、学习方式、功能等的不同有不同的分类。从连接结构上可以分为两大类：分层结构与相互连接结构。分层结构网络有明显的层次，信息的流向由输入层到输出层，构成一大类网络，即前馈网络。而相互连接结构的网络没有明显的层次，任意两个神经元之间都是可达的，具有输出单元到隐层单元或输入单元的反馈连接，这就形成了另一类网络，即反馈网络。

8.3 前馈神经网络

8.3.1 感知器

感知器(perceptron)是 F. Rosenblatt 于 1957 年提出的一种神经网络模型。早期的研究人员试图用感知器模拟人脑的感知特征，但后来发现感知器的学习能力有很大的局限性，以致人们曾经对它的能力和应用前景得出了十分悲观的结论。尽管如此，这种神经网络模型的出现对早期神经网络的研究以及对后来许多神经网络模型的出现都产生了极大的影响。感知器的结构如图 8.5 所示。

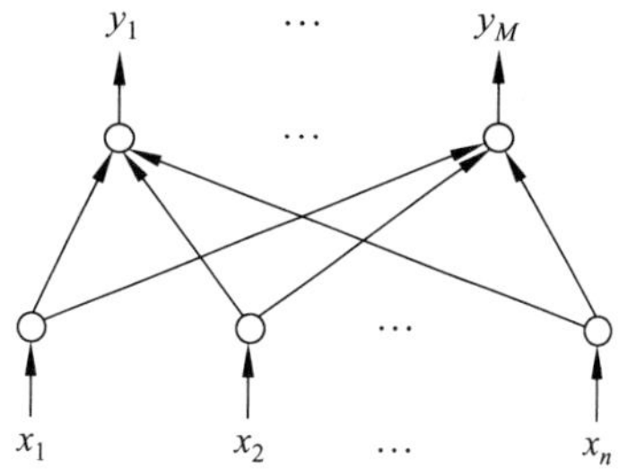

图 8.5 感知器结构示意

感知器是双层神经网络模型，分为输入层和输出层，两层单元之间为全互连方式，即输入层各单元与输出层各单元均有连接，且两层间的连接权值是可调的。输入层单元将接收的外部输入模式传给输出层各单元，输出单元对所有输入数值加权求和，经阈值型输出函数产生一组输出模式。若输入模式有 M 类，则输出层有 M 个神经元，对于两类问题，输出层只设一个神经元。

设输入为 n 维模式向量 $\boldsymbol{X}=(x_1,x_2,\cdots,x_n)^{\mathrm{T}}$，有 M 个模式类 $\omega_1,\omega_2,\cdots,\omega_M$，则输出层第 j 个神经元对应着第 j 个模式类，其输入为输入模式各分量的加权和，输出为

$$y_j = f\left(\sum_{i=1}^{n} w_{ij}x_i - \theta_j\right) \tag{8-8}$$

式中，θ_j 是第 j 个神经元的阈值；w_{ij} 是输入模式第 i 个分量与输出层第 j 个神经元间的连

接权。若将 θ_j 看成一个权值，令 $\theta_j=-w_{(n+1)j}$，则与第 j 个神经元相连的权向量为 $\boldsymbol{W}_j=(w_{1j},w_{2j},\cdots,w_{(n+1)j})^{\mathrm{T}}$，此时 $\boldsymbol{X}$ 使用增广向量形式 $\boldsymbol{X}=(x_1,x_2,\cdots,x_n,1)^{\mathrm{T}}$，那么式(8-8)可写为

$$y_j=f\Big(\sum_{i=1}^{n+1}w_{ij}x_i\Big)=f(\boldsymbol{W}_j^{\mathrm{T}}\boldsymbol{X}) \tag{8-9}$$

M 类问题的判决规则，也即神经元的输出函数定义为

$$y_j=f(\boldsymbol{W}_j^{\mathrm{T}}\boldsymbol{X})=\begin{cases}+1, & 若\ \boldsymbol{X}\in\omega_j\\-1, & 若\ \boldsymbol{X}\notin\omega_j\end{cases},\quad 1\leqslant j\leqslant M \tag{8-10}$$

由式(8-9)和式(8-10)可知，网络要进行正确的判决，关键在于输出层中的每个神经元必须有一组合适的权值。感知器采用监督学习算法得到权值，从而建立模式判别的能力。当依次输入学习样本时，用期望输出与实际输出之差来修正网络的连接权，权值的更新采用最简单的 δ 学习规则，通过迭代方式最终得到希望的权值。算法描述如下：

第一步，设置初始权值 $w_{ij}(1)$。通常，各权值的初始值设置为较小的非零随机数。$w_{(n+1)j}$ 为第 j 个神经元的阈值。

第二步，输入新的模式向量。

第三步，计算神经元的实际输出。设第 k 次输入的模式向量为 $\boldsymbol{X}_k$，与第 j 个神经元相连的权向量为 $\boldsymbol{W}_j(k)=(w_{1j},w_{2j},\cdots,w_{(n+1)j})^{\mathrm{T}}$，则第 j 个神经元的实际输出为

$$y_j(k)=f[\boldsymbol{W}_j^{\mathrm{T}}(k)\boldsymbol{X}_k],\quad 1\leqslant j\leqslant M$$

第四步，修正权值。设 d_j 为第 j 个神经元的期望输出，则权值按下式修正为

$$\boldsymbol{W}_j(k+1)=\boldsymbol{W}_j(k)+\eta[d_j-y_j(k)]\boldsymbol{X}_k \tag{8-11}$$

式中，

$$d_j=\begin{cases}+1, & \boldsymbol{X}_k\in\omega_j\\-1, & \boldsymbol{X}_k\notin\omega_j\end{cases},\quad 1\leqslant j\leqslant M$$

第五步，转到第二步。

当全部学习样本都能利用某一次迭代得到的权值正确分类时，学习过程结束。可以证明，当模式类线性可分时，上述算法在有限次迭代后收敛。

迭代过程中，权向量的修正量与输入模式 $\boldsymbol{X}_k$ 成正比，比例因子为 $\eta[d_j-y_j(k)]$。若 η 的值取得太大，算法可能出现振荡；η 值取得太小，收敛速度会很慢。经验证明，当 η 随 k 的增加而减小时，算法一定收敛。

8.3.2 BP 网络

采用 BP 算法(back-propagation training algorithm)即误差反向传播算法的多层感知器被称为 BP 网络或 BP 模型。BP 模型是人们认识最为清楚、应用最为广泛的一类神经网络，是神经网络的重要模型之一，对模式进行识别与分类是它的性能优势。

1. *多层感知器*

前面介绍的感知器学习算法的收敛性受模式类必须线性可分的严格约束，其学习能

力是相当有限的，针对其局限性，Minsky 等人曾设想用多层感知器解决基本感知器所不能解决的问题。多层感知器在输入层和输出层之间加入一层或多层处理单元，是三层或三层以上的前馈网络，由输入层、隐层（中间层）和输出层组成。隐层和输出层中任一神经元的输入等于与它相邻的低一层中各神经元输出的加权和。隐层单元的作用相当于特征检测器，提取输入模式中的有效信息，使输出单元处理的模式线性可分。多层感知器的结构如图 8.6 所示。

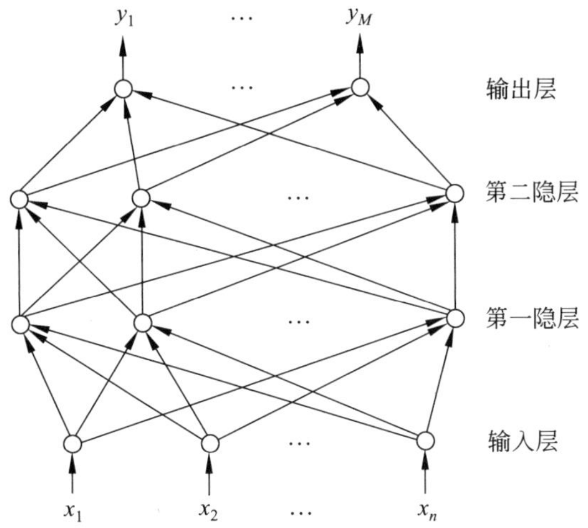

图 8.6　多层感知器结构示意

多层感知器只允许一层连接权可调，这是因为无法给出一个有效的多层感知器学习算法。直到 Rumelhart 等人提出了 BP 算法之后，才真正实现了多层感知器的设想。

2. BP 算法

BP 算法仍然是一种监督学习算法，它由两个阶段组成：逐层状态更新的正向传播阶段和误差的反向传播阶段。在正向传播阶段，给定的模式从输入层单元传到隐层单元，隐层单元处理后将输出传给下一层，这种状态的更新逐层向后传播，每一层神经元的状态只影响下一层神经元的状态，最终到达输出层，如果输出层得不到期望的输出结果，则进入误差反向传播阶段。在误差反向传播阶段，误差信号沿原来的连接通路返回，网络根据反向传播的误差信号修改各层之间的连接权，使误差信号达到最小。

BP 算法的学习是对简单的 δ 学习规则的推广和发展，其输出单元与隐层单元的误差计算是不同的。下面详细讨论采用 BP 算法的学习过程。

由图 8.6 可知，输入层中任一神经元的输入等于输入模式向量的相应分量，对其余各层，设某层的任一神经元 j 的输入为 net_j，输出为 y_j，与 j 相邻的低一层（靠输入层方向）中任一神经元 i 的输出为 y_i，则有

$$net_j = \sum_i w_{ij} y_i \tag{8-12}$$

$$y_j = f(net_j) \tag{8-13}$$

式中，w_{ij} 为神经元 i 与神经元 j 之间的连接权；$f(\cdot)$为神经元的输出函数，这里取 S 型函数，为

$$y_j = f(net_j) = \frac{1}{1+e^{-(net_j-\theta_j)/h_0}} \tag{8-14}$$

式中，θ_j 为神经元的阈值，它影响输出函数水平方向的位置；h_0 是用来修改输出函数形状的参数，输出函数如图 8.7 所示。

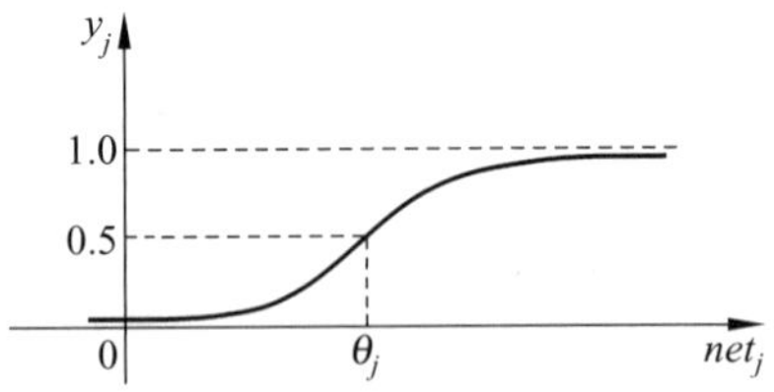

图 8.7　输出函数 $f(net_j)$

设输出层中第 k 个神经元的实际输出为 y_k，输入为 net_k，与输出层相邻的隐层中任一神经元 j 的输出为 y_j，则 y_k 和 net_k 分别为

$$net_k = \sum_j w_{jk} y_j \tag{8-15}$$

$$y_k = f(net_k) \tag{8-16}$$

对于一个输入模式 $\boldsymbol{X}_p$，若输出层中第 k 个神经元的期望输出为 d_{pk}，实际输出为 y_{pk}，则输出层的输出方差为

$$E_p = \frac{1}{2}\sum_k (d_{pk} - y_{pk})^2 \tag{8-17}$$

若输入 N 个模式，则网络的系统均方差为

$$E = \frac{1}{2N}\sum_p \sum_k (d_{pk} - y_{pk})^2 = \frac{1}{N}\sum_p E_p \tag{8-18}$$

权值 w_{jk} 的修改应使 E 或 E_p 最小，因此 w_{jk} 应沿 E_p 的负梯度方向变化。也就是说，当输入 $\boldsymbol{X}_p$ 时，w_{jk} 的修正增量 $\Delta_p w_{jk}$ 应与$(-\partial E_p/\partial w_{jk})$成正比，即

$$\Delta_p w_{jk} = -\eta \frac{\partial E_p}{\partial w_{jk}} \tag{8-19}$$

$(-\partial E_p/\partial w_{jk})$又可以写为

$$-\frac{\partial E_p}{\partial w_{jk}} = -\frac{\partial E_p}{\partial net_k} \times \frac{\partial net_k}{\partial w_{jk}} \tag{8-20}$$

由式(8-15)得到

$$\frac{\partial net_k}{\partial w_{jk}} = \frac{\partial}{\partial w_{jk}} \sum_j w_{jk} y_{pj} = y_{pj} \tag{8-21}$$

令 $\delta_{pk} = -\partial E_p/\partial net_k$，经推导得输出单元的误差和修正增量为

$$\delta_{pk} = (d_{pk} - y_{pk}) y_{pk} (1 - y_{pk}) \tag{8-22}$$

$$\Delta_p \omega_{jk} = \eta \delta_{pk} y_{pj} \tag{8-23}$$

对于与输出层相邻的隐层中的神经元 j 和比该隐层低一层中的神经元 i，可算得误差和修正增量为

$$\delta_{pj} = y_{pj}(1 - y_{pj}) \sum_k \delta_{pk} w_{jk} \tag{8-24}$$

$$\Delta_p w_{ij} = \eta \delta_{pj} y_{pj} \tag{8-25}$$

如式(8-22)和式(8-24)所示，输出层中神经元输出的误差反向传播到前面各层，对各层之间的权值进行修正。

BP 算法的具体步骤如下：

第一步，对权值和神经元阈值初始化。给所有权值和阈值赋以在(0,1)上分布的随机数。

第二步，输入样本，指定输出层各神经元的希望输出值 $d_1, d_2, \cdots, d_M$。

$$d_j = \begin{cases} +1, & \boldsymbol{X} \in \omega_j \\ -1, & \boldsymbol{X} \notin \omega_j \end{cases}, \quad j = 1,2,\cdots,M$$

式中，d_j 为第 j 个神经元的期望输出；ω_j 表示第 j 个模式类。

第三步，依次计算每层神经元的实际输出，直到计算出输出层各神经元的实际输出 $y_1, y_2, \cdots, y_M$。各神经元的输出根据式(8-14)进行计算。

第四步，修正每个权值。从输出层开始，逐步向低层递推，直到第一隐层。递推公式如下

$$w_{ij}(t+1) = w_{ij}(t) + \eta\delta_j y_j$$

式中，$w_{ij}(t)$是 t 时刻从神经元 i(输入层或隐层神经元)到高一层神元 j(隐层或输出神经元)的连接权；y_i 是神经元 i 在 t 时刻的输出。η 是步长调整因子，$0<\eta<1$。如果神经元 j 是输出层的一个神经元，则

$$\delta_j = y_j(1-y_j)(d_j - y_j)$$

如果神经元 j 是隐层的一个神经元，则

$$\delta_j = y_j(1-y_j)\sum_k \delta_k w_{jk}$$

式中，y_j 是神经元 j 在 t 时刻的输出，k 是神经元 j 的上一层(靠输出层方向)神经元的编号。如果权值按下面的方式修正，收敛可能更快，且权值会平滑地变化

$$w_{ij}(t+1) = w_{ij}(t) + \eta\delta_j y_i + \alpha[w_{ij}(t) - w_{ij}(t-1)]$$

式中，α 是平滑因子，$0<\alpha<1$。若把神经元的阈值当成一个权值，相应的输入模式增加一个分量 1，则可以用调整权值的方法调整阈值。

第五步，转到第二步。如此循环，直到权值稳定为止。

BP 算法是一个很有用的算法，因此受到广泛重视，但也存在一些问题，主要是存在局部极小值问题；算法收敛速度很慢；如何选取隐层单元的数目尚无一般性指导原则；新加入的学习样本会影响已学完样本的学习结果等。

对于隐层数目的问题，Lippman 做了简单的论证。可以证明，包含两个隐层的多层感知器能形成任意复杂的判决界面。第一个隐层形成一些超平面，第二个隐层形成一些判决区，并根据第一个隐层形成的超平面进行“与”运算，输出层进行“或”运算。即使同类模式处于模式空间几个不连通的区域中，这种网络也能进行正确的判决。一般说来，隐层越多，网络的学习能力越强。有研究发现，若隐层单元的数目以指数规律增加，则学习异或问题的速度线性增加；另一些研究发现，在某些问题中学习速度会随着隐层数目的增加而减小。

8.3.3 竞争学习神经网络

1. 竞争学习

上述前馈网络属于监督学习，需要同时提供输入样本和相应的理想输出。竞争学习是一种典型的非监督学习策略，学习时只需给定一个训练样本集，即使样本的类别未知，网络也能自行组织训练模式，将其分成不同的类型。

基本的竞争学习网络结构与两层前馈网络类似，只是在输出层加上了侧抑制。侧抑制是在输出层各单元之间相互用较大的负权值输入对方，这种互连构成了加强自身的正反馈，使该层具有竞争力，也称竞争层。根据"胜者为王，败者为寇"的道理，竞争层中具有最高输入总和的单元被确定为胜者，其输出状态为 1，其他单元的输出都为 0。引进竞争机制的前馈网络可以完成聚类的任务。与 BP 学习相比，这种竞争学习能力进一步拓宽了神经网络在模式识别、分类等方面的应用。下面介绍两种竞争抑制网络。

2. 汉明网分类器

汉明(Hamming)网分类器是一种以样本间汉明距离最小为准则进行模式分类的神经网络模型，其结构如图 8.8 所示。

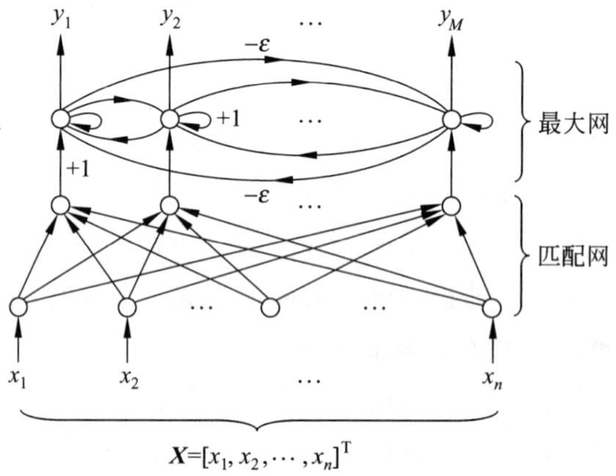

图 8.8　汉明网分类器结构

汉明网分类器由匹配网和最大网两部分组成。匹配网上层中第 j 个神经元只与最大网的第 j 个神经元直接相连，连接权的权值为 1，它们对应着第 j 个模式类，若有 M 个模式类，则各有 M 个神经元。最大网中每个神经元的输出通过权值 1 作为自身的输入，同时又通过一个负值权与最大网中其他神经元横向连接，构成自身加强横向抑制的竞争机制。

在汉明网中，每个模式类由一个典型样本代表，匹配网计算未知类别的输入样本与各类典型样本的匹配度，由匹配度决定匹配网的输出，进而影响最大网，最终由最大网给

出输入样本所在类别的标号，完成模式分类的功能。输入样本与典型样本之间的匹配度定义为

$$\begin{aligned}\text{匹配度} &= n - \text{输入样本与典型样本之间的汉明距离} \\ &= n - \frac{1}{2}\Big(n - \sum_{i=1}^{n} x_i x_i^j\Big) = \sum_{i=1}^{n} \frac{x_i^j}{2} x_i + \frac{n}{2} \end{aligned} \tag{8-26}$$

式中，x_i 和 x_i^j 分别是输入样本和第 j 类典型样本的第 i 个分量；n 是样本向量的维数。最大匹配度为 n，最小匹配度为 0。同一输入样本与不同类典型样本间的匹配度不同，输入样本与典型样本越相似，即汉明距离越小，匹配度就越大。

汉明网的输入是二值模式向量，其分量值取(+1)或者(−1)，输入样本的每个分量通过加权输入给匹配网上层的所有神经元，每个神经元的输出 s_j 为

$$s_j = f\Big(\sum_{i=1}^{n} w_{ij} x_i - \theta_j\Big) \tag{8-27}$$

式中，$w_{ij} = x_i^j/2$ 为输入样本第 i 个分量与匹配网上层第 j 个神经元的连接权；$\theta_j = n/2$ 为第 j 个神经元的阈值。也就是说，匹配网上层第 j 个神经元的各连接权 w_{ij} 由第 j 类典型样本的各分量确定。匹配网根据输入样本与第 j 类典型样本的匹配度计算自身第 j 个神经元的输出，其中 $f(\cdot)$ 是伪线性函数，如图 8.9 所示。

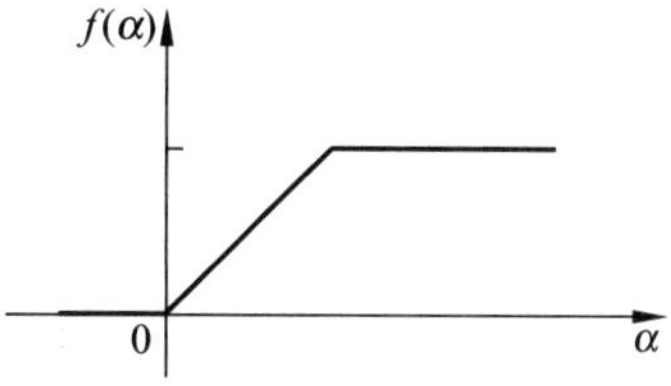

图 8.9 伪线性函数

假定在网络计算过程中，函数 $f(\cdot)$ 的最大输入不会使输出饱和。最大网根据匹配网的输出建立该网络中各神经元输出的初值，并进行竞争迭代运算。根据这种竞争机制，只要匹配网各神经元的输出稍有差别，最大网最终能使 M 个神经元中只有一个具有正输出，而其余神经元输出均为零。这样，输入样本就归于具有正输出的神经元对应的模式类。

需要说明的是，输入样本的持续时间要足够长，以便匹配网能够完成输出，并使最大网完成输出值的初始化。此后撤销输入样本，最大网进行迭代运算直到收敛。汉明网的具体算法如下：

第一步，设置权值和神经元阈值。设 x_i^j 为第 j 类典型样本的第 i 个分量；匹配网上层神经元 j 和输入样本第 i 个分量的连接权为 w_{ij}，神经元 j 的阈值为 θ_j；最大网中第 l 个神经元和第 k 个神经元的连接权为 w_{lk}，最大网中神经元的阈值为零。则权值和阈值设置如下

$$w_{ij} = \frac{x_i^j}{2}, \quad \theta_j = \frac{n}{2}, \quad 1 \leqslant i \leqslant n; 1 \leqslant j \leqslant M$$

$$\omega_{lk} = \begin{cases} 1, & k = l \\ -\varepsilon, & k \neq l \end{cases}, \quad \varepsilon = \frac{1}{M}; \quad 1 \leqslant k \leqslant M; 1 \leqslant l \leqslant M$$

第二步，输入未知类别样本，进行初始化。计算匹配网上层各神经元的输出 s_j，设置最大网中神经元输出的初始值。设最大网中第 j 个神经元在 t 时刻的输出为 $y_j(t)$，则

$$s_j = f\Big(\sum_{i=1}^{n} w_{ij} x_i - \theta_j\Big), \quad 1 \leqslant j \leqslant M$$

$$y_j(0) = s_j, \quad 1 \leqslant j \leqslant M$$

第三步，进行迭代运算直到收敛。即直到最大网只有一个神经元输出为正值，其余神经元输出均为零时为止。此时完成对输入样本的类别划分。迭代按下式进行：

$$y_j(t+1) = f\Big[y_j(t) - \varepsilon \sum_{\substack{k=1 \\ k \neq j}}^{M} y_k(t)\Big], \quad 1 \leqslant j \leqslant M$$

第四步，如果进行下一个样本的识别分类，转到第二步；否则，算法结束。

汉明网是一个很有用的神经网络模型，它模仿了生物神经网"中心激励，侧向抑制"的功能。

3. 自组织特征映射神经网络

人脑神经系统由大量的神经元组成，但它们并非都起着同样的作用。神经系统接收外界输入模式时，会分为不同的区域，各区域对输入模式具有不同的响应特性。最邻近的神经元相互协调，较远的神经元之间相互竞争，更远的神经元之间又具有较弱的激励作用，这种局部交互形式可以形象地比喻成一个墨西哥帽。当受到外界刺激时，在刺激最强的地方形成一个"帽子"，如图 8.10 所示。

根据以上思想，T. Kohonen 提出了一种具有自组织特征映射功能的神经网络模型。他认为，神经网络中邻近的各神经元通过侧向交互作用彼此相互竞争，自适应地发展成检测不同信号的特殊检测器，这就是自组织特征映射的含义。自组织特征映射神经网络采用的自组织特征映射算法与人脑的自组织特征十分相似，是一种非监督的聚类方法。与传统的聚类方法相比，它所形成的聚类中心能映射到一个曲面或平面上而保持拓扑结构不变。

自组织特征映射神经网络又称做自组织映射神经网络或简称 SOM 网络。SOM 网络的结构如图 8.11 所示，由输入层和输出层组成，输入模式是连续值模式向量。输入层神经元接收输入模式，每个神经元通过连接权与输出层的所有神经元连接，输出层神经元之间通过许多局部连接而广泛连接，形成一种格阵形式。

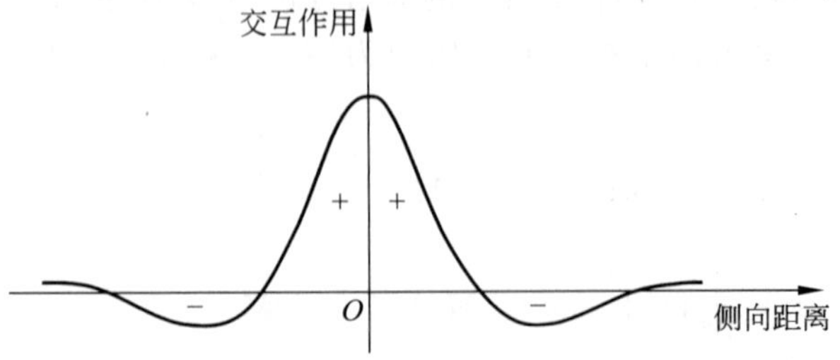

图 8.10 神经元之间互作用与距离的关系

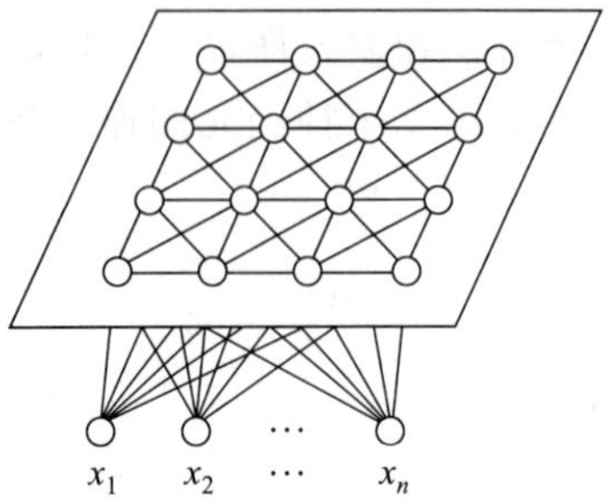

图 8.11 SOM 网络基本结构

SOM 网络的学习也是一种竞争学习算法，区别只是输出层有几何分布，由交互作用函数取代了简单的侧抑制，因此学习算法是类似的。自组织特征映射算法的具体步骤如下。

第一步，设置初始权值，定义输出层神经元的邻域。若输入模式是 n 维向量，输出层有 M 个神经元，则从 n 个输入层神经元到 M 个输出层神经元之间的权值设置为一些较小的非零随机数。输出层神经元的邻域设置成一个较大的范围。

第二步，输入新的模式向量 $\boldsymbol{X}=(x_1,x_2,\cdots,x_n)^{\mathrm{T}}$。

第三步，计算输入模式到每个输出层神经元 j 的距离 d_j。

$$d_j=\sum_{i=1}^{n}[x_i(t)-w_{ij}(t)]^2,\quad 1\leqslant j\leqslant M$$

式中，$w_{ij}(t)$ 是 t 时刻输入层神经元 i 到输出层神经元 j 之间的连接权。

第四步，选择与输入模式距离最小的输出层神经元，该神经元用 j^* 表示。

第五步，修改与神经元 j^* 及其邻域中神经元连接的权值。设 t 时刻神经元 j^* 的邻域用 $NE_{j^*}(t)$ 表示，权值的修改根据下式进行：

$$w_{ij}(t+1)=w_{ij}(t)+\eta(t)[x_i(t)-w_{ij}(t)],\quad j\in NE_{j^*}(t);\quad 1\leqslant i\leqslant n$$

式中，$\eta(t)$ 是修正参数，取值范围为 $0<\eta(t)<1$，$\eta(t)$ 随 t 的增加而减小。

第六步，转到第二步。

由以上算法过程可知，当全部学习样本输入之后，与神经元 j^* 连接的权值上存储着一个模式类的最具有代表性的样本，即聚类中心。

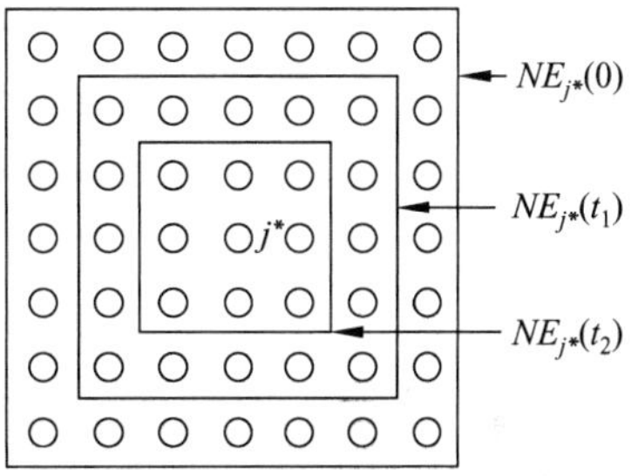

图 8.12 输出层神经元的邻域变化

自组织特征映射算法要求对每个输出层神经元定义一个邻域，初始邻域可以选得较大，乃至覆盖整个输出面，然后随算法的进行逐步收缩，如图 8.12 所示。算法第四步要求的选择可以转变成选择具有最大输出值的输出层神经元的问题，这种选择可以利用最大网来实现。一旦这个神经元被选出，与这个神经元相连的权值以及与该神经元邻域中各神经元连接的权值将被修改，使得这些神经元对当前输入的响应更加敏感。对其他输入模式重复这个过程，直到第五步中的修正参数 $\eta(t)$ 为零，权值收敛到一个固定值为止。算法收敛后，在输出层神经元中形成的模式类聚类中心反映了输入模式空间中模式类的拓扑结构，权值的修改和组织使得拓扑结构上相互接近的神经元对相似的输入模式最敏感。

自组织特征映射算法不受输入噪声的影响。在希望的模式类数目事先指定，并且训练模式的数目远大于聚类数目的情况下，该网络是一个有用的分类器，但是当训练模式的数目较少时，算法结果与训练模式的输入次序有关。其次，NE_{j^*} 和 η 如何选择，目前尚无一般的方法，只能根据经验判断。η 开始下降的速度可以较大，以便能较快地捕捉到输入模式向量的大致概率结构，然后在较小的数值上缓慢降到零，这样可以较精细地调整权值。

8.4 反馈网络模型 Hopfield 网络

人具有很强的模式识别能力，其主要原因之一就是人具有联想记忆的能力。人不仅能识别记忆中的一个完整模式，而且能根据记忆中模式的部分信息进行正确的辨识和分类。例如，人能根据背影认出人群中的一个老朋友，人也能够认出有某种程度缺损或模糊的字符等，这种特性使人的识别能力具有很强的容错性。正因为如此，许多研究人员对人的联想记忆特征进行了长期不懈的研究，并提出了一些模拟人脑联想记忆功能的神经网络模型。其中最重要的并对后来神经网络的发展产生了重大影响的是 Hopfield 提出的反馈式神经网络模型。

在该模型中，Hopfield 引入网络能量函数描述网络系统的稳定性；记忆样本以向量形式分布存储于神经元之间的连接权上，并使其对应网络能量函数的局部极小值；每个神经元的输入输出特性为一有界的非线性函数（S 型函数）；各神经元以随机异步方式进行计算。这种网络由初始状态（初始输出模式向量）向稳定状态演化的过程就是寻找记忆的过程，这种记忆方式称为内容寻址记忆，与实际神经系统的记忆方式十分相似。

Hopfield 网络是由若干基本神经元构成的单层全互连神经网络，任意两个神经元之间都有连接，是一种权值对称的连接结构，如图 8.13 所示。Hopfield 网络简称 HNN，当选用 M-P 模型二值神经元时，称离散型 HNN，记为 DHNN；当神经元为连续时间输出时，称连续型 HNN，记为 CHNN。这一节主要介绍 DHNN 的结构和算法。

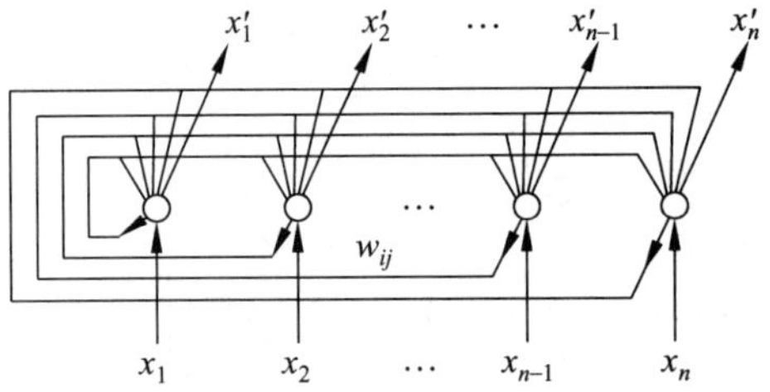

图 8.13 HNN 的结构

DHNN 是一种离散时间动力学系统，其中每个神经元的输出通过加权与各神经元的输入端连接，输入模式向量的各分量及神经元的输出值取（+1）或（−1），神经元的个数与输入模式向量的维数相同。记忆样本记忆在神经元之间的连接权上。

若有 M 类模式，并设 $\boldsymbol{X}^s=(x_1^s,x_2^s,\cdots,x_n^s)^{\mathrm{T}}$ 是第 s 类的记忆样本，那么 M 个类的记忆样本分别是网络的 M 个稳定输出状态，构成网络的稳定状态集 $\{\boldsymbol{X}^s,s=1,2,\cdots,M\}$。为了存储 M 个记忆样本，神经元 i 和神经元 j 之间的权值 w_{ij} 为

$$w_{ij}=\begin{cases}\sum_{s=1}^{M}x_i^s x_j^s, & i\neq j\\ 0, & i=j\end{cases},\quad i,j=1,2,\cdots,n \tag{8-28}$$

若神经元 i 的输入为 u_i，输出为 x_i'（神经元 i 的状态），则 u_i 和 x_i' 分别为

$$u_i=\sum_{j=1}^{n}w_{ij}x_j' \tag{8-29}$$

$$x_i'=f(u_i)=f\left(\sum_{j=1}^{n}w_{ij}x_j'\right) \tag{8-30}$$

式中，函数 $f(\cdot)$ 定义为符号函数，即

$$f(u_i)=\begin{cases}+1, & u_i>0\\ -1, & u_i<0\end{cases} \tag{8-31}$$

若输入一个未知类别的模式 X，网络初始状态 X' 由 X 决定，即令 $x_i'=x_i,i=1,2,\cdots,n$，那么根据上述算法，网络从初始状态开始逐步演化，最终趋向于一个稳定状态，即网络最终输出一个与未知类别模式相似的记忆样本。为了说明这一点，定义网络的能量函数为

$$E=-\frac{1}{2}\sum_{i=1}^{n}\sum_{j=1}^{n}w_{ij}x'_jx'_i \tag{8-32}$$

由该式可知，E 随 x_i' 的变化而变化。由某一神经元的状态的变化量 $\Delta x_i'$ 引起的 E 的变化量为

$$\Delta E=-\frac{1}{2}\Big(\sum_{j=1}^{n}w_{ij}x'_j\Big)\Delta x_i' \tag{8-33}$$

式中，$w_{ij}=w_{ji}$，$w_{ii}=0$。由式(8-30)可知，当式(8-33)中的 $\sum(\cdot)$ 项为正值时，$\Delta x_i'$ 也为正值；当 $\sum(\cdot)$ 项为负值时，$\Delta x_i'$ 也为负值。这就是说，当 x_i' 随时间变化时，E 的变化量总是小于零。因为 E 是有界的，所以算法最终使网络达到一个不随时间变化的稳定状态。

Hopfield 神经网络算法的具体步骤如下：

第一步，给神经元的连接权赋值，即存储记忆样本。设 $\boldsymbol{X}^s=(x_1^s,x_2^s,\cdots,x_n^s)^{\mathrm{T}}$ 是第 s 类模式的记忆样本，则神经元 i 和 j 之间的连接权为

$$w_{ij}=\begin{cases}\sum\limits_{s=1}^{M}x_i^sx_j^s, & i\neq j\\ 0, & i=j\end{cases},\quad i,j=1,2,\cdots,n$$

第二步，输入未知类别的模式 $\boldsymbol{X}=(x_1,x_2,\cdots,x_n)^{\mathrm{T}}$，用 $\boldsymbol{X}$ 设置网络的初始状态。若 $x_i'(t)$ 表示神经元 i 在 t 时刻的输出状态，则 $x_i'(t)$ 的初始值为

$$x_i'(0)=x_i,\quad i=1,2,\cdots,n$$

第三步，用迭代算法计算 $x_i'(t+1)$，直到算法收敛。$x_i'(t+1)$ 根据式(8-30)计算，即

$$x_i'(t+1)=f\Big[\sum_{j=1}^{n}w_{ij}x'_j(t)\Big],\quad i=1,2,\cdots,n$$

函数 $f(\cdot)$ 由式(8-31)定义。计算进行到神经元的输出不随进一步迭代而变化时算法收敛，此时神经元的输出即为与未知模式匹配最好的记忆样本。

第四步，转到第二步，输入新模式。

Hopfield 神经网络的局限性主要有两个方面：其一，网络能记忆和正确回忆的样本数相当有限，如果记忆的样本太多，网络可能收敛于一个不同于所有记忆样本的伪模式，若网络用于模式分类，会产生非匹配输出。Hopfield 已经证明，当记忆不同模式类的样本数小于网络中神经元个数(或模式向量的维数)的 0.15 倍时，收敛于伪样本的情况才不会发生。其次，如果记忆中的某一样本的某些分量与别的记忆样本的对应分量相同时，这个记忆样本可能是一个不稳定的平衡点，这个问题可以利用正交算法去消除。

如果将汉明网与 Hopfield 网络相比较可以看到它们各自的优势所在。对于模式分类来说，汉明网明显地优于 Hopfield 网络，在各分量误差出现是随机独立的情况下，汉明网能实现最佳的最小误差分类。汉明网的连接比 Hopfield 网络也少得多，例如对于有 10 个模式类和模式分量个数为 100 的分类问题，汉明网要求约 10^3 个连接，Hopfield 网络则要求约 10^4 个连接，并且前者的连接数随输入模式的分量数线性增加，而后者以输入分量数的二次方增加连接。此外，汉明网不会出现伪模式输出问题。但是只有针对分类问题时，这些比较才有意义。

Hopfield 网络的优势在于它的联想存储性能，它实际上是一种联想存储器，基本功能是将以前存入的典型样本根据输入值完整地检索出来。而汉明网的目的不在于此，它只能得到类别标号，并且不具有联想能力和拒识能力。

至此，有关神经网络模式识别法的内容全部结束。神经网络模式识别方法的一个重要特点就是它能够较有效地解决很多非线性问题，而且在很多工程应用中取得了成功。但另一方面，神经网络中有很多重要的问题尚未从理论上解决，这些问题的存在已经在很大程度上制约了人工神经网络理论和应用的发展。人们充分认识到了这些问题，并开始进行更深入的研究，20 世纪 90 年代以后，小样本学习理论和支持向量机受到很高的重视，已经在提供研究模式识别和神经网络问题更完善的理论框架方面取得了长足的进展，被很多人视为研究机器学习的基本框架，但因为发展时间很短，还有许多问题需要解决。

总之，在模式识别和机器学习领域中，人们已经取得了很多成果，建立了一系列的较完善的理论体系和方法，但也存在很多尚未解决的理论和实际问题。正因为如此，这也是一个十分值得进一步深入研究的领域。

附录 A

向量和矩阵运算

1. 向量的内积

设维数为 n 的任意两个向量 $\boldsymbol{X}=(x_1,x_2,\cdots,x_n)^{\mathrm{T}}$,$\boldsymbol{Y}=(y_1,y_2,\cdots,y_n)^{\mathrm{T}}$,其内积为

$$(\boldsymbol{X},\boldsymbol{Y}) = \boldsymbol{X}^{\mathrm{T}}\boldsymbol{Y} = \sum_{i=1}^{n} x_i y_i$$

内积的两个向量可以相互交换

$$(\boldsymbol{X},\boldsymbol{Y}) = (\boldsymbol{Y},\boldsymbol{X})$$

1) $(\boldsymbol{X},\boldsymbol{X})$的算术平方根称为向量 $\boldsymbol{X}$ 的长度或模,记做 $\|\boldsymbol{X}\|$,为

$$\|\boldsymbol{X}\|^2 = \boldsymbol{X}^{\mathrm{T}}\boldsymbol{X} = \sum_{i=1}^{n} x_i^2$$

2) 如果向量 $\boldsymbol{X}$ 与 $\boldsymbol{Y}$ 正交,则

$$\boldsymbol{X}^{\mathrm{T}}\boldsymbol{Y} = 0$$

3) 与正交向量概念类似的有正交函数。设函数 $y(x)$和 $z(x)$,则

(1) 内积。定义为 $(y,z) = \int_a^b y(x)\cdot z(x)\mathrm{d}x$,是一个实数。

(2) 正交。满足$(y,z)=0$。例如,$\int_{-\pi}^{\pi}\cos x\sin x\mathrm{d}x = 0$。

(3) 标准正交。满足$(y,z)=0$,$(y,y)=(z,z)=1$(函数 y 和 z 的长度为 1)。

例如,三角函数系$\{1,\cos x,\sin x,\cos 2x,\sin 2x,\cdots,\cos nx,\sin nx,\cdots\}$是区间$[-\pi,\pi]$上的一个正交函数系。

$\left\{\frac{1}{\sqrt{2\pi}},\frac{\cos x}{\sqrt{\pi}},\frac{\sin x}{\sqrt{\pi}},\frac{\cos 2x}{\sqrt{\pi}},\frac{\sin 2x}{\sqrt{\pi}},\cdots,\frac{\cos nx}{\sqrt{\pi}},\frac{\sin nx}{\sqrt{\pi}},\cdots\right\}$是区间$[-\pi,\pi]$上的一个标准正交函数系,又称规范正交函数系。

2. 向量的外积

为简化起见设两个三维向量 $\boldsymbol{X}=(x_1,x_2,x_3)^{\mathrm{T}}$,$\boldsymbol{Y}=(y_1,y_2,y_3)^{\mathrm{T}}$,则

$$\boldsymbol{A} = \boldsymbol{X}\boldsymbol{Y}^{\mathrm{T}} = \begin{pmatrix} x_1 \\ x_2 \\ x_3 \end{pmatrix}(y_1 \quad y_2 \quad y_3) = \begin{pmatrix} x_1y_1 & x_1y_2 & x_1y_3 \\ x_2y_1 & x_2y_2 & x_2y_3 \\ x_3y_1 & x_3y_2 & x_3y_3 \end{pmatrix}$$

$$\boldsymbol{X}\boldsymbol{X}^{\mathrm{T}} = \begin{pmatrix} x_1^2 & x_1x_2 & x_1x_3 \\ x_2x_1 & x_2^2 & x_2x_3 \\ x_3x_1 & x_3x_2 & x_3^2 \end{pmatrix}$$

外积的两个向量不可以相互交换,即

$$\boldsymbol{X}\boldsymbol{Y}^{\mathrm{T}} \neq \boldsymbol{Y}\boldsymbol{X}^{\mathrm{T}}$$

3. 微商

设向量 $\boldsymbol{X}=(x_1,x_2,\cdots,x_n)^{\mathrm{T}}$,$\boldsymbol{Y}=(y_1,y_2,\cdots,y_n)^{\mathrm{T}}$,矩阵 $\boldsymbol{A}=(a_{ij})_{n\times n}$和标量 k,则

$$\frac{\mathrm{d}\boldsymbol{X}}{\mathrm{d}k}=\begin{pmatrix}\dfrac{\partial x_1}{\partial k}\\ \vdots\\ \dfrac{\partial x_n}{\partial k}\end{pmatrix},\quad \frac{\mathrm{d}k}{\mathrm{d}\boldsymbol{X}}=\nabla k=\begin{pmatrix}\dfrac{\partial k}{\partial x_1}\\ \vdots\\ \dfrac{\partial k}{\partial x_n}\end{pmatrix}$$

$$\frac{\mathrm{d}k}{\mathrm{d}\boldsymbol{A}}=\left(\frac{\partial k}{\partial a_{ij}}\right)_{n\times n},\quad \frac{\mathrm{d}\boldsymbol{X}}{\mathrm{d}\boldsymbol{Y}}=\begin{pmatrix}\dfrac{\partial x_1}{\partial y_1} & \dfrac{\partial x_1}{\partial y_2} & \cdots & \dfrac{\partial x_1}{\partial y_n}\\ \dfrac{\partial x_2}{\partial y_1} & \dfrac{\partial x_2}{\partial y_2} & \cdots & \dfrac{\partial x_2}{\partial y_n}\\ \vdots & \vdots & \ddots & \vdots\\ \dfrac{\partial x_n}{\partial y_1} & \dfrac{\partial x_n}{\partial y_2} & \cdots & \dfrac{\partial x_n}{\partial y_n}\end{pmatrix}$$

下面给出两个常用的微商算式：

1）设 $\boldsymbol{X}$ 为 n 维向量，$\boldsymbol{k}$ 为 n 维常数向量，则

$$\frac{\partial(\boldsymbol{k}^{\mathrm{T}}\boldsymbol{X})}{\partial x_i}=\frac{\partial}{\partial x_i}\Big(\sum_{i=1}^{n}k_i x_i\Big)=k_i$$

故有

$$\frac{\partial(\boldsymbol{k}^{\mathrm{T}}\boldsymbol{X})}{\partial\boldsymbol{X}}=\frac{\partial(\boldsymbol{X}^{\mathrm{T}}\boldsymbol{k})}{\partial\boldsymbol{X}}=\boldsymbol{k}$$

2）二次型函数的微商：设 $\boldsymbol{X}$ 为 n 维向量，$\boldsymbol{A}$ 为 $n\times n$ 矩阵，则

$$\frac{\partial(\boldsymbol{X}^{\mathrm{T}}\boldsymbol{A}\boldsymbol{X})}{\partial x_i}=\frac{\partial}{\partial x_i}\Big|\sum_{\alpha=1}^{n}\sum_{\beta=1}^{n}a_{\alpha\beta}x_\alpha x_\beta\Big|=2a_{ii}x_i+\sum_{j\neq i}(a_{ij}+a_{ji})x_j$$

故得

$$\frac{\partial(\boldsymbol{X}^{\mathrm{T}}\boldsymbol{A}\boldsymbol{X})}{\partial\boldsymbol{X}}=(\boldsymbol{A}+\boldsymbol{A}^{\mathrm{T}})\boldsymbol{X}$$

若 $\boldsymbol{A}$ 为对称阵，$\boldsymbol{A}=\boldsymbol{A}^{\mathrm{T}}$，则

$$\frac{\partial(\boldsymbol{X}^{\mathrm{T}}\boldsymbol{A}\boldsymbol{X})}{\partial\boldsymbol{X}}=2\boldsymbol{A}\boldsymbol{X}$$

4. 矩阵的迹

n 阶方阵 $\boldsymbol{A}$ 的主对角线上各元素之和称为 $\boldsymbol{A}$ 的迹，记做

$$\mathrm{tr}\boldsymbol{A}=\sum_{i=1}^{n}a_{ii}$$

迹有以下性质：

（1）$\mathrm{tr}(\boldsymbol{A}+\boldsymbol{B})=\mathrm{tr}\boldsymbol{A}+\mathrm{tr}\boldsymbol{B}$，这里 $\boldsymbol{A}$、$\boldsymbol{B}$ 是同阶方阵。

（2）$\mathrm{tr}(\boldsymbol{A}_{n\times m}\boldsymbol{B}_{m\times n})=\mathrm{tr}(\boldsymbol{B}_{m\times n}\boldsymbol{A}_{n\times m})$。

（3）$\mathrm{tr}(\boldsymbol{X}\boldsymbol{Y}^{\mathrm{T}})=\boldsymbol{Y}^{\mathrm{T}}\boldsymbol{X}$，这里 $\boldsymbol{X}$、$\boldsymbol{Y}$ 为同维向量。同样得

$$\boldsymbol{X}^{\mathrm{T}}\boldsymbol{A}\boldsymbol{X}=\mathrm{tr}(\boldsymbol{X}\boldsymbol{X}^{\mathrm{T}}\boldsymbol{A})=\mathrm{tr}(\boldsymbol{A}\boldsymbol{X}\boldsymbol{X}^{\mathrm{T}})$$

5. 矩阵的特征值和特征向量

1) 基本概念

定义 1：设 $\boldsymbol{A}$ 是 n 阶方阵，若对于数 λ，存在 n 维非零向量 $\boldsymbol{X}$，使得

$$\boldsymbol{AX} = \lambda\boldsymbol{X} \tag{A-1}$$

成立，则称数 λ 为方阵 $\boldsymbol{A}$ 的一个特征值，非零向量 $\boldsymbol{X}$ 称为 $\boldsymbol{A}$ 的属于特征值 λ 的一个特征向量。式(A-1)可以等价地写成

$$(\lambda\boldsymbol{I} - \boldsymbol{A})\boldsymbol{X} = 0 \tag{A-2}$$

而式(A-2)存在非零列向量的充分必要条件是

$$|\lambda\boldsymbol{I} - \boldsymbol{A}| = 0 \tag{A-3}$$

即

$$\begin{vmatrix} \lambda - a_{11} & -a_{12} & \cdots & -a_{1n} \\ -a_{21} & \lambda - a_{22} & \cdots & -a_{2n} \\ \vdots & \vdots & \ddots & \vdots \\ -a_{n1} & -a_{n2} & \cdots & \lambda - a_{nn} \end{vmatrix} = 0$$

定义 2：设 λ 是一个未知量，矩阵 $(\lambda\boldsymbol{I} - \boldsymbol{A})$ 称为 $\boldsymbol{A}$ 的特征矩阵，行列式 $|\lambda\boldsymbol{I} - \boldsymbol{A}|$ 称为矩阵 $\boldsymbol{A}$ 的特征多项式，方程 $|\lambda\boldsymbol{I} - \boldsymbol{A}| = 0$ 称为 $\boldsymbol{A}$ 的特征方程，它的根称为 $\boldsymbol{A}$ 的特征根，$\boldsymbol{A}$ 的特征根即为 $\boldsymbol{A}$ 的特征值。

说明：

(1) 特征方程在复数范围内恒有解，其个数为方程的次数(重根按重数计算)，因此，n 阶方阵 $\boldsymbol{A}$ 在复数范围内有 n 个特征值。

(2) 若 $\boldsymbol{X}$ 是 $\boldsymbol{A}$ 的属于特征值 λ 的特征向量，则 $\boldsymbol{X}$ 的任何一个非零倍数 $k\boldsymbol{X}(k \neq 0)$ 也是 $\boldsymbol{A}$ 的属于特征值 λ 的特征向量，且可以推广到有限个的情形 $(k_1\boldsymbol{X}_1 + k_2\boldsymbol{X}_2 + \cdots + k_s\boldsymbol{X}_s)$。

(3) 特征向量不是被特征值所唯一决定的。相反，特征值却是被特征向量所唯一决定的，因为一个特征向量只能属于一个特征值。

2) 求解方法

根据上述定义和讨论，即可得出 n 阶方阵 $\boldsymbol{A}$ 的特征值和特征向量的求法：

(1) 计算 $\boldsymbol{A}$ 的特征多项式 $|\lambda\boldsymbol{I} - \boldsymbol{A}|$，求出特征方程 $|\lambda\boldsymbol{I} - \boldsymbol{A}| = 0$ 的全部根，即 $\boldsymbol{A}$ 的全部特征值。

(2) 对每个求出的特征值 λ_i，求齐次线性方程组 $(\lambda_i\boldsymbol{I} - \boldsymbol{A})\boldsymbol{X} = 0$ 的一组基础解系 $\boldsymbol{X}_1, \boldsymbol{X}_2, \cdots, \boldsymbol{X}_s$，则 $k_1\boldsymbol{X}_1 + k_2\boldsymbol{X}_2 + \cdots + k_s\boldsymbol{X}_s$ ($k_1, k_2, \cdots, k_s$ 不全为零)是 $\boldsymbol{A}$ 的属于特征值 λ_i 的全部特征向量。

在求基础解系时，需要对矩阵进行初等变换，行(列)初等变化是指：

- 对矩阵的某行(列)乘以一个不为零的数。
- 将矩阵任意两行(列)交换。
- 将矩阵的某行(列)乘以数 k 加到另一行(列)的对应元素上。

对矩阵施行初等变换后，矩阵的秩不变。因此经过初等变换可以将矩阵变成较简单形式，便于容易地求出矩阵的秩。

例 A.1 求矩阵 $\boldsymbol{A}=\begin{pmatrix}-1 & 1 & 0\\ -4 & 3 & 0\\ 1 & 0 & 2\end{pmatrix}$ 的特征值与特征向量。

解：$\boldsymbol{A}$ 的特征多项式为

$$|\lambda\boldsymbol{I}-\boldsymbol{A}|=\begin{vmatrix}\lambda+1 & -1 & 0\\ 4 & \lambda-3 & 0\\ -1 & 0 & \lambda-2\end{vmatrix}=(\lambda-1)^2(\lambda-2)$$

所以 $\boldsymbol{A}$ 的特征值为 $\lambda_1=\lambda_2=1$，$\lambda_3=2$。

当 $\lambda_1=\lambda_2=1$ 时，解方程 $(\boldsymbol{I}-\boldsymbol{A})\boldsymbol{X}=0$

$$(\boldsymbol{I}-\boldsymbol{A})=\begin{pmatrix}2 & -1 & 0\\ 4 & -2 & 0\\ -1 & 0 & -1\end{pmatrix}，对应方程组为\begin{pmatrix}2 & -1 & 0\\ 4 & -2 & 0\\ -1 & 0 & -1\end{pmatrix}\begin{pmatrix}x_1\\ x_2\\ x_3\end{pmatrix}=0，即$$

$$\begin{cases}2x_1-x_2=0\\ 4x_1-2x_2=0\\ -x_1-x_3=0\end{cases}\tag{A-4}$$

对 $(\boldsymbol{I}-\boldsymbol{A})$ 做行初等变换，有

$$(\boldsymbol{I}-\boldsymbol{A})=\begin{pmatrix}2 & -1 & 0\\ 4 & -2 & 0\\ -1 & 0 & -1\end{pmatrix}\rightarrow\begin{pmatrix}1 & 0 & 1\\ 0 & 1 & 2\\ 0 & 0 & 0\end{pmatrix}\tag{A-5}$$

由以上结果可知矩阵 $\boldsymbol{A}$ 的秩 r 为 2，又因未知量个数 n 为 3，所以基础解系向量的个数为 $n-r=1$。为求出基础解系，由式(A-5)的结果得方程组

$$\begin{cases}x_1+x_3=0\\ x_2+2x_3=0\end{cases}\tag{A-6}$$

由于仅做了行初等变换，方程组(A-4)和(A-6)是同解的。可解得

$$\begin{cases}x_1=-x_3\\ x_2=-2x_3\end{cases}$$

令 $x_3=1$，得 $x_1=-1$，$x_2=-2$，即得基础解系 $\boldsymbol{X}_1=(-1,-2,1)^{\mathrm{T}}$，所以 $k_1\boldsymbol{X}_1(k_1\neq 0)$ 是 $\boldsymbol{A}$ 的属于特征值 $\lambda_1=\lambda_2=1$ 的全部特征向量。

当 $\lambda_3=2$ 时，解方程组 $(2\boldsymbol{I}-\boldsymbol{A})\boldsymbol{X}=0$

$$(2\boldsymbol{I}-\boldsymbol{A})=\begin{pmatrix}3 & -1 & 0\\ 4 & -1 & 0\\ -1 & 0 & 0\end{pmatrix}，对应方程组为\begin{pmatrix}3 & -1 & 0\\ 4 & -1 & 0\\ -1 & 0 & 0\end{pmatrix}\begin{pmatrix}x_1\\ x_2\\ x_3\end{pmatrix}=0，即$$

$$\begin{cases}3x_1-x_2=0\\ 4x_1-x_2=0\\ -x_1=0\end{cases}\tag{A-7}$$

对$(2\boldsymbol{I}-\boldsymbol{A})$进行初等变换，有

$$(2\boldsymbol{I}-\boldsymbol{A})=\begin{pmatrix}3 & -1 & 0\\ 4 & -1 & 0\\ -1 & 0 & 0\end{pmatrix}\rightarrow\begin{pmatrix}1 & 0 & 0\\ 0 & 1 & 0\\ 0 & 0 & 0\end{pmatrix}$$

于是得到方程组(A-7)的同解方程组

$$\begin{cases}x_1=0\\ x_2=0\end{cases}$$

令 $x_3=1$，得基础解系 $\boldsymbol{X}_2=(0,0,1)^{\mathrm{T}}$，所以 $k_2\boldsymbol{X}_2(k_2\neq 0)$是 $\boldsymbol{A}$ 的属于特征值$\lambda_3=2$ 的全部特征向量。

例 A.2 求矩阵 $\boldsymbol{A}=\begin{pmatrix}3 & 4\\ 5 & 2\end{pmatrix}$的特征值和特征向量。

解：特征多项式为

$$|\lambda\boldsymbol{I}-\boldsymbol{A}|=\begin{vmatrix}\lambda-3 & -4\\ -5 & \lambda-2\end{vmatrix}=\lambda^2-5\lambda-14=(\lambda-7)(\lambda+2)$$

所以 $\boldsymbol{A}$ 的特征值为$\lambda_1=7,\lambda_2=-2$。

当$\lambda_1=7$ 时，由$\begin{pmatrix}7-3 & -4\\ -5 & 7-2\end{pmatrix}\begin{pmatrix}x_1\\ x_2\end{pmatrix}=\begin{pmatrix}0\\ 0\end{pmatrix}$解得 $x_1=x_2$，求得基础解系为 $\boldsymbol{X}_1=(1,1)^{\mathrm{T}}$，所以 $\boldsymbol{X}_1$ 是$\boldsymbol{A}$ 的属于特征值$\lambda_1=7$ 的一个特征向量，而 $k_1\boldsymbol{X}_1(k_1\neq 0)$是 $\boldsymbol{A}$ 的属于特征值$\lambda_1=7$ 的全部特征向量。

当$\lambda_2=-2$ 时，由$\begin{pmatrix}-2-3 & -4\\ -5 & -2-2\end{pmatrix}\begin{pmatrix}x_1\\ x_2\end{pmatrix}=\begin{pmatrix}0\\ 0\end{pmatrix}$解得 $5x_1=-4x_2$，求得基础解系为 $\boldsymbol{X}_2=(4,-5)^{\mathrm{T}}$。

由此可知，$\boldsymbol{X}_2$ 是 $\boldsymbol{A}$ 的属于特征值$\lambda_2=-2$ 的一个特征向量，而 $k_2\boldsymbol{X}_2(k_2\neq 0)$是 $\boldsymbol{A}$ 的属于特征值$\lambda_2=-2$ 的全部特征向量。

附录B

标准正态分布表及概率计算

1. 标准正态分布表

$$\Phi(\lambda)=\int_{-\infty}^{\lambda}\frac{1}{\sqrt{2\pi}}e^{-\frac{x^2}{2}}dx$$

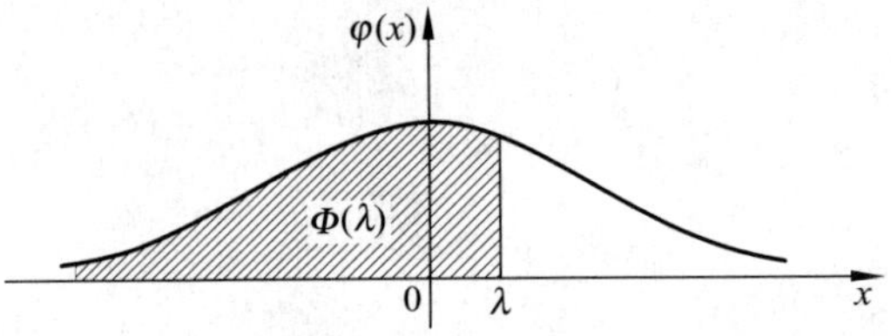

λ	0	1	2	3	4	5	6	7	8	9
0.0	0.5000	0.5040	0.5080	0.5120	0.5160	0.5199	0.5239	0.5279	0.5319	0.5359
0.1	0.5398	0.5438	0.5478	0.5517	0.5557	0.5596	0.5636	0.5675	0.5714	0.5753
0.2	0.5793	0.5832	0.5871	0.5910	0.5948	0.5987	0.5026	0.6064	0.6103	0.6141
0.3	0.6179	0.6217	0.6255	0.6293	0.6331	0.6368	0.6406	0.6443	0.6480	0.6517
0.4	0.6554	0.6591	0.6628	0.6664	0.6700	0.6736	0.6772	0.6808	0.6844	0.6879
0.5	0.6915	0.6950	0.6985	0.7019	0.6054	0.7088	0.7123	0.7157	0.7190	0.7224
0.6	0.7257	0.7291	0.7324	0.7357	0.7389	0.7422	0.7454	0.7486	0.7517	0.7549
0.7	0.7580	0.7611	0.7642	0.7673	0.7703	0.7734	0.7764	0.7794	0.7823	0.7852
0.8	0.7881	0.7910	0.7039	0.7967	0.7995	0.7023	0.8051	0.8078	0.8106	0.8133
0.9	0.8159	0.8186	0.8212	0.8238	0.8264	0.8289	0.8315	0.8340	0.8365	0.8389
1.0	0.8413	0.8438	0.8461	0.8485	0.8508	0.8531	0.8554	0.8577	0.8599	0.8621
1.1	0.8643	0.8665	0.8686	0.8708	0.8729	0.8749	0.8770	0.8790	0.8810	0.8830
1.2	0.8849	0.8689	0.8888	0.8907	0.8925	0.8944	0.8962	0.8980	0.8997	0.9015
1.3	0.9032	0.9049	0.9066	0.9082	0.9099	0.9115	0.9131	0.9147	0.9162	0.9177
1.4	0.9192	0.9207	0.9222	0.9236	0.9251	0.9265	0.9278	0.9292	0.9306	0.9319
1.5	0.9332	0.9345	0.9357	0.9370	0.9382	0.9394	0.9406	0.9418	0.9430	0.9441
1.6	0.9452	0.9463	0.9474	0.9484	0.9495	0.9505	0.9159	0.9525	0.9535	0.9545
1.7	0.9554	0.9564	0.9573	0.9582	0.9591	0.9599	0.9608	0.9616	0.9625	0.9633
1.8	0.9641	0.9648	0.9656	0.9664	0.9671	0.9678	0.9686	0.9693	0.9700	0.9706
1.9	0.9713	0.9719	0.9726	0.9732	0.9738	0.9744	0.9750	0.9756	0.9762	0.9767
2.0	0.9772	0.9778	0.9783	0.9788	0.9793	0.9798	0.9803	0.9808	0.9812	0.9817
2.1	0.9821	0.9826	0.9830	0.9834	0.9838	0.9842	0.9846	0.9850	0.9854	0.9857
2.2	0.9861	0.9864	0.9868	0.9871	0.9874	0.9878	0.9881	0.9884	0.9887	0.9890
2.3	0.9893	0.9896	0.9898	0.9901	0.9904	0.9906	0.9909	0.9911	0.9913	0.9916
2.4	0.9918	0.9920	0.9922	0.9925	0.9927	0.9929	0.9931	0.9932	0.9934	0.9936
2.5	0.9939	0.9940	0.9941	0.9943	0.9945	0.9946	0.9948	0.9949	0.9951	0.9952
2.6	0.9953	0.9955	0.9956	0.9957	0.9959	0.9960	0.9961	0.9962	0.9963	0.9964
2.7	0.9965	0.9966	0.9967	0.9968	0.9969	0.9970	0.9971	0.9972	0.9973	0.9974
2.8	0.9974	0.9975	0.9976	0.9977	0.9977	0.9978	0.9979	0.9979	0.9980	0.9981
2.9	0.9981	0.9982	0.9982	0.9983	0.9984	0.9984	0.9985	0.9985	0.9986	0.9986
3.0	0.9987	0.9990	0.9993	0.9995	0.9997	0.9998	0.9998	0.9999	0.9999	1.0000

说明：表中末行系函数值 $\Phi(3.0),\Phi(3.1),\cdots,\Phi(3.9)$。

2. 标准正态分布的概率计算

(1) 左边阴影部分的面积表示为概率。即分布函数

$$\Phi(\lambda)=\int_{-\infty}^{\lambda}\varphi(x)dx$$

(2) 当 $\lambda<0$ 时，$\Phi(\lambda)=1-\Phi(-\lambda)$。

(3) $\Phi(\lambda)=\int_{-\infty}^{\infty}\varphi(x)\mathrm{d}x=1$。

(4) 在任一区间 (λ_1,λ_2) 内取值的概率为

$$P(\lambda_1<x<\lambda_2)=\int_{\lambda_1}^{\lambda_2}\varphi(x)\mathrm{d}x$$
$$=\Phi(\lambda_2)-\Phi(\lambda_1)$$

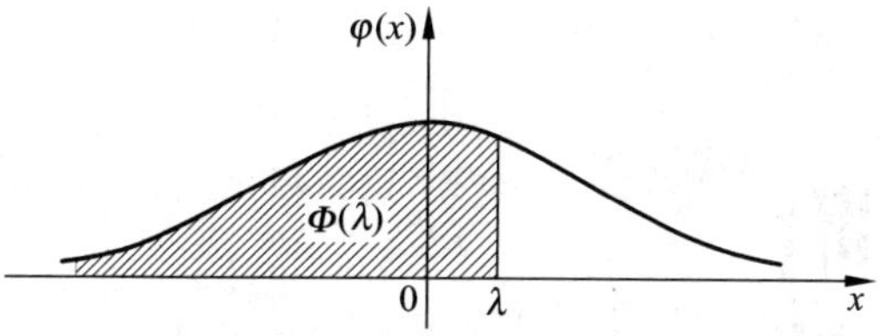

标准正态分布概率密度曲线

例 B.1 利用标准正态分布表，求标准正态分布在下面区间内取值的概率。

(1) (−0.5, 1.5)；　　(2) (−1.96, 1.96)；　　(3) (−3, 3)

解：标准正态分布表中给的是 $\lambda\geqslant0$ 时 $\Phi(\lambda)$ 的值。表的纵向代表 λ 的整数部分和小数点后第一位，横向代表 λ 的小数点后第二位，依此找到 x 的位置。

(1) $P(-0.5<x<1.5)=\Phi(1.5)-\Phi(-0.5)$
$=\Phi(1.5)-[1-\Phi(0.5)]$
$=0.9332-[1-0.6915]$
$=0.6274$

(2) $P(-1.96<x<1.96)=\Phi(1.96)-[1-\Phi(1.96)]$
$=2\times0.9750-1$
$=0.9500$

(3) $P(-3<x<3)=\Phi(3)-[1-\Phi(3)]=2\Phi(3)-1$
$=2\times0.9987-1$
$=0.9974$

附录C 计算机作业所用样本数据

表 C.1 Iris 数据

Ⅰ组					Ⅱ组					Ⅲ组				
序号	x_1	x_2	x_3	x_4	序号	x_1	x_2	x_3	x_4	序号	x_1	x_2	x_3	x_4
1	5.1	3.5	1.4	0.2	51	7.0	3.2	4.7	1.4	101	6.3	3.3	6.0	2.5
2	4.9	3.0	1.4	0.2	52	6.4	3.2	4.5	1.5	102	5.8	2.7	5.1	1.9
3	4.7	3.2	1.3	0.2	53	6.9	3.1	4.9	1.5	103	7.1	3.0	5.9	2.1
4	4.6	3.1	1.5	0.2	54	5.5	2.3	4.0	1.3	104	6.3	2.9	5.6	1.8
5	5.0	3.6	1.4	0.2	55	6.5	2.8	4.6	1.5	105	6.5	3.0	5.8	2.2
6	5.4	3.9	1.7	0.4	56	5.7	2.8	4.5	1.3	106	7.6	3.0	6.6	2.1
7	4.6	3.4	1.4	0.3	57	6.3	3.3	4.7	1.6	107	4.9	2.5	4.5	1.7
8	5.0	3.4	1.5	0.2	58	4.9	2.4	3.3	1.2	108	7.3	2.9	6.3	1.8
9	4.4	2.9	1.4	0.2	59	6.6	2.9	4.6	1.3	109	6.7	2.5	5.8	1.8
10	4.9	3.1	1.5	0.1	60	5.2	2.7	3.9	1.4	110	7.2	3.6	6.1	2.5
11	5.4	3.7	1.5	0.2	61	5.0	2.0	3.5	1.0	111	6.5	3.2	5.1	2.0
12	4.8	3.4	1.6	0.2	62	5.9	3.0	4.2	1.5	112	6.4	2.7	5.3	1.9
13	4.8	3.0	1.4	0.1	63	6.0	2.2	4.0	1.0	113	6.8	3.0	5.5	2.1
14	4.3	3.0	1.1	0.1	64	6.1	2.9	4.7	1.4	114	5.7	2.5	5.0	2.0
15	5.8	4.0	1.2	0.2	65	5.6	2.9	3.9	1.3	115	5.8	2.8	5.1	2.4
16	5.7	4.4	1.5	0.4	66	6.7	3.1	4.4	1.4	116	6.4	3.2	5.3	2.3
17	5.4	3.9	1.3	0.4	67	5.6	3.0	4.5	1.5	117	6.5	3.0	5.5	1.8
18	5.1	3.5	1.4	0.3	68	5.8	2.7	4.1	1.0	118	7.7	3.8	6.7	2.2
19	5.7	3.8	1.7	0.3	69	6.2	2.2	4.5	1.5	119	7.7	2.6	6.9	2.3
20	5.1	3.8	1.5	0.3	70	5.6	2.5	3.9	1.1	120	6.0	2.2	5.0	1.5
21	5.4	3.4	1.7	0.2	71	5.9	3.2	4.8	1.8	121	6.9	3.2	5.7	2.3
22	5.1	3.7	1.5	0.4	72	6.1	2.8	4.0	1.3	122	5.6	2.8	4.9	2.0
23	4.6	3.6	1.0	0.2	73	6.3	2.5	4.9	1.5	123	7.7	2.8	6.7	2.0
24	5.1	3.3	1.7	0.5	74	6.1	2.8	4.7	1.2	124	6.3	2.7	4.9	1.8
25	4.8	3.4	1.9	0.2	75	6.4	2.9	4.3	1.3	125	6.7	3.3	5.7	2.1
26	5.0	3.0	1.6	0.2	76	6.6	3.0	4.4	1.4	126	7.2	3.2	6.0	1.8
27	5.0	3.4	1.6	0.4	77	6.8	2.8	4.8	1.4	127	6.2	2.8	4.8	1.8
28	5.2	3.5	1.5	0.2	78	6.7	3.0	5.0	1.7	128	6.1	3.0	4.9	1.8
29	5.2	3.4	1.4	0.2	79	6.0	2.9	4.5	1.5	129	6.4	2.8	5.6	2.1
30	4.7	3.2	1.6	0.2	80	5.7	2.6	3.5	1.0	130	7.2	3.0	5.8	1.6
31	4.8	3.1	1.6	0.2	81	5.5	2.4	3.8	1.1	131	7.4	2.8	6.1	1.9
32	5.4	3.4	1.5	0.4	82	5.5	2.4	3.7	1.0	132	7.9	3.8	6.4	2.0
33	5.2	4.1	1.5	0.1	83	5.8	2.7	3.9	1.2	133	6.4	2.8	5.6	2.2
34	5.5	4.2	1.4	0.2	84	6.0	2.7	5.1	1.6	134	6.3	2.8	5.1	1.5
35	4.9	3.1	1.5	0.2	85	5.4	3.0	4.5	1.5	135	6.1	2.6	5.6	1.4
36	5.0	3.2	1.2	0.2	86	6.0	3.4	4.5	1.6	136	7.7	3.0	6.1	2.3
37	5.5	3.5	1.3	0.2	87	6.7	3.1	4.7	1.5	137	6.3	3.4	5.6	2.4
38	4.9	3.6	1.4	0.1	88	6.3	2.3	4.4	1.3	138	6.4	3.1	5.5	1.8
39	4.4	3.0	1.3	0.2	89	5.6	3.0	4.1	1.3	139	6.0	3.0	4.8	1.8
40	5.1	3.4	1.5	0.2	90	5.5	2.5	5.0	1.3	140	6.9	3.1	5.4	2.1
41	5.0	3.5	1.3	0.3	91	5.5	2.6	4.4	1.2	141	6.7	3.1	5.6	2.4
42	4.5	2.3	1.3	0.3	92	6.1	3.0	4.6	1.4	142	6.9	3.1	5.1	2.3
43	4.4	3.2	1.3	0.2	93	5.8	2.6	4.0	1.2	143	5.8	2.7	5.1	1.9
44	5.0	3.5	1.6	0.6	94	5.0	2.3	3.3	1.0	144	6.8	3.2	5.9	2.3
45	5.1	3.8	1.9	0.4	95	5.6	2.7	4.2	1.3	145	6.7	3.3	5.7	2.5
46	4.8	3.0	1.4	0.3	96	5.7	3.0	4.2	1.2	146	6.7	3.0	5.2	2.3
47	5.1	3.8	1.6	0.2	97	5.7	2.9	4.2	1.3	147	6.3	2.5	5.0	1.9
48	4.6	3.2	1.4	0.2	98	6.2	2.9	4.3	1.3	148	6.5	3.0	5.2	2.0
49	5.3	3.7	1.5	0.2	99	5.1	2.5	3.0	1.1	149	6.2	3.4	5.4	2.3
50	5.0	3.3	1.4	0.2	100	5.7	2.8	4.1	1.3	150	5.9	3.0	5.1	1.8

表 C.2 Fossil 数据

序号	$x_1(\times 10)$	x_2	x_3	x_4	$x_5(\times 10)$	$x_6(\times 10^2)$
1	16.000	51.000	10.000	28.000	7.000	4.500
2	15.500	52.000	8.000	27.000	8.500	4.000
3	14.100	49.000	11.000	25.000	7.200	3.800
4	13.000	50.000	10.000	26.000	7.500	5.600
5	16.100	50.000	10.000	27.000	7.000	6.650
6	13.500	50.000	12.000	27.000	8.800	5.700
7	16.500	50.000	11.000	23.000	9.500	6.750
8	15.000	50.000	9.000	29.000	9.000	5.800
9	14.800	48.000	8.000	26.000	8.500	3.900
10	15.000	45.000	7.000	31.000	6.000	4.350
11	12.000	40.000	6.000	33.000	5.500	4.400
12	12.000	51.000	8.000	32.000	5.600	6.500
13	10.000	42.000	8.000	30.000	5.500	6.400
14	10.000	44.000	9.000	35.000	4.800	4.300
15	15.000	40.000	7.000	29.000	6.500	6.500
16	9.000	46.000	9.000	30.000	7.000	6.550
17	7.500	42.000	8.000	28.000	6.000	6.400
18	12.000	47.000	7.000	35.000	6.700	6.450
19	20.000	43.000	9.000	30.000	6.200	6.600
20	12.000	41.000	8.000	28.000	6.300	5.300
21	10.500	50.000	7.000	27.000	6.400	4.350
22	21.000	52.000	9.000	26.000	6.700	4.400
23	9.000	40.000	10.000	25.000	6.800	4.300
24	11.000	52.000	11.000	25.000	6.000	5.300
25	10.000	43.000	9.000	25.000	7.000	4.400
26	9.000	44.000	7.000	36.000	6.300	4.540
27	7.000	45.000	8.000	23.000	6.400	4.500
28	10.000	48.000	9.000	27.000	6.500	3.550
29	13.000	52.000	9.000	25.000	7.000	3.800
30	9.000	45.000	11.000	37.000	7.400	3.500
31	8.000	46.000	10.000	32.000	7.800	4.500
32	9.500	49.000	10.000	25.000	8.200	2.600
33	7.000	44.000	12.000	30.000	8.500	2.620
34	9.500	51.000	15.000	31.000	7.000	2.700
35	10.000	46.000	11.000	24.000	7.600	2.700
36	9.500	48.000	10.000	27.000	7.400	3.550
37	8.500	47.000	12.000	25.000	7.300	3.600
38	7.000	48.000	11.000	26.000	7.800	3.650
39	8.000	54.000	10.000	21.000	8.000	3.700
40	8.500	55.000	13.000	33.000	8.100	3.550

续表

序号	x_1(×10)	x_2	x_3	x_4	x_5(×10)	x_6(×10^2)
41	20.000	34.000	10.000	24.000	9.800	12.100
42	26.000	31.000	8.000	21.000	11.000	12.200
43	19.500	30.000	9.000	20.000	10.500	11.300
44	19.500	32.000	9.000	19.000	11.000	10.100
45	22.000	33.000	10.000	24.000	9.500	12.050
46	22.000	30.000	8.000	25.000	9.000	12.100
47	19.000	34.000	9.000	26.000	9.600	10.700
48	28.500	30.000	11.000	19.000	10.000	9.900
49	30.000	30.000	9.000	20.000	10.200	11.200
50	22.500	30.000	10.000	22.000	10.500	9.850
51	26.000	34.000	8.000	22.000	9.700	10.900
52	28.000	30.000	3.000	20.000	11.200	12.000
53	30.000	34.000	10.000	20.000	10.800	8.350
54	31.000	30.000	11.000	19.000	10.600	10.550
55	29.000	31.000	12.000	26.000	9.400	12.400
56	26.000	30.000	8.000	22.000	9.800	10.150
57	29.000	33.000	9.000	25.000	10.000	10.100
58	16.000	31.000	11.000	20.000	7.900	11.700
59	24.000	35.000	11.000	20.000	8.800	9.900
60	19.500	31.000	8.000	21.000	8.100	9.750
61	29.000	34.000	10.000	19.000	9.400	8.600
62	21.000	35.000	9.000	22.000	9.600	9.500
63	18.000	30.000	11.000	22.000	9.700	9.900
64	20.500	29.000	11.000	23.000	9.000	8.050
65	21.500	34.000	8.000	21.000	10.000	7.000
66	27.000	31.000	8.000	20.000	11.100	11.700
67	29.000	30.000	9.000	23.000	10.200	13.500
68	32.000	32.000	10.000	19.000	8.700	11.600
69	21.000	30.000	9.000	18.000	11.200	10.100
70	21.000	30.000	8.000	21.000	9.500	11.900
71	18.500	34.000	9.000	25.000	9.600	10.550
72	20.000	32.000	8.000	26.000	9.800	9.800
73	17.000	29.000	9.000	20.000	9.500	10.950
74	14.000	30.000	9.000	20.000	9.800	9.900
75	9.000	52.000	8.000	24.000	12.000	2.100
76	11.000	49.000	9.000	22.000	13.000	2.200
77	10.000	56.000	8.000	19.000	12.800	2.160
78	9.500	49.000	8.000	24.000	12.400	2.180
79	6.500	62.000	9.000	30.000	13.400	2.000
80	5.500	50.000	10.000	27.000	12.800	2.050

续表

序号	$x_1(\times 10)$	x_2	x_3	x_4	$x_5(\times 10)$	$x_6(\times 10^2)$
81	7.000	53.000	7.000	28.000	11.800	2.040
82	8.500	49.000	11.000	19.000	11.700	2.060
83	11.500	50.000	10.000	21.000	12.200	1.980
84	11.000	57.000	9.000	26.000	12.500	2.300
85	9.500	48.000	8.000	27.000	11.400	2.280
86	9.500	49.000	8.000	29.000	11.800	2.400
87	12.000	61.000	9.000	24.000	12.000	2.440

表 C.3　英国城镇数据

序号	x_1	x_2	x_3	x_4
1	9.550	−4.370	3.090	1.520
2	8.720	−5.700	−0.800	3.230
3	5.900	−5.410	1.810	1.680
4	7.580	−4.310	1.340	−0.270
5	7.240	−5.810	1.300	2.850
6	6.510	−4.840	1.240	1.980
7	6.740	−3.850	−0.840	1.060
8	7.050	−4.490	1.350	1.400
9	3.490	−4.890	1.130	2.260
10	5.260	−3.480	−0.100	0.740
11	3.760	−2.130	0.710	−0.320
12	2.050	−3.740	3.440	0.810
13	2.680	−0.150	2.700	−0.800
14	2.190	−1.870	0.400	−0.890
15	3.670	−1.950	1.980	−1.090
16	2.440	−2.130	2.170	−0.690
17	2.070	−1.440	2.350	−0.960
18	1.930	−1.160	2.310	−1.730
19	1.930	−1.340	3.770	−2.540
20	4.790	−1.340	1.220	1.020
21	−0.860	−0.690	3.170	0.050
22	0.280	−1.580	2.220	−0.980
23	−0.800	−1.290	2.440	−0.280
24	0.400	−0.700	0.420	−0.530
25	−0.360	−0.990	2.270	−1.170
26	0.200	−2.620	2.800	−2.450
27	0.490	−2.570	1.690	−2.050
28	0.240	−0.780	2.890	−2.520
29	−0.730	−1.810	2.610	−2.430
30	−0.030	−1.650	2.670	−2.100
31	0.420	−1.550	1.420	−0.660
32	0.640	−1.220	−0.300	−2.760

续表

序号	x_1	x_2	x_3	x_4
33	−0.520	−2.030	0.990	−0.620
34	−0.090	−1.690	1.360	−0.660
35	0.440	−0.720	0.890	−2.340
36	−1.020	−0.710	1.260	−1.250
37	−2.610	0.470	0.280	−3.190
38	−1.480	−0.470	0.660	−0.700
39	−1.680	−0.430	3.360	−2.210
40	−1.630	−0.060	1.980	−2.340
41	−2.790	−1.340	−0.040	−2.740
42	−1.910	−1.070	1.730	−0.070
43	−2.140	0.420	1.400	−1.560
44	−2.440	0.450	0.940	−1.470
45	−2.430	−0.320	1.800	−2.160
46	−3.040	1.140	1.440	−2.200
47	−2.540	−1.150	−1.380	−0.770
48	−2.270	−1.310	1.160	−1.020
49	−1.030	−0.790	−1.030	−1.430
50	−2.580	1.880	1.600	−1.520

参考文献

[1] 蔡元龙. 模式识别. 西安：西北电讯工程学院出版社，1986.

[2] 沈清，汤霖. 模式识别导论. 长沙：国防科技大学出版社，1991.

[3] 边肇祺，张学工等. 模式识别. 2 版. 北京：清华大学出版社，2000.

[4] Richard O Duda，Peter E Hart，David G Stork. Pattern Classification. Second Edition. New York：John Wiley & Sons Inc.，2001.

[5] Christopher M Bishop. Neural Networks for Pattern Recognition. Oxford ：Clarendon Press，1995.

[6] J T Tou，R C Gonzalez. Pattern Recognition Principles. Massachusetts：Addison-Wesley ，Reading，1974.

[7] K Fukunaga. Introduction to Statistical Pattern Recognition. New York：Academic Press，1972.

[8] 陈尚勤，魏鸿骏. 模式识别理论及应用. 成都：成都电讯工程学院出版社，1985.

[9] Yoh-Han Pao. Adaptive Pattern Recognition And Neural Networks. Massachusetts：Addison-Wesley Publishing Company，Inc. ，1989.

[10] K S Fu. Digital Pattern Recognition. New York：Springer-Verlag，1976.

[11] J P Marques de Sa. 模式识别——原理、方法及应用. 吴逸飞译. 北京：清华大学出版社，2002.

[12] 罗光耀，盛立东. 模式识别. 北京：人民邮电出版社，1989.

[13] L A Zadeh. Fuzzy sets as a basis for a theory of possibility. Fuzzy Sets and Systems，1978(1)：3-28.

[14] L A Zadeh. Fuzzy Logic. Computer，1988(21)：83-92.

[15] 冯宗哲，程相君. 模式识别原理. 西安：西安电子科技大学出版社，1993.

[16] 陈镐缨. 模糊数学引论. 西安：西北工业大学出版社，1991.

[17] 万剑. 肿瘤细胞计算机辅助诊断系统的研究. 华中科技大学硕士论文，2004.

读者意见反馈

亲爱的读者：

感谢您一直以来对清华版计算机教材的支持和爱护。为了今后为您提供更优秀的教材，请您抽出宝贵的时间来填写下面的意见反馈表，以便我们更好地对本教材做进一步改进。同时如果您在使用本教材的过程中遇到了什么问题，或者有什么好的建议，也请您来信告诉我们。

地址：北京市海淀区双清路学研大厦 A 座 602　　计算机与信息分社营销室 收

邮编：100084　　电子邮件：jsjjc@tup.tsinghua.edu.cn

电话：010-62770175-4608/4409　　邮购电话：010-62786544

教材名称：模式识别导论

ISBN：978-7-302-20066-6

个人资料

姓名：________ 年龄：______ 所在院校/专业：__________

文化程度：________ 通信地址：______________________

联系电话：________ 电子信箱：______________________

您使用本书是作为：□指定教材 □选用教材 □辅导教材 □自学教材

您对本书封面设计的满意度：

□很满意 □满意 □一般 □不满意　改进建议________________

您对本书印刷质量的满意度：

□很满意 □满意 □一般 □不满意　改进建议________________

您对本书的总体满意度：

从语言质量角度看 □很满意 □满意 □一般 □不满意

从科技含量角度看 □很满意 □满意 □一般 □不满意

本书最令您满意的是：

□指导明确 □内容充实 □讲解详尽 □实例丰富

您认为本书在哪些地方应进行修改？（可附页）

____

____

您希望本书在哪些方面进行改进？（可附页）

____

____

电子教案支持

敬爱的教师：

为了配合本课程的教学需要，本教材配有配套的电子教案（素材），有需求的教师可以与我们联系，我们将向使用本教材进行教学的教师免费赠送电子教案（素材），希望有助于教学活动的开展。相关信息请拨打电话 010-62776969 或发送电子邮件至 jsjjc@tup.tsinghua.edu.cn 咨询，也可以到清华大学出版社主页（http://www.tup.com.cn 或 http://www.tup.tsinghua.edu.cn）上查询。